连云港市 2019 年暴雨洪水分析

主　编　刘沂轩　洪光雨　王德维
朱振华　吴晓东

中国矿业大学出版社
·徐州·

内容提要

本书在简要介绍连云港地区自然地理、社会经济、水文气象、洪涝灾害、水利工程以及水文站网布设的基础上，全面介绍了2019年连云港暴雨的时空分布、成因、特点和洪水的特性、量级以及与历史暴雨的比较，分析了2019年连云港洪水的过程、组成以及重现期并与历史洪水进行比较分析，然后就洪水的调度及其对削减洪峰的作用、水文测验及情报预报、东海县和赣榆区的受灾情况、新沭河及新沂河的行洪能力进行了阐述与分析，最后对“防台抗洪”经验做了总结，针对存在的问题提出了建设性建议。

本书可供水利、水文、应急工作者以及相关领域的科研、工程设计人员参考。

图书在版编目(CIP)数据

连云港市2019年暴雨洪水分析 / 刘沂轩等主编. —徐州：中国矿业大学出版社，2020.12

ISBN 978-7-5646-4943-2

Ⅰ. ①连… Ⅱ. ①刘… Ⅲ. ①暴雨洪水—水文分析—连云港—2019 Ⅳ. ①P333.2②P426.616

中国版本图书馆CIP数据核字(2021)第003200号

书　　名　连云港市2019年暴雨洪水分析

主　　编　刘沂轩　洪光雨　王德维　朱振华　吴晓东

责任编辑　何　戈

出版发行　中国矿业大学出版社有限责任公司

（江苏省徐州市解放南路　邮编221008）

营销热线　(0516)83884103　83885105

出版服务　(0516)83995789　83884920

网　　址　http://www.cumtp.com　**E-mail**:cumtpvip@cumtp.com

印　　刷　江苏凤凰数码印务有限公司

开　　本　787 mm×1092 mm　1/16　**印张** 23.75　**字数** 386千字

版次印次　2020年12月第1版　2020年12月第1次印刷

定　　价　88.00元

（图书出现印装质量问题，本社负责调换）

《连云港市2019年暴雨洪水分析》

编委会

序

水是生命之源、生产之要、生态之基，兴水利、除水害，事关人类生存、社会进步，历来是治国安邦的大事。暴雨是导致洪涝灾害的直接因素，暴雨洪水是由较大强度的降雨形成的自然现象，会引起江河水量迅速增加并伴随水位急剧上升。暴雨洪水具有突发性强、降水时段集中、短时雨量较大等特点，极易造成低洼地区水浸而成灾，危害人民群众生命财产安全。中华人民共和国成立初期，建成了一大批水利工程，初步解决了连云港市“十岁而九”的洪涝灾害；20 世纪 80 和 90 年代，连云港市再次掀起水利建设高潮，新建、续建了大量骨干水利工程，初步建成了防洪、防涝、灌溉、降渍、御潮五大水利工程体系，取得了巨大的社会效益、经济效益和生态效益。

连云港市地处沂沭泗流域下游，素有“洪水走廊”之称。历史上一度“谈洪色变”，曾有“来时一袋烟，去时一顿饭，逃也来不及，一淹一大片”的说法。受上游行洪、区域山洪、城市内涝、外海风暴潮综合影响，历史上洪涝灾害频繁。2019 年 8 月，连云港市受“利奇马”台风影响，全市普降暴雨、局部特大暴雨，发生了 1974 年以来最大洪水，但在水利、水文全体人员的共同努力下，洪水安全过境，人员零伤亡，未出现溃坝决堤等水毁事件，取得了防台抗洪的双胜利。为全面、客观地描述 2019 年连云港市暴雨洪水，分析评价 2019 年洪水特征及防洪工程所发挥的作用，为今后连云港市防汛抗洪、水利规划、工程建设、水文情报预报等工作提供专业技术支撑，江苏省水文水资源勘测局连云港分局开展了连云港 2019 年暴雨洪水分析研究工作。

连云港 2019 年暴雨洪水分析研究主要包括 2019 年暴雨分析、洪水分析、水利工程运用对洪水的影响分析、灾情分析以及新沂河和新沭河行洪能力分析等方面，历经大量野外勘测调查，前后持续近 2 a 时间，集中了江苏、山东等多位专家的建议，系统总结、分析研究，形成《连云港市 2019 年暴雨洪水分析》一书。

该书基础资料翔实，数据准确可靠，分析科学合理，具有较强的科学性、实用性，全面准确地反映了 2019 年连云港市暴雨洪水的特性，是一部具有实际指导意义的书籍，十分难得。

通过大量的野外勘测，掌握了大量翔实的水文监测数据，本书编者在全面总结连云港市 2019 年暴雨洪水工作的基础上，潜心研究，对水文资料进行了深入全面的分析评价。总结出版《连云港市 2019 年暴雨洪水分析》一书，可为连云港地区，乃至沂沭泗地区防洪除涝提供指导和参考，更可为地方河湖治理、水资源的可持续利用以及经济社会的可持续发展提供专业的技术支撑。我相信，该书的出版可为广大水利、水文、应急工作者以及相关领域的科研、工程设计人员提供重要的参考。我为这本书的出版感到由衷的高兴，并感谢江苏省水文水资源勘测局连云港分局的辛勤付出，向奋战在 2019 年水文监测和水文情报预报工作第一线的广大水文、水利工作者以及本次洪水调查总结工作的所有参加人员致以诚挚的谢意。

特撰此页，是为序。

连云港市水利局党组书记、局长： 宋波

2020 年 10 月 18 日

前　言

连云港市位于江苏省东北部，黄海之滨，地处沂沭泗水系下游，处于南北气候过渡带，降雨时空分布不均，当地本地水资源紧缺，主要靠调引江淮水，洪涝、干旱灾害频发，水多、水少矛盾突出，素有“洪水走廊”之称。中华人民共和国成立以来，连云港地区水利工程不断优化，工程建设如火如荼，防洪排涝、减灾体系不断完善，为连云港地区民生安全以及社会经济的可持续发展提供了坚实的保障。

连云港市是中国首批沿海开放城市、新亚欧大陆桥经济走廊首个节点城市、“一带一路”倡议江苏支点城市、江苏沿海开发战略中心城市、长三角区域经济一体化城市，也是中国(江苏)自由贸易试验区的组成部分。长三角一体化进程的加快以及自贸区的建成，为连云港地区社会经济的发展提供了长足的动力，同时也对直接关系民生的防洪安全保障提出了更高的要求。

2019 年 8 月，受台风“利奇马”影响，连云港市普降暴雨、大暴雨，局部地区特大暴雨，暴雨中心位于东海县驼峰乡麦坡村(362.5 mm)，造成新沭河、新沂河及全市部分骨干河道发生较大洪水，东海县城区发生严重内涝。新沭河大兴镇站于 8 月 11 日出现年最大洪峰流量 3 850 m^3/s，列有资料以来第 2 位；石梁河水库站于 8 月 12 日出现年最大出库流量 3 430 m^3/s，列有资料以来第 3 位。新沂河嶂山闸(闸下游)站于 8 月 11 日出现年最大洪峰流量 5 220 m^3/s，列有资料以来第 2 位；沭阳站于 8 月 12 日出现年最大洪峰流量 5 900 m^3/s，列有资料以来第 2 位，出现年最高水位 11.31 m，超过警戒水位 2.31 m，列有资料以来第 1 位，超过警戒水位时长累计为 5 d。蔷薇河小许庄站 8 月 11 日出现年最大洪峰流量 302 m^3/s，列有资料以来第 1 位；临洪(总)站 8 月 17 日洪峰流量 863 m^3/s，列有资料以来第 1 位。此次暴雨洪水造成全市直接经济损失约 12 151 万元。

为了全面、客观、系统地分析 2019 年连云港市暴雨洪水，分析评价洪水特性及防洪工程所发挥的作用，为防汛抗洪、水利规划、工程设计和运用管理以及水文情报预报等提供有价值的宝贵资料，江苏省水文水资源勘测局连云港分局开展了 2019 年暴雨洪水分析研究工作。主要包括 2019 年暴雨分析、洪水分析、水利工程运用对洪水的影响分析、灾情分析，重点分析了新沂河、新沭河行洪能力，现将相关成果汇编成书。全书除综述外共八章，第一章区域概况，介绍了连云港地区自然地理、社会经济、水文气象、洪涝灾害、水利工程以及水文站网布设；第二章暴雨分析，全面分析了 2019 年连云港暴雨的时空分布、成因、特点和洪水的特性、量级以及与历史暴雨的比较；第三章洪水分析，主要分析了洪水的过程、组成以及重现期并与历史洪水进行比较分析；第四章水利工程运用对洪水的影响，主要分析了洪水的调度以及调度对削减洪峰的作用；第五章水文测验及情报预报，介绍了“利奇马”台风期间水文测验成果以及水文气象情报、预报；第六章灾情分析，主要介绍了东海县和赣榆区的受灾情况；第七章专题分析，重点分析了新沭河及新沂河的行洪能力；第八章经验与建议，对防台抗洪经验做了总结，并针对存在的问题提出了建设性建议。

本书在大量实测和调查资料的基础上，全面分析了 2019 年连云港暴雨的时空分布、成因、特点和洪水的特性、量级，防洪工程的运用及其效果，并针对存在的问题提出了针对性建议。该书结构合理、资料翔实、方法正确、内容全面、成果可靠、结论可信，对连云港市的洪水调度、雨洪资源利用、防洪除涝规划设计、工程建设与管理等工作都具有重要的实用价值，可供同行借鉴。因本书编写组成员水平有限，书中缺点和错误在所难免，殷切希望得到同行专家及读者的批评指正。

本书编写组

2020 年 10 月于连云港

目　录

综 述

一、降雨

(一) 全年及汛期降水量

2019 年,连云港市降水量 728.9 mm,较常年同期(894.7 mm)偏少 18.5%,其中东海县境内及灌南县田楼附近年降水量偏大较多,东海县小许庄站 882.9 mm 为最大,其次是东海县麦坡站 848.5 mm。年内 1 月、3 月、4 月、6 月、8 月、12 月降水量较常年同期偏多,其余月份均偏少。汛前(1—5 月)连云港市降水量 149.4 mm,较常年同期(186.3 mm)偏少 19.8%。汛期(6—9 月)连云港市降水量 501.9 mm,较常年同期(621.2 mm)偏少 19.2%。在地区分布上,降雨中心位于东海县,雨量超过 500 mm,局部大于 600 mm,汛期点雨量最大为东海县麦坡站 683.5 mm。汛后(10—12 月)连云港市降水量 77.6 mm,较常年同期(87.2 mm)偏少 11.0%。

(二) 暴雨过程及特点

本次连云港市暴雨起止时间为 2019 年 8 月 10 日 6 时—12 日 5 时,累计降雨 146.7 mm,折合水量 11.17 亿 m^3。全市普降暴雨、大暴雨,局部地区特大暴雨,暴雨中心位于东海县驼峰乡麦坡村(362.5 mm),造成新沭河、新沂河及全市部分骨干河道发生较大洪水,东海县城区发生严重内涝。

1. 暴雨集中,强度大

2019 年降雨集中在 8 月,而且强度大,占汛期降水量的 40.2%,占全年降水量的 28.9%,暴雨过程集中在 8 月 10—12 日,连云港市降雨量 146.7 mm,占汛期降水量的 29.2%,占全年降水量的 20.1%。

2019 年 8 月 10 日 6 时—12 日 5 时,全市最大 12 h 降雨量 90.9 mm、最大 24 h 降雨量 135.8 mm,达到大暴雨量级。暴雨中心麦坡站最大 6 h 暴雨重现期为 121 a，超过 100 a 一遇，历史排位第一；最大 24 h 暴雨重现期达 383 a，超 300 a 一遇，历史排位第一；麦坡站最大 1 d、3 d 暴雨重现期分别为 278 a、195 a，均超 100 a 一遇，历史排位第一。

2. 空间分布不均，主要集中在东海县

2019 年 8 月 10 日 6 时—12 日 5 时，全市平均降雨 146.7 mm，而东海县平均降雨 205.2 mm，比全市偏大 39.9%。全市东部降雨最少，大部分面积在 100 mm 以下；北部与南部次之，大部分面积降雨在 100 mm 左右，西部降雨最大，大部分面积降雨大于 200 mm，东海县是全市暴雨中心，暴雨中心降雨大于 300 mm，最大点雨量麦坡站降雨达 362.5 mm。

二、洪水

（一）洪水过程

新沭河大兴镇站年径流量 6.312 亿 m^3，较多年平均偏多 1.3%，其中汛期径流量 6.224 亿 m^3。8 月 11 日 20 时 55 分，大兴镇站出现年最大流量 3 850 m^3/s，相应水位 24.97 m，列有资料以来第 2 位。新沭河石梁河水库站年径流量 11.060亿 m^3，较多年平均偏多 47.0%，其中，汛期径流量 8.750 亿 m^3，8 月 12 日石梁河水库站实测最大流量 3 430 m^3/s，为年最大出库流量，列有资料以来第 3 位。

新沂河嶂山闸于 8 月 9 日 12 时开闸泄洪，至 17 日 17 时 05 分关闸。11 日 10 时 40 分嶂山闸（闸下游）站出现年最大洪峰流量 5 220 m^3/s，相应水位 21.62 m；嶂山闸（闸上游）站最高水位 23.57 m，出现在 8 月 15 日，超警戒水位 0.07 m，列有资料以来第 9 位。嶂山闸从 8 月 10 日首次开闸泄洪，到 8 月 17 日结束，总泄洪量 16.75 亿 m^3。嶂山闸站超警戒水位累计时长为 24 h。受嶂山闸泄洪及区间来水的共同影响，新沂河沭阳站 8 月 12 日 6 时 55 分出现年最高水位 11.31 m，超过警戒水位 2.31 m，列有资料以来第 1 位；8 月 12 日 6 时 54 分沭阳站出现最大洪峰流量 5 900 m^3/s（相应水位 11.30 m），列有资料以来第 2 位；汛期径流量 22.55 亿 m^3；沭阳站水位超过警戒水位累计时长为 120 h。

蔷薇河小许庄站汛期径流量 2.917 亿 m^3，5—9 月径流量 3.557 亿 m^3，8 月 11 日 17 时 50 分小许庄站出现年最大洪峰流量 302 m^3/s，列有资料以来第 1

位。蔷薇河临洪(总)站年径流量 5.842 亿 m^3,汛期径流量 4.408 亿 m^3,8 月 17 日出现年最大洪峰流量 863 m^3/s,历史最大。

(二) 重现期

新沭河大兴镇站 2019 年洪峰流量、最大 1 d 洪量、最大 3 d 洪量和最大 7 d 洪量的重现期分别为 82 a、16 a、12 a、12 a;石梁河水库站洪峰流量、最大 1 d 洪量、最大 3 d 洪量和最大 7 d 洪量的重现期分别为 22 a、21 a、17 a、12 a。

蔷薇河小许庄站 2019 年洪峰流量、最大 1 d 洪量、最大 3 d 洪量和最大 7 d 洪量的重现期分别为 41 a、14 a、17 a、11 a;临洪站洪峰流量、最大 1 d 洪量、最大 3 d 洪量和最大 7 d 洪量的重现期分别为 104 a、17 a、11 a、13 a。

(三) 与历史比较

新沭河大兴镇站 2019 年最大流量、最大 1 d 洪量、最大 3 d 洪量小于 1974 年,大于 2000 年、2005 年、2012 年和 2018 年;2019 年最大 7 d 洪量小于 1974 年、2018 年,大于 2000 年、2005 年和 2012 年。新沭河石梁河水库站 2019 年最大流量小于 2018 年,大于 1974 年、2000 年、2005 年和 2012 年;2019 年最大 1 d 洪量小于 1974 年,大于 2000 年、2005 年、2012 年和 2018 年;2019 年最大 3 d 洪量、最大 7 d 洪量小于 1974 年和 2018 年,大于 2000 年、2005 年和 2012 年。

蔷薇河小许庄站 2019 年最大流量列有资料以来最大,大于 1974 年、2000 年、2005 年、2012 年和 2018 年;2019 年最大 1 d 洪量小于 1974 年和 2000 年,大于 2012 年和 2018 年,与 2005 年相同;2019 年最大 3 d 洪量、最大 7 d 洪量小于 1974 年、2000 年和 2005 年,大于 2012 年和 2018 年。蔷薇河临洪站 2019 年最大流量、最大 1 d 洪量大于 1974 年、2000 年、2005 年、2012 年和 2018 年;2019 年最大 3 d 洪量小于 1974 年,大于 2000 年、2005 年、2012 年和 2018 年;最大7 d 洪量小于 1974 年和 2005 年,大于 2000 年、2012 年和 2018 年。

三、水利工程运用的影响

2019 年 8 月 11 日 8 时—14 日 6 时 20 分,新沭河来水 39 930 万 m^3,石梁河水库拦蓄 2 719 万 m^3,拦蓄率 6.8%,新沭河石梁河水库站实测最大流量3 430 m^3/s,如果没有石梁河水库调蓄,洪峰流量将为 3 850 m^3/s,削峰率 10.9%。

2019 年 8 月 11 日 15 时—14 日 10 时,青口河来水 1 133 万 m^3,小塔山水

库拦蓄了全部来水，没有泄洪。如果没有小塔山水库调蓄，洪峰流量将为 242 m^3/s，削峰率 100%。

由于临洪枢纽全力泄洪，临洪站水位超过警戒水位累计时长只有 22.7 h。

四、受灾情况

受台风“利奇马”影响，连云港市受灾人口 192 091 人，转移安置人口 1 429 人，一般损坏房屋 1 736 间，倒塌房屋 6 间，农作物受灾面积约 44 273 公顷（1 公顷=10 000 m^2），成灾面积约 26 015 公顷，绝收面积约 358 公顷，造成直接经济损失约 12 151 万元，其中农业损失约 9 144 万元。其中东海县受灾人口约 79 413人，紧急转移安置人口 1 267 人（集中转移安置 475 人，分散转移安置 792 人），造成直接经济损失约 6 220.3 万元。

第一章 区域概况

第一节 自然地理

一、地理位置

连云港市地处我国沿海中部的黄海之滨，位于江苏省东北部，处于横贯我国大陆东西的陇海铁路东端，介于东经 118°24′～119°48′，北纬 33°59′～35°07′之间，东濒黄海，北接山东，与朝鲜、韩国、日本隔海相望，具有海运、陆运相结合的优势，为全国 8 大港口和 45 个重要交通枢纽之一，是海滨旅游城市，也是江苏省“徐连经济带”和“海上苏东”发展战略中具有特殊地位和作用的中心城市，是江苏沿海经济带的重要组成部分。连云港市是中国首批沿海开放城市、新亚欧大陆桥经济走廊首个节点城市、“一带一路”倡议江苏支点城市、江苏沿海开发战略中心城市、长三角区域经济一体化城市、国家创新型试点城市、国家东中西区域合作示范区、中国重点海港城市、上合组织出海基地、中国水晶之都，也是中国(江苏)自由贸易试验区的组成部分。

二、地形地貌

连云港市地处鲁中南丘陵和淮北平原的结合部，境内地形地貌复杂多变，山海齐观、河渠纵横、岗岭遍布，平原、大海、高山齐全，河库、丘陵、滩涂、湿地、海岛俱全，境内地势由西北向东南倾斜。

连云港市地貌以平原为主，兼有山地、丘陵、岗地等，可基本分为西部岗岭区、中部平原区、东部沿海区和云台山区四部分：西部低山丘陵岗岭区海拔 100～200 m，面积 1 730 km^2；中部平原区海拔 3～5 m，主要是侵蚀堆积平原、河湖相冲积平原及冲海积平原3类，面积5 409 km^2，其中耕地面积3 925 km^2，约占全市土地面积的71.0%；云台山区属于沂蒙山的余脉，有大小山峰214座，其中云台山主峰玉女峰海拔624.4 m，为江苏省最高峰，全市山区面积近200 km^2；东部滨海区海岸类型齐全，大陆标准岸线204.82 km，曲折悠长，其中40.2 km深水基岩海岸为江苏省独有。江苏省境内大多数海岛屿分布在连云港境内，包括东西连岛、平山岛、达山岛、车牛山岛、竹岛、鸽岛、羊山岛、开山岛、秦山岛、牛尾岛、牛背岛、牛角岛等20个，总面积6.94 km^2。其中东西连岛为江苏第一大岛，面积6.07 km^2。

三、土壤植被

连云港市属平原海岸，地势开阔，地形平坦，土壤类型不多。土壤分类单元与地理景观单元基本一致，生态类型的演替、地理景观的变化和土壤类型的发育三者基本一致，除了云台山区的棕壤和赣榆沿海部分地区（主要分布在境内南部海堤向内10～20 km范围）的砂姜黑土外，其他广阔的平原海岸内，海堤以外潮间带内分布着滨海盐土类，堤内老垦区主要分布着潮土类（包括灰潮土、盐化潮土、棕潮土、盐化棕潮土）。

连云港市地处北暖温带向亚热带过渡地带，植被有南北兼具的特征。其水平分布南北差异不大，主要森林植被为赤松，南北均有分布，栽培农作物种类基本相同；东西变化明显，东部沿海天然植被多芦苇、盐蒿，栽培作物以水稻、棉花为主，西部低山丘陵地带主要生长松树、灌木等。境内地形高差500 m左右，海拔600～50 m的山地多分布针叶林，50 m以下则有针阔混交林。境内农垦历史久远，宜农、宜林的土地大多已被垦殖。覆盖平原地表的植被为人工栽培作物，栽种的农作物主要有麦、稻、棉花、油料、蔬菜等。低山丘陵广植林、果、桑、茶，大多为人工造林及封山育林后发育的次生植被。

四、河流水系

连云港市地处淮河流域、沂沭泗水系最下游，境内河网发达，两条流域性行洪河道新沂河、新沭河从境内穿过，沂、沭、泗诸水主要通过新沂河、新沭河入海，它们分属于沂河、沭河、滨海诸小河三大水系，汛期要承泄上游近8.0万 km^2

洪水入海，是著名的“洪水走廊”。全市共有82条河道列入江苏省骨干河道名录，其中流域性河道4条，区域性骨干河道18条，重要跨县河道16条，重要县域河道44条，有近20条河道直接入海；605条县乡河道，其中县级河道86条，乡级河道519条，总长度2 425 km，正常水位下河道蓄水面积约264.76 km^2。主要河流特征值如表1-1所示。全市大型水库3座、中型水库8座、小型水库156座，总库容达12.5亿 m^3。新沂河、新沭河、蔷薇河将全市水系划分为沂南、沂北、沭南、沭北四大片区。

(1) 沂南片区：新沂河以南区域，主要为灌南县域。沂南诸河属于灌河水系。灌河西起东三岔，东至燕尾港入海，全长62.5 km，河口无控制，为天然港口。上游主要支流有盐河以东的武障河、龙沟河、义泽河，盐河以西六塘河水系的南六塘河、北六塘河，柴米河水系的柴米河、沂南河。灌南中游支流主要有一帆河水系的一帆河、唐响河和甸响河。两岸各支河口均建有挡潮闸，排涝蓄淡。

(2) 沂北片区：新沂河、蔷薇河之间的区域，包括灌云县全部和连云港市区大部分。片区西部为岗岭水系，东部为善南的平原洼地河网水系和市区的烧香河、大浦河及排淡河水系。西部岗岭地区为古泊善后河的支流水系，主要河道有滂沟河、西护岭河、叮当河等。善南水系实行平原梯级河网化建设，以南北向的叮当河、官沟河为西部、中部、东部梯级水位控制，主要包括车轴河、牛墩界圩河、东门五图河、五灌河等骨干河道构成的平原河网水系。市区主要有烧香河、龙尾河、大浦河和排淡河等骨干河道，小(1)型水库6座，小(2)型水库11座。

(3) 沭南片区：新沭河、蔷薇河之间的区域，主要包括东海县和市区一部分。龙梁河和石安河两条等高截水沟、磨山河、乌龙河、鲁兰河、淮沭新河、马河、民主河等属蔷薇河水系。除石安河、龙梁河为南北流向外，其余河流大都由西向东，汇流于临洪河入海。片区内共有水库55座，总库容为8.9亿 m^3，其中大(2)型水库2座，分别为江苏省第一和第四大水库，中型水库7座，小型水库46座。多座大中型水库串联成群，形成了集防洪、供水、灌溉等多种功能的水库群。

(4) 沭北片区：新沭河以北的区域，主要为赣榆区域。片区内共有主要河流17条，绣针河为省界河流，其他河流自成一体，属滨海诸小河水系，包括龙王河、青口河、朱稽副河、兴庄河等，呈东西方向，独流入海。境内共有水库72座，其中大(2)型水库1座，中型水库1座，小型水库70座。

表1-1　连云港市主要河流特征值

序号	河道名称	起讫地点	长度/km	功能	等级
一	流域性骨干河道(4条)				
1	沭河	苏鲁界—新沂河(口头)	44.7	防洪、治涝、供水	1
2	新沭河	苏鲁界—黄海(三洋港)	53.1	防洪、治涝、供水	1
3	新沂河	嶂山闸—黄海(燕尾港)	146.7	防洪、治涝、供水	1
4	通榆河北延段	响水引水闸—柘汪临港产业区	163	供水(含调水)、治涝、航运	2
二	区域性骨干河道(18条)				
1	龙梁河	大石埠水库—石梁河水库	65.5	防洪、治涝、供水(含调水)	4
2	石安河	石梁河水库—安峰山水库	55.8	防洪、治涝、供水(含调水)	4
3	绣针河	苏鲁界—黄海	7.6	防洪、供水	4
4	龙王河	苏鲁界—黄海	24.3	防洪、治涝	4
5	青口河	苏鲁界—黄海(青口河闸)	34.8	防洪、供水、航运	4
6	沭新河	新沂河—蔷薇河	75.7	供水(含调水、饮用水源地)、防洪、治涝、航运	3
7	蔷薇河	蔷薇河地涵—新沭河	53.4	防洪、供水(含调水、饮用水源地)、治涝、航运	3
8	古泊善后河	沭新河—黄海善后河闸	89.9	防洪、治涝、供水(含饮用水源地)、航运	3
9	五灌河	五图河—灌河(燕尾闸)	16.2	治涝、供水、航运	4
10	柴米河	柴米河地涵—盐河	61.9	防洪、治涝、航运	3
11	柴南河	十字—柴米河(孟兴庄)	44.8	治涝	4
12	北六塘河	六塘河地下涵洞—盐河	62.5	防洪、治涝、供水(含饮用水源地)、航运	3
13	南六塘河	古寨—武障河闸	44.2	治涝、供水、航运	4
14	义泽河	盐河(义泽河闸)—灌河(东三岔)	10.9	防洪、治涝	3
15	武障河	盐河—灌河(东三岔)	12.4	防洪、治涝、航运	3
16	灌河	东三岔—黄海(燕尾港)	62.5	防洪、治涝、航运	3
17	盐河	盐河闸—大浦河	151.1	供水(含调水)、航运、治涝	4
18	一帆河	徐集—灌河(一帆河闸)	61.4	治涝、供水	4

(一)沭河

沭河古称沭水，发源于沂山南麓，南流至山东省临沭县大官庄分东、南2支。东支名新沭河；南支称总沭河，亦称老沭河，即沭河。沭河经山东省郯城县于红花埠流入江苏省新沂市，至口头村汇入新沂河。沭河在江苏省境内长 44.7 km，河道全部流经新沂市。沭河流域面积，大官庄以上 4 519 km^2，以下至口头村区间 1 881 km^2，其中江苏境内区间集水面积超过 400 km^2。沭河是沂沭泗地区的主要行洪河道，承泄上中游沂河东调入沭后经人民胜利堰闸南下的洪水和区间汇水。

沭河 50 a 一遇防洪设计流量为 2 500～3 000 m^3/s。沭河苏鲁省界至塔山闸长 14.37 km，河底高程 25.60～20.60 m，比降 1∶2 900，河道汛期行洪、汛后蓄水，塔山闸上蓄水位 27.5 m 时，河床蓄水 800 万 m^3；塔山闸至王庄闸长 14.0 km，河底高程 20.60～18.50 m，比降 1∶6 500，王庄闸下河底高程 17.50 m；塔山闸以南 1 km 处河床中有一小岛，称中和岛，面积 12.5 km^2；王庄闸至口头堤防长 17.1 km，河底高程 17.50 m～5.00 m，比降 1∶1 400，堤距 322～380 m。

沭河苏鲁省界至口头堤防长 92.8 km，堤顶高程 34.75～21.73 m(废黄河高程，下同)，堤顶宽 6 m，超高 2 m，边坡比 1∶3。中和岛堤防周长 9.84 km，堤顶宽 4 m，堤顶超设计洪水位 2 m，内外坡比 1∶3。岛北端有中和岛桥与沭河左岸连接，岛西侧有张庄桥与沭河右岸连接。堤防有三段沙堤，西堤焦圩段 4.19 km，东堤沙冲段 1.6 km，中和岛杜湖段 0.2 km。沿线涵闸 47 座，总规模 307.2 m^3/s；沿线泵站 9 座，总规模 12.09 m^3/s。

沭河处于郯城断裂带东侧，属强震区，清康熙七年(1668 年)郯城大地震发生在沭河中游。上游属山区，中下游为冲积平原，两岸地形北高南低，坡降 1∶1 000～1∶300，新沂市境内渐趋平坦，平均坡降 1∶500。

历史上，沭河在今山东省临沂东南分 2 支：一支向西南于今江苏省睢宁县古邳镇东南汇入泗河；一支向南至今江苏省沭阳县西又分 2 支，其中一支向西南于今江苏省宿迁市东南汇入泗河，另一支向东南于今江苏省东海县与涟水合流入海。明末清初，沭河经蔷薇河入海。沭河冬春之交常干涸无水，夏秋雨季，山洪暴发，水流陡增，峰高量大。下游新沂市境内河道弯曲，河槽狭窄，宣泄不及，河床为天然沙性，多为沙壤土，部分河段为粉细沙或壤土夹沙，冲刷严重，河槽下切，河堤极易溃决。

1949—1952 年，在山东省境内大官庄拦沭河建人民胜利堰，限制沭河进入江苏省流量不超过 1 000 m^3/s；在人民胜利堰以上切开马陵山，分泄沭河洪水

3 500 m^3/s,经新沭河出临洪口入海。1952 年,开辟"分沂入沭"水道,从李家庄分泄沂河洪水 1 000 m^3/s,在人民胜利堰以下进入沭河,在新沂市境内整修堤防。1957 年汛后,按行洪 2 500 m^3/s 加固堤防,险工护岸和加筑鸡嘴坝、中和岛圩堤。1974—1976 年,按照 1974 年洪水位超高 2 m,堤顶宽 6 m、内外坡比1∶3 标准,全线复堤整修,加固险工险段。1984 年按《沂沭泗河洪水东调南下工程》修正规划,以 20 a 一遇标准全面整治沭河。1985 年冬,加固沭河入新沂河口 500 m 回水段堤防。1988 年,浆砌块石护坡陈埝、老虎溜、焦圩、油坊庄、焦道、打靶场、土城等 7 处险工险段;裁弯取直利民闸段东堤;拆除重建利民闸,新闸 3 孔,3 m×3 m 钢筋混凝土箱涵。1991 年春,又批准了第二批应急加固处理工程,对沿线夏庄、舒吴、玄庙、杜湖、河湾、庙后、响马林、尹林苏营、北宋、铁道北、五里窑、王庄闸东堤上下游等多处险工段(共长 16.29 km)采用新建、翻修及整修干砌块石或浆砌块石护坡防冲;整修苏营、五里窑险工段底脚墙;整修王庄闸东堤上下游险工段防浪墙;加高培厚加周河湾段堤防等。两批工程共完成主要工程量土方 20.6 万 m^3,块石 7.7 万 m^3,混凝土及钢筋混凝土 1664 m^3。工程总投资 545 万元。

1991 年 10 月开始,按 20 a 一遇防洪标准实施河道复工。河道行洪流量:江苏省界至塔山闸以上段为 2 500 m^3/s,塔山闸以下加上区间来水后为 3 000 m^3/s。主要建设内容包括:按照省界、塔山闸和口头处设计洪水位全线加固堤防,加固沿线险工段;塔山闸加固扩孔和穿堤涵闸接长加固等。至 2000 年年底,总沭河复工工程共完成主要工程量土方 150 万 m^3,砌石、混凝土及钢筋混凝土 10.8 万 m^3。工程总投资 11 033 万元。

2008 年,水利部批复按 50 a 一遇防洪标准实施沭河治理工程,主要建设内容:新建壅水坝工程、塔山闸加固工程、杜湖桥拆建工程、险工处理工程、穿堤建筑物工程和防汛道路工程等。共完成土方 232.77 万 m^3,石方 8.95 万 m^3,混凝土及钢筋混凝土 11.25 万 m^3。工程总投资 16 135 万元。

沭河,自江苏山东两省边界红花埠流入江苏省新沂市境内。新沂市东毗沭阳、东海两县,西邻邳州市,南隔新沂河骆马湖与宿迁市相望,北界山东省郯城县。境内主要河道:沭河以东有黄墩河、淋头河、大沙河、虞姬沟、泥墩沟、时集截水沟以及沂北干渠和二七干渠;沭河以西有沂河、老沂河、白马河、浪清河、新墨河、臧圩河、新戴河和湖东排水河。新沂市原为1949年宿北县部分地区和潼阳五区合并成立的新安县，因境内有新沂河而得名新沂县，1990年撤县建市。

沭河在新沂市区右岸有新戴运河汇入。新戴运河是沟通沭河与沂河的四级航道，自沭河向西流经新沂市区，后转向西南至柳沟回龙沟北入沭河，长23 km。从京杭运河由骆马湖北航线入新戴运河，航程37 km可直达新沂市区马港船闸。在市区，东起新戴运河入沭（河）闸，西至新华路桥段为新戴运河景观带，是新沂市滨河园林城市的重要组成部分。

沭河向东南至塔山闸上，左岸有黄墩河汇入，过塔山闸向东南有中和岛，右岸有新墨河汇入。

黄墩河位于沭河以东，自山东郯城县马陵山区向南流入新沂市境内，穿东陇海铁路、沭新公路至塔山闸上入沭河。黄墩河以东有北沟街道办事处，辖区内何庄村挖掘的石斧、石锤、石坠等原始石器，证明早在1万年前北沟就有人类活动；孔圩村、章仓村、官庄村有汉墓遗址。塔山闸在唐店镇以东，拦蓄沭河上游来水，发展沭河两岸农田灌溉。新墨河在苏鲁省界附近小张庄与郯城县境内老墨河相接，东南流至房庄东侧有柳沟河汇入，穿陇海铁路至张墩与臧圩河相会于龙泉沟北入沭河，沭河自新墨河入沭河口向东南10.75 km至王庄闸，沂北干渠从沭河底穿过。王庄闸位于王庄镇东南，稳定沭河在王庄上游的河床和解决灌溉水源。闸上游河床可蓄水420万m^3。沂北干渠引骆马湖水自流灌溉新沂河以北农田。王庄闸西北有马陵山，清乾隆皇帝以"钟吾漫道才拳石，早具江山秀几分"赞美马陵山的秀美。花厅古文化遗址坐落于马陵山北坡，花厅古文化距今5 000余年，为新石器时期的大汶口晚期文化遗址。马陵山东麓土城村有东周时期钟吾子封地，称"钟吾国"，都城东濒沭河，西依马陵山，城郭遗迹周长四五里。

沭河自王庄闸向东南至广玉处建有壅水坝、邵店壅水坝、口头座水坝。邵店镇老街北圣寿寺为古宿迁八大寺庙之一，相传为唐初窦建德所建，宋徽宗曾为庙宇题字并赠送袈裟予住持僧。沭河继续东南流，在口头村附近汇入新沂河。

（二）新沂河

新沂河，西起骆马湖嶂山闸，东至灌南县堆沟，汇灌河于燕尾港南灌河口入黄海，流经徐州市的新沂市，宿迁市的宿豫区和沭阳县，连云港市的灌云县、灌南县，长 146.7 km。河道处于沂沭泗水系下游，承接骆马湖经嶂山闸下泄洪水、沭河与淮沭河以及区间来水。河道设计流量，按 50 a 一遇防洪标准，嶂山闸至口头 7 500 m^3/s，口头至海口 7 800 m^3/s。在设计洪水位下，河床可容蓄水量超 10 亿 m^3，保护新沂河南北平原地区 53.5 万公顷耕地。1974 年沭阳站最大行洪量 6 900 m^3/s，相应最高水位 10.76 m。

河道自嶂山闸至沭阳城关为上段，长 43 km，河床陡，河道比降较大，水流湍急，流势不稳，流态紊乱。沭阳城关至小潮河为中段，进入古沂沭河近海平原，南与灌河一堤隔之，长 67 km，河道比降减缓，滩地淤沙向东推进，河面逐渐展宽，风浪增高。小潮河至入海口为下段，长 34 km，河道比降平缓，至东友涵洞 1 km 处，河床高程降至最低点，东友涵洞以东至河口，河床淤积逐渐升高，河口则成倒比降，被称为“噘嘴唇”，为天然阻水段，河面开阔，两岸堤防常受风浪冲蚀和潮汐影响。两岸堤防除沭阳以西南岸部分地势高河段未筑堤外，其余河段两岸筑堤，漫滩行洪，南堤长 130 km，北堤长 146 km，堤距自西向东展宽，嶂山闸下 500 m，口头 920 m，沭阳 1 260 m，盐河 2 000 m，至小潮河闸以下展宽到 3 150 m。两岸汇入支流除沭河与淮沭河外，流域面积超过 100 km^2 的，北岸有新开河，南岸有柴沂河，沿线涵闸 24 座，总规模 851.6 m^3/s。新沂河两岸地势自西向东渐低，嶂山附近地面高程 18.00～22.00 m，盐河东为 2.00 m，东友涵洞附近为 1.70～1.90 m，至入海口处又升高至 2.00～3.00 m。

历史上，沂河为泗水支流，由淮河入海，黄河夺泗淤塞泗水河道，泗沂洪水失去出路，逐渐潴积成骆马湖。汛期，骆马湖洪水由总六塘河入南北六塘河经灌河入海，部分经中运河入淮阴以下废黄河入海。1949 年夏，沂沭泗流域暴发洪水，沭阳县徐口以东一片汪洋，田庐尽成泽国。

1949 年冬，为安排洪水出路，中共苏北区委员会根据党中央整治沂沭河的决定，确定“导沂整沭、沂沭合流”治理原则，选定自嶂山至滨海堆沟，采用“筑堤束水，漫滩行洪”方案，开挖新沂河，将沂沭泗河洪水排入黄海。设计标准：沂河临沂洪峰 6 000 m^3/s，泗河、中运河 500 m^3/s，经骆马湖和黄墩湖滞洪后，中运河控制下泄 1 360 m^3/s，开辟嶂山口门入新沂河 710 m^3/s，沭河来水 2 500 m^3/s，新沂河在口头以下按行洪 3 500 m^3/s 挖泓筑堤。同年 11 月，采取“以工代赈，治水结合救灾”的方式，组织10县开挖新沂河土方2 882万 m^3，1950年4月，小潮河打坝合龙。1951—1953年，新沂河全面复堤，培修加固。新沂河经历第一次洪水考验，1950年7月5日至8月21日先后5次行洪。第五次行洪，沭阳西关8月16日最高水位9.46 m，流量251 m^3/s，沿堤4万多干群历时47 d日夜抢护安全度汛。

1954年，淮河水利委员会提出《沂沭汶泗洪水处理意见》，口头以下新沂河最大泄量4 500 m^3/s。1957年7月，沂沭泗大水，黄墩湖滞洪，新沂河超标准行洪，沭阳站最大流量3 710 m^3/s，新沂河大堤出现多处严重渗漏，沭阳以西北堤坐湾迎溜段遭严重冲刷。同年，淮河水利委员会编制《沂沭泗流域规划》，提出新沂河按行洪6 000 m^3/s标准设计、7 000 m^3/s校核。1958年1月，江苏省人民委员会批准新沂河大堤按行洪6 000 m^3/s全面加固加高。1958年，淮阴专署动员泗阳、泗洪、沭阳、淮阴、涟水、灌云、灌南七县民工，历时3年，在沭阳许口以下至海口两堤背水坡做戗台224 km，加固盐河南北闸，以适应新沂河行洪。1959年10月，兴建嶂山闸和嶂山切岭第二期扩挖。1960—1962年，在灌南县境内开挖东友引河，新沂河南堤兴建东友涵洞，使新沂河尾闾段洼地汛后积水得以较快排除，保证滩地种麦。1963年，新沂河北堤按新沂河行洪4 000 m^3/s与沭河行洪2 000 m^3/s标准，复堤大马庄至邵曹路7.3 km，超高1.5 m，顶宽6 m，迎水坡比1∶2～1∶5，背水坡比1∶3，堤顶高程：口头20.10 m、邵店20.83 m，护坡1 km。1964年春，修复新沂河险工险段91 km，并实施滩地保麦圈圩工程，以盐河、小潮河、岑池河、南中泓为界圈成5个大圩。嶂山切岭历时3个冬春，完成土方724万 m^3。1966年邵店至口头北堤培堤5.8 km、块石护坡1.5 km。1965—1973年，实施新沂河续办工程，新建涵闸16座、偏泓生产桥70座、电排站6座。

1974年汛期，沂沭泗流域发生特大洪水，新沂河超标准行洪，8月16日沭阳站最大流量6 900 m^3/s，灌云县叮当河涵洞上游水位8.04 m。沭阳、灌云、灌南三县组织数万民工上堤抗洪抢险，新沂河经受了建成以来最严峻的一次考验。同年冬，根据江苏省防汛指挥部下达的12项水毁修复工程任务，实施新沂河复堤加固、险工修复等9项工程并实施桃汛处理、保麦子埝整修、堤防绿化与铺设防汛道路等。1976年2月，江苏省水利厅会同有关地县实地查勘新沂河险工地段，提出行洪 6 000 m^3/s 急办工程 18 项，经江苏省计委批复，于 1977 年冬至 1983 年相继完成。

1983—1986 年，按行洪 7 000 m^3/s 标准除险加固大马庄至口头段 13.4 km，堤顶宽 8 m，堤顶超高洪水位 3 m，前戗台顶宽 8 m，超高洪水位 1.0 m，边坡比 1∶3；块石护坡 12.9 km。接长和新建桥涵 9 座、漫水路面 15 条，新修防汛公路 12.9 km。

截至 1988 年，新沂河除险加固工程灌云境内完成新沂河北堤灌云段 68.6 km 复堤加固、部分堤段块石护坡及铺设防汛石子路面、淮高灌公路交叉工程、盐河老北闸改涵洞，新建盐西节制闸及挡水坝、盐东滚水坝，搭建团结涵洞，增建北偏泓生产桥 28 座。灌南县境内，1984 年冬实施东友涵洞西至堆沟挡潮坝东 15.1 km 堤段复堤加固；1985 年完成接长、新建、加固生产桥 45 座，建成保麦子埝涵洞 33 座；1985 年实施小潮河滚水坝工程，同时加固新沂河南堤海口段大堤 2.3 km；1987—1988 年，实施叮当河南闸拆建工程；1988 年 5 月，为保证新沂河南偏泓排桃汛时滩地麦熟稳收和向北偏泓补充灌溉水源，兴建叮当河节制闸，为加速滩地退水种麦和麦作期排涝，开挖南北向中沟，建简易排涵。

1991 年开始，在治淮工程中，按 20 a 一遇防洪标准对新沂河进行续建，设计行洪流量为 7 000 m^3/s。主要建设内容：兴建海口控制工程（包括南深泓闸、北深泓闸以及橡胶坝工程等）；修筑南北堤堤顶防汛道路，共长 63.4 km，南北堤块石护坡，共长 17.2 km；干河及岔流新开河险工段处理；南堤大小陆湖险工段防渗处理，小潮河坝段防渗处理及小潮河闸加固；新团结涵洞、老团结涵洞、盐河南闸、盐河北闸、沭新闸、东友涵洞、叮当河涵洞、宋营涵洞、陆宋涵洞、侍岭涵洞、沂北闸加固，宿豫境内南堤复堤等。至 1998 年，新沂河 20 a 一遇工程共完成主要工程量土方 559 万 m^3、砌石 12.8 万 m^3、混凝土及钢筋混凝土 7.5 万 m^3，工程总投资 26 142 万元。

新沂河虽实施了些治理工程，但沿线堤防险工隐患仍没有得到彻底处理。为争取省内沂沭泗地区在防洪上处于安全度汛主动位置，确保新沂河沿线堤防安全，在沂沭泗河洪水“东调南下”续建工程未能实施前，自 1999 年开始省政府安排实施新沂河堤防消险加固工程。根据 1998 年汛期出现的险情，安排堤防防渗处理、险工段除险加固、滩面及泓道清障、防汛道路修建，穿堤建筑物拆除重建 5 座，除险加固 11 座。工程总投资 13 010 万元。

按 20 a 一遇防洪标准实施复工工程和堤防消险工程后，从历次行洪情况看，新沂河行洪流量仍未达到 7 000 m^3/s 的设计标准，且暴露出来的问题很多，主要表现为中流量、高水位，防汛压力大。2006 年 9 月开始。按 50 a 一遇防洪标准实施新沂河整治工程，干流按 50 a 一遇防洪标准、支流按 20 a 一遇防洪标准治理。河道整治采用半抬高水位方案，海口控制枢纽扩建。主体工程于 2006 年 9 月开工，2008 年 5 月完工，共完成主要工程量土方 5 213 万 m^3、石方 22 万 m^3、混凝土及钢筋混凝土 19 万 m^3，工程总投资 15.2 亿元。2008 年汛期，嶂山闸行洪最大流量达 5 000 m^3/s，这是嶂山闸建闸以来仅次于 1974 年的下泄流量，但大堤未发现异常情况。

2010 年 12 月 10 日，沂沭泗河洪水"东调南下"续建工程——新沂河整治工程通过水利部淮河水利委员会与江苏省水利厅组织的竣工验收。

新沂河出嶂山闸，经嶂山切岭循新沂、宿迁边界东行 5.5 km，北有湖东自排河汇入。嶂山闸坐落于马陵山麓的嶂山切岭处，是控制骆马湖水位的重要防洪工程。嶂山切岭是为嶂山闸排洪与蓄水，相应扩大闸上游引河，将南北走向的马陵山麓嶂山拦腰斩断的切岭工程。

新沂河自大马庄涵洞向东流经 12 km 至口头，入宿迁市境。沭河自北汇入，北堤有 1965 年兴建的口头涵洞。在宿迁市境内，新沂河北岸有岔流新开河汇入，南岸有山东河、路北河、柴沂河汇入。在沭阳县城西北，新沂河与南岸淮沭河北岸沭新河平交。沭阳县城濒临新沂河南岸，历史上因位于沭水之阳而得名。沭阳文化遗产有新石器时代的臧墩和六朝葬，西周时的孟墩、殷墩，西汉时的厚丘、阴平方城遗址，宋朝大科学家沈括留下的治水功业，与虞姬诞生地有关的虞姬沟、虞姬庙、九龙口、霸王桥等，明代抗倭将领刘綎筑的营垒，清代诗人袁枚留下的袁公藤和古典雅秀的逍遥厅。

新沂河至大陆胡村西为宿迁和连云港两市交界处，东流南岸入灌南县，北岸入灌云县。新沂河在连云港市境内，南堤有盐河南套闸、新沂河沂南船闸、小潮河闸、小潮河闸新老涵洞、新沂河南堤涵洞、东友涵洞等穿堤建筑物，北堤叮当河涵洞、新沂河北堤涵洞、盐河北闸、盐河北船闸和团结新老涵洞等穿堤建筑物。入海口处建有海口控制枢纽。

新沂河建成后小湖河通大湖河(灌河)水道被切断,改经东门五图河向下游排水,形成了现在新沂河北岸的潮河湾。

(三)新沭河

新沭河,河道西起山东省临沭县沭河左岸大官庄枢纽新沭河泄洪闸,东穿马陵山麓,经山东省临沭县大兴镇流过石梁河水库,继续向东南汇蔷薇河,至临洪口入海,长80 km,其中连云港市境内长53.1 km,石梁河水库以上流域面积15 365 km^2,石梁河水库以下流域面积2 356 km^2。江苏省境内河道位于连云港市东海县、赣榆区以及市区境内。新沭河是沂沭泗地区沂沭河洪水“东调入海”的主要河道,不仅承泄沭河及区间全部来水,而且还分泄“分沂入沭”水道调尾后部分沂河洪水。

新沭河是中华人民共和国成立后,为解除沂沭泗河洪水灾害而新开的“导沭经沙入海工程”。河道分段设计行洪流量:上段按新沭河泄洪闸分泄6 000 m^3/s洪水加区间入流量确定,中段为6 000 m^3/s,下段为6 000~6 400 m^3/s。1974年8月15日,石梁河水库站最高水位26.82 m,河道最大行洪流量3 510 m^3/s。沿线涵闸16座,总规模392 m^3/s;沿线泵站6座,总规模15 m^3/s。

江苏境内新沭河是利用赣榆区大沙河修建的,河道比降大、弯曲多、土质沙性。南宋绍熙五年(1194年),黄河南流夺淮河入海以后,沭河、沂河等同时失去入海通道,苏北、鲁南地区形成大面积洪涝灾区。明清时期,地方官吏曾多次疏浚河道,清乾隆十年(1745年),巡抚陈大受提出在马陵山凿岗开河导沭水入江苏省赣榆区大沙河,后因朝野意见不一未能实施,致使处于中下游的江苏省海州“无岁不灾,无灾不酷”。

1947年6月30日至7月7日连日大雨,上游大水倾注,下游与蔷薇河水相侵,加之入海通道不畅,平地水深数尺,赣榆区墩尚镇以东一片汪洋,前后持续十余日之久,致灾4万公顷,灾民达10万余人。

1948年,中共华北局采纳1947年由山东省实业厅拟订的“导沭经沙(沙河)入海”方案,确定开挖新沭河,使沭河洪水主要从大官庄分流经沙河入海。1949—1953年,在山东省临沭县大官庄拦沭河建人民胜利堰,在人民胜利堰以上大官庄村北沭河左岸,向东南开挖新沭河,沿途劈开马陵山,拓挖沙河,分泄沭河洪水和沙河区间来水3 800 m^3/s出临洪口汇入黄海。

1962年，在新沭河中游与山东省临沭县接壤处，开工兴建石梁河水库。石梁河水库是新沭河调洪、蓄水灌溉、综合开发利用的重要控制工程，使新沭河形成“一河一库控制”的防洪格局。

1971年2月，为使沂河、沭河洪水尽量就近由新沭河东调入海，腾出骆马湖、新沂河接纳南四湖南下洪水，水利电力部给出《治淮战略性骨干工程说明》，要求新沭河行洪能力按6 000 m^3/s设计、7 000 m^3/s校核。1972—1981年，实施新沭河扩大工程，按行洪能力超7 000 m^3/s、洪水位2.5 m、堤顶宽8～16 m的标准，培修加固石梁河水库以下两岸堤防91.2 km，块石护坡34 km；开挖石梁河水库以下至太平闸段中泓30.8 km；建成蒋庄漫水桥闸、朱圈漫水桥(310公路)、墩尚公路桥、太平庄挡潮闸、太平庄闸上沭南和沭北通航闸、临洪西抽水站等沿途各类建筑物23座。通过采取截走高水、中游改道、低水调尾的措施，解决沭北613 km^2的排涝问题。

1991年开始，在治淮工程中按20 a一遇防洪标准实施新沭河复工，设计行洪能力为5 000 m^3/s。主要建设内容包括：西赤金退堤，鲁兰河二期工程，海口段新筑5.3 km右堤堤防及左右堤复堤约29 km，临洪东抽水站续建，范河新闸续建及范河调尾河道拓宽。罗阳涵洞和无名涵洞拆除合建，新建朱稽河口排涝通航闸、张庄涵洞，公兴港闸、元宝港闸、海孚涵洞加固，太平庄闸上左右堤防干砌块石护坡19.1 km，毛园险工段处理，西赤金、墩尚段堤身灌浆11 km，大浦抽水站续建，堤顶防汛道路恢复，太平庄闸下滩地灭苇等。至2002年5月，新沭河复工工程共完成主要工程量土方362万m^3、石方4.5万m^3、混凝土及钢筋混凝土1.9万m^3。工程总投资11 507万元。

新沭河按20 a一遇防洪标准实施了部分工程，但沿线河道堤防渗流隐患、河道中泓不稳定及冲淤变化造成岸坡险工、病险涵闸混凝土碳化及钢结构锈蚀严重等问题仍未得到彻底处理。1999年开始，江苏省政府安排实施新沭河堤防消险加固工程，主要内容为堤防防渗处理、险工段除险加固、防汛道路拆除重建，以及加固穿堤建筑物3座、除险加固2座。工程总投资6 419万元。

2008年，实施新沭河50 a一遇治理工程，总投资87 278万元，其中新沭河治理工程(江苏段)河道治理及建筑物工程总投资32 062万元，三洋港挡潮闸工程总投资55 216万元。治理工程的主要措施为河道中段消险、下段疏浚，改建山岭房退水涵洞、磨山河桥闸，加固范河闸，新建富安调度闸、大浦第二抽水站和临洪东抽水站、自排闸，在入海口新建三洋港枢纽。

新沭河治理工程的实施不仅将新沭河防洪标准提高到 50 a 一遇，而且提高了连云港市区的排涝能力，改善了生态环境，提供了 200 万 m^3 淡水和 1 267 公顷耕地灌溉用水。

在江苏山东两省边界处，新沭河右岸有观堂河汇入，偏东北行 1.84 km 流入石梁河水库。朱范河从临沭县东山丘区流入石梁河水库，两岸山村为抗战时期根据地，1942 年刘少奇曾在此留住半年之久，并写有指导革命斗争的论著。当代作家王宗富的《沭河那边红一角》《沭河帆影》《沭河两岸的那些事儿》等文学作品描述了沭河两岸的风土人情。

新沭河自石梁河水库泄洪闸东南流 8.1 km 处建有蒋庄漫水闸。在石梁河水库与蒋庄漫水闸之间，新沭河左岸有连接石梁河灌区的沭北干渠，右岸有磨山河汇入。新沭河自蒋庄漫水闸下呈“S”形东流 11.7 km 至墩尚公路桥，东流 4.77 km 有新沭河大桥，再东流 0.7 km 建有朱圈漫水桥，继续东流 0.9 km 有 204 国道新沭河特大桥，长 1 618 m。新沭河自新沭河特大桥向东 3.78 km 处建有 12 孔太平庄挡潮闸。新沭河过太平庄挡潮闸东流 2.78 km，右岸有蔷薇河、大浦河汇入。大浦河长 7.57 km，流域面积 122 km^2，是连云港市主城区防洪排涝骨干河道和排污专道。

新沭河右堤临洪东站与大浦站之间，建有临洪东站自排闸。新沭河自太平庄挡潮闸经临洪河东北流 1.3 km 穿临连高速临洪河特大桥。该桥长 4.3 km，主线桥 3 跨总长 155 m，与范河大桥、大浦互通相接形成长 12.5 km 的高架桥。范河入临洪河处建有范河闸，保护其下游河床免受潮渍淤塞。

新沭河东北流 10 km 有 242 省道临洪河特大桥，长 2.34 km。新沭河自临洪河特大桥东北流 1.5 km 建有三洋港挡潮闸，三洋港挡潮闸具有挡潮、减淤、排水、泄洪等功能。新沭河在三洋港闸外 1.32 km 处汇入黄海。

（四）通榆河

通榆河，南起南通市海安县新通扬运河河口，北至连云港赣榆区柘汪临港产业区，流经南通市的海安县，盐城市的东台市、大丰区、市区、建湖县、阜宁县、滨海县、响水县和连云港市的灌南县、灌云县、市区和赣榆区，长 376 km，是苏北东部沿海地区人工开挖的调水、航运流域性河道。通榆河设计引水流量：东台至废黄河南 100 m^3/s，废黄河南至响水 50 m^3/s，结合渠北和里下河排涝设计流量 100 m^3/s，新沂河以南 50 m^3/s，沿线通水后，进入蔷薇河 30 m^3/s，向赣榆区相机送水 30～60 m^3/s。沿线涵闸 135 座，总规模 268 m^3/s；沿线泵站 76 座，总规模 199 m^3/s。通榆河沿岸为南通、盐城、连云港三市以及淮安市涟水县一帆河以东地区，沿岸除北部苏鲁边界有小面积低山、丘陵外，其余为平原，地势平坦，大部分地面高程 2.00～5.00 m，废黄河滩地最高 7.00～8.00 m，射阳河附近最低 1.00 m 左右。土壤和浅层地下水普遍含有盐分，土质大部分为粉质沙壤土。

通榆河是苏北东部沿海地区的一项以水利为主、立足农业、综合开发的基础设施工程，也是“江水东引北调”既定工程项目的一部分。目标是建成一条南北水利水运骨干河道，引调长江水，改造中低产田，开发沿海滩涂，结合通航冲淤保港、调度排涝、改善水质和生态环境，为建设港口和港口电站提供淡水资源。

1958 年，通榆河由江苏省统一规划，同年冬，开挖海安至阜宁 157.7 km。河线位于串场河以东 2～3 km，走向大致与串场河平行，设计河底高程－3.00 m，河底宽 60 m，完成土方 1 800 万 m^3。1959 年停工，除海安陈家圩至东台泰东河口 30.7 km、河底宽 30 m、河底高程－2.00 m 外，其余均未成河。1963 年，疏浚沟墩至阜宁 11.6 km。1966 年，疏浚白骑至大团段 19.5 km。1978 年整治海安县境内新通扬运河至陈家圩 9.0 km。

1985 年，确定江苏省通榆河全线统一规划，在原老通榆河海安至阜宁段老通榆河河槽、盐河、沭北航道的基础上，增设部分新河为基本河线，长 415 km，分南、中、北三段实施。1991 年编制完成《江苏省通榆河中段工程盐城段河道工程初步设计》，1992 年冬季开始试验性开挖，1993 年 9 月正式开工，2002 年建成通水，其中东台泰东河口至废黄河南段长 147 km，河底宽 50 m，河底高程－4.00 m；废黄河船闸以北至响水段长 30.7 km，河底宽 50 m，河底高程－1.00 m。青坎宽度及高程：射阳河至套坎河段，青坎高程 2.50～3.50 m，宽 15～20 m；废黄河至灌河段，青坎高程 4.50～60.00 m，宽 15 m；射阳河至新洋港段，青坎高程 1.50～3.80 m，宽 15～20 m；新洋港至斗龙港段，青坎高程 2.50 m，宽 15 m；斗龙港至泰东河接口段，青坎高程1.50～3.80 m，宽15～20 m。防洪圩堤等级四级，堤顶超高约1.0 m，堤顶宽度4.0～5.0 m，圩堤边坡比1∶2.5，堤顶高程分段设计为：射阳河至斗龙港段4.00 m，废黄河南船闸至响水船闸段6.00 m，工程总投资15.5亿元。

2007年5月10日，江苏省省政府常务会议决定将通榆河北延送水工程列为支持苏北沿海开发的重点项目，同年12月9日开始实施通榆河北延送水工程，概算投资14.5亿元，工程全长190.1 km，自盐城市滨海县境内的大套三站引水至赣榆区。工程建设后，将向连云港市供水30～50 m^3/s，为连云港市区应急水源及沿海开发提供水源保障。完成八一河扩浚7.1 km，盐河扩浚4.9 km，沭北航道改道1.0 km，新建、改建、加固新沂河北堤涵洞、东门河闸、界圩河闸、善后河南泵站、善南套闸、云善套闸、八一河闸、青口河引水闸、大温庄泵站等9座建筑物。

通榆河在海安境内南与新通扬运河相接，向北东侧与北凌河相通，北凌河向东流经北凌新闸入海。在通榆河与北凌河交汇处北侧建有贲家集泵站，承担里下河腹地东南区域的排涝，兼顾河东滨海新区水源补给。

通榆河自海安北入东台市，境内富安、安丰、东台3座翻水站常年从通榆河抽水，通过方塘、三仓、东台等河道输水直达海边。境内建有海春轩塔，共7层8面，传为唐时尉迟敬德监造，当时建塔是为镇海和导航，故又称镇海塔。古塔历经千年，现依然屹立于沃野。

通榆河过泰东河口向北入大丰区，境内斗龙洮、新团河、王港河、爱界河、川东港等河道从通榆河引水至海边。境内草堰镇有古“盐城”之称，经过千百年世事演变，形成了具有鲜明地域特色的历史文化：北极殿遗址、王姑墓、御墓、张王坟等揭示了吴王张士诚揭竿起义的历史；古盐河两侧的青石板路、古桥、古民居、老字号商店、数十口井、竹溪碑廊、大量古刻艺术品、古石码头和古河等体现了古建筑风貌；范公堤、驾鸯闸、西溪闸等组成了闸坝文化。明代理学家朱恕墓坐落在草堰金水门公园内，清代文学家李汝珍曾用草堰宋代义井的水磨墨撰写《镜花缘》前半部分。

通榆河至大丰白驹镇，唐宋时在此置盐场，元代建白驹场，清乾隆元年(1736年)撤并于草堰场。这里有元末民初《水浒传》作者施耐庵的故居、施氏遗址宗祠及施耐庵纪念馆；有清代郑板桥设馆授徒及孔尚任留诗寄怀的北宝禅寺；有“神祠晓月”“岱岳春云”“东郊牧唱”“南浦渔歌”“苏桥晚笛”“梵寺晨钟”“范堤烟柳”“牛闸寒潮”等古八景。通榆河继续向北经盐城市区，为市区第二饮用水源地，与新洋港交汇调度洪水入海。地处市郊的便仓镇是见诸宋史的千年古镇，是著名的枯枝牡丹之乡。枯枝牡丹从宋末流传至今，以奇、特、怪、灵著称于世。

通榆河继续向北经建湖县。此地处里下河腹部洼地，是江苏省水产养殖十强县、全省最大的螃蟹养殖基地。境内主要排水入海河道为黄沙港，部分洪水从射阳河入海。通榆河继续向北流经阜宁县，与射阳河交汇。阜宁县沟墩位于通榆河东岸，宋代修筑范公堤，明代筑大墩以备海啸侵扰，故始名沟安墩。清光绪年间(1875—1908 年)更名沟墩，故民间传“先有沟安墩，后有阜宁城”。

通榆河向北流经滨海县，通榆河航道与苏北灌溉总渠淮河入海水道和废黄河立体交叉，形成了“低水走在高水上”的奇观，现已成为国家水利风景区。

通榆河出滨海，跨越废黄河，至响水县城北，经灌河地涵进入连云港市，称通榆河北延送水工程，为连云港市市区饮用水源地“双源、双线、双湖”总体布局中的东线备用水源，旨在蔷薇河送水线在遭遇突发污染事故时向连云港城市提供应急备用水源，增加连云港城乡生活生态、港口及临港产业供水量，保证疏港航道通航水位，适当补充农业灌溉缺水。

通榆河自滨海县大套三站抽水北上，在灌南县境内新开 6.27 km 河道，通过新沂河南堤穿堤涵洞进入新沂河南偏泓，沿泓道向西 22 km 至盐河南闸折向北行，通过新沂河北堤涵洞沿盐河北上，经灌云县城到善后河南泵站，经善后河地涵立交跨过善后河，流经板浦古镇。该镇建于隋末，是古海州地区政治、经济、文化重镇，区位优越，水陆交通运输便捷，自古即为南北交通要衢、东西集散枢纽。

通榆河穿越板浦古镇继续沿盐河北上，经八一河、引水河进入蔷薇河，利用沭南沭北航道及青龙大沟、龙北干渠送水至赣榆区柘汪临港产业区。

(五) 龙梁河

龙梁河，自东海县西南部大石埠水库南流至陇海铁路附近后折向东北，经陈栈水库、昌黎水库、羽山水库等地入石梁河水库，长 65.5 km，属沂沭泗水系的沂北地区区域性骨干河道，具有防洪和灌溉功能。河底宽 20 m，河底高程 41.00～46.00 m，河口宽 60 m，迎背水坡比均为 1∶2，集水面积 180 km^2。设计与实际防洪标准 5 a 一遇、行洪流量 200 m^3/s、洪水位 50.40 m，实际行洪流量 100 m^3/s、保护面积 60 km^2；设计排涝标准 10 a 一遇、排涝流量 100 m^3/s、排涝水位 50 m、排涝面积 39 km^2；设计灌溉面积 1.3 万公顷、灌溉流量 43 m^3/s。沿线涵闸 23 座，总规模 430 m^3/s；沿线泵站 27 座，总规模 13.9 m^3/s。

龙梁河为人工开挖等高截水的平底河道，地处东海县西部丘陵山区，地势西高东低，中西部为平原丘陵，东部为地势平坦的湖荡洼地。该河拦截西北部马陵山、白石头、双店岭、羽山、磨山等山岭沟壑高程 50.00 m 以上 123.4 km^2 来水，以大石埠水库为准龙头，辅以竹墩闸、龙梁河进水闸、昌西闸、磨山闸、磨山翻水站、羽山翻水站等，结合沿线徐塘、陈栈、阳春、讲习、羽山、磨山等中小水库，统一调度拦蓄的洪水，既可将洪水泄至石梁河水库，又可翻引石梁河水库水源经磨山、羽山翻水站入龙梁河。

龙梁河原规划自龙门水库挖至石梁河水库，故名龙梁河，由于苏鲁两省意见不一，龙门水库虽未建成，但仍保留龙梁河之名。

1959—1960 年，分段开挖龙梁河。沿高程 49.50～50.00 m 挖至羽山水库，再沿高程 43.00～44.00 m 挖至石梁河水库。1972—1980 年，持续十期工程，全线开通龙梁河，建成涵闸 16 座、桥梁 20 座，以及羽山水库、磨山和羽山翻水站。

1990 年 8 月 2 日至 4 日，龙梁河羽山段 3 日降雨量 173.1 mm，沿线 25 座桥、涵、闸被洪水冲毁，13 个自然村 4 万群众被围困，倒塌房屋 150 余间，1.34 万公顷农田受灾。1992 年 11—12 月，拓宽竹墩闸至陈栈段 13 km，河底宽由 20 m 拓宽到 40 m。

龙梁河充分发挥了各水库滞洪蓄水能力，提高了防洪标准，保证了下游东海县城主城区、牛山镇以及东陇海铁路、连徐高速和 G310 国道、S236 省道等防洪安全，又为两岸 14 乡、30 万人、4 万公顷耕地的缺水低产区提供了水源。

龙梁河自大石埠水库流经 38 km，右岸有“华东第一泉”东海温泉。明隆庆《海州志》称“冬夏如汤”。温泉镇南尹湾汉墓群，6 号和 9 号墓中出土有西汉东海郡行政文书档案、《神乌赋》、锦绣、金缕玉衣等 100 多件珍贵文物。

龙梁河流经羽山水库，北岸的羽山是中国夏朝版图中在东部沿海地区唯一标明的山名，海拔 269.5 m，为东海县最高峰，今有殛鲧泉遗址和舜帝岩、三剑石等景点。羽山东北约 16 km 有海拔 158.3 m 的磨山，山顶矗立着磨山抗日烈士纪念塔，1945 年由原山东省海陵县抗日民主政府建，以纪念 1942 年磨山战役中英勇牺牲的烈士。

（六）石安河

石安河位于东海县境内，自石梁河水库向南，经石梁河、青湖、石榴、牛山、曲阳等镇至薛埠闸入安峰山水库，长 55.8 km，集水面积 213 km^2。石安河具有行洪、排涝、引水和饮用水源地等功能，设计与实际防洪标准 20 a 一遇，设计行洪流量 660 m^3/s、洪水位 19.9 m、保护面积 330 km^2，实际行洪流量 670 m^3/s；设计排涝标准 10 a 一遇、排涝与灌溉流量 70 m^3/s、排涝水位 18 m、灌溉面积 2.53万公顷、排涝面积 34 km^2。沿线涵闸 33 座，总规模 1 334 m^3/s；沿线泵站 115 座，总规模 72 m^3/s。

石安河为人工开挖等高截水的平底河道，河底宽 20～30 m，河底高程 14.00～15.00 m，河口宽 65 m。该河地处沂北山丘区，截降雨径流，由青湖、埝河、范埠三闸分别排入磨山河、埝河、范埠河，并且通过房山、芝麻翻水站调引长江与淮河来水补充水库。

石安河担负着石梁河水库向沭南灌区灌溉面积达 3.3 万公顷农田输水的任务。

石安河原为石梁河水库输水干渠，称石梁河南干渠。为沟通石梁河与安峰山两大水库，调引江淮水灌溉东海县境内中东部地区农田，1959—1971 年春，石安河全线挖通，到 1975 年共开雷土山、袁湖、凤凰墩、伍湖、亭埠、东安、贯庄、车庄、葛宅、张庄等 10 余处高岭，最大挖深 14 m；截断树墩、磨山、张桥、伍湖、河口、埝河、汤河、石榴、望烟、白沙河等 10 余条河流；沿河建泄洪闸(兼灌溉)4 座、水力发电站 5 座、公路桥 10 座、生产桥 21 座、灌溉渠首 23 座、拦沙坝 20 余座。在石安河以西先后兴建黄洼、磨山、界埃、英瞳、东西连湾、朱沟、郑庄、讲习、贺庄、西双湖、昌黎、横沟等 13 座中小型水库；建青湖闸，排水入新沭河；建薛埠闸，排水入安峰山水库；建埝河闸，以防超标准洪水；建范埠闸，遇特大暴雨放水入鲁兰河经临洪闸入海；建房山、芝麻翻水站，调引江淮水补给石梁河水库。1989 年 11 月全线复堤，堤顶宽 8.0 m，堤顶高程 21.00～22.00 m，边坡比 1∶2。

1990年8月，石安河沿岸陡降暴雨，水位猛涨，洪水冲毁桥、涵、闸33座，冲毁堤防5处，23个自然村3万余群众被水围困，房屋倒塌500余间，1.3万公顷农田受灾。

1996年，拓宽薛埠闸上1 km，疏浚安峰山水库引河，增建农场生产桥、葛宅节制闸。

1998年，利用中央政府债券及地方自筹资金，清淤疏浚石梁河水库到陇海铁路42.5 km。

2003年，由省、市、县投资投劳拓宽疏浚陇海铁路以南12.5 km，将原河底拓宽到20 m。

2012年9月，根据《全国中小河流治理专项规划》，东海县按20 a一遇防洪标准对石安河埝河闸至张庄闸段进行疏浚拓宽，拓浚河道19.9 km，拆建、新建提水泵站12座、拦沙坝13座。新建的提水泵站、拦沙坝在夏季用水高峰和汛期已发挥效益。2012年12月完工。

石安河沿线分布着优质稻麦种植、蔬菜和林果生产、万头品种猪繁育以及特色水产养殖等基地，拥有水晶石、石英、云母等主要矿产资源。河道与陇海铁路、连霍高速公路、310国道和245省道交叉。

石安河从石梁河水库南灌溉涵洞蜿蜒向西南11 km，穿石梁河镇到青湖镇，镇区交通网络四通八达，310国道和245省道在此交会；出青湖，南流16 km到石榴镇（原东海县驻地）；经石榴继续东行3 km流至东海县城牛山街道，中国最大的水晶交易市场坐落于此。自1991年以来，东海县先后举办了11届“中国东海水晶节”。

（七）沭新河

沭新河，自沭阳县城西北新沂河东北流经沭阳县，以及东海县房山、平明、白塔等乡镇，至连云港市海州区洪门大桥入蔷薇河。长75.7 km，河底宽10～34 m，河底高程5.00～2.40 m，河口宽30～150 m。沭新河为淮沭新河下游段，地跨宿迁和连云港两市，具有行洪、排涝、引水和饮用水源地等功能，集水与排涝面积394 km^2；设计防洪标准20 a一遇、行洪流量83～509 m^3/s、洪水位8.8～7.2 m，实际防洪标准5 a一遇、行洪流量60～220 m^3/s；设计排涝标准5 a一遇、排涝流量60 m^3/s，排涝水位1～3 m，设计灌溉流量100 m^3/s。沿线涵闸59

座，总规模 120 m^3/s；沿线泵站 48 座，总规模 80 m^3/s。

沭新河承担新沂河以北沭阳、东海、连云港市区等工农业和生活用水，年均调引江淮水约 5 亿 m^3。在沭阳县境内，沭新河自南向北，沿线有沂北渠首闸、沭新闸、沭新河南船闸等建筑物，在沭阳和东海两县交界处吴场村与友谊河、黄泥河、蔷薇河相汇，此处有蔷薇河地下涵洞、沭新退水闸、蔷北进水闸、沭新北船闸、桑墟水电站等建筑物。沭新河以西、沭新公路以南 115 km^2 高地涝水经路南河由黄庄闸排入沭新河。沭阳水坡位于沭新河和古泊善后河交汇处，是我国第一座过船水坡，为世界第三座过船水坡，沟通沭新河和古泊善后河的航运，建成于 1989 年。过吴场村，沭新河进入连云港市。在东海县境内，按照"东渠西河"布局形式，在沭新河右侧沿 5 m 等高线有沭新渠。沭新渠底宽 36～10 m，渠底高程 3.05～2.87 m，渠顶高程 8.00 m，顶宽 6 m，边坡比 1∶2。自吴场(蔷北)地下涵洞调引沭新河高水，与沭新河并行至白塔埠镇东白塔地下涵洞，穿沭新河向北入沭新干渠，又穿鲁兰河折向东至浦南镇海(州)青(口)公路，长 49.8 km。沭新渠是沭新灌区的总干渠，可自流灌溉房山、平明等 7 个乡镇 2.4 万公顷农田。

沭新河开挖于 20 世纪 50 年代。1959 年 9 月，开挖连云港市境内下游河段，1960—1961 年，续挖马河口北至吴场段，后停建。1970 年水电部批复重新开工，1971 年 6 月沭新河全线贯通。1972 年正式向东海县和连云港市区送水 70 m^3/s，其中，向连云港市区送水 15 m^3/s。1973 年完成沭新河主要配套工程。1975 年，按 20 a 一遇防洪标准加固下游堤防，接长沿岸建筑物。到 1990 年，沭新河沿线建成地涵 3 座、自排闸 2 座、铁路桥 1 座、公路桥 5 座、生产桥 14 座、干渠渠首 11 座；沿岸建电力排灌站 48 座，安装机组 246 台(套)，装机容量 16 628 kW；建成蔷北、白塔和鲁兰等地下引水涵洞。

沭新河自沭新闸北流入新河镇。新河镇 2 266.7 公顷耕地遍植 2 500 多种花木，新河花木生态旅游区被授予"全国农业旅游示范点"称号。境内胡家花园更是闻名遐迩，由嘉靖年间(1522—1566 年)进士胡琏始建，清康熙初年，胡琏后人胡简敬官至国子监司业，做过乾隆皇帝的老师。据说乾隆皇帝下江南时，专程到胡家花园御览，当时从皇宫带来的落地盆景"卧牛望月"和"二龙戏珠"至今仍然枝繁叶茂，是新河镇花园的镇园之宝。

沭新河自东海县境内吴场北流11 km，左岸为房山，远看山像是一座房子，房山镇因之得名。该镇矿产资源主要有蓝晶石、红宝石、石英和花岗岩，现存于中国地质博物馆、重达4.35 t的"水晶大王"，于1958年出自房山镇柘塘村。

沭新河出房山向东北4 km至平明镇，这里是全国产粮重镇，拥有全国硅材料产业基地，蔷薇河、沭新河、马河、民主河、纲要河、泊洋河等6条河流穿镇而过，是清末进士、内阁中书朱路的故乡。

（八）蔷薇河

蔷薇河，地跨宿迁与连云港两市，具有饮用水源地、引水供水、防洪和灌溉等功能。其上段为黄泥河，源于新沂市高流镇淋头河畔的耀南村一带，流经沭阳县，右纳赶埠大沟，左纳黑泥河，东流至东海县吴场村通过倒虹吸过沭新河，经临洪闸入临洪河。蔷薇河长53.4 km，河底宽25～100 m，河底高程−3.70～0.90 m，河口宽80 m，集水面积1 839 km^2。设计防洪与排涝标准5 a一遇至10 a一遇，设计行洪流量1 365 m^3/s、洪水位8.14～6.57 m、保护面积952.1 km^2；实际防洪标准，连云港市区段50 a一遇、市区以上20 a一遇；设计排涝300 m^3/s、排涝水位5.5 m、排涝面积693.0 km^2；设计灌溉面积4万公顷、灌溉流量60 m^3/s。沿线涵闸29座，总规模279 m^3/s；沿线泵站51座，总规模109.45 m^3/s。

蔷薇河是连云港市区主要饮用水源地，年调引长江淮河水约5亿 m^3。

蔷薇河两岸地势西高东低、北高南低，地面高程2.80～27.00 m，属平原湖荡区。蔷北干渠、蔷薇河、沭新河、友谊河在吴场村相汇；建有蔷薇河地下涵洞、沭新退水闸、蔷北进水闸、沭新北船闸、桑墟水电站等工程；主要支流，左岸有黄泥河、民主河、马河、沭新河、鲁兰河、乌龙河等，右岸有前蔷薇河、玉带河；在汇入临洪河处建有临洪挡潮闸。

明朝至民国期间，蔷薇河曾十数次疏浚。明嘉靖（1522—1566年）海州知州王同用以工代赈法在蔷薇河入海口筑5道堤坝挡海潮。清朝海州知州孙明忠、马会云、李永书、何廷谟等均征工挑浚蔷薇河。民国时期，南城人武同举作《吁兴江北水利文》，指出苏北沂沭洪水灾害的主因是下游不畅，应在治理沂沭的同时挑浚蔷薇河，并在临洪河建闸坝挡潮防淤，控制蓄泄。1931年春夏间疏浚蔷薇河，1932年春，续浚蔷薇河张渡口至张湾段。1945年后连续5 a大水。1947年，蔷薇河两岸农田受灾达97%。

1956 年，江苏省治淮指挥部编制《沂北地区排涝规划》，确定在蔷薇河上游开挖新开河，截西部 896 km^2 高水入新沂河，蔷薇河仍由临洪河口入海，是年 3—5 月，疏浚、复堤蔷薇河小许庄至大夫亭段，兴建引排涵洞 11 座。

1958 年起，蔷薇河以北流域实施“拦蓄山水，分级截水，河道蓄泄，洼地抽排，改善入海通道”治理规划。1958 年，建成安峰山、昌黎、贺庄、横沟、房山等大中型水库拦蓄山水；在蔷薇河下游建临洪闸，闸长 136.5 m，设计流量 1 380 m^3/s，挡潮防淤，控制蓄泄。1959 年渡深拓宽蔷薇河沙板桥至临洪闸段，兴建洪门桥。1960 年疏浚开挖富安至临洪闸段。20 世纪 60—70 年代，先后开挖沭新河、石安河、龙梁河等，截高水分流。1961—1967 年，疏浚开挖引河和复堤工程。1969—1970 年，临洪闸上游疏浚 4 km，下游河道取直 3 km（至新沭河）。

1970 年 7 月中下旬，沂沭河中下游地区连日暴雨，蔷薇河右堤、临洪河右堤分段决口 14 处，新浦、大浦、台北盐场被淹。

1970 年 11 月至 1971 年 3 月，疏浚复堤友谊河口至临洪闸 51 km，兴建桥、涵 5 座，接长加固涵洞 64 座。1971 年 4—5 月，按堤顶高程 7.00 m、顶宽 4 m，复堤洪门桥至临洪闸 9.24 km。1974—1975 年春，块石护坡张湾段 13 处险工 4.45 km。

1974 年 8 月，受台风倒槽与冷空气结合影响，沂沭河流域平均降雨 300 mm，蔷薇河 3 日平均暴雨量 293 mm，蔷薇河支流乌龙河、马河等均出现历史最高水位，东海县境内沭新河、马河漫决，大面积农田受淹。

1976 年 12 月至 1979 年 7 月，兴建临洪西翻水站，装机 3 台(套)9 000 kW，设计流量 90 m^3/s，以抽排乌龙河流域 197 km^2 内涝。

1983 年 7 月，连云港境内连降暴雨，平均雨量 242 mm，其中市区 239 mm。是年 12 月至 1984 年 2 月，按 20 a 一遇防洪标准，复堤洪门桥至临洪闸段。1987 年 12 月至 1988 年 5 月，加高培厚田水河至洪门桥段东堤 6.8 km。1996 年，江苏省结合淮河水污染治理和环境保护，实施蔷薇河“送清水”工程，截污水入新沂河，建排污通道 145 km，最大排污能力 50 m^3/s，使近 5 000 km^2 范围内的供水水质得到根本改善。

2000 年 8 月 28—31 日，受 12 号台风外围与冷暖气流共同影响，连云港市普降大暴雨，局部特大暴雨，加上正值天文大潮和石梁河水库客水压境，出现大风、暴雨、高潮、新沭河行洪碰头，全市直接经济损失达 48.18 亿元。当年“8·30”大水后，复建 1978 年始建的临洪东排涝泵站，设计装机 12 台(套)3.6 万 kW，抽排流量 360 m^3/s，以供蔷薇河失去自排条件时抽排洪涝入临洪河。同年 11 月 27 日，复建 1981 年 1 月缓建的大浦抽水站，装机 6 台(套)4 800 kW，抽水流量 40 m^3/s。2004 年 1 月建成，供蔷薇河支流大浦河失去自排条件时抽排大浦河洪涝入新沭河。2008 年疏浚蔷薇河 12.7 km，疏浚后的下游出口段排涝标准由 5 a 一遇提高到 10 a 一遇。

蔷薇河以其沿岸盛植蔷薇花而得名。流经的桑墟镇，明清时期，水运到海州府的客船曾将其作为驿站，舟车过往，商贾云集。民国初年，在今桑墟南首曾建有天启庙、大虹桥，盛极一时。境内古有桑墟湖，与青伊湖、硕项湖相通，水运便利，文人雅士常于此泛舟，吟诗作对。清康熙以前，该湖在汤沟与硕项湖相通，上承沭水下泄入海，清代中期，淤淀为季节性湖泊，夏季积水为湖，秋冬则涸为陆地。

蔷薇河经锦屏山西，左岸有马河、沭新河汇入，右岸有电厂闸与玉带河相连；再过海州东北流 3.5 km，鲁兰河从左岸汇入，复行 3.5 km，右岸是供连云港市区生活、生产用水的茅口水厂，日产水 12.5 万 t。连云港市海州区有建成于东魏武定七年(549 年)的海州古城。梁天监十一年(512 年)筑海州土城，宋明时期加以修筑。紧邻海州锦屏山麓，有旧石器桃花涧文化遗址和新石器二涧遗址，有距今 500 多年的“东方天书”将军崖岩画。秦始皇三十五年(公元前 212 年)曾在此山立石为“秦东门”，山南有筑于北宋天禧四年(1020 年)的集农田水利、交通军事关隘等功能于一体的石湫堰，有“全国化工矿山摇篮”之称的锦屏磷矿。锦屏山北、海州古城西有白虎山，山上有海州知州张叔夜的题名碑。

(九) 绣针河

绣针河源于山东省，经苏鲁省界进入赣榆区柘汪镇大王坊村东南入黄海海州湾。绣针河为省际排洪河道，下游在赣榆区境内，具有防洪、供水、灌溉和除涝等功能。自柘汪镇东、西棘荡村至入海口长 7.6 km，河底宽 250 m，河底高程 0.50～7.60 m，河口宽 400～1 000 m，集水、保护与排涝面积均为 16.9 km^2。实际防洪标准相当于 5 a 一遇、行洪流量 800 m^3/s；设计排涝标准 5 a 一遇、流量 53.5 m^3/s；设计和有效灌溉面积 1 000 公顷、灌溉流量 2.0 m^3/s。沿线涵闸 4

座，总规模 10 m^3/s；沿线泵站 4 座，总规模 2 m^3/s。

绣针河属季节性河流，受海洋性气候影响较大，降水量年际变化大，年内分配不均，雨季一般集中在 6—9 月，多年平均年降雨量 856.3 mm。汛期洪水暴涨暴落，枯水期河水断流，径流年内随季节变化明显，6—9 月径流量占全年的 87.2%，有连续干旱、连续丰水特点，多年平均年径流量 7 668 万 m^3，枯水年为 2 450万 m^3。

绣针河地处山丘区，两岸地势西北高东南低，主要支流有牛庙河、温家村河、坪上河、团林河等。

1937 年大水，沿河两岸大片庄稼被冲，百姓流离失所。1956 年 9 月 4 日、1962 年 7 月 31 日、1975 年 8 月 14 日洪水泛滥，受灾农田均达 2 000 公顷。

20 世纪 50 年代开始，先后 5 次修复、加高、培厚绣针河堤防并筑丁坝保滩，将堤防向上游延长至西棘荡村。1959 年在上游山东省莒南县大山乡境内修建库容 1 570 万 m^3 的水库。

20 世纪 70 年代，山东省日照获水村村民在河口兴建鱼塘，修建丁字坝，将绣针河口西北—东南流向改变，引起苏鲁两省土地权属纠纷。在淮河水利委员会协调下，妥善处理了苏鲁两省交界处土地权属纠纷。为彻底解决绣针河的洪涝问题及边界水事矛盾，淮河水利委员会及江苏、山东两省水利有关部门于 1996 年 11 月 29—30 日在山东日照市岚山召开了鲁苏边界绣针河治理规划协商会。会议按照“统一标准，统一规划、统一治理”的原则，发扬顾全大局、团结治水的精神，达成了鲁、苏边界绣针河治理规划协商意见。淮河水利委员会以水政资〔1996〕24 号文批准了《关于发送鲁苏边界绣针河治理规划协商意见的函》，统一了绣针河治理规划标准。

1997 年，连云港市对绣针河治理措施编制了可行性研究报告，提出了规划治理措施：按 5 a 一遇除涝标准设计河道中泓断面，按 20 a 一遇防洪标准确定滩面宽度、堤顶高程。河道以原河流走向为主，充分利用现有河槽和老堤，并适当加以顺直，使河道中心线与省界相吻合，不吻合的使其偏差达到均衡。堤间距较窄河段按防洪标准断面退堤，清除滩面障碍，提高堤防标准，扩大行洪流量，满足 20 a 一遇防洪标准。治理规划范围：从省界开始至海口，长 8.1 km，规划重点以防洪除涝为主，兼顾水、沙资源的综合开发利用。治理规划设计标准：除涝

5 a 一遇，设计流量 419 m^3/s；防洪 20 a 一遇，设计流量 1 358 m^3/s。配套及影响建筑物工程共计 12 项，概算 4 742.56 万元，并以赣水〔1997〕68 号文报送连云港市水利局，但终因资金无从筹措，未能实施。

绣针河入海口南的柘汪镇林子村东有春秋时期的纪鄣古城，秦汉时期被海水淹没。清康熙七年(1668 年)，郯城大地震，导致“海退三十里”，“城之西门故址犹可见”。柘汪镇大新庄村有新石器时代和周代文化遗址，出土周代陶井多口。204 国道、岚济公路和兖石铁路在赣榆区境内跨绣针河而过。

（十）龙王河

龙王河源于山东省莒南县，南流经苏鲁省界进入赣榆区金山镇小河埃村，经赣榆区海头镇海州湾入黄海，赣榆区境内长 24.3 km，河底高程 19.10～0.00 m，河底与河口宽 300～400 m。龙王河具有防洪除涝、灌溉、供水、水产养殖等综合功能，在赣榆区境内集水面积 123.5 km^2。设计防洪标准 20 a 一遇，实际防洪标准相当于 10 a 一遇、保护与排涝面积 151 km^2；设计排涝标准 10 a 一遇；设计灌溉面积 4 667 公顷。沿线涵闸 10 座，总规模 30 m^3/s；沿线泵站 2 座，总规模 2 m^3/s。

龙王河底均为岩石埋藏，由东向西倾斜，深度由东岸向西在河中伸展，岩石高程由 13.00 m 变化至 0.80 m，中泓部分岩石以上有少量淤泥及泥质沙。两岸地势北高南低，上游大部分为山区，以花岗岩为主，中游缓丘，沿河流向中间低两侧高，下游为冲积平原。龙王河属季节性河流，支流陡、干流缓，汛期上冲下淤，水土流失较严重。石堰漫水桥以下比降约 1∶1 000，河床宽 300～400 m，深 3～4 m，多积沙，弯多弯大，易受海水顶托。

历史上龙王河洪涝灾害频繁，最大洪灾发生于清雍正八年(1730 年)。1954 年，将兴庄河支流尚庄河改入龙王河。1957—1962 年春，整修下游河堤。1962 年 7 月 13 日陡降暴雨 300 mm，洪峰流量约 3 800 m^3/s，当地政府组织群众全线维修加固堤防。当年国家补助经费在港口南岸做丁坝 11 道。1963 年，续建海头保滩工程。除对丁坝加固，使其中 5 号、6 号、7 号、9 号坝作为临时码头外，浆制块石护砌海头镇以下河岸堤防。截至 1990 年，在龙王河沿线上中游建成中型水库 2 座、小型水库 46 座、防洪闸坝 9 座、抽水站 60 座，灌溉农田 8 000 公顷。1965 年 6 月，在金山镇后石堰村龙王河中泓兴建漫水闸，该闸由泄水闸与溢流堰组成，为龙王河梯级控制工程，拦蓄上游来水，并与龙北干渠、环岭干渠东西相连，使水源相互调剂。1966 年建龙北灌区，灌溉面积 3 333 公顷。

2009 年 3 月，连云港市水利局组织对石堰漫水闸进行安全鉴定，评定该闸为三类水闸，必须进行除险加固。江苏省水利勘测设计研究院于 2010 年编制的《江苏省大中型水闸除险加固工程规划》将赣榆区石堰漫水闸列入加固计划。石堰漫水闸除险加固工程于 2012 年 9 月开工，2013 年 5 月竣工，总投资 2 583.92 万元。加固后石堰漫水闸不漫水设计泄水水位 15.4 m，相应设计流量为 150 m^3/s；漫水设计泄水水位 17.0 m，相应设计流量为 590 m^3/s；闸址最高洪水位 18.8 m，相应行洪流量为 2 020 m^3/s。承泄龙王河上游以及区间洪水，调节水位，减少下游河床冲刷；拦蓄尾水，发展灌溉，设计灌溉面积 4.7 万公顷。

2011 年，龙王河治理列入水利部、财政部《全国重点中小河流治理实施方案（2013—2015 年）》，2012 年 8 月省水利厅批复实施石堰漫水桥至新 204 国道段 13.1 km 中的宅基村漫水桥至海头林场段 3.7 km 治理，疏浚河槽，局部裁弯取直，加固右堤，增建钢筋混凝土溢流堰，新建涵洞 2 座，总投资 2 917 万元，其中省补 2 042 万元。

龙王河石堰漫水闸西南 1 km 处有徐福村，是秦代方士徐福的故里。《史记·秦始皇本纪》载，秦始皇派徐福率 3 000 童男童女和五谷百工，乘船东渡，寻求长生不死之药。日本尊徐福为“司农耕神”和“医药神”。1988 年，赣榆县（今赣榆区）政府为纪念东渡日本第一人徐福，在徐福村北原庙址建徐福祠。

龙王河自徐福村东南流约 12 km，左岸为盐仓城村，盐仓城村西南、西北有汉代盐仓古城残垣 2 处。盐仓城为春秋莒国盐官驻地、汉代赣榆区主城，出土有西周至汉代的陶器、铜器、钱币等。

龙王河在海头镇境内汇入黄海。海头镇是国务院批准的首批沿海对外开放镇之一。境内拥有 11.6 km 长的海岸线，建有梭子蟹、贝类、紫菜等 6 大养殖基地。海头镇以东，龙王河左岸建有海州湾旅游度假区。

龙王河入海处的海头港是天然渔港，可停泊 50～400 t 级船舶。海头港原名朱蓬港，名因帆篷皆用朱红色槲树皮汁蒸染，现为连云港市“一体两翼”港口群北翼的中点港。

朱蓬口东南隔海 15 km 有秦山岛，旧传秦始皇曾登岛求仙，岛上遗有秦始皇授珠台，西端有海积石英卵石“神路”，呈“S”形蜿蜒向陆，长 8.8 km，涨潮时海水激荡如游龙戏水，落潮时时隐时现渐渐露出，是我国著名的海岛陆连沙坝。

（十一）青口河

青口河源自山东省，自苏鲁省界进入赣榆区黑林镇埠地村至入海口，长34.8 km，河底宽 50～140 m，河底高程 0.00～20.50 m，河口宽 100～300 m，集水面积 267 km^2。沿线涵闸 92 座，总规模 476 m^3/s；沿线泵站 17 座，总规模 250 m^3/s。

青口河为赣榆区境内主要防洪河道，是小塔山水库唯一的防洪泄洪通道，设计与实际防洪标准 50 a 一遇。

青口河在小塔山水库以上称黑林河，即自源头东南流至洙边乡西北。右岸有临沭县境内马家峪河汇入，再经山东省临沭县三界首村入江苏省赣榆区，至黑林镇汇入小塔山水库。此段地处低山丘陵，左岸有旦头河，自小塔山水库主坝溢洪闸以东称青口河，向东地势逐渐平缓。

1915 年，邑人许鼎霖募集资金及以工代赈修筑青口西门外青口河石坝 80 丈（清代量地 1 丈＝345 cm），自朱村店以上筑堤 1 698 丈，填冲沟 41 丈。1919 年，知县王佐良筑青口以上堤防 500 余丈，以下 755 丈，疏浚下游河道 620 余丈。

1951 年，在入海口处开挖导流河 1 000 m，因淤塞严重，低潮仍循旧道涨落。1952 年，在大新庄至青口间筑条石丁坝 5 座。1953 年大水，青口河决堤 17 处，青口地区倒塌房屋 200 多间，冲毁鱼塘 4 000 多公顷。1954 年，在青口河左岸孙园处开挖临时分洪道，计划分洪 500 m^3/s。1956 年，在上游山丘区兴建小型水库 45 座。1959 年在中游建成小塔山水库，以调控上游来水。1962 年洪水，赣榆县城西段大堤决口。1963 年 2 月，在青口河距入海口 6.6 km 处中泓兴建漫水闸，作为青口河梯级控制工程，发挥防洪、排涝、灌溉等作用。1971—1976 年，开挖塔山、沭北一级和二级等截洪沟。1973—1977 年，在小塔山水库下兴建邵庄跌水、沙河子和青口漫水闸以及下口挡潮闸，实现了青口河 4 级控制，青口河内的蓄水量达到 1 500 万 m^3。1983 年冬，将青口河与通榆运河接通。1985 年，在青口漫水闸下游兴建码头通航。2001 年，淮河水利委员会批复青口河整治小塔山水库主坝溢洪闸至入海口 28.2 km，第一期工程，整治下游赣榆大桥到入海口 9 km，第二期工程，2004 年 2—5 月，上中游主坝溢洪闸到赣榆大桥 19.2 km 实施河道拓浚、堤防滩面修整、上游筑堤、局部裁弯取直。2005 年 11 月—2006

年8月，在青口河上游兴建瞿沟陡坡。瞿沟陡坡工程是青口河控制性3级水工建筑物，有效改善了该河段的水流条件，增加了河床蓄水量500万 m^3。

2002年3月，在海堤达标工程中省水利厅批复赣榆县对青口河挡潮闸进行加固处理，2003年完工。2009年，在青口镇丁庄村南建控制闸，2010年12月完工，总投资2 352万元。青口河引水闸为沭北航道改道段河道上的控制性建筑物，于2008年12月6日开工，2009年11月20日完工，设计流量30 m^3/s。青口河控制闸为通榆河北延送水工程青口河上的控制性建筑物，主要功能是排洪、通航、挡水，设计流量500 m^3/s，校核流量600 m^3/s。2010年12月完工。

青口河自山东省临沭县三界首村流入江苏省赣榆区黑林镇，镇西1 000 m处的河西村西北有西周文化遗址，出土西周灰砂绳纹鬲足、兽骨、人头盖骨亚化石等文物。青口河出小塔山水库东南流2 000 m，左岸塔山镇大小莒城村是春秋时莒国都城遗址，有古墓群，出土文物有晚周陶器残片，镇驻地汉代土城占地11 km^2；右岸城头镇苏青墩、青墩庙村有新石器时代遗址。青口河蜿蜒东南流至城西、赣马两镇之间，左岸赣马镇原为宋、元、明、清和民国县治，境内城里村有后大堂龙山文化遗址、清代建筑文峰塔。

青口河穿流入赣榆区城青口镇，清末状元张謇曾被聘为青口选青书院山长，中国近代著名实业家、青口人许鼎霖曾与张春、严信厚等合伙经营赣榆海赣垦牧公司，创赣榆县实业之先。

青口镇东邻海州湾，有渔盐航运之利。清乾隆五年(1740年)，沿青口河开港，青口港逐渐成为苏北、鲁南的商品集散地。清光绪年间(1875—1908年)，青口作为开放口岸即设常关管理。1985年在204国道东1 000 m处新建青口内河码头。随着城市建设“南伸东延”战略的实施，2003年青口港东迁至入海口，被列为“国家一级渔港”。港区集航运、捕捞、海产品交易于一体，为连云港市“一体两翼”的北翼港口群之一。

（十二）古泊善后河

古泊善后河位于新沂河以北，地跨宿迁与连云港两市，是排涝、灌溉的骨干河道和七级航道，长89.9 km，集水面积1 471 km^2。设计防洪标准20 a一遇至50 a一遇、保护面积342.2 km^2；设计排涝标准5 a一遇至10 a一遇；设计灌溉面积3 333公顷。沿线涵闸15座，总规模2 374 m^3/s；沿线泵站3座，总规模3 m^3/s。

河道西起沭阳县沭新河上元兴闸南侧过船水坡，经沭阳、东海、灌云三县和海州区，东至灌云县东陬山善后新闸。河底宽 14～124 m，河底高程 −3.00～0.80 m，河口宽 80～150 m。

古泊善后河，即古泊河与善后河上下相连后的统称。自沭阳县高墟镇东流 49.42 km 与盐河交汇，此段称古泊河。在沭阳县境内，古泊善后河自沭新河起，与古泊灌区送水主渠道古泊干渠平行向东，两岸有西万公河、万西大沟、万东大沟、生疏沟、左洪沟、官沟河、韩西沟、韩东河等支河汇入。在灌云县境内，古泊善后河南岸有新老滂沟河、西护岭河、叮当河、新老千斤沟、徐大沟汇入，北岸有卓王河汇入。在板浦镇，古泊善后河与盐河十字相交，向东 27.73 km 至东陬山善后新闸称善后河，南岸有相机排水的大新河汇入，北岸有相机排水的云善河、埃字河和东辛农场诸干河汇入。古泊善后河为高水位排涝河道，汛期两岸支河关闸封闭，沿线低洼地强排除涝，非汛期储蓄上游回归水，供两岸农田灌溉。丰水年可供水 2 亿～3 亿 m^3。沿岸自来水厂均取该河淡水供人畜饮用。古泊善后河自淮沭新河东北流，先后穿流汾灌和宁连高速公路桥。

善后河前身为鲁河，西起盐河，东至埒子口，是盐场运盐至板浦集散的主航道之一，后因大新口上段失修而淤塞。1936 年疏浚盐河至大新河段，使盐河与鲁河复通，命名善后河。古泊河原为古涟河，起于沭阳县高墟镇已废的港河陆口东，尾闾入卓王河后分 2 股，一股沿卓王河向北入前蔷薇河，再北入后蔷薇河，由临洪口入海；一股沿卓王河向东入泊阳河，再东入善后河，由埒子口入海。临洪口被新沭河所占后，该股泄水不畅，导致沭阳县境内司家荡青伊湖等洼地内涝。

1952 年，将古涟河起点西移至沭阳高墟湖东口接生疏沟，灌云县穆圩（龙苴镇）以下改道向东北至小李庄接泊阳河，东至板浦南汇盐河。此时，古链河与泊阳河合称古泊河。古（涟）泊（阳）河穿盐河后直通善后河出海。1952—1953 年，疏通古泊善后河，在善后河终点东陬山兴建善后河节制闸，8 孔，其中 1 孔为通航孔，每孔净宽 6 m，设计流量 280 m^3/s，由于善后河断面及节制闸偏小，不能解决排涝问题，1957 年冬，调整盐河以东出海水系，将善后河节制闸让给车轴河入埒子口，其北侧另建新闸，共 10 孔，每孔净宽 10 m，设计流量 1 050 m^3/s，排泄善后河涝水并挡潮。1958 年，疏浚善后河，河底宽扩至 64 m，河底高程由

－1.60～－2.00 m 加深至－3.00 m。1959 年 2 月，将古涟河起点向西延伸，穿过司家荡洼地，再向西切断后沭河、西万公河直到沭新河东。1960 年冬，扩浚上游新开段，在北岸兴建沭新二干渠(古泊分干渠)上段，堵闭西万公河、后沭河北口。挖河加固司家荡圩堤，疏浚老滂沟口至泊阳河口段。1963 年，疏浚古泊善后河上段，将河底扩宽至 66 m。20 世纪 60 年代中后期，上游沭阳沂北地区年年受涝成灾，为了彻底解决古泊善后河排涝问题，淮阴地区将善后新闸上游水位提高为 3.0 m，盐河板浦处水位提高至 3.5 m。在易涝成灾洼地兴建排涝站。1975 年冬，沭阳、灌云、灌南、涟水等县 10 万人，疏浚盐河至善后新闸 27 km，河底宽 124 m，河底高程－3.00～－3.50 m。1976 年春，灌云、沭阳、淮阴、涟水等县 10 万人，开挖古泊河、盐河至西万公河 49.42 km。

2008 年 6 月，实施江苏省通榆河北延送水工程，灌云县境内新建善后河南泵站，为三等中型工程，设计调水流量 30 m^3/s，设计扬程 1.5 m。选用 3 台(套)直径约 2 000 mm 的潜水贯流泵机组，单机设计流量 10 m^3/s。采用平、直管进出水流道进出水侧各设 3 扇快速工作闸门，配液压启闭机控制。泵站进水道入口设回转式清污机，配皮带输送机。善后河北建相应同标准地涵。2010 年 6 月竣工，总投资 4 160 万元。

按原标准加固水利部门管理的善后河南套闸及云善河套闸，在善后河南北分别新建 2 座套闸，由连云港善后河枢纽船闸管理所管理，闸宽 23 m，河道标准定为三级航道。

古泊善后河和沭新河在沭阳县桑墟镇境内交汇，在交汇处古泊河内建有沭阳水坡，是我国第一座过船水坡，为世界第三座过船水坡，也称水坡升船机工程。沭阳水坡由坡槽、上坡首、下坡首、上游引航道和下游引航道等组成，通过水槽、控制室和推进机等大型设备，使船舶从水位落差很大的低处爬上高坡，直接进入上游河道。工程于 1985 年兴建，1990 年 3 月投入运行。

古泊善后河南岸的龙苴镇为“楚将龙苴所筑”(《史记》)，东魏武定七年(549 年)，在龙苴建立海州府，东彭城郡治曾设于此。龙苴有新石器遗址、古城遗址、汉墓群、古汉井等。

古泊善后河与盐河在板浦镇相交。板浦镇建于隋末唐初，因“得山海之势，具鱼盐之利”，两淮盐商大都云集于此。明代作家吴承恩、清代乾嘉学派经学大师凌廷堪、大学士阮元等曾游学板浦。文学巨匠李汝珍寓居板浦30 a，并在此写出《镜花缘》。古泊善后河自盐河向东8 km有伊芦山紧依善后河下游右岸，传说商初宰相伊尹曾在此山隐居，故名伊芦山。山北麓有星相图，山西坡有“飞人”岩画，山上有藏军洞360个，是吴越时期的军事设施，大洞可排盛宴，小洞可供三五人藏身。山下的伊芦乡是项羽麾下名将钟离昧故里。伊芦山中庵后院山崖下有奇泉，两泉并排相通，一泉清澈，一泉浑浊，二泉泾渭分明，终年不涸。

（十三）五灌河

五灌河，位于灌云县境内，西起五图河农场小南沟，东经灌云县燕尾港镇至灌河口入黄海，长16.2 km，集水与排涝面积746 km^2。设计防洪标准20 a一遇，实际防洪标准20 a一遇，排涝标准5 a一遇，保护面积1 012 km^2。五灌河因上承五图河、下接灌河而得名，是一条以排涝为主，结合引水灌溉、航运的河道，河底宽145 m，河底高程－2.94～－3.47 m，河口宽154 m。沿线涵闸25座，总规模125 m^3/s。

五灌河南北与五图河相连，东西与界圩河相接，入海口处建有挡潮闸，与燕尾挡潮闸共同承担流量720 m^3/s的排涝任务。

1972年，2.5万人开挖五灌河。1976年秋，3万人拓宽五灌河，河底由80 m拓宽至85 m，河底高程－1.80～－2.00 m。为排泄善南地区746 km^2内涝，按5 a一遇排涝标准，分三期拓宽浚深五灌河，兴建五灌河挡潮闸。第一期工程，1992年11—12月，灌云县组织21个乡镇7万人，拓浚小南沟至三百弓10 km，三百弓公路桥和小南沟南叉河桥接长、北叉河桥加固。第二期工程，1993年11月—1994年1月，灌云县组织东辛、宁海、同兴、圩丰4个乡镇民工0.8万人，开挖五灌河挡潮闸闸塘。1994年春，兴建五灌河挡潮闸，5孔，每孔净宽10 m，设计流量470 m^3/s，交通桥桥面净宽4.5 m，设计荷载为汽－10～汽－50。第三期工程，1994年11月—1995年1月，灌云县组织沂北、伊芦、四队、图河、白蚬、侍庄、小伊、穆圩、龙苴、陡沟、南岗、界圩、鲁河13个乡镇255个行政村5万人，拓浚三百弓村至燕尾挡潮闸下游施工坝6.14 km，开挖五灌河挡潮闸上游引河350 m；组织下车、向阳、东王集、伊山、圩丰、同兴、宁海、东辛8个乡镇打拆坝土方以及大堤接线。

2011年8月，为改善排水条件，提高区域排涝标准，根据水利部、财政部《全国重点中小河流治理实施方案(2013—2015)》,江苏省水利厅批复对五灌河实施治理。工程于2011年9月开工,2012年4月完工,按5 a一遇排涝流量达到532.6 m^3/s、防洪标准达到20 a一遇标准设计,投入经费27 286万元。

五灌河燕尾港是苏北海河联运港口。支柱产业为海洋捕捞,海产品养殖、加工、贸易及海洋运输等。燕尾港作为苏北地区条件最佳的港口,有100多年历史,素以"享黄金海岸,受渔盐之利"著称,被确定为一级渔港。境内开山岛距镇区10 km,岛上怪石嶙峋,曲径通幽,并有惊险刺激的军事坑道设施,形成了"游海岛看日出、观海景、钓海鱼、吃海鲜"的特色旅游,已建成龙王庙、团港渔村等景点。

(十四)灌河

灌河,地处连云港与盐城两市,为新开河以南、废黄河以北沂沭泗水系下游入海骨干河道,具有防洪、排涝、通航等功能。西起灌南县武障河、龙沟河、义泽河交汇处的东三岔,流经灌南、响水至灌云县燕尾港入海。长62.5 km,集水与保护面积2 210 km^2。灌河因黄河夺淮所形成的沂沭泗水系诸多河道东注冲刷成河而得名,又因随潮汐涨落而被称为潮河、大潮河,还因与南潮河相对,被称为北潮河。河底宽200～800 m,河底高程－1.30～11.00 m,河口宽300～1 300 m。实际防洪标准20 a一遇,排涝面积1 041 km^2。沿线涵闸65座,总规模5 259 m^3/s;沿线泵站1座,总规模3 m^3/s。

灌河是江苏省境内唯一未在河口建闸控制的最大天然潮汐河道,河面宽阔,上游300～700 m,下游尾部100～2 500 m,水深随潮汐变化,低潮平均水深4～9 m,高潮平均水深7～12 m。其主要支流,上游有南六塘河、北六塘河、柴米河、沂南小河等,穿过盐河分别有武障河、龙沟河、义泽河汇入,中游有一帆河、唐响河、甸响河、黄响河、通榆河、响坎河等;下游有南潮河、民生河、五灌河。灌河与新沂河共口入海,两岸另有49条大沟级河道直接汇入。灌河口为喇叭形河口,为潮汐河道,潮型为不规则半日潮。灌河口潮流受海州湾潮波系统控制,输水能力4 610 m^3/s。灌河燕尾港站最高潮位3.91 m,最低潮位－2.67 m,最大潮差4.68 m;响水口站最高潮位4.27 m,最低潮位－2.27 m,最大潮差6.16 m。口外风浪较大,距河口7.5 km开山岛附近最大潮波高5 m以上,河口内燕尾港潮波高1.5 m,堆沟港0.5 m。

灌河两岸大部分属黄淮冲积平原，地面多黄泛沉积物，由西南向东北逐渐倾斜，常以黄河故道决口为端点，星扇状或套状分布，许多村庄以套为地名。地势起伏不大，最大高差 8 m 左右。下游地区海积平原特点明显，地势低平，地表土层以亚黏土为主。

1194—1855 年，灌河地区共发生洪灾 87 a，潮灾 15 a，旱灾 32 a，涝灾 27 a，多灾交错 18 a。

自明正德(1506—1521 年)以来，灌河是沂沭泗水系的入海尾闾。清顺治元年(1644 年)，为开辟沂水出路，在宿迁县城北开拦马河(六塘河)泄骆马湖洪水入硕项湖。康熙中期，开南北六塘河上接总六塘河经灌河出海。康熙二十二年(1683 年)，河道总督靳辅在灌河下游设立苇荡营筑堤防潮。康熙三十八年(1699 年)，河道总督于成龙在灌河北设守备、千总、把总，将 600 名兵士分 10 队沿灌河驻扎。五队、九队等地名在灌南县至今仍在沿用。此时，灌河口外的通海口门皆设底埝，河边建简易圩堤，堤上植柳。乾隆(1736—1795 年)、光绪(1875—1908 年)年间多次疏通淮河支流，或疏通灌河邻近入海河道为灌河分流。1935 年 7 月，灌河左堤自茂兴庄河口至陈家港，填土 7 500 m^3，灌河西堤全部填土 4.6 万 m^3。

1953—1954 年，按堤顶高程 4.50～5.00 m、顶宽 2～3 m，加固复堤大堤。1961—1963 年冬，将灌河沿岸 170 余座简易石闸并港重建 63 座，其中，灌南县 32 座，响水县 81 座；加固复堤潮河坝至东三岔和东三岔至窑河口段。1968 年，修建挡浪墙 300 m，潮河坝以下灌河复堤；田楼街段干砌块石护坡 450 m，加做 16 m 丁坝 3 道。1972 年冬，潮河坝至堆沟全线复堤。1974 年 6 月，块石护坡龙王庙段 600 m、长茂头图段 100 m、田楼街段 300 m。1975 年 7 月，块石护坡堆沟毛龙港 600 m。1978 年 11 月—1979 年 11 月，复堤加固小湖河以东灌河和东三岔至潮坝段及东三岔至窑河口段，块石护坡堆沟港镇王庄小学段 860 m、田楼街段 450 m。1980 年，块石护坡九队乡大王庄段 200 m。1982—1983 年，块石护坡堆沟港镇大嘴村 250 m、五队乡小港村 200 m。1984—1985 年，块石护坡堆沟港镇大嘴段 300 m、五队乡小港段 250 m、三口镇窑口段 300 m、堆沟外贸码头向北 250 m；维修加固田楼街段和龙王庙段护坡。1988 年，块石护坡灌河东三岔苏口段 580 m。1991 年，块石护坡九队老沟段 100 m、长茂龙王庙段 180 m。

1993—1994 年春，维修加固涵闸 27 座，更新维修闸门 13 扇，新做钢质检修门 5 块、木质检修门 2 套。

1997 年汛后，在全省海堤达标建设任务中将灌河堤纳入建设规划，河道两岸堤防和建筑物防洪标准提高到抵御 50 a 一遇高潮位加 10 级风浪爬高。1997 年，干砌块石护坡长茂大埝口段 300 m、田楼街段 200 m；在原一号、二号丁坝之间新建丁坝，长 15 m，坝顶宽 2.2 m，采用 150 号浆砌块石，坝头基础采用板桩封头封边；维修一号丁坝 80 m。维修封闭原轮船码头 3 个通水孔；实施灌河堤除险加固工程。1998 年春，加固五队与田楼交界处至长茂镇老潮河坝段 25.65 km；同年冬，灌北 5 个乡镇 3.4 万人，投入 600 余台机械，按 50 a 一遇标准，复堤 55 km，加固 5 座涵闸，护坡 1.73 km。当年完成灌河堤防达标一期护岸工程 1 000 m，完成长茂镇龙王庙段 330 m、堆沟港镇大嘴段 370 m、五队乡三队段 300 m。1999 年，完成堆沟闸加固工程。1998 年开始，响水县对响水镇段 1 300 m、港南乡段 200 m 实施达标加固，对民生河闸、南潮河闸、一分排北闸实施除险加固。

2000 年 8 月 30—31 日，12 号台风与北方弱冷空气相遇，形成特强降雨云系，以响水县城为中心，连云港、盐城、淮安三市部分地区普降特大暴雨。响水县城 24 h 降雨 825 mm，超过 1 000 a 一遇，水位高达 4.14 m，平均积水深 1.4 m，最深 1.9 m，灌南长茂镇 1 d 降雨量达 812 mm。灌河地区出现超历史灾情。

灌河堤防达标二期工程，新做浆砌块石防护工程 2 000 m(包括抛石固基)。防护工程包括龙王庙段 270 m、二图段 1 000 m、五队乡 600 m、堆沟大嘴段 130 m。2001 年完成三口、张湾段堤防加固 25.8 km。2002 年完成七队闸、头队闸、三兴闸加固工程。2004 年 4 月，灌河龙王庙段修建护坡工程列为年度防汛急办项目，完成灌河浆砌块石护坡 125 m 和 75 m。

2005 年 7 月，增建灌河长茂段护砌，完成长茂头图浆砌块石护坡 175 m，头图闸东段增做 90 m 浆砌块石护岸。护砌大圈苏口段，浆砌块石护岸北陈集老街段。2006 年 10 月—2007 年 4 月，在加快海堤达标重点堤段达标建设实施方案中，灌南境内完成 2 000 m 护岸、850 m 挡浪墙，12 座挡潮闸加固，4 座涵闸拆建。2008 年，维修加固灌河堤田楼老街段和龙王庙段。对响水县境内县城段、陈家港段和险工段 8 254 m 实施模袋混凝土防护。

2011年，灌河治理工程列入《全国重点中小河流治理实施方案(2013—2015)》。治理标准：灌河干河排涝标准为5 a一遇，穿堤建筑物排涝标准为10 a一遇。主要治理内容：堤防工程，灌河左堤桩号0+000～66+660，灌河右堤桩号0+000～22+200；险工段防护工程，共53段，总长23.22 km；穿堤建筑物工程，共35座；防汛道路工程，干流堤防新建宽3.5 m、总长52.37 km的混凝土防汛道路，四条支流堤防高程低于0.30 m的堤段新建宽3.0 m、长8.26 km的堤顶泥结碎石道路。工程需永久征地1.88公顷，工程临时占地28.1公顷，搬迁8户20人，拆迁居民房屋约0.22万m^2，拆迁企事业单位房屋约0.73万m^2。

灌河是苏北最大的天然入海河道，被海岸河口专家称为“苏北的黄浦江”，三级航道，常年可通航3 000～5 000 t船舶。盛产的四腮鲈鱼曾引发涟水籍国民党元老顾祝同的思乡情怀。灌河左岸沿线为灌南县汤沟、北陈集、长茂、堆沟港等重镇。汤沟酒有“南国汤沟酒，开坛十里香”之誉，多次获国内外金奖。

灌河下游重镇陈家港昔日为一片盐滩，因居民将所获鲜蛏搭架晾晒成蛏干出售，因此被称为蛏架港，后据谐音，改名为陈家港。陈家港南有百里盐场，东有千顷滩涂，加上天然深水良港，自然条件优越，既是淮盐、海产品的集散中心，又是对外物资接转和通商的口岸。

灌云县燕尾港镇位于灌河入海口左岸，因海岸形似海燕尾而得名。燕尾港为天然不冻港，具有完整的外海、内河、陆地联运交通优势。

响水县城在灌河右岸。1984年6月4日上午，县城段水面突起怪浪，高达丈余，响声如雷，浪潮排山倒海自东向西涌来，所到之处船只尽翻，人称虎头潮。“响水口桥口水响”说的就是虎头潮。

灌河口有二圣庙，庙中供奉着镇守灌河的二郎神塑像，二圣庙后有一座土地庙，庙后竖着一根旗杆，吴承恩得见此景，遂将孙悟空斗二郎神传说写入《西游记》。灌河口外7.5 km的开山岛，黄河夺淮时曾与大陆相连，黄河北徙后，潮流侵蚀复使其渐离大陆。

（十五）义泽河

义泽河位于新沂河以南，在灌南县境内西起盐河，东至东三岔入灌河。长10.9 km，集水面积49 km^2，保护面积38 km^2，具有防洪、排涝、航运等功能。河底宽50～80 m，河底高程−2.50～−6.00 m，河口宽100～150 m。设计排涝标准 5 a 一遇。沿线涵闸 11 座,总规模 68.5 m^3/s。

义泽河地处平原缓坡地,一般地面高程 3.10～3.60 m,左侧与新沂河为邻,有 6 条大沟汇入,右侧与龙沟河、武障河为邻,有 2 条沟汇入。河堤林地面积 30.9公顷。

义泽河古称涌洋河,史载源自硕项湖径直入黄海,为沂沭泗及黄泛时期的重要入海支流。明清时期为保持盐运,先后在义泽河头打坝蓄水。清乾隆四十七年(1782 年)四月,疏浚义泽河,嘉庆九年(1804 年),修筑义泽河堤。1935 年 7 月,义泽河堤填土 7.7 万 m^3。1946 年,苏皖边区六分区为堵塞各河缺口,2 月、3 月间拆除六坝,使水流畅通,以削减沂、沭河涨水。

20 世纪 70 年代开始,复堤加固义泽河两岸河堤,并在与盐河交汇处兴建义泽河节制闸。1975—1976 年,按堤顶宽 2 m、底宽 6.5 m、堤高 1.5 m,复堤加固南堤西段 5 000 m、南堤东段 4 000 m。是年夏,按堤顶宽 1 m,堤高 1.5 m、堤顶高程 4.50～5.00 m,新筑南北堤 2 000 m;按堤顶宽 2 m、堤顶高程 4.50 m,加固北堤陈集街西至张店与陈集交界处 2 900 m。

1976 年 10 月,在义泽河与盐河交汇东侧 520 m 的灌南县张店镇小圈村潘庄北,兴建义泽河节制闸。设计标准 20 a 一遇,设计流量 206 m^3/s。2007 年,节制闸拆除重建,等别二等,工程建筑物级别 2 级;挡潮按 100 a 一遇高潮位4.77 m 设计、300 a 一遇高潮位 5.01 m 校核;排涝设计标准 10 a 一遇,相应设计流量 291 m^3/s;抗震设防烈度 6 度。

1981 年,按堤顶宽 5.5 m、堤顶高程 5.50 m 复堤加固北堤东三岔至北陈集街东 4.1 km;是年冬,按堤顶宽 3 m、堤顶高程 5.50 m 加固北堤 3.7 km、南堤2.5 km。1982—1985 年,北陈集杨圩段块石护坡 700 m。1987 年西三岔块石护坡 400 m。1993 年,按堤顶宽 3.5 m、底宽 11.5 m、堤高 2 m 复堤南堤东段 3.5 km;北陈集街段干砌块石护坡 140 m。1994 年冬,按堤顶宽 6 m、底宽 16 m、堤高 2.5 m 复堤南堤西段(包括部分龙沟河堤)7 km;是年,按堤顶宽 6 m、堤顶高程 6.00 m 复堤北堤自东三岔至张店镇交界处 5.9 km,按堤顶宽 4 m、堤顶高程 5.50～6.00 m 复堤北堤 3.5 km。2001 年 3 月,加固河堤 4.5 km,加固北陈集段建筑物 8 座。2002 年,加固南北两堤 20.6 km 并退耕还林。2004 年 8 月,大圈苏口段块石护坡 500 m。2005 年,义泽河老街段浆砌块石护坡 110 m。

2009 年，义泽河闸拆建工程正式开工，2010 年，义泽河闸拆建工程主体完成。

2011 年 8 月，为改善排水条件，提高区域排涝标准，根据水利部、财政部《全国重点中小河流治理实施方案（2013—2015）》的要求，灌南县境内 10.2 km 河道按 5 a 一遇排涝、20 a 一遇防洪、50 a 一遇挡潮要求进行治理。项目总投资约 2 783万元。

义泽河两岸主要农产品有粮食、棉花、油料等，土特产品有绒绣、锣鼓牌西瓜等。北岸盐河东侧 100 m 处大李庄，相传唐代李世民东征时大将罗成曾领兵在此驻扎，筑上下马和南马台，占地面积约 1 万 m^2。此地出土唐代半挂釉陶瓷器。

（十六）武障河

武障河位于新沂河以南，具有防洪、排涝、通航等功能。在灌南县境内，自盐河至东三岔，长 12.4 km，集水面积 67 km^2。武障河为灌河支流，河底宽 64～100 m，河底高程－2.50～－6.00 m，河口宽 110～130 m。设计排涝标准 5 a 一遇，保护面积 73 km^2。沿线涵闸 11 座，总规模 68.5 m^3/s。

左岸与北六塘河、义泽河为邻，有 2 条大沟接入，右岸有 7 条大沟汇入。武障河处于黄河泛滥时涟水冲积扇地的黄泛平原和低平原区，属平原缓坡地带，地势平坦，坡降小。

据《宋氏族谱》记载，武障河形成于元代以前，为西通硕项湖、东入黄海的天然河道。宋元之际海岸在板浦、响水口、云梯关、阜宁、盐城一线，此后黄河侵淮，海岸东徙，沂沭泗水失去入海通道，遍地漫流，加上黄河堤屡溃，致硕项湖水位猛涨，武障河向东冲刷，水猛流急，下游渐成灌河。明清时上承南北六塘河和柴米河之水，下游汇入灌河归海。又据隆庆《海州志》载，武障河原名五丈河，有西五丈河、东五丈河之分。西五丈河上通古硕项湖，下入盐河；东五丈河上通盐河，下通一帆河，可行小舟。到清康熙年间（1662—1722 年），硕项湖被屡泛黄河泥沙淤积成田，武障河遂演变至盐河以东，与灌云县六里、东门、朱歌、白蚬等河均为沂沭泄水尾间。为维持盐运，在盐河东岸各河头打坝堵团。明万历四十五年（1617 年），淮北盐商集资挑浚盐河，每年秋冬仍在各河头打草坝蓄水，夏秋挖开草坝泄洪。武障河坝下有河道，旁有草筑越坝，越河通灌河入海。乾隆十二年(1747年)四月,尹继善奏请修筑圩岸,数年筑圩挑沟。清乾隆三十六年(1771年),为维持海州航运,于武障河、项冲两石滚坝上筑草坝蓄水,启拆视石坝所定水志为准。乾隆四十七年(1782年)四月,起除盐河东岸各草坝,疏浚武障等河。嘉庆九年(1804年),新筑莞渎河北岸至武障河南岸,接成一围,武障河北岸至项家冲南岸接成一围,武障河北岸至小冲河南岸接成一圈。1946年1月,苏皖边区六分区拆除武障等五河六坝,堵塞各河缺口。

1949年冬,修筑武障河南堤约10 km。1973年修复北堤西段4 km。1976年1月,在武障河与盐河交汇东侧约600 m处兴建武障河节制闸,以挡湖御卤、排涝和蓄水灌溉,流域面积1 316.8 km^2,设计标准20 a一遇,流量841 m^3/s,最高蓄水位3.0 m,最低蓄水位1.5 m。1984年改建公路桥,6孔闸门滑道由瓷砖改为钢质。2000年12月,8号孔实施除险加固,将混凝土闸门更换为钢闸门。2007年9月实施除险加固工程。

1981年11月,修复武障河南堤2.3 km。1984年南堤8 km复堤。1992年,按堤顶宽6 m、底宽14 m、堤高2 m、边坡比1∶2加固武障河北堤东段5 km。1993年,按堤顶宽3.5 m、底宽11.5 m、堤高2 m、边坡比1∶2加固武障河北堤东段2 km。1994—1995年,按堤顶宽4.5 m、局部7 m,堤顶高程5.00 m,边坡比1∶2,加固郑于大沟至武障河南堤8 km。1998年春,组织520人在张湾增高、加固140 m险段。2001年,加固大圈、新安、张湾段堤防16.3 km。2006年,张湾险工段护岸300 m。

2006年,江苏省水利厅批复武障河闸加固工程初步设计。2007年,武障河闸加固工程开工。2008年,武障河闸加固工程竣工并于2009年通过验收。

武障河两岸农产品主要有粮食、棉花、油菜,农林土特产品有锣鼓牌西瓜、菌蕈等。武障河畔新安镇宋庄村有下马庙唐代遗址,面积约1万 m^2;小周庄有北宋嘉祐三年(1058年)始建的引羊寺;六牌有明天启年间(1621—1627年)始建的南三元宫;五牌和头牌有明万历年间(1573—1619年)和天启年间(1621—1627年)始建的北三元宫、彤华宫、千佛庵;二牌和头牌有明崇祯年间(1628—1644年)始建的八佛庵、碧霞宫,现均已被毁。

1978年,武障河至义泽河段盐河清淤时,在武障河北约500 m盐河东岸发现大批方形石料和梅花桩。其中一块石料双线刻行楷铭文“钦命管理江南河库道按察使司佥事，记录十次，前管理桃园县河务同知，任内臣何渭承修”。石料另一头刻有梅鹿、蝙蝠、如意等图案。石料长 1.5 m，宽 0.41 m，厚 0.32 m，重约千斤。

（十七）一帆河（古盐河）

一帆河位于新沂河与废黄河之间，地跨淮安、连云港和盐城三市，南起涟水县东北胡集章化寺西官河与古盐河汇合口，向北流经薛集、郑湾、方渡、郑潭口至嵇桥入灌南县境，再北流经杨桥至小窑西陡湾转向东北，经三口南至响水西入灌河，长 61.4 km，集水面积 479.8 km^2。一帆河是排涝、灌溉骨干河道和三级航道河，底宽 20～70 m，河底高程－3.00～1.00 m，河口宽 30～120 m，保护面积 212.56 km^2。设计排涝标准 10 a 一遇，排涝面积 479.8 km^2。沿线涵闸 5 座，总规模 505 m^3/s；沿线泵站 25 座，总规模 15.95 m^3/s。

一帆河上接西官河、港河、古盐河，左侧与义泽河、武障河、盐河为邻，沿途有潘老庄大沟、三口大沟、林南大沟、花园河、新集引河、港河等汇入，右侧与唐响河、佃响河为邻，有通联河、屈荡大沟、新塘河、沿宋大沟、官尚大沟、杨百河、周彭大沟、王圩大沟、新民沟、民便河等汇入。两岸农产品主要有粮食、棉花、油料等，农林土特产品有淮山药、浅水藕等。沿线与省道 307、326 交叉。

一帆河又称忆帆河，古称景济河，因“南接十字河，北至海州伊芦山，阔二丈，一帆可达，故名”（清光绪《安东县志》）。元初为筑捍海堰开挖而成河，北起伊芦山，南至海场口，与十字河、东链河相通入淮。明正德《淮安府志·古河图》绘有此河。明万历四十一年（1613 年）筑黄河遥堤，堵塞入淮诸浦，东涟河以下诸水失去入淮去路，压向一帆河。嗣后，黄河在涟水县境频决频溢，一帆河淤浅，弯曲狭窄，泄水难下，今灌南县大圈向北尚有一帆河旧迹。至清时，曾将一帆河改于头图口入莞渎河，河线已东移数十里。

清雍正十三年（1735 年）、嘉庆十八年（1813 年）、道光九年（1829 年）曾疏浚一帆河。同治九年（1870 年），淮安知府章仪林修浚一帆河，南接民便河，北至海州境周家沟（今灌南县百禄镇小窑境内），宽七八丈，深八九尺至一丈不等，较旧河深阔，下接潮河入海。光绪三十三年（1907 年）至抗日战争前的 30 多年中，曾 6 次疏浚，均弃向北旧道从嵇桥向东北循遇蛮河旧迹入大冲子，再转至响水口入北潮河。1945 年春，涟东县抗日民主政府组织 2 万余人挑浚一帆河下游窑河浅段，以改善甸湖荡排涝出路，又将一帆河挖回老道。1949 年春，涟东县民主政府组织民力续修一帆河。

1950—1955 年，涟水县动员 87 065 人恢复嵇桥向北的一帆河旧道，长 37 km，裁弯 6 处，长 18.44 km，疏浚薛集以下至李渡 27 km，裁弯 5 处，旧河线长 2.1 km。郑潭口以下至于桥疏浚后河槽可排水 101 m^3/s，以上至薛集疏浚后河槽可排水 89.6 m^3/s。1956 年冬至 1957 年春，动员民工 4.32 万人拓浚薛集至康渡 31.04 km。当时，限于排水条件，加之湖水影响，在老河一侧开河，形成“两河三堤”及许多暗埂，不但有碍排涝，而且落湖挂淤以致河床淤积加快。1957 年夏季大涝，一帆河佃湖荡区一片汪洋。

1965 年 11 月，江苏省水利厅批准一帆河流域“三河三闸”治理方案。排泄一帆河以西、盐河以东 653 km^2 涝水；开挖甸响河（高截水河），排高程 4.50 m 以上约 52 km^2 高地涝水；开唐响河（低水河），排 200 多平方千米甸湖荡洼地涝水；在三河尾闾各建挡潮闸，以御潮水倒灌兼利蓄淡灌溉和通航。1966 年冬至 1967 年春，涟水、灌南两县 3.87 万人，按 5 a 一遇标准疏浚一帆河薛集至响水口 32.48 km，河底宽以上游薛集 35 m 渐扩至窑河口 70 m，河底高程从薛集处 1.00 m 降至窑河口 −3.00 m。在一帆河尾闾兴建 9 孔挡潮闸，中孔净宽 8 m，净高 9.85 m，平潮通航，其余 8 孔，净宽 6 m，净高 6.2 m，设计排水流量 461 m^3/s。至此，一帆河由单一的排涝河道成为排涝、挡潮、蓄水、灌溉、通航的综合利用河道。

2000 年“8 · 30”特大暴雨给一帆河地区带来较大损失。是年 11 月，一帆河两岸复堤 33.1 km。2002 年，在一帆河挡潮闸上游（内河侧）300 m 处重建新闸，闸室中心线与一帆河中心线重合。按 3 级水工建筑物设计，6 度地震设防，100 a 一遇高潮水位设计，200 a 一遇高潮位校核。按排涝 10 a 一遇标准设计，排涝流量 491 m^3/s，10 孔，中间 8 孔为 6 m 宽节制孔，两边为 8 m 通航孔。

2012 年 9 月，为改善排水条件，提高区域排涝标准，根据水利部财政部《全国重点中小河流治理实施方案（2013—2015）》的要求，涟水县境内实施河道疏浚 11.0 km，开挖土方 126.1 万 m^3；复堤 11.407 km，堤顶宽 6 m，新建挡浪墙 2.801 km；拆建圩口闸 5 座、泵站 2 座。2013 年 11 月，灌南县境内实施河道疏浚 10.20 km，加固堤防 10.2 km，拆建、新建沿线建筑物 9 座。

古盐河位于涟水县境内，地处一帆河上游，是一帆河的主要支流，长25.2 km，集水面积182 km^2，南起涟东三干渠首闸左侧，迤东北经周桥、徐襬，至章化寺会西官河入一帆河，河底宽3～25 m，河底高程3.00～0.00 m，河口宽18～60 m。

古盐河原为旧民便河上游一段，1951年疏浚一帆河时为缩短河线，由徐襬至章化寺开挖新河。1952年疏浚岳桥至张桥5.07 km。1953年改造古盐河，将管大桥至周桥旧道作为城东排水沟，循清水河旧迹别开新道，起北门通济桥，迤东北，经大顺集至鲁桥南入古盐河，此时徐襬南民便河通称古盐河。

为理顺水系，定古盐河起点自涟东三干渠首闸左侧始，将新开三干渠排水沟渠首闸至周桥3 km列为古盐河上段，将徐襬至章化寺一帆河上段列为古盐河尾闾。

1965年冬，疏浚张桥以下河段。1967年冬，疏浚张桥以上河段，按5 a一遇标准，1970年春和1971年春分别疏浚陈庄北至章化寺14.7 km、陈庄南至徐集西大桥9.9 km。1987年，疏浚古盐河三干渠首闸西侧至张桥14.5 km。2003年冬，疏浚古盐河下段张桥至章化寺12.4 km。2007年冬，疏浚古盐河上下段15.23 km。

一帆河从源头往东北方向流经东胡集镇。该镇历史悠久，文化底蕴厚重，历代名人辈出。该镇森林覆盖率25%，绿树成行，碧草如茵，鸟鸣莺啼，景色宜人，是著名的湖荡地区，人与自然景观闻名遐迩。

一帆河继续往东北方向流入唐集镇。该镇有著名的古迹月塔，据雍正《安东县志》记载，“法济塔在法济寺山门外，塔有三：左藏佛牙，右藏佛骨，西南大者藏舍利。高七级，有门可登”。此处曾有一座规模宏大的法济寺，当地有“跑马关庵门”之说。今月塔即法济塔，是寺中三塔之一。传言唐初李世民八叔东征，率部驻屯法济寺，后负伤死于寺中，李世民命尉迟敬德建塔纪念。《中国古塔精草萃》有《江苏涟水月塔》专篇记录，根据门窗洞口以及斗拱式样判断，是宋代的塔。1982年，江苏省人民政府批准将该塔列为省级保护文物。

一帆河西岸灌南新集镇城头村有海西古城遗址，文化层深度一般为2 m左右，出土古城砖墙、粮囤、粪塘、砖棺，另有“匡胤”字样石刻一块。古代先民淌卤晒盐，形成早期熬盐业，以后在海西莞渎浦镇设立盐场，圈地垦堤，引海水煮盐。

明代时，盐场繁华兴盛。清乾隆元年(1736 年)场镇裁撤，清末消失。

（十八）盐河

盐河位于废黄河以北、临洪口以南的淮北平原，地跨淮安和连云港两市，长 151.1 km，为三至五级航道，具有灌溉、排涝、调水和发电等功能。设计防洪标准 10 a 一遇至 20 a 一遇、集水面积 565 km^2，实际防洪标准 5 a 一遇；设计排涝标准 5 a 一遇，排涝面积 458.70 万亩；设计灌溉面积 187.76 km^2。沿线涵闸 15 座，总规模 753 m^3/s；沿线泵站 105 座，总规模 85.1 m^3/s。

盐河分上下两段。上段，杨庄盐河闸至朱码闸 48.24 km。盐河原源于淮阴区西 17 km 豆瓣集附近中运河钳口坝，坝下 400 m 建有双金闸，两者均为控制运河分水的建筑物。1958 年秋开挖淮沭河，将盐河上段 6 km 切断，在淮沭河东杨庄运河左堤另建盐河闸，故盐河源移至杨庄(旧称杨二庄)，京杭运河、二河、淮沭河、废黄河、盐河、张福河、淮涟总干渠、淮阴翻水站引水河交汇于此；淮阴闸、淮沭河船闸、淮涟渠首、盐河闸、盐河船闸、杨庄水力发电站、杨庄抽水站、张福河船闸等在此组成水利枢纽。下段，朱码闸至新沂河 59.93 km，左岸有东西流向的花王河、南六塘河、老六塘河、北六塘河、柴米河、沂南河汇入，右岸与孙花河、新安调度河、武障河、龙沟河、义泽河、义北引水河相通，新沂河穿盐河而过。

盐河源于淮安市淮阴区杨庄盐河闸，与京杭运河连接，流经淮阴区、涟水县和连云港市灌南县、灌云县、海州区，于新浦闸接大浦河入海，集水面积 565.4 km^2，河底宽 20～80 m，河底高程－1.00～5.00 m，河口宽 28～120 m。

盐河处于黄河泛滥时涟水冲积扇地黄泛区，地势南高北低。

盐河亦称下中河，原为唐垂拱四年(688 年)人工所开漕河，因以盐运为主，故名盐河。唐宝应年间(762—763 年)，县令李知远率民修复州境内官河堰坝。明初，在海州西南银水坝旧址重新修建新坝，西挡沂水、沭水，东阻海潮，疏通盐场。盐河成为莞渎浦镇盐场、天赐盐场、中正盐场、淮北盐场的盐课运输与淮河工地柴运的主要通道，史称官河。

黄河夺淮，盐河分泄洪水带来大量泥沙，加之穿过盐河各河都未建闸控制，潮区界在盐河以西 30 km，每日潮来潮去，潮流所携泥沙亦多沉积在盐河中，因此盐河河床经常淤积，通航能力日趋低下。为保证盐运畅通，从明洪武二十七年(1394 年)经永乐(1403—1424 年)、嘉靖(1522—1566 年)、万历(1573—1619 年),全线疏浚盐河,并在灌云县、海州、安东县(今涟水)等沿线建闸筑坝、堰和遥堤,以挡潮和蓄水济运。

清康熙二十六年(1687 年),总河靳辅开中河至清河县西仲家庄口入黄河,又自中河尾开河,自清河县北东北迤经安东县城北,讫于平旺河(今平安河),两岸建堤,河口建双金门大闸,分泄黄涨,兼利盐运,名下中河。此为盐河较大变迁。康熙三十六年(1697 年),黄河决安东县时家口,下中河堤溃,河督张鹏翮檄知县彭铭修堤至平旺河。康熙四十年(1701 年),挑浚平旺河尾孙家林至新安镇 5694 丈,引水由北潮河(灌河)入海。乾隆二年(1737 年),因盐河屡泄黄泛而淤,开鲍营河经硕项湖行运,称新盐河。而后新盐河淤,仍挑浚旧盐河。乾隆二十一年(1756 年),新安镇段盐河改道,古盐河穿过镇中,居民沿两岸而居。由于盐河屡遭减坝黄水淤淀,捞挖稽时,耽搁运额,奏准挑浚张家河,接入六塘河,另成盐河一道。从乾隆二十五年(1760 年),经嘉庆(1796—1820 年)、道光(1821—1850 年)从未间断对盐河的疏浚。乾隆时期(1736—1795 年)的河督管干贞赋诗《盐河风帆》:“长风吹急浪,短艇一帆悬。已逐云浮水,还随雁落川。人喧灯接岸,犬吠夜归船。健马愁泥滑,兼程此独先。”可以看出,此时盐河航运依然没有衰落。宣统元年至二年(1909—1910 年),再次疏浚盐河。1921 年 8 月大水,中运河和淮水均向盐河倾泻,致使双金闸倒毁,口门扩大,至 12 月堵闭钳口草坝,修理杨庄涵洞,引运河水接济盐运。

历次疏浚的目的均以通航为主。为解决农业生产和通航的矛盾,多次在盐河以东与盐河交汇的河道上筑草坝、石坝,使盐河航道水深保持在 5 尺左右,水位低于农田 1 尺,如超过即自动从盐河流入以东各河,水大时常将石坝或草坝冲坏,农田受淹。

中华人民共和国成立后,将南起淮安市淮阴区、北至连云港市新浦区的 152.43 km 盐河全线疏通。1953 年,建成盐河过新沂河南北套闸。1955 年 3 月,疏浚大伊山至新浦段,11 月疏浚板浦至和尚渡段。1956 年春,疏浚和尚渡至新浦段。1957 年 4 月,疏浚大伊山至新沂河南闸段 9.5 km,河底宽 8.0 m,河底高程−1.00 m,边坡比 1∶3。1957 年 9 月,按照 1957 年《淮水北调、分淮入沂规划》,相继建成由朱码节制闸(结合发电),朱码船闸,朱码越闸以及涟东总干渠进水闸，涟中干渠进水闸，涟西一干、二干渠进水闸组成的朱码水利枢纽，盐河则作为输水总干渠引洪泽湖水灌溉南潮河以西、张河以东、新沂河以南16.7万公顷农田。1958年起，在杨庄附近运河北侧重建盐河闸，12孔，3孔用于发电，装机1 500 kW，年发电量800万kW·h，总设计流量276 m^3/s。1961年5月，建成盐河船闸，长135 m，闸室宽12 m，闸门宽10 m，门槛水深2.5 m，通航标准800 t船队，年通航能力300万t。

2009年11月，批复整治盐河(杨庄武障河)航道工程。工程按三级航道标准建设，工程整治里程约91.6 km，航道底宽不小于45 m，最浅水深为3.2 m；新建船闸2座，规模均为230 m×23 m×4 m；改建桥梁7座，通航净高不小于7 m。航道整治线路基本沿原航道中心线布置，沿原河道拓宽疏浚，局部裁弯取直。2009年12月，批复整治盐河航道连云港段15.953 km，从灌南县武障河盐灌船闸向南至平安桥，工程投资为3.67亿元。工程全线按三级航道标准建设，设计最大通航船舶为1 000 t级。2012年，建成盐河杨庄二线船闸、朱码二线船闸，为3级通航建筑物，设计最大通过船舶为1 000 t级。船闸规模为230 m×23 m×4 m。

盐河起于淮阴区王营镇。据《王家营志》记载，这里曾是“南船北马，众庶走集”运河线上的商业雄镇。明初在各省置卫所，沿古淮河设置了数十个兵营管南北之冲，王家营是大河卫的重要防地。王家营盛名于明代，明清两代是繁荣鼎盛时期，西坝有18家盐栈、72家盐局。当时，两淮盐税占国库总收入的三分之一，西坝盐税占两淮盐税的45%，《奉宪永禁碑》可为佐证。西坝成为苏北小城镇中最早通上火车、最早用上电灯的地方。昔日黄河、盐河上“百舸争流，桅帆如林”，盐船码头上号声震天，势派之大、兴隆之盛、资金之雄厚，“江淮之间无与伦比”。现存的主要文化古迹有古清真寺、郑文英墓和中共西坝党支部活动旧址等。

盐河沿古黄河往东北方向流至新渡乡，新渡乡地名由所辖村新渡口转变而来。新渡口是淮阴、楚州、涟水三区县交界处，据说是民国初期新开辟的盐河渡口，故称新渡口。20世纪30年代，新渡口曾设有盐漕，许多盐商云集于此，逐渐兴集成街。

盐河继续往东北方向流至涟水县，该县在夏商周时期为少数民族聚居之地，隋开皇五年(585 年)始名涟水。

盐河过朱码镇至红窑镇。作为国内云锦织造基地，红窑镇亦有“中国云锦之乡”的美誉。红窑三里墩古墓出土过大量西汉时期的珍贵文物，也曾经是南宋名将岳飞、梁红玉等抗金的前线。

盐河自朱码向东北 46.6 km 处建有盐东控制枢纽。自武障河闸向北 10.7 km，新沂河南北堤建有盐河南北套闸。中游段纵贯灌南县新安镇南北。1928 年，惠浴宇等在此创建中共新安特别支部。1974 年灌南县硕湖乡刘园村出土了吴承恩撰文的明代《刘居士夫妇合葬盛志铭》，为国家二级文物。

(十九) 柴米河

柴米河源于今宿迁市宿豫区和泗阳县交界处丁二元倒虹吸，流经泗阳、沭阳和灌南三县，过盐河，经龙沟河入灌河。其上游名砂礓河，东流至沭阳与泗阳交界处，称大涧河，再东流至沭阳城南闸口庄以下，称柴米河。1958 年，兴办“分淮入沂”工程，柴米河被淮沭河分成东西两段，淮沭河以西称大涧河，以东仍称柴米河。自柴米河地下涵洞经龙沟河至盐河长 61.9 km，跨宿迁和连云港两市，集水面积 38.1 km^2，是沭阳和灌南两县防洪、排涝河道和七级航道。河底宽 10～88 m，河底高程 5.80～3.00 m，河口宽 100～130 m。设计与实际防洪以及排涝标准均为 5 a 一遇、保护面积 17.38 km^2。沿线涵闸 37 座，总规模 178 m^3/s；沿线泵站 21 座，总规模 27.9 m^3/s。

柴米河在淮沭河以西，有南崇河、北崇河、颜倪河、邢马河、清水沟、军柴河、刘柴河等汇入大涧河，淮沭河以东，柴米河左侧与新沂河为邻，有 11 条沟汇入，右侧与柴南河、北六塘河毗邻，有 10 条沟汇入。

柴米河地处黄泛时涟水冲积扇地的黄泛平原和黄泛低平原区，地势西高东低，上游岗洼相间，地面坡降在 1∶1 000 以上，上游与下游地面高差 10.0 m 左右。淮沭河以东，柴米河两岸地势平坦，坡降小，属平原缓坡地带，一般地面高程 3.60～4.00 m。柴米河穿流宁连高速和 326 省道。

柴米河是在自然水道基础上于清乾隆二十五年(1760 年)由沭阳知县钱汝恭组织人工开挖的河流，因“开柴米河以通食货”而得名。乾隆四十七年(1782 年)四月，为增加柴米河分泄沂泗洪流，拆除砂礓河头凌沟口碎石滚坝，疏浚砂礓河，使沂泗洪水畅注柴米河下泄入海。嘉庆九年(1804 年)，筑柴米河两岸子堰，西至砂礓河尾，东至港河西岸汤家涧，在柴米河沿岸洼地兴建圩堤，使低洼农田免受涝灾。道光元年(1821 年)二月，疏浚柴米河中段。同治十二年(1873 年)，沭阳知县万叶封组织挑通叮当河头，宣泄柴米河涨水，以减轻北六塘河排水压力。1935 年，疏浚柴米河下游。1936 年 3—8 月，堵筑柴米河决口，开挑灌云县盐河东岸之岑池河，修筑柴米河北堤。

1956 年开始，在上游先后开挖柴沂河、路北河、山东河、柴塘河等，将 466.65 km^2高地水分别截入新沂河和总六塘河。1958 年，开挖淮沭河，建沭阳闸，在闸底建柴米河穿淮沭河地下涵洞，排泄淮沭河以西地区 633 km^2平原及洼地涝水。地涵设计流量 360 m^3/s，22 孔，每孔 3 m×3 m，洞身长 375 m，洞底高程 1.40 m，洞顶高程 4.40 m。1963 年冬，灌南县 4 200 人疏浚柴米河地涵至李庄 18.5 km。1966 年 11 月，泗阳、沭阳两县 10 700 人疏浚淮沭河以东地下涵洞至老堆头15.55 km。1972 年 11 月，宿迁、泗阳、沭阳、灌云、灌南 5 县 8.5 万人疏浚柴米河地下涵洞至盐河 60 km，河底高程从 0.00 m 降到－2.50 m，河底宽分别为 30 m、42 m、88 m，河道边坡比 1∶2～1∶2.5，设计流量 485 m^3/s。1973 年 11 月，沭阳县 1 万人疏浚柴米河涵洞以上段，上起姚湾改道段下口，下至柴米河地下涵洞上口 15.5 km。1978 年，在盐河东侧龙沟河口建成龙沟河闸，承担柴米河排水、挡潮御卤、蓄淡灌溉。龙沟河闸 17 孔，每孔净宽 6.0 m，闸底高程－2.50 m，设计流量 874 m^3/s。1999 年冬，按设计防洪标准 20 a 一遇。实施柴米河复堤加固。2000 年 11 月，加固柴米河堤孟兴庄段 5.8 km。

2011 年 12 月 25 日，柴米河整治工程作为江苏省中小河流治理重点工程，总投资 2 729 万元，工程由沭阳县组织实施，工程主要内容为对柴米地涵以下至京沪高速路桥段共 13.193 km 的河道进行疏浚整治，另外，拆建排涝涵洞 3 座，加固排涝涵闸 5 座，新建桥台护坡 4 处。工程于 2011 年 12 月 25 日开工，2012 年 5 月 18 日完工。

柴米河北岸的沭城街道为沭阳县主城区。沭城历史可追溯到 2 500 a 前的春秋时期，1 400 多年前正式建沭城。北宋皇祐六年(1054 年)，沈括任沭阳主簿，所撰《梦溪笔谈》内容丰富，考辨精审，为后世保存了许多珍贵的自然科学资料。在沭期间，沈括毅然废除禁令，组织县民疏浚沭河、六塘河，修“百渠九堰，得上田七千顷”。他勤政爱民，深受沭阳人民景仰。现修建梦溪生态园、梦溪植物园、沈括桥等以作纪念。清代诗人袁枚曾任沭阳知县，清乾隆八年（1743 年），他组织并带领沭阳百姓治水，修筑北六塘河子堰，疏浚前沭河并加筑子堰；由他举荐的吕又祥，治水名震一时。摄影大师吴印成和京剧表演艺术家“活红娘”宋长荣等都出生在钟灵毓秀的沭城。

柴米河右岸汤沟镇，三面环水，一地相连，镇上绿树成荫，又兼莺栖燕集之奇，故有“燕莺窝”美誉。史料记载，汤沟是历史上的地震陷落带，因秦时地震陷落成一片汪洋。宋朝以前称大三湖，宋元时期将其东南改称硕项湖，西北改称桑墟湖，宋代以后大湖渐成水陆相交、沟湖密布之地，有一条通往古硕项湖的大沟，沟北移民以汤姓为主，故称之为汤沟。据《海州志》记载，汤沟酒起源于北宋年间，明末清初闻名于世。清代戏剧家洪昇曾写下“南国汤沟酒，开坛十里香”之名句。明清时被选为贡酒，中华人民共和国成立后多次在国家级评比中获奖，跻身“中国十大名酒”之列。

（二十）柴南河

柴南河位于柴米河南，地跨宿迁和连云港两市，自沭阳县十字一支大沟至灌南县白皂沟入柴米河。长 44.8 km，集水面积 9.5 km^2，其范围为淮沭河以东、柴米河以南、柴塘干渠以北、北六塘河以西。柴南河是柴米河以南地区排涝、防洪的骨干河道和七级航道，河底宽 20～50 m，河底高程 2.20～2.50 m，河口宽 50～120 m，保护面积 310.1 km^2。设计排涝标准 5 a 一遇，排涝面积 309.5 km^2。沿线涵闸 7 座，总规模 23 m^3/s；沿线泵站 7 座，总规模 8.6 m^3/s。

两岸西高东低，地面高程最高 9.00 m，最低 3.80 m。沿线有古屯河、店西大沟、淮沭路大沟、胡北大沟等 19 条大沟汇入。

柴南河排涝原经柴米河、港河、万公河，新沂河工程将港河、万公河截断，柴南地区排涝仍由柴米河承担，到周口入北六塘河。由于柴米河标准低，加之受北六塘河高水顶托，排水严重受阻，因此柴南荡经常积水成灾。1951 年，利用和疏通旧有姚河、小刘河、徐桥小沟、东西小洋河等，自小蒲荡至葛口与柴米河相汇，开引至北丁集以西 50 km，成为柴米河以南地区 610 km^2 排水主干河道。因此河位于柴米河之南，故名柴南河。

1955 年春、秋，先后 2 次疏浚柴南河下游 13.77 km、上游 23.12 km。1956 年、1959 年相继兴办塘沟新开河和淮沭河工程，原属柴南河排涝范围的塘沟河以南、淮沭河以西部分被划出，柴南河集水面积由 610 km^2 调整为 521.2 km^2。1974 年冬至 1975 年春，疏浚下游单庄大沟至白皂沟 14.6 km，留青坎 10～15 m，出土筑堤。1975 年、1976 年，按 5 a 一遇排涝标准，分两期全线疏浚柴南河。上游淮沭路大沟处河底宽 14.0 m 渐变至白皂沟（灌南县境）入柴米河处底宽 50 m，河底高程由淮沭路大沟处 2.20 m 降至白皂沟入口处 −2.00 m，边坡比 1∶2.5，河底比降 1∶1 000，堤顶高程 8.00～9.00 m，顶宽 5.0 m，设计流量 264 m^3/s，1976 年 6 月，建成灌南县汤沟桥。2000 年 11 月，加固柴南河汤沟段，按历史最高洪水位加 1 m 安全超高，确定堤顶高程 6.00～6.50 m，堤顶宽 6 m，边坡比 1∶2.5，复堤长度 11.5 km。

柴南河治理工程作为江苏省中小河流治理内容之一，由沭阳县组织实施。治理河段为淤积较严重的章集村至司庄大沟段，共计 16.1 km，按 5 a 一遇标准进行疏浚治理，按 20 a 一遇标准修建堤防 18.9 km，总土方量约 132 万 m^3，工程总投资 2 739 万元。

柴南河右岸的马场镇面积达 222.06 km^2，20 万人口，历史悠久，人文荟萃。相传朱元璋班师休整途中，见该地草肥水甜、气候宜人，遂养兵憩马于此，人称之为马场，距今已有 600 多年的历史。清代女词曲作家刘清韵与丈夫钱梅坡曾生活在这里，她的《小蓬莱仙馆诗抄》《小蓬莱仙馆传奇》等 24 首词曲名著就是在马厂集镇北首的“小蓬莱仙馆”创作而成。现代文学家、《人民日报》社高级编辑费白夜也出生在马厂，他以马厂为题材的《十里好风光》在抗战时期风行一时，脍炙人口的《杨家将》《黑牡丹》等中长篇小说也是他的名著。马厂也是革命者活动频繁地区，沭阳县第一个党支部就诞生在马厂，沭阳第一届县政府也在马厂镇的马棚村成立。1942 年，这一带的铁匠在党组织的领导下成立铁工委员会，制造土钢枪，支援抗战前线，后被人们称为“马厂造”。

柴南河于单庄大沟处进入沭阳县沂涛乡，此地为纪念革命烈士朱沂涛而得名。

（二十一）北六塘河

北六塘河属灌河水系，地跨淮安、宿迁和连云港三市，西起淮沭河，流经淮安市淮阴区以及沭阳、涟水和灌南三县，过盐河，经龙沟河入灌河，自六塘河地下涵洞至盐河，长 62.5 km。新沂河建成后，北六塘河不再承泄沂沭泗洪水，成为区域性防洪、排涝、饮用水源地和六至七级航道。河底宽 20～60 m，河底高程 0.00～2.90 m，河口宽 55～100 m。设计与实际防洪标准 5 a 一遇，保护面积 794 km^2，排涝面积 1 878.5 km^2。沿线涵闸 16 座，总规模 87 m^3/s；沿线泵站 13 座，总规模 7.48 m^3/s。

北六塘河通过六塘河地下涵洞承接淮沭河以西渠西河、跃进河、淮泗河等来水。在淮沭河以东，北六塘河左与柴南河为邻，接纳庄东河、塘沟河等来水，并有 11 条大沟汇入，右与南六塘河为邻，并有 8 条大沟汇入，在盐河东西两侧分别与新张公路和宁连高速交叉而过。

北六塘河地处平原区，西高东低，地面高差相差 8.0 m 左右。

北六塘河形成于清康熙二十四年(1685 年)。原北六塘河以上为总六塘河，宣泄黄河、骆马湖涨水经古硕项湖分泄入海。康熙十七年(1678 年)，古硕项湖被黄河所挟泥沙淤塞，河道总督靳辅在湖的南北开挖泄水河道，分别称南北六塘河。至清代前期，北六塘河逐步成为排泄黄河涨水和沂泗洪水的主要入海通道。

清康熙至民国的 200 多年间，曾对北六塘河实施治理。雍正九年(1731 年)，挑浚北六塘河浅狭地段 22.6 km，以挑出之土筑子堰拦束水势；修北岸堰 13.04 km、南岸堰 11.6 km。乾隆二年至五十一年(1737—1786 年)，50 a 间 9 次疏浚、筑堰坝、复堤、培修、挑切滩淤和岁修。道光九年(1829 年)二月，疏浚北六塘河，二十六年(1846 年)奏准挑浚海沭等五州县六塘河，增培北堤，修南堤鸡心滩。

清咸丰五年(1855 年)黄河北徙，北六塘河成为沂沭泗洪水入海尾闾。同治十二年(1873 年)，山东侯家林民堰溃决，北六塘河受害尤重，总督李宗羲发帑修浚，迄无成功。是年，沭阳知县万叶封挑通叮当河头宣泄柴米河涨水，以减轻北六塘河下游排水负担。光绪三十二年(1906 年)夏秋，徐、淮、海等地淫雨成灾，两江总督端方筹办工账，淮海境内修筑北六塘河 4 道土工。是年，北六塘河堤决口，水漫上滩。是年冬，赣榆绅士许鼎霖募集工赈，修北六塘河北堤，并间段修补内堤。1933 年 12 月，江苏省建设厅试办征工大修总六塘河、北六塘河堤，挑浚新集至龙沟河段。1936 年 3 月，兴办淮北黄灾善后工程，堵筑北六塘河决口 6 处，修筑周集至汤沟北岸遥堤和宿迁、泗阳、淮阴、涟水、灌云六塘河堤防。

中华人民共和国成立后，为提高北六塘河防洪、排涝能力，采取洪涝分治、下游调尾、拓宽浚深河道、加固两岸堤防和兴建控制性建筑物等工程措施。1950 年夏，新沂河第一期工程完成后，南六塘河上游打坝封闭，不再分泄总六塘河洪水，北六塘河排泄总六塘河 600 m^3/s 洪水。1950—1951 年冬，沭阳、宿迁泗阳、新安(今新沂市)13.6 万人实施北六塘河下游调尾，自王行向东，穿过盐河至大相湾，直线入龙沟河，平地开挖 15.8 km。1952—1956 年，维修加固北六塘河多处历史险工地段。1957 年冬泗阳、沭阳、灌云三县 3.6 万人疏浚下段杨口至盐河 21 km。1959 年 5 月，在北六塘河上端建成六塘河穿淮沭河地下涵洞，纳淮沭河以西跃进河、渠西河、淮泗河等来水入北六塘河。1961 年冬，在地下涵洞北侧建成钱集节制闸，排泄新沂河沭阳以上流域部分桃汛经北六塘河入灌河，以确保新沂河及淮沭河泓道两岸 2.67 万公顷滩地麦收。1971 年，疏浚北六塘河钱集闸至涟水县杨口 36 km，沭阳县 2.46 万人疏浚钱集闸闸下引河与六塘河地涵下游引河交汇处至涟水县杨口 36 km。1974—1975 年，在钱集节制闸北侧建成北六塘河船闸，以沟通盐河经北六塘河与淮沭河航运。1999 年冬，复堤加固灌南县境内堤防。

北六塘河治理工程为全国中小河流治理项目，工程总投资 2 689 万元，工程由沭阳县组织实施，工程内容主要是对张圩乡境内的 8.13 km 河道进行治理，拆建 5 座泵站，新建长 200 m 的防护挡墙 1 处，拆建生产桥 1 座。

北六塘河闸位于盐河东侧 500 m 处，建于 1969—1970 年，其功能为挡潮御卤、排涝防渍、蓄淡灌溉以及便利航运，是盐东控制梯级建筑物之一，9 孔，每孔净宽 6 m，设计标准 20 a 一遇、流量 559 m^3/s，闸上最高蓄水位 3.0 m，最低蓄水位 1.5 m。1982 年 2 月，4 台 10 t 螺杆启闭机更换为 QPQ2×16 t。1996 年 6 月，8 扇钢丝网水泥波型板闸门更新为平板钢闸门，2001 年 11 月拆建。2007 年列入江苏省海堤达标建设工程项目，对水上部位除险加固，增设自动化监控系统。同年北六塘河闸加固工程开工，2008 年，北六塘河闸加固工程已完成主体工程并通过验收。

2009 年，地表水源工程建设取得突破性进展，4 月 3 日省政府办公厅正式批复，同意北六塘河为灌南饮用水源地。4月16日，省水利厅发给取水许可证。同时，与上游市县水利部门达成上下游流域协作管理的意向，全面开展治污确保水源安全。2010年，完成北六塘河地表饮用水源地建设，5月正式投入运行。同时，制定北六塘河水源地保护应急预案，严格执行水资源管理“三条红线”，确保水源和水质安全。2011年，完成《北六塘河水源地保护方案研究》，完善应急预案。2012年，开展北六塘河上下游治污及河道上游水系勘查工作，开展灌南饮用水备用水源方案专题研究，编制并获批硕项湖备用水源工程建设建议书及可行性研究报告。实施硕项湖东、中湖区的开挖，完成土方270万 m^3。硕项湖备用水源可解决城区40万人20 d应急供水需求，实现“一用一备、蓄用结合”的供水目标。

北六塘河左岸沭阳县钱集镇，历史上商贸业较为发达，素有“水旱码头钱家集”之称和“六塘河畔小南京”之誉。钱集原是湖群村落，元末已有人在此劳作、繁衍、生息。康熙四十二年(1703年)，由奉政大夫钱敏发起兴集，故名“水旱码头钱家集”，后称钱集。钱集镇东北部是一片碧波荡漾的金湖，每到秋冬季节，这里便落满南飞的大雁，“金湖落雁”是“沭阳八景”之一。清朝初期，因六塘河决口，湖渐淤平。晚清女文学家刘清韵曾居住生活于钱集镇钱东村六塘组。刘清韵生于道光二十二年(1842年)，出身于江苏海州一个盐商之家，工书画、善诗词。目前，钱集镇开发了荷花池景区，建造了清韵公园，铺设了清韵路。

北六塘河右岸淮阴区古寨镇，12世纪前后，宋与金人交战。在此安营扎寨，后世遂名古寨，自然镇亦逐渐形成。近现代，尤其是20世纪90年代古寨经济发展，开拓了新的规模。古寨土地肥沃、物产丰富，是江苏省无公害粮油产地、平原绿化先进乡镇。

北六塘河右岸灌南县李集乡，清来有李姓地主在此兴集，故名李集。据史料载，明时该区皆在硕项湖内，至清康熙年间(1662—1722年)渐淤成陆，清中叶以后，方有人还。李集乡农副产品资源丰富，农业水利设施配套齐全，林网覆盖率89%。

(二十二) 南六塘河

南六塘河自涟水县古寨往东北流经二庄、高沟，至沈三圩闸入灌南境，于老堆头穿盐河入武障河下灌河归海。全长 44.2 km，流域面积 918.4 km^2，为灌河支流。其中涟水县境内河道长 21 km，流域面积 580 km^2。河道沿线右岸有杰勋河(孙大泓)、西张河、东张河、公兴河等支流汇入。南六塘河是沂南地区淮沭河以东、盐河以西、北六塘河以南的主要排涝河道，涉及淮连两市的淮阴区、涟水县、灌南县。沿线涵闸 13 座，总规模 83.5 m^3/s；沿线泵站 25 座，总规模20.4 m^3/s。

南六塘河现状设计标准 5 a 一遇，设计排涝流量 583 m^3/s，设计排涝水位6.45～3.30 m，设计河底高程 2.50～2.00 m，河底宽 35～70 m、边坡比 1∶2.5～1∶3。

在涟水县境内，右岸有杰勋河、张河、公兴河汇入，至盐河与武障河、老南六塘河相汇。在灌南县境内，左岸有废公兴河、张庄大沟、保成大沟、老六塘河和老圩大沟汇入，右岸有新安镇中心大沟周口河、硕项河、李集二圩大沟、久安大沟、租地大沟、七斗大沟汇入。盐河东岸 500 m 处建有武障河闸。南六塘河过盐河称武障河，东流至东三岔汇入灌河。南六塘河流域地势平坦，总趋势呈西高东低，流域内地面表层以沙性土为主，地面高程 7.20～3.70 m。

南六塘河开凿于康熙二十四年(1685 年)，迄今已有 300 多年的历史。其杰勋河口以下段，自杰勋河梯级闸至武障河闸，长 33.5 km，仍发挥着排、灌功能；其杰勋河口以上段，西起淮沭河东侧徐滴，向东北方向流经张庄、古寨、杨庙等地至杰勋河入口处，长约 21 km，历经治理，沿线被东民便河、淮涟河分为三段，现基本不承担排水任务，局部变为鱼塘。

南六塘河是康熙二十四年(1685 年)靳辅对硕项湖围垦时开挖的 2 条河中的南支。河道自清河县刘家庄起，历安东县古寨、华家口、苏家荡，经海州孟家渡出武障河下灌河(潮河)归海，长 16 458 丈。雍正九年(1731 年)，间挑浅狭6 087丈，加筑两岸子埝。乾隆十一年(1746 年)，疏浚南六塘河，出土建南堤，疏浚河长 19 200 余丈，在南六塘河尾间盐河东岸武障河头建石滚水坝，既维持排水，又蓄底水兼顾盐河航运。嘉庆年间(1796—1820 年)，屡经减坝泄黄，河床淤垫甚重。道光元年(1821 年)疏浚南六塘河。咸丰元年(1851 年)大水，南六塘河堤被冲决多处，清河知县吴棠捐补南堤。光绪三十三年(1907 年)，工赈修南六塘河沈三圩闸、朱闸、丁口闸、王口闸，防止洪水倒灌入农田。

1950 年春，新沂河一期工程完成，5 月在淮阴三岔渡南的南六塘河与总六塘河连接处打坝隔断，腾出南六塘河作为专排内涝河道。是年冬，动员涟水、淮阴、宿迁三县民工 10.3 万人，对南六塘河进行全线疏浚，重点裁弯改线 8 处计 16.8 km，其中丁头庄至武障河调尾段长 10.5 km，裁弯改线后南六塘河全长约 53 km。1952 年春，在南北六塘河最近处邱口与水庄之间开挖调度河，亦称扁担河，拟借北六塘河分担排涝，但因北六塘河经常分泄骆马湖洪水，反而导致洪水进入南六塘河，严重影响了南六塘河排涝，不久在水庄打坝堵闭扁担河。1958 年秋，因开挖淮沭河，对南六塘河水系再次进行调整，堵塞南六塘河汤牌坊裁弯新河及旧河，另开邱口至北六塘河一段新河，将淮阴境民便河、友谊河调入北六塘河。南六塘河自徐溜至古寨段的 19.43 km 河道被废除。1960 年，杰勋河调尾汇小洋河至王口入南六塘河，成为南六塘河的新起点。

1973 年冬，动员涟水、淮阴、灌南三县民工 2 万余人全线疏浚南六塘河，自小洋河桥起至武障河口止，长 33.57 km。5 a 一遇标准，设计流量 430 m^3/s。1976 年，为解决南六塘河挡潮御卤、排涝蓄淡、航运等问题，于尾闾盐河东侧 500 m 处兴建武障河闸，共 14 孔，两边为通航孔，单孔净宽 8 m，中间 12 孔，单孔净宽 6 m，设计流量 822 m^3/s。

南六塘河自涟水县麻䟃乡流向东北，右岸有杰勋河汇入。杰勋河原系黄泛洼泓，为纪念抗日烈士朱启杰、朱启勋兄妹而命名。南岸涟水县高沟不仅酒闻天下，还有高沟人吴强著长篇小说《红日》、汪海青创作的国画享誉世界。杰勋河流经淮阴区刘老庄乡，是新四军八十二烈士殉国之地。该乡是国家 4A 级旅游景点、国家级生态乡镇、全国“诗词之乡”、全省首批 20 个“最美乡村”之一。

南六塘河流经涟水县前进镇，该镇因农业合作化时所属前进大队受到毛泽东批示而得名。该镇是革命老区，抗日战争时期，淮海行政公署、涟水县民主政府曾驻该镇。2007 年被授予“中国淮海琴书之乡”称号。

南六塘河向下流经高沟镇。该镇因明洪武年间(1368—1398 年)苏州高姓迁居此地而形成。该镇酿酒历史悠久，到民国初，已有 8 家规模较大的酿酒作坊。“裕源槽坊”生产的高沟大曲 1915 年在巴拿马国际博览会上获得了金奖。另有特色美食高沟捆蹄，咸鲜香甜，回味无穷。

南六塘河在灌南县境内与宁连高速公路交叉而向东北，两岸农产品主要有粮食、棉花、油料等。

第二节 社会经济

一、行政区划

连云港市现辖海州区、连云区、赣榆区、灌云县、灌南县、东海县3区3县，共有7个乡、53个镇、30个街道办事处。具体区划情况见表1-2，乡、镇、街道办事处分布及名称见表1-3。

表1-2 2019年连云港市行政区划一览表

地区	乡人民政府	镇人民政府	街道办事处	村民委员会	居民委员会
全市	7	53	30	1 429	270
一、市区	1	19	27	560	201
连云区	1		8	19	29
海州区		4	11	79	100
赣榆区		15		421	37
开发区			3	16	17
云台山风景区			1	9	2
徐圩新区			1	2	2
高新区			3	8	14
二、三县	6	34	3	869	69
东海县	6	11	2	346	25
灌云县		12	1	302	27
灌南县		11		221	17

表1-3 2019年连云港市全市乡、镇、街道办事处分布及名称

地区		个数	名称
连云区	街道办事处	8	墟沟、连云、云台、板桥、连岛、海州湾、宿城、高公岛
	乡	1	前三岛
海州区	街道办事处	11	朐阳、新海、新浦、海州、幸福路、洪门、宁海、浦西、新东、新南、路南
	镇	4	锦屏、新坝、板浦、浦南

表1-3(续)

地区		个数	名称
赣榆区	镇	15	青口、柘汪、石桥、金山、黑林、厉庄、海头、塔山、赣马、班庄、城头、城西、宋庄、沙河、墩尚
市开发区	街道办事处	3	中云、猴嘴、朝阳
市高新区	街道办事处	3	花果山、南城、郁洲
云台山风景区	街道办事处	1	云台
徐圩新区	街道办事处	1	徐圩
东海县	街道办事处	2	牛山、石榴
	乡	6	驼峰、李埝、山左口、石湖、曲阳、张湾
	镇	11	白塔埠、黄川、石梁河、青湖、温泉、双店、桃林、洪庄、安峰、房山、平明
灌云县	街道办事处	1	侍庄
	镇	12	伊山、杨集、燕尾港、同兴、四队、圩丰、龙苴、下车、图河、东王集、小伊、南岗
灌南县	镇	11	新安、堆沟港、田楼、北陈集、张店、三口、孟兴庄、汤沟、百禄、新集、李集

二、人口和居民生活

2019年末,连云港市户籍人口534.4万人,比2018年末增加0.07万人,增长0.01%。年末常住人口451.1万人,其中,城镇常住人口286.89万人,比2018年末增加3.95万人,增长1.4%。常住人口城镇化率63.6%,比2018年提高1个百分点。

2019年,全体居民人均可支配收入28 094元,比2018年增长8.6%。其中农村居民人均可支配收入18 061元,比2018年增长8.8%;城镇居民人均可支配收入35 390元,比2018年增长8.1%。农村、城镇居民可支配收入增速均高于GDP增速。全年城镇居民人均生活消费支出21 762元,比2018年增长6.4%;农村居民人均生活消费支出12 357元,比2018增长7.0%。

2019年,全年城市居民消费价格比2018年上涨3.0%。分类别看,食品烟酒类上涨9.9%,衣着类上涨1.3%,居住类上涨1.6%,生活用品及服务类上涨

1.3%，教育文化和娱乐类上涨2.9%，医疗保健类持平，其他用品和服务类上涨2.7%；交通和通信类下跌0.2%。食品中，粮食上涨0.8%，食用油上涨3.2%，鲜菜上涨7.9%，畜肉类上涨28.4%，水产品上涨1.3%，蛋类上涨6.9%，鲜瓜果上涨12.0%。全年工业生产者出厂价格下降3.4%，工业生产者购进价格上升0.1%。

三、工农业

2019年，全市实现农林牧渔业总产值656.9亿元，按可比价格计算增长3.6%。其中，农业产值291.91亿元，增长1.3%；林业产值12.09亿元，增长4.9%；牧业产值105.90亿元，增长8.8%；渔业产值195.88亿元，增长4.3%；农林牧渔服务业产值51.07亿元，增长4.7%。粮食生产稳中有增。全市粮食作物播种面积为758.84万亩，比上年微增0.18万亩，增长0.02%。粮食总产量366.56万t，增长0.7%。其中，夏粮总产为143.20万t，比上年增加2.08万t，增长1.5%；秋粮总产为223.36万t，比上年增加0.45万t，增长0.2%。粮食作物亩产为483.06 kg，比上年增加3.22 kg，增长0.7%。其中，夏粮亩产为391.235 kg，比上年增加3.57 kg，增长0.9%；秋粮亩产为568.6 kg，比上年增加3.76 kg，增长0.7%。棉花、油料产量增幅均在20%以上。高效设施农业占比提高到20.9%。新增国家级农业龙头企业2家、省级农业龙头企业9家，创历年新高。省级农产品质量安全县实现全覆盖。稻渔综合种养，优质葡萄、淮山药、食用菌等特色产业发展向好，种养效益和农产品质量显著提升。

2019年，全市规模以上工业完成增加值755.90亿元，增长9.5%，增幅居全省设区市第一位。全市在统的33个行业大类中，20个行业产值实现正增长，增长面为60.6%。六大主导行业完成产值2 028.31亿元，增长9.7%，增速高于全市平均水平0.5个百分点。全市规模以上工业战略性新兴产业产值增长9.3%，高于全市平均水平，战略性新兴产业占全部规模以上工业产值比重为37.6%。启动建设“中华药港”，一大批医药产业项目加速集聚，成功举办第三届国际医药技术大会，恒瑞、豪森、天晴、康缘四大药企跻身中国医药创新力前五强，恒瑞医药成为国内医药第一股，市值接近4 000亿元。新材料产业提质上量，太平洋石英高纯石英砂产能进入全球前3强，中复神鹰T1000超高强度碳纤维初步具备量产条件。精品钢基地扎实建设，亚新、镔鑫等冶炼企业规范运行，基本完成超低排放改造工程。

全市规模以上工业企业实现利润总额 245.31 亿元，增长 18.0%，增速位列全省第二。全市规模以上工业利润总额占全省比重达到 3.6%，高于营业收入占全省比重 1.4 个百分点。资产规模稳步扩大。全市规模以上工业企业资产总计达 3 499.40 亿元，增长 6.3%，高于全省平均增速 0.9 个百分点。通过深化供给侧结构性改革和加快国家一系列减税降费政策的落地实施，全市工业企业的内部质态进一步提高。企业盈利能力增强，全市规模以上工业企业营业收入利润率达到 9.2%；规模以上工业企业资产负债率为 57.2%，较同期下降 1.3 个百分点；每百元营业收入中的成本为 74.5 元，较同期下降 1.9 元。

四、经济发展

2019 年，连云港市实现地区生产总值 3 139.29 亿元，按可比价格计算，增长 6.0%。其中，第一产业增加 362.70 亿元，增长 3.6%；第二产业增加1 363.15亿元，增长 8.0%；第三产业增加 1 413.44 亿元，增长 4.7%。人均地区生产总值 69 523元，增长 6.0%。2019 年，全市高质量发展步伐加快，一是产业结构优化，三次产业结构调整为 11.6∶43.4∶45.0；二是消费是拉动经济增长“三驾马车”中的首要因素，消费贡献率为 51.0%；三是创新成效显现，高新技术产业产值占规模以上工业比重达 40.5%；四是绿色发展不断深化，全年规模以上工业综合能耗下降 1.2%。

2019 年，全市固定资产投资 1 986.39 亿元，增长 6.8%，增幅居全省第四。其中工业投资完成 1 216.21 亿元，增长 15.0%，增幅居全省第一。投资结构持续优化，全市第一、二、三产业分别完成投资 39.88 亿元、1 214.63 亿元、731.88 亿元，三次产业占比结构为 2.0∶61.2∶36.8。高新技术产业完成投资 323.02 亿元，增长 15.3%，增速高于全部投资 8.5 个百分点；高新技术产业投资占全部投资额的比重 16.3%，较上年提高 1.2 个百分点。民间投资完成 1 240.70 亿元，增长 15.4%；民间投资占全市投资的比重为 62.5%，较上年提高 4.7 个百分点。

2019 年，全市一般公共预算收入完成 242.4 亿元，增长 3.5%，居全省第 5

位。剔除减税降费因素，同口径增长 9.4%。其中：市区收入累计完成 172.2 亿元，增幅 3.5%；三县收入完成 70.2 亿元，增幅 3.5%。完成一般公共预算支出 465.9 亿元，增长 11.1%，增幅比上年提高 2 个百分点。

五、交通运输

连云港位于南北过渡和陆海过渡的交汇点，是国际通道新亚欧大陆桥东端桥头堡，是陇海铁路、沿海铁路两大国家干线铁路的交汇点，也是中国南北、东西最长的两条高速公路——同三高速和连霍高速的唯一交点，具有海运、陆运相结合的优势，是国家规划的 42 个综合交通枢纽之一。如今，连云港已经形成海、河、陆、空四通八达的立体化、现代化的交通网络，具备较强的物流承载和运输能力。2019 年，30 万 t 级港口航道二期工程连云港区段基本建成；连徐高铁开始铺轨，连淮铁路开通运营，高铁动车组开行至近百个城市；花果山国际机场全面开工建设；城市动车正式开行，实现与高铁枢纽无缝对接。

（一）铁路

连云港是陇海铁路、沿海铁路两大国家干线铁路的交汇点，更是“八纵八横”高铁网中陆桥通道、沿海通道的交汇点。境内铁路全长 99 248 m，可直达全国各大中城市，并开通至郑州、西安、成都、兰州、阿拉山口和绵阳等地的集装箱运输“五定”班列，以及至阿拉木图、塔什干的中亚班列和至伊斯坦布尔的中欧班列，承担新亚欧大陆桥 90%以上过境集装箱的运输工作。连云港依托陇海铁路，连云港铁路客运和货运列车可直通北京、上海、南京、杭州、成都、武汉、西安、宝鸡、兰州、乌鲁木齐等大中城市，并通过京沪线、京九线、陇海线等连接各地。连云港通过青盐铁路连接济青高铁、京沪高铁，开通直达济南、石家庄、沈阳方向的动车。2019 年，伴随着灌云和灌南铁路开通运营，全市铁路客运迈入“高速时代”，总体实现爆发性增长。全市境内铁路客运总量达到 654.6 万人次，增长 61.8%。铁路货运总量达到 5 885.8 万 t，增长 7.5%。铁路货运总量占同期全省铁路货运总量比重达 36.4%，占整个上海路局铁路货运比重为 14.3%。

（二）公路

连云港市公路对外交通已实现高速化，密度在全国、全省名列前茅，204 国道穿境而过，是全国 45 个公路主枢纽之一。高速公路通车总里程达 336 km，密度达 4.51 km/ km^2。沈海、连霍、长深三条高速公路在境内交会，同时也是中国南北、东西最长的两条高速公路——同三高速和连霍高速的唯一交会点。

（三）机场

连云港市现有机场是白塔埠机场，为军民合用机场，是江苏省地级市中第一个、全国沿海地区第八个通航的机场。2019 年，连云港民航主要指标全部达到历史新高，机场航线达到 40 条，较年初新增 8 条，成功开通两条至日本国际航线。全年飞机起降 18 118 架次，增长 21.0％。全年旅客吞吐量 192.3 万人次，增长 26.8％。在建连云港花果山国际机场，是江苏“两枢纽一大六中”规划的“一大”——省内大型机场（干线机场），为江苏省第三大国际机场，仅次于南京禄口国际机场和苏南硕放国际机场。机场定位为江苏沿海中心机场，坚持发挥独特区位优势，以建设服务苏北鲁南地区，面向亚太的国际航空港为目标，着力打造东方物流中心。

（四）港口

连云港港地处中国沿海中部的海州湾西南岸、江苏省的东北端，主要港区位于北纬 34°44′，东经 119°27′。连云港港是中国沿海十大海港、全球百强集装箱运输港口之一，开通了 50 条远近洋航线，可到达世界各大主要港口。港口北倚长 6 km 的东西连岛天然屏障，南靠巍峨的云台山东麓，人工筑起的长达 6.7 km 的西大堤，从连岛的西首将相距约 2.5 km 的岛陆相连，使之形成约 30 km^2 的优良港湾，为横贯中国东西的铁路大动脉——陇海、兰新铁路的东部终点港，被誉为新亚欧大陆桥东桥头堡和新丝绸之路东端起点，与韩国、日本等国家主要港口相距在 500 海里的近洋扇面内，是江苏最大海港、苏北和中西部最经济便捷的出海口，形成以腹地内集装箱运输为主并承担亚欧大陆间国际集装箱水陆联运的重要中转港口，是集商贸、仓储、保税、信息等服务于一体的综合性大型沿海商港。2019 年，连云港港货物吞吐量达到 24 432 万 t，增长 3.7％，为近三年最高增长。完成外贸吞吐量达 12 923 万 t，增长 8.7％。集装箱吞吐量完成 478.1 万标箱，增长 0.8％。客运总量首次跨上 20 万台阶达 20.74 万人次，增长 7.5％。

第三节 水文气象

一、气候概况

连云港市处于暖温带向北亚热带的过渡地带，属暖温带南缘湿润性季风气候，兼有暖温带和北亚热带气候特征。一年四季分明，气候温和，光照充足，雨量适中，雨热同季。全市年平均气温为 13.2～14.0 ℃，无霜期 206～223 d。极端最低气温 －21 ℃，最高气温为 40 ℃（1959 年 8 月 20 日），年均日照时数 2 450.2 h。年平均风速 3.1 m/s，最大风速 29.3 m/s。因处于海洋与陆地、低纬与高纬、温带与亚热带交界处，全市盛行偏东风，主要风向为东南风，具有春旱多风、秋旱少雨、冬寒干燥的特点，同时，气象灾害相对较多，主要有旱涝、冰雹、台风、暴雨和低温等。

二、降水、径流和蒸发

连云港市多年平均年降水量 894.7 mm，年最大降水量 1 280.3 mm(2005 年)，年最小降水量 580.7 mm(1988 年)，最大与最小年降水量之比为 2.2。降水量年内分配不均，主要集中在汛期，多年平均汛期降水量约占全年总降水量的 70%。降水量空间分布不均，由南向北递减。连云港市多年平均年径流量为19.40亿 m^3，多年平均径流深为 254.7 mm，全市多年平均水面蒸发量为885.1 mm。

三、水资源

按照全国水资源综合规划的统一分区，连云港市属于淮河（一级区）的沂沭泗河区（二级区）的沂沭河区和日赣区（三级区），其中灌南县属于沂沭河区的沂南区（四级区），灌云县、东海县和市区属于沂沭河区的沂北区（四级区），赣榆区属于日赣区的赣榆区（四级区）。连云港市水资源四级区套县级行政区见表 1-4。

表1-4　连云港市水资源四级区套县级行政区表

一级区	二级区	三级区	四级区	计算单元
淮河区	沂沭泗河区	沂沭河区	沂南区	灌南县
			沂北区	东海县、灌云县、市区
		日赣区	赣榆区	赣榆区

连云港市多年平均地表水资源总量为19.40亿m^3，其中沂南区多年平均年地表水资源量为2.39亿m^3，占12.32%，折合径流深为232.5 mm；沂北区多年平均年地表水资源量为12.69亿m^3，占65.41%，折合径流深为250.1 mm；赣榆区多年平均年地表水资源量为4.31亿m^3，占22.22%，折合径流深为284.7 mm。

四、暴雨与洪水

（一）暴雨

连云港市暴雨成因主要是黄淮气旋、台风、南北切变以及暖切变，大范围、长历时降雨多数由切变线和低涡连接出现造成；范围小、强度大、历时短主要由台风造成。降水量一般自南向北递减，沿海多于内陆，山地多于平原；年际与年内分配不均，汛期降水占全年的70%，年际最大与最小年降水量之比为2.2。由于连云港市地处南北气候过渡地带，暴雨兼有南北地区的特征。主要的暴雨特征为雨强大、历时短、突发性强，天气变化剧烈，降雨集中，如1957年、1974年等。但当江淮雨区偏北时，也可能造成历时长、强度大、时空分布均匀的强降雨，如1970年、1971年。

根据统计资料，1949年以后，连云港市市区最大日降雨量为1985年9月1日连云区的591.1 mm，全市最大日降雨量为2000年8月30日灌南长茂站的812 mm。

（二）洪水

连云港市的洪水一般发生在6—9月。连云港市地处淮河流域沂沭泗水系最下游，上游水系有河道坡降大，源短流急，洪水来得快，峰高量大且集中，预报期短等特点。

根据统计资料，石梁河水库最大蓄水量为43 000万m^3，发生在1974年8月15日，相应水位为26.82 m。

五、历史典型暴雨洪水

（一）1957 年暴雨洪水

1957 年 7 月由于西太平洋副热带高压（简称副高）位置偏北，副高西南侧偏南温湿气流与北侧的西风带偏西气流在淮河流域北部长期维持交汇，连续出现 3 次低空涡切变造成沂沭泗流域上游大范围连续降雨，连云港也在受灾范围内。7 月中旬，市区及赣榆、东海连降暴雨，7 月 10—21 日，赣榆降雨 311.9 mm，东海最大雨量 189.3 mm，市区总雨量 150.5 mm。7 月 21 日，新沂河洪峰流量3 710 m^3/s。

（二）1970 年暴雨洪水

1970 年 7 月中下旬，沂沭河中下游地区连日暴雨，7 月 21—23 日全市降雨 157.7 mm，其中赣榆降雨 247.5 mm、东海 167.7 mm、市区 148.5 mm。7 月 22 日临洪水文站、石梁河水库以及小塔山水库水位达到最大值，临洪水位 5.09 m，石梁河水库水位 24.70 m，小塔山水库 32.87 m。23 日石梁河水库泄洪 2 430 m^3/s，加上新沭河以下沭南、沭北来水，新沭河流量达 3 500 m^3/s，新沭河堤防出现险情，有部分堤防决口。

（三）1974 年暴雨洪水

1974 年 8 月，受 12 号台风倒槽与冷空气结合影响，沂沭河流域平均降雨 300 mm，临沂站洪峰流量 12 000 m^3/s，沭河大官庄站新沭河洪峰流量 4 250 m^3/s，骆马湖水位上涨至 25.25 m。8 月 15 日石梁河水库水位抬升至 26.82 m，泄洪 3 490 m^3/s，蔷薇河流域平均降雨量 291 mm，产生中华人民共和国成立以来最大洪水，由于新沭河行洪 3 510 m^3/s 流量的顶托，临洪站水位抬高至 5.70 m（1985 国家高程基准），支流乌龙河、鲁兰河、沭新河、马河、民主河均出现历史最高水位，其中沭新河出现破堤。

（四）2000 年暴雨洪水

2000 年 8 月 28 日 3 时—31 日 14 时，受 12 号台风“派比安”外围影响，在连云港市出现了一次突发性、高强度、超历史纪录的特大暴雨过程，灌南县长茂镇最大日降雨量达 812 mm，列有资料以来所罕见，市区日降雨量也达 228.8 mm，且这次暴雨具有面广、量大、强度大的特征，使河、海堤多处漫溢或决口，蔷薇河平均雨量达 450 mm。本次降雨分 2 个过程:前一过程为 28 日 3 时—29 日 8 时,历时 29 h,平均降雨 191 mm,为自南向北的冷空气影响;后一过程为 30 日 4 时—31 日 14 时,历时 34 h,平均雨量 254 mm,为受 12 号台风影响。按照 3 d 暴雨推算,蔷薇河流域平均降雨量达 301 mm,超过 20 a 一遇暴雨。由于此次降雨集中,洪水流量大,蔷薇河小许庄站 8 月 31 日 16 时出现了历史最高水位 6.84 m。

(五) 2005 年暴雨洪水

2005 年 7 月,受暖湿气流交汇影响,连云港市 7 月 31 日—8 月 5 日普降大暴雨,局部特大暴雨,全市面雨量 259.0 mm,暴雨中心在灌云县,降雨主要集中在 7 月 31 日,8 月 1—5 日开始逐渐变小。连云港市西部东海县和南部灌云县、灌南县降雨较大,大部分面积降雨 200 mm 以上,北部赣榆区、东部城区降雨相对较小,基本上在 100 mm 左右,此次降雨造成了连云港市城市内涝。

(六) 2012 年暴雨洪水

2012 年 7 月 8 日,受副热带高压外围强盛的西南暖湿气流和北方冷空气持续交汇影响,“7・08”暴雨洪水造成连云港市全面成灾。

2012 年石梁河水库共发生 2 次明显的洪水过程。第 1 次洪水出现在 2012 年 7 月 6—16 日,10 日 17 时最大入库流量 2 290 m^3/s,居历史第 3 位,最大泄洪流量 2 240 m^3/s,21 时 40 分库内最高水位 24.52 m,超汛限水位(23.5 m)1.02 m。7 月 10 日 10 时—11 日 18 时石梁河水库开始泄洪,总溢洪量 28 355 万 m^3,最大总泄洪流量 2 430 m^3/s,主要泄洪时段集中在 7 月 10 日 10 时—11 日 18 时。第 2 次洪水出现在 7 月 20—31 日,24 日 18 时入库流量 834 m^3/s,最大泄洪流量 834 m^3/s,7 月 26 日 8 时最高水位 24.08 m,超汛限水位(23.5 m)0.58 m。

新沭河太平庄闸上约 1 000 m 处设有太平庄闸水位站,2012 年 7 月 11 日 19 时 15 分达最高水位 5.73 m。

连云港市城区市政管网排水标准一般为 1～2 a 一遇,本次“7・08”暴雨最大 3 h 降雨达 28 a 一遇,造成市区严重积水,积水面积基本涵盖了全部平原区,积水深一般在 0.3～0.5 m,调查到的最大积水深出现在海州区啤酒厂宿舍,积水深达 1.5 m,一楼居民家中全部进水。连云港市海州水厂泵房进水,涝水淹没了水厂沉淀池,水厂停产达 3 d 之久,导致西部城区供水中断,影响到辖区内 5 万户居民的日常生活,居民生活用水靠消防车送水供给。

(九) 2018 年暴雨洪水

2018 年 8 月 17—20 日,受上游持续来水影响,石梁河水库水位迅速上涨,19 日 8 时,石梁河水库泄洪流量 407 m^3/s,坝上水位 24.59 m;19 日 21 时,泄洪流量加大至 723 m^3/s,水位 24.75 m;20 日 8 时,水位 24.84 m,流量 727 m^3/s;9 时最高水位 24.85 m,超汛限水位 0.35 m,低于警戒水位 0.15 m;10 时,流量 1 060 m^3/s,水位 24.85 m;20 日 11 时 15 分,流量加大至 2 570 m^3/s,水位 24.85 m;12 时 30 分,泄洪流量增加至 3 570 m^3/s(超历史),水位 24.85 m;20 日 17 时,泄洪流量 4 080 m^3/s,水位 24.77 m(以上流量均为查线流量)。17 时 50 分,石梁河水库溢洪闸最大泄洪流量 3 890 m^3/s(历史最大)。

太平庄闸水位站位于新沭河下游,为太平庄闸水位控制站。受石梁河水库泄洪影响,太平庄闸(闸上)水位快速上涨,8 月 20 日 8 时,新沭河太平庄闸(闸上)水位 2.92 m;8 月 20 日 15 时,太平庄闸(闸上)水位 3.36 m;8 月 20 日 22 时,水位达警戒水位 5.50 m;21 日 6 时,闸上最高水位 6.32 m(超过警戒水位 0.82 m)。

三洋港闸水位站位于新沭河入海口处。受石梁河水库泄洪影响,8 月 20 日 21 时开始,三洋港闸(闸上)水位明显上涨,8 月 21 日 3 时 55 分,三洋港闸(闸上)最高水位达 3.21 m。

第四节 洪涝灾害

连云港市地处沂、沭、泗下游,春秋季多旱少雨,夏季降雨频繁,大多集中在汛期。每至汛期,台风高潮迭至,形成上有沂沭洪水压境,下有海潮顶托局面,极易成灾。连云港市地处淮河流域沂沭泗水系最下游,上游水系有河道坡降大、源短流急、洪水来得快、峰高量大且集中、预报期短等特点。市区地势低洼,沿海地面高程一般在 3.00 m 左右,一遇暴雨,上游洪水基本上 10 多个小时就到达境内。历史上群众一度谈洪色变,曾有“来时一袋烟,去时一顿饭,逃也来不及,一淹一大片”的说法。城市受上游行洪、区域山洪、城市内涝、外海风暴潮综合影响,历史上洪涝灾害频繁。

1194—1948年的754 a间,有记载的较大洪涝灾害共计有82次。1949年以后,虽经"导沂整沭"和"导沭经沙入海"等防洪工程措施,减轻了新沭河下游洪涝灾害的程度。但由于开辟导沭经沙就近入海通道和沂沭河洪水进一步扩大东调入海规模,而使80%的沂沭河洪水经新沭河排泄并占用蔷薇河下游河段临洪河,蔷薇河则失去原有顺畅的下泄河道,致使相关区域排水不畅。中华人民共和国成立以来,发生洪涝的年份大约有28 a,灾情较为严重的年份为1957年、1970年、1974年、2000年、2005年、2012年、2018年及2019年。

1957年7月中旬,市区及赣榆县、东海县连降暴雨,据统计:赣榆县受涝面积1.6万公顷,其中重灾5 300公顷,龙河6.5 km河堤漫溢,倒房250间;东海县受灾4.2万公顷,倒房3 823间;市郊农田被淹达953公顷,倒房69间。

1970年7月中下旬,沂沭河中下游地区连日暴雨。23日凌晨4时蔷薇河水位上升,新浦因暴雨积水。23日20时临洪闸下游因新沭河行洪,水位高达5.34 m,临洪闸上游蔷薇河水位5.10 m。23日21时临洪闸下临洪河右堤台北盐场段分段决口,总长350 m。24日下午,城区积水1.0～1.5 m,洪灾造成4人死亡,直接经济损失3 000多万元。

1974年8月1日4时—2日8时,赣榆县普降大雨150～200 mm,西南部4 h降雨300 mm,各河暴涨,140个村进水。东海县4.47万公顷农田受淹,其中1.3万公顷绝收,倒房5万余间,损失存粮1.9万t。海州区洪门乡遍地积水,133公顷菜田受淹,倒房1 300余间。赣榆县2.71万公顷农田积水,范河下游积水深达1 m以上,6 000公顷农田绝收,倒房4万余间。蔷薇河各支流均出现历史最高水位,造成沭新河堤防决口,连云港市区因上游决口才保证了安全。

2000年,暴雨面广、量大、强度大,使灌南、灌云两县及市区的部分地区一片汪洋,造成全市受淹农田330万亩,其中成灾238.4万亩,绝产39.6万亩,造成直接经济损失48亿元以上。城区积水严重,虽采取一系列强排措施,0.8～1.0 m深积水仍持续7 d之久。

2005年7月31日—8月5日,连云港市普降暴雨,局部特大暴雨,全市各地的沟河湖库等均已满容或超过汛限水位,灌云、灌南、东海及市区出现了严重的洪涝灾害。此次暴雨致使在田农作物受淹,部分住宅民房进水、倒塌损坏,全市受灾人口129 6667人,成灾人口1 005 887人,紧急转移安置人口79人;农作物受灾面积 109 895 公顷，成灾面积 77 348 公顷，绝收面积 17 906 公顷；倒塌房屋 1 107 间，其中倒塌民房 739 间，损坏房屋 1 348 间，住宅进水 15 450 户，受淹企业 16 家，其中停产半停产 6 家；损失粮食 715 t，漫溢鱼塘 5 839 公顷，损失鱼 2 732 t，倒断树木 3 508 棵。因灾造成直接经济损失 76 868 万元，其中农业直接经济损失 72 866 万元。

2012 年，“7・08”暴雨洪水造成连云港市全面成灾。根据政府相关部门统计，连云区、开发区、新浦区、海州区、赣榆县、东海县、灌云县、灌南县、云台山风景名胜区、徐圩新区等 10 个县(区)受灾。受灾人口 154.62 万人，被水围困人数 0.51 万人，紧急转移 1.12 万人；住宅受淹 5.42 万户，倒塌房屋 0.16 万间；农作物受灾面积 216.4 万亩，成灾面积 148.07 万亩，绝收面积 38.65 万亩，减产粮食 46.22万 t，经济作物损失 18 286.41 万元，林果损失 15.47 万棵，死亡大牲畜 0.002 6万头，水产养殖损失 0.56 万 t；停产企业 30 家，公路中断 27 条次，供电中断 20 条次；损坏堤防 19 处、10.47 km，损坏护岸 191 处，损坏水闸 92 座，损坏机电井 358 眼，损坏机电泵站 130 座。因洪涝灾害所造成的直接经济损失27.495 亿元，其中农业直接经济损失 17.182 亿元，工业交通业直接经济损失3.44亿元，水利工程水毁直接经济损失 1.189 亿元。

第五节　水利工程

连云港市位于沂、沭、泗水系最下游，沂、沭、泗流域 8 万 km^2 的洪水通过新沂河贯穿市域入海，成为典型的洪水走廊。全市地势由高程 60.00～120.00 m 的西部山丘岗岭地区向高程仅 2.00～3.00 m 的东部平原洼地倾斜。连云港特殊的地理位置和气候特征，决定了其易旱易涝，易受台风暴潮袭击。该地区的洪涝灾害特征主要表现为台风、暴雨、天文大潮和上游大流量洪峰过境这四个要素单独或者组合影响。

1949 年以来，连云港市人民在各级党委和政府的领导下，充分发扬艰苦奋斗、自力更生的精神，依靠人民群众的力量，在国家的支持下，开展了大规模的水利建设，兴建了大量的水利工程，先后掀起三次治水高潮，已建成了数量众多、类型较齐全的工程设施，建成了防洪挡潮、除涝、降渍、灌溉与供水以及跨流域调水等五套水利工程体系。在全市范围内形成了能泄能蓄，能引能挡，能在流域间互相调剂的发挥综合功能的新水系，并构建了不同层次的由流域、区域、城市防洪工程组成的防洪格局，全市防洪标准基本达到10～20 a一遇。

分布在城市周边地区直接影响城市防洪安全的主要水库、河流，西有石梁河、安峰山等大型水库；北有新沭河等流域性行洪河道；南有新沂河流域性行洪河道和善后河区域性排洪河道；中有蔷薇河等区域性排洪河道；东有黄海的潮汐顶托影响和海洋风暴潮的威胁，形成上有大型水库居高临下，下有风暴潮袭击，左右则有大型流域性行洪河道，内有云台山、锦屏山山洪下泄相威胁的局面。城市处在洪潮的四面包围之中，由此而造成的城市防洪排涝任务十分艰巨，所面临的防台御潮形势相当严峻。

城市外围防洪依托新沭河、蔷薇河、善后河堤防和海堤构筑防洪屏障，城市内部山洪治理依靠小水库滞蓄和截洪沟导泄，城区内部排涝采用分片治理、排蓄兼筹、自排抽排结合的城市总体防洪排涝格局。

一、河道堤防

连云港市地处淮沂沭泗流域最下游，处在江水北调和江淮水供给的最末端，境内河网稠密，主要河道堤防504 km，同时连云港有211.6 km的海岸线，建有一级海堤144 km。新沂河、新沭河是流域性行洪河道，一级堤防与二级堤防主要为新沭河与新沂河堤防，一级堤防长度为172 017 m、二级堤防长度为56 838 m。三级河道堤防为灌河左右堤与青口河左右堤，长度为161 700 m。蔷薇河目前防洪设计标准市区段为20 a一遇，上游为10 a一遇，现状堤防等级为3级。连云港市堤防工程基本情况见表1-5。

表1-5 连云港市堤防工程基本情况

堤防名称	起止地	长度/m	等级
新沂河堤	南岗—燕尾港	68 580	一级
新沂河堤防右堤—灌南县段	孟兴庄—堆沟港	68 237	一级
新沭河堤防右堤开发区段	猴嘴街道	14 000	一级

表 1-5(续)

堤防名称	起止地	长度/m	等级
新沭河右堤新浦区段	浦南镇	21 200	一级
新沭河堤防	沙河—罗阳	43 000	二级
新沭河右堤—东海段	石梁河镇—黄川镇	13 838	二级
灌河右堤	张店镇—三口镇	20 500	三级
灌河左堤	张店镇—堆沟港镇	66 700	三级
青口河右堤	塔山镇—青口镇	27 000	三级
青口河左堤	塔山镇—青口镇	47 500	三级

二、流域性行洪河道

连云港市流域性行洪水道为新沂河和新沭河。新沂河既是骆马湖的排洪出路,又是沂沭泗河洪水主要入海通道之一,也是相机分泄淮河洪水的通道。新沭河是将沭河部分洪水分泄直接入海的重要通道,沭河洪水经大官庄闸下泄后进入新沭河,再经石梁河水库调蓄后排放入海。

三、水库

连云港市现有大、中、小型水库 167 座,其中大型水库 3 座(石梁河水库、小塔山水库、安峰山水库)、中型水库 8 座(八条路水库、西双湖水库、房山水库、横沟水库、昌黎水库、贺庄水库、大石埠水库、羽山水库)、在册小型水库 156 座,总库容 12.5 亿 m^3。

(一) 石梁河水库

石梁河水库位于新沭河中游,库区上游与山东省临沭县接壤,库区横跨东海、赣榆两县区。水库于 1958 年 12 月开工兴建,1960 年 5 月,主坝、副坝合龙蓄水,续建配套枢纽工程于 1962 年 12 月完工,又经多期维修加固,使得工程发挥综合效益。1992 年,水库被水利部确定为第二批全国重点病险水库之一。水库除险加固工程于 1999 年 1 月开工建设,2002 年 12 月完工;水库扩大泄洪流量工程于 1999 年 8 月开工建设,2001 年 5 月完工。水库集水面积 5 265 km^2(未含沂河集水面积),总库容 52 640 万 m^3,是一座泄蓄沂河、沭河、新沭河的来水，以防洪功能为主，结合农田灌溉、水产养殖、发电、旅游等综合利用的大(2)型水库。

新沭河于1952年初步建成，上游段在山东省境内，中下游段在江苏省境内，中下游部分河段利用大沙河旧道修建，河道比降大、弯曲多、土质沙性重。初建时大部分河段未挖中泓，仅靠两岸筑堤束水，排洪时水流紊乱，影响堤防防洪安全。1957年汛期，中游蒋庄漫水闸消力池、护坦和部分闸墩冲毁，下游堤防险象丛生。为保障新沭河中下游行洪安全，水利部淮河水利委员会和江苏省分别做出在新沭河中游兴建石梁河水库、下游复堤加固的决定。兴建石梁河水库可调节洪水，蓄水发展农田灌溉，减轻下游防洪压力。

水库于1958年12月开工兴建，赣榆县调集民工2万人实施主坝清基，开挖导流河，1959年春东海县调集0.4万人参加施工，在两县共同努力下，汛前完成主坝基坑土方回填，1960年5月主坝、副坝合龙蓄水。续建配套枢纽工程于1962年12月完工，历时4 a，共动员赣榆、东海两县投劳8.1万人次。工程初建时，因受物资、技术、汛期等条件限制，施工质量存在缺陷。投入运用后，1963～1966年，曾发现溢洪闸工作桥纵梁开裂、闸墩及翼墙裂缝、墙后填土不实、消力池浆砌块石消力坎被冲毁、主坝坝身渗水等险情，均安排维修加固。为保证水库防洪调蓄功能，1966—1989年，安排水库实施5次消险加固和1次抗震加固。第一期加固内容包括溢洪闸加固，主坝背水坡高程25.00 m处建导渗井26眼，南涵洞底板止水设备处理等。第二期加固内容包括继续加固溢洪闸闸墩、闸门、消力池以及闸上护坦、岸墙止水设施，南、北涵洞闸门更换，增设副闸门，导流堤、消力池、溢洪道块石护坡翻修，主坝电站涵洞加固等。第三期加固，更换溢洪闸闸门启闭设备。第四期加固溢洪道，将溢洪道底高程由12.00 m挖深至9.60 m，以适应“东调南下”新沭河扩大行洪流量的需要。第五期加固内容包括溢洪闸钢木闸门更换为钢质闸门、副坝灌浆加固1.6 km等。抗震加固内容包括主坝背水坡坡脚外筑戗台，长120 m，宽60 m，台顶高程20.00 m，以及溢洪闸闸下二级消力池拆除挖深2.55 m后新浇混凝土等。

水库枢纽工程由主坝、副坝、溢洪闸、灌溉涵洞、北干渠进水闸、南干渠退水闸等主要建筑物组成。主坝长5 200 m，坝顶高程31.50 m，最大坝高22 m，坝顶宽10～12 m。副坝长3 600 m，坝顶高程31.50 m，最大坝高7.5 m，坝顶宽12

m。溢洪闸位于主坝中部附近，15 孔，每孔净宽 10 m，设计流量 4 000 m^3/s，校核流量 5 000 m^3/s。灌溉涵洞 4 座：南灌溉涵洞，3 孔，洞径 2.5 m×2.5 m，设计流量 50 m^3/s；北灌溉涵洞，3 孔，洞径 2.5 m×2 m，设计流量 45 m^3/s；孟曹埠涵洞，单孔，洞径 2.5 m×2.5 m，设计流量 26 m^3/s；副坝涵洞为钢筋混凝土圆涵，4 孔，其中 3 孔用于灌溉，管径 2.4 m，另 1 孔用于发电，管径 2 m，设计流量 30 m^3/s。北干渠进水闸，3 孔，每孔净宽 2 m，设计流量 30 m^3/s。南干渠退水闸位于溢洪闸下游南干渠旁，2 孔，每孔净宽 2.5 m，设计流量 28 m^3/s。

水库 30 多年运行期间，对工程出现的险工隐患虽然安排维修加固，维持了水库的正常运行，但是工程日趋老化，主坝坝基和溢洪闸闸基沙土层存在地震时发生液化的可能性。1992 年，水库被水利部确定为第二批全国重点病险水库之一。对照沂沭泗河洪水“东调南下”续建工程设计标准，1998 年 12 月，水利部批准对连云港市石梁河水库工程加固和扩建。

工程设计标准：工程等级为二等，主坝、溢洪闸、灌溉涵洞等主要建筑物级别为 2 级，次要建筑物级别为 3 级。工程防洪标准按 100 a 一遇设计洪水位 26.81 m，相应泄洪流量 7 000 m^3/s，2 000 a 一遇校核洪水位 27.95 m，相应泄洪流量 10 131 m^3/s。经调洪演算，其特征水位：汛限水位 23.50 m，兴利水位24.50 m，死水位 18.50 m，相应水库总库容 52 640 万 m^3，调洪库容 31 820 万 m^3，兴利库容 23 380 万 m^3，死库容 3 200 万 m^3。地震按基本烈度 8 度设防。

工程加固和扩建建设主要内容由扩大泄洪流量、老溢洪闸加固、主副坝加固三部分组成。扩大泄洪流量工程包括在老溢洪闸南侧新建溢洪闸，10 孔，每孔净宽 10 m；新建南涵电站，安装 3 台机组，总装机容量 1 200 kW；主坝改线及管理设施建设等。扩大泄洪流量工程于 1999 年 8 月开工建设，2001 年 5 月完工，共完成主要工程量土方 132.47 万 m^3、砌石 2.7 万 m^3、混凝土及钢筋混凝土 4.16 万 m^3，工程投资 11 646 万元，全部由中央政府投资。加固工程包括老溢洪闸加固和主副坝加固两部分，其中老溢洪闸加固工程包括老溢洪闸闸室由原 15 孔实用堰闸改为 30 孔宽顶堰涵闸，每孔净宽 4 m；新建工作桥排架、更换工作桥拆建公路桥及人行便桥；改建桥头堡及启闭机房；上游铺盖检修，上下游一字墙拆建，下游翼墙减载、岸墙加固；北灌溉涵洞加固、消力池末端地基防液化处理等。主副坝加固工程包括主坝背水坡脚增设戗台压重，台长 2 390 m，台宽 40 m；

老副坝加固，整修高程 28.00 m 以上原干砌块石护坡，副坝迎水坡高程 28.00～30.00 m，新增浆砌块石护坡、坝顶道路整修等；主副坝坝身水泥土灌浆防渗；建新副坝，长 3 750 m，坝顶高程 29.00 m，最大坝高 5 m，坝顶宽 6 m；迎水坡筑浆砌块石护坡。背水坡植草皮护坡，坝顶修筑泥结碎石路面；原北干渠进水闸拆除，新建钢筋混凝土箱式涵洞，2 孔洞径 3 m×3.5 m，设计流量 30 m^3/s；副坝涵洞加固，将原 3 孔灌溉涵洞的中孔保留，其他南、北两边孔和发电孔封堵，将中孔按钢筋混凝土圆涵加固恢复，单孔，管径 2.4 m，建启闭机房、进出口挡土墙和上下游翼墙等，设计流量 10 m^3/s；原南干渠退水闸拆除，新建钢筋混凝土节制闸，单孔，净宽 6 m，新建南钢筋混凝土箱式涵洞，2 孔，洞径 2.5 m×2.5 m，设计流量 50 m^3/s；孟曹埠涵洞加固，单孔，洞径 2.5 m×2.5 m，设计流量 26 m^3/s。

加固工程于 1999 年 1 月开工建设，2002 年 12 月完工。共完成主要工程量土方 125.7 万 m^3、石方 3.42 万 m^3、混凝土及钢筋混凝土 6.79 万 m^3，工程投资 17 886 万元。其中中央投资 6 100 万元、省级投资 5 893 万元、市县配套 5 893 万元。

石梁河水库周边名胜古迹众多，以羽山为最。羽山有传说是舜帝殛鲧试剑留下的三缝石痕迹，有镌刻于清代的磨山摩崖石刻等。2004 年，石梁河水库又被冠名为海陵湖，并依托海陵湖开展景区创建。

石梁河水库以下建成沭南（东海县）、沭北（赣榆区）2 个大型自流灌区，在保证新沭河防洪安全的前提下，调洪蓄水服务自流灌区，还可向小塔山、安峰山两水库供水。其中，沭南灌区位于东海县中部及东北部，分新沭河沭南灌区和石安河灌区两部分。沭北灌区位于赣榆区南部。

水库南侧的石梁河镇盛产葡萄，地下有水晶石、石英砂等矿藏。水库周边有历史悠久的磨山和羽山，有丰富的生物种群，动植物有 280 多种。

（二）小塔山水库

小塔山水库位于连云港市赣榆区西北部低山丘陵区、青口河中游的小塔山与子贡山之间、塔山镇境内，距赣榆区 17 km。水库于 1958 年 10 月开工兴建，1959 年 10 月主坝合龙蓄水，又经续建配套、维修加固，以充分发挥工程功能和综合利用效益。1992 年，水库被水利部确定为第二批全国重点病险水库之一。水库除险加固工程于 2002 年 10 月开工建设，2007 年 11 月完工。水库集水面积 386 km^2，总库容 28 100 万 m^3，是一座以防洪功能为主，结合农田灌溉、城镇供水、水产养殖、发电等综合利用的大(2)型水库。

水库兴建前，因青口河上游支流众多，每逢汛期山洪暴发，峰高流急，沿线水土流失严重，致使下游河床淤高，冲决下游堤防，淹漫农田，围侵县城，造成严重损失，汛后，河道干涸断流，2 万公顷农田干旱缺水。为除害兴利，由省、市、县水利部门共同勘测选址，确定水库坝位，水库因主坝东端有小塔山而得名。1958 年 10 月，赣榆县动员 3.5 万人开工兴建水库。1959 年 10 月，主坝、副坝、溢洪闸、灌溉涵洞、引水闸等主体工程完工。水库初建时，由于受人力、物力、技术以及汛期等条件限制，工程结构设计、施工质量、基础处理等方面存在缺陷。汛期拦洪蓄水时，主坝发生多处管涌，采用坝下打井减压、开挖纵横导流暗沟排积水至滩面、填沙镇压等抢险措施。溢洪闸泄洪时，闸下陡坡泄流段多处被冲击，坑塘局部深达 7 m，采取增建多级消力池消能减冲措施。1962—1966 年，主坝溢洪闸、灌溉涵洞建筑物混凝土均发生多处裂缝，每年安排维修加固。1976—1990 年，先后对东副坝加高培厚，按地震基本烈度 8 度设防；对主坝加固，背水坡高程 29.00 m 处设 8 m 宽压重平台，迎水坡高程 36.50 m 以上做干砌块石护坡，背水坡植草皮护坡并置纵横排水沟；主坝东灌溉涵洞，单孔，洞径 2.5 m×2.5 m，加固为 2.35 m×2.35 m，下游分 3 孔，其中 1 孔输水灌溉，另外 2 孔输水发电(装机容量 100 kW)；主坝西灌溉涵洞因浆砌块石墙体开裂，渗水严重，被封堵弃用；修建西副坝灌溉涵洞，单孔，洞径 1.9 m×1.9 m。

为保证水库安全，1976—1979 年，兴建东副坝分洪闸，56 孔，每孔净宽 5.4 m，总净宽 302.4 m，最大分洪流量 4 600 m^3/s。1989—1990 年，赣榆县动员 5 万人，开挖东副坝分洪闸闸下分洪道 3.1 km，按分洪 500 m^3/s 标准开挖，泄洪向东入龙河。

水库枢纽工程由主坝、副坝、主坝溢洪闸、东副坝分洪闸、灌溉涵洞等主要建筑物组成。主坝东起小塔山，西至子贡山，长 2 303 m，坝顶高程 38.50 m，最大坝高 22.5 m，坝顶宽 9.6 m。副坝 2 座：东副坝长 1 060 m，坝顶高程 38.00 m，最大坝高 6.3 m，坝顶宽 12 m；西副坝长 1 000 m，坝顶高程 37.00 m，最大坝高 10.2 m，坝顶宽 7.6 m。主坝溢洪闸：10 孔，每孔净宽 4 m，设计流量 400 m^3/s。东副坝分洪闸：56 孔，每孔净宽 5.4 m，最大分洪流量 4 600 m^3/s。灌溉涵洞 2

座：主坝东涵洞，单孔，洞径 2.35 m×2.35 m，设计流量 25 m^3/s；西副坝涵洞，单孔，洞径 1.9 m×1.9 m，设计流量 10.3 m^3/s。

水库经 40 多年运行，存在的主要问题包括主坝抗震设防不足，西副坝坝顶高程不足，坝体土质复杂，坝身单薄，时有渗水现象，主坝溢洪闸建在地震断裂带上，岩石基础破碎且有裂缝未做固结处理，闸底板、胸墙、上游护坦、石拱桥等出现多处裂缝，闸下出口段水流紊乱、消能段冲刷严重等。2002 年 2 月，水利部淮河水利委员会批复小塔山水库除险加固工程初步设计。工程设计标准：工程等别为二等，主坝、副坝、溢洪闸、灌溉涵洞和青口河挡潮闸等主要建筑物级别为 2 级，次要建筑物级别为 3 级。工程防洪标准按 100 a 一遇洪水设计，2 000 a 一遇洪水校核。经调洪演算，其特征水位及库容分别为：水库设计水位 35.37 m，校核水位 37.31 m，汛限水位 32.00 m，兴利水位 32.80 m，死水位 26.00 m；相应总库容 28 100 万 m^3，调洪库容 16 500 万 m^3，兴利库容 11 600 万 m^3，死库容 2 000 万 m^3。地震按基本烈度 8 度设防。工程建设主要由水库枢纽工程除险加固和青口河整治两部分组成，其中水库枢纽工程除险加固包括：① 主坝加固。坝身黏土充填灌浆防渗，新建 1 m 高坝顶挡浪墙和坝顶沥青混凝土路面，背水侧青口河和小沙河段增建压重平台，以防地震液化的可能。青口河段平台顶高 29.00 m，宽 45 m，长 400 m。小沙河段平台加宽至 40 m，长 350 m。② 副坝加固。其中东副坝坝顶新建 1.2 m 高挡浪墙，迎水坡增设复合土工布防渗，坝顶现浇混凝土路面；西副坝坝顶加高培厚至高程 38.00 m，顶宽 8 m，坝顶新建 1.2 m 高挡浪墙，重建迎水坡、石护坡和背水坡贴坡式排水设施。③ 在东副坝分洪闸下游 100 m 处，按东副坝标准新建拦河堵坝。④ 拆除原主坝溢洪闸，在原址重建新闸，4 孔，每孔净宽 8 m，设计泄洪流量 400 m^3/s。⑤ 拆除主坝灌溉涵洞，在原址重建钢筋混凝土箱式涵洞，单孔，洞径 2.5 m×2.5 m。加固西副坝灌溉涵洞，接长洞身，新建消力池，更新启闭设备等。青口河整治包括青口河从主坝溢洪河至入海口段，长 28.2 km，分上、中、下三段整治，上段的弯道段河道裁弯取直，中段加固河道堤防，下段的河道清淤，同时新建瞿沟陡坡及 8 座穿堤涵洞，拆建邵庄陡坡，加固沙河子漫水闸、青口河漫水闸、青口河挡潮闸等。工程于 2002 年 10 月开工建设，2007 年 11 月完工，共完成主要工程量土石方 528.02 万 m^3、砌石方 7.65 万 m^3、混凝土及钢筋混凝土 4.94 万 m^3，工程投资 10 700 万元，其中中央政府投资 3 550 万元、省级投资 3 940 万元、市县配套 3 210 万元。

水库主坝西端的子贡山旧名万松山，相传春秋时子贡奉师命赴吴“止吴霸越，乱齐存鲁”，归途中过此住宿晒书，因此得名。山上端木书台、端木书院遗址至今尚存。清光绪《赣榆县志》将其列为“赣榆八最”之首。水库北 2 km 北岸有大吴山、小吴山，大吴山主峰 364.4 m，为赣榆最高峰，山上有天齐庙、娘娘庙、八蜡庙和古泉“神泉”，苍松古刹，幽洞怪石。“吴峰望日”旧为“赣榆八景”之一。山下建有中国科学院紫金山天文台观测站。水库主坝溢洪闸闸体正面由著名书法家舒同题写闸名。

水库下游建设大型灌区，实际灌溉面积 1.73 万公顷。由于库区上游先后兴建多座水库，致使干支流下泄水量减少，水库水源紧缺。为此赣榆安排开挖夹山至塔山截洪沟，将原引水渠扩大成沭北一级截洪沟，扩大集水面积；兴建古城翻水站，调石梁河水库之水补库；兴建朱堵一级站、城头二级站、城头三级站翻水，经朱稽河调长江水补库，缺水状况有所改善。

水库主坝东灌溉涵洞下游约 800 m 处，塔山水厂于 2009 年建成投用，以小塔山水库为供水水源，设计供水能力 1 万 m^3/d。

水库渔业资源丰富，盛产鲤、鲫、鲢、虾等，因历年调引长江水补库，亦产太湖银鱼，且产量颇丰。水库水面开阔，烟波浩渺，旅游资源得天独厚，2007 年被评为省级水利风景区。

（三）安峰山水库

安峰山水库位于东海县南部低山丘陵区安峰镇境内、蔷薇河支流厚镇河上游的古城河上。库区呈南北略长的古钱刀币状，西侧是著名的郯城—庐江大断裂带。水库于 1957 年 10 月开工兴建，1958 年 6 月主坝合龙蓄水，又经续建配套、维修加固，以充分发挥工程综合利用效益。2001 年 6 月，水库经水利部大坝安全管理中心鉴定为三类坝。水库除险加固工程于 2004 年 12 月开工建设，2008 年 4 月完工。水库集水面积 153.3 km^2，总库容 11 300 万 m^3，是一座以防洪、农田灌溉功能为主，结合城镇供水、水产养殖等综合利用的大(2)型水库。

水库兴建前，东海县委制定《东海县水利化规划概要》，提出农田建设分片治理方案，要求“坡地梯田化，平原洼地涝区水网化，山沟岭凹塘水库化，土地耕作畦田化”，治理湖荡洼地以解决洪涝为主，丘陵山区兴办蓄水工程，以灌溉为主。为拦蓄蔷薇河上游山岭水，减少蔷薇河径流量，保护下游6.6万公顷农田、20万人口免受洪水灾害，并为东海县安峰、房山、平明等乡镇的0.7万公顷农田灌溉提供水源，1956年秋，徐州专署提出兴建安峰山水库，水库库区因在安峰山脚下而得名。1957年10月，东海县动员1.5万民工开工兴建，1958年6月，水库枢纽工程主要建筑物完工。为调节水源，开挖2条引河，先期开挖阿安引河，连接阿湖水库与安峰山水库，接着开挖石安河，连接安峰山水库与石梁河水库。1972年又在石安河尾端修建薛埠节制闸，3孔，每孔净宽5 m，调节安峰山水库的水源。由于受物资、技术、财力等条件限制，工程结构设计、施工质量、基础处理等方面存在缺陷，水库经历多次维修加固。1966年和1981年汛后，主坝、副坝均出现横向、纵向裂缝多条；1973年溢洪闸下游浆物块石翼墙出现倾斜，墙体出现水平和垂直裂缝多条；1985年和1990年汛前，水库水位15.70 m时，主坝背水坡高程11.50～15.00 m多处发现较大范围窨潮现象等。发现隐患和险情后，相关部门均安排加固处理。

水库枢纽工程由主坝、副坝、溢洪道、灌溉涵洞等主要建筑物组成。主坝长2 330 m，坝顶高程20.00 m，最大坝高9.5 m，坝顶宽4 m。副坝长4 406 m，坝顶高程20.00 m，最大坝高5 m，坝顶宽3 m。溢洪道2条，其中一条由东向西经安房河泄水汇入房山水库；另一条向南再向东经黑泥沟、黄泥河入蔷薇河。溢洪闸在主坝东端，3孔，每孔净宽5 m，校核泄洪流量335 m^3/s。灌溉涵洞3座，其中主坝东灌溉涵洞，单孔，洞径0.8 m×1 m，设计流量5 m^3/s；主坝西涵洞，单孔，洞径1.2 m×1.5 m，设计流量11 m^3/s；副坝灌溉涵洞，3孔，洞径1.6 m×1.2 m，设计流量38 m^3/s。水电站1座，安装3台机组，总装机容量255 kW。

水库经过40多年的运行，主坝、副坝、溢洪闸、灌溉涵洞等均存在严重隐患，虽经多次维修加固，但仍存在防洪标准偏低、坝体多处渗水、溢洪闸和灌溉涵洞老化等安全问题。水库的安危涉及保护区内东海县、沭阳县和连云港市区中17个乡镇的46万人口和5.07万公顷耕地，以及区内重要基础设施的安全。2001年6月，水库经水利部大坝安全管理中心核查鉴定为三类坝。2004年3月，水利部淮河水利委员会对东海县安峰山水库除险加固工程初步设计下达审查意见，同年7月省发展改革委员会批复东海县安峰山水库除险加固工程初步设计。工程设计标准：工程等别为二等，主坝、副坝、溢洪闸、灌溉涵洞等主要建筑物级别为 2 级,次要建筑物级别为 3 级。工程防洪标准按 1 00 a 一遇洪水设计,2 000 a 一遇洪水校核,溢洪道消能防冲建筑物按 50 a 一遇洪水设计。经调洪演算,其特征水位:水库设计洪水位 18.00 m,校核洪水位 18.67 m,汛限水位 16.00 m,兴利水位 17.20 m,死水位 12.50 m,相应总库容 11 300 万 m^3,调洪库容7 080万 m^3,兴利库容 6 707 万 m^3,死库容 333 万 m^3。地震按基本烈度 7 度设防。工程建设主要内容:① 主坝加固。主坝加高加宽至坝顶高程 20.80 m,坝顶宽 6 m。坝顶新建高 1 m 挡浪墙和沥青混凝土路面,局部坝段实施充填式黏土灌浆防渗加固,迎水坡浆砌块石护坡接高至坝顶,背水坡坡脚建排水棱体,坡面植草皮护坡。② 副坝加固。按副坝长 4 406 m 加高加宽,坝顶高程 20.00 m,坝顶宽 5.5 m,坝顶新建高 1 m 挡浪墙和沥青混凝土路面,局部坝段实施充填式灌浆防渗,背水坡坡脚建排水棱体,坡面植草皮护坡。③ 拆除老溢洪闸。原址重建新闸,3 孔,每孔净宽 8 m,校核泄洪流量 335 m^3/s。④ 拆建主坝东西 2 座灌溉涵洞,其中东涵洞原址新建,西涵洞移址重建,原涵洞封堵,新建均为钢筋混凝土箱式涵洞,单孔,洞径 1.2 m×1.8 m,设计流量 5 m^3/s。⑤ 拆除副坝灌溉涵洞,原址新建钢筋混凝土箱式涵洞,2 孔,洞径 2.4 m×1.8 m,设计流量 38 m^3/s。⑥ 拆除薛埠节制闸,原址重建新闸,单孔,净宽 3 m,设计流量 5 m^3/s;拆除薛埠老进水闸,老闸下 150 m 处重建新闸,3 孔,每孔净宽 5 m,设计流量 210 m^3/s。⑦ 新建工程管理设施,包括管理用房、水文站、进库防汛路、工程监测和监控视频系统等。工程于 2004 年 12 月开工建设,2008 年 4 月完工,共完成主要工程量土方 60.28 万 m^3、砌石 5.04 万 m^3、混凝土及钢筋混凝土 2.66 万 m^3。工程投资 7 811 万元,其中中央政府投资 2 490 万元、省级投资 2 978 万元、市县配套 2 343 万元。

水库向南溢洪道为原厚镇河,洪水经黑泥沟、黄泥河入蔷薇河,至临洪河口入海,流经东海县、沭阳县以及连云港市区。水库建成后,虽然在防洪、农田灌溉和水产养殖等方面发挥较大作用,但是限于当时条件,下游黑泥沟、黄泥河等涉及洪水安全出路的工程均未安排实施。为保证水库向南溢洪道沿线工程防洪安全,2006 年,省水利厅安排综合整治,扩挖黑泥沟、黄泥河并结合复堤、护砌,工程投资 795.43 万元。整治后,水库向南溢洪时可保护沿线工程和人民生命财产的安全。

从阿安引河入库河口直向北6 km，在水库北侧有建于西汉时期的曲阳古城，是道教的发源地之一，东汉顺帝时(126—144年)道士于吉曾在此得170卷的道教经典著作《太平清领书》。

水库东南角紧靠安峰山，安峰山主峰海拔73 m。东南与国营东海县安峰山林场接壤，中有安峰山烈士陵园，纪念1947年2月20日发生的华东野战军淮海区干部队伍被国民党军第二十八师包围，损失千人的重大惨案“安峰山事件”。

沿主坝溢洪闸西行6 km，在水库西南角的安峰镇毛北村有2001年8月开钻的举世瞩目的中国大陆科学钻探工程“亚洲第一井”，科学钻探井深入地下5 158 m，是伸入地球内部的“望远镜”。安峰山地区自然资源得天独厚，已发现的矿产有金红石、石榴子石、红宝石、蓝宝石、水晶、玄武岩等，其中金红石、石榴子石的储量和品位居全国前列，开发价值高。

连云港市大中型水库主要特征值见表1-6。

表1-6　连云港市大中型水库主要特征值一览表

水库名称	类型	集水面积/km^2	总库容/(万m^3)	兴利水位/m	死水位/m	汛限水位/m	设计洪水位/m	校核洪水位/m
石梁河水库	大(2)型水库	5 265	52 640	24.50	18.50	23.50	26.81	27.95
小塔山水库	大(2)型水库	386	28 100	32.80	26.00	32.00	35.37	37.31
安峰山水库	大(2)型水库	153.3	11 300	17.20	12.50	16.00	18.00	18.67
贺庄水库	中型水库	57	2 654	38.50	32.50	38.00	39.18	40.26
横沟水库	中型水库	42.2	2 459	27.50	23.00	27.00	28.08	28.87
八条路水库	中型水库	32	2 143	32.00	23.50	31.50	32.37	33.13
房山水库	中型水库	54.6	2 516	10.00	7.70	9.50	10.61	11.51
昌黎水库	中型水库	35	2 111	48.50	40.50	47.50	49.23	50.04
西双湖水库	中型水库	22.3	1 760	32.50	25.00	32.00	32.19	32.75
大石埠水库	中型水库	78	2 217	50.00	45.00	49.00	52.00	52.75
羽山水库	中型水库	7	1 225	49.50	41.00	49.00	49.28	49.68

四、调水工程

连云港市江淮水调水通道有东西两条线路，西线为江淮水通过淮沭河调入蔷薇河供东海、市区及赣榆用水；东线为江淮水通过通榆河调入蔷薇河供连云港市市区用水。

连云港市用水主要依靠调引江淮水，现状调引江淮水进入连云港市的口门主要有四个，即淮沭新河调水线的吴场水利枢纽和新沂河南偏泓、盐河殷渡及通榆河北延送水工程。

吴场水利枢纽由桑墟电站、沭新退水闸和蔷北地涵组成，总供水能力 110 m^3/s，其中桑墟电站设计供水能力 25 m^3/s，沭新退水闸设计供水能力 20 m^3/s，蔷北地涵设计供水能力 65 m^3/s。由于受上游工程供水能力限制，实际总供水能力约 70 m^3/s。

新沂河南偏泓送水由沭阳电站和南偏泓闸控制，设计供水能力 250 m^3/s，实际供水能力 100 m^3/s。盐河为苏北地区主要航道，兼有区域排涝功能，河道送水能力较大，供水时可输水 60 m^3/s。

江淮水对连云港市的实际供水能力约 230 m^3/s。

五、水利枢纽及水闸工程

连云港市过闸流量 1 m^3/s 及以上水闸有 1 889 座，其中，规模以上（过闸流量大于或等于 5 m^3/s）水闸数量 937 座。水利枢纽主要有吴场水利枢纽、临洪水利枢纽和盐东水利枢纽。

（一）水利枢纽

连云港主要水利枢纽有 3 个，其中吴场水利枢纽的主要功能为供水，临洪水利枢纽和盐东水利枢纽为防洪性控制枢纽。

吴场水利枢纽：吴场水利枢纽由桑墟电站、沭新退水闸和蔷北地涵组成，其基本情况见表 1-7。

表 1-7 吴场水利枢纽基本情况

序号	工程名称	位置	基本情况			建成年份
			设计流量/(m^3/s)	孔数	单孔净宽/m	
1	桑墟电站	沭阳县桑墟镇	25	—	—	1986
2	沭新退水闸	沭阳县桑墟镇	20	2	3	1975
3	蔷北地涵	东海县房山镇	65	3	3.35	1959

临洪水利枢纽：临洪水利枢纽是连云港市市区及周边防洪排涝的重要保障，是连云港市最大的水利枢纽工程。临洪水利枢纽位于新沭河末端，距临洪口14 km，主要由4座大中型泵站和11座大中型水闸组成，是集防洪、挡潮、灌溉、城市供水等多重功能为一体的大型水利枢纽工程，包括临洪闸、太平庄闸、沭南闸、沭北闸、乌龙河调度闸、乌龙河自排闸、富安调度闸、三洋港挡潮闸、三洋港排水闸、东站自排闸、大浦闸和临洪东泵站、临洪西泵站、大浦抽水站和大浦第二抽水站及31 km堤防组成。1958年枢纽开始兴建，1959年临洪闸建成并发挥出显著的防洪减灾和灌溉效益；20世纪70年代，太平庄闸、临洪西站、乌龙河闸等工程建成；2000年，我国单站流量最大的泵站——临洪东站建成投运；2012年，东站自排闸和大浦第二抽水站竣工，标志着临洪枢纽建设完成。表1-8为临洪水利枢纽基本情况，表中建成年份是指最新拆建或重建年份。

表1-8 临洪水利枢纽基本情况

序号	工程名称	位置	基本情况			建成年份
			设计流量/(m^3/s)	孔数	单孔净宽/m	
1	临洪西泵站	海州区浦南镇	90	—	—	1979
2	临洪东泵站	海州区北郊	360	—	—	2000
3	大浦抽水站	海州区北郊	40	—	—	2004
4	大浦第二抽水站	海州区北郊	40	—	—	2012
5	太平庄闸	新沭河下游	1 000	12	9.7	2011
6	沭南闸	海州区浦南镇	90	1	12	2016
7	沭北闸	赣榆区罗阳镇	90	1	12	2016
8	临洪闸	海州区北郊	1 380	26	5	1959
9	乌龙河调度闸	海州区浦南镇	90	1	10	1978
10	乌龙河自排闸	海州区浦南镇	90	1	10	1978
11	东站自排闸	海州区北郊	650	6	10	2012
12	大浦闸	海州区浦南镇	246	3	7	2003
13	富安调度闸	海州区浦南镇	100	1	12	2013
14	三洋港挡潮闸	新沭河末端	6 400	33	15	2013
15	三洋港排水闸	新沭河末端	67	3	6	2013

临洪闸位于蔷薇河末端，1958 年 11 月动工兴建，1959 年 12 月竣工，主要担负着挡潮、蓄淡、排涝、泄洪、排污、拦淤、辅助通航及保证市区工农业生产、生活用水等重任。该闸为大(2)型水闸，共 26 孔，每孔净宽 5 m，孔高 6.2 m，闸身总宽 167.5 m，闸长 136.5 m；闸顶高程 15.57 m，闸底高程－3.23 m，挡水胸墙顶高程 7.27 m；设计水位：上游 1.27 m，加风浪高度 0.5 m，下游－2.23 m；设计流量 1 380 m^3/s，校核流量 2 320 m^3/s；排涝面积 1 349.6 km^2，蓄淡灌溉面积 70 万亩。

富安调度闸位于蔷薇河与鲁兰河交汇口上游蔷薇河上，距鲁兰河口约 300 m，本闸建成后与现有鲁兰河右堤直线连接，形成封闭的防洪圈。本闸布置在蔷薇河上，顺水流向中心轴线与蔷薇河轴线一致，垂直水流向交通桥轴线与鲁兰河堤中心线一致。上下游引河断面按现状，河底宽 50 m，边坡比为 1∶4。闸室两侧各设 20 m 空箱引桥，引桥后填土筑堤与蔷薇河左右堤相接，形成封闭的防洪体系。新填筑东西堤与蔷薇河堤连接，西堤长 160 m，东堤长 200 m，堤顶宽 8 m，高 8.40 m，边坡比 1∶3。闸为单孔开敞式水闸，净宽 12 m，顺水流向长 10 m，采用 U 形整底板结构，底板顶高程－2.84 m，厚 2.0 m；闸墩厚 1.2 m，闸顶高程为 8.40 m；闸室下游设 1.7 m 宽的工作便桥，桥面高程 8.40 m；上游布置 8.0 m 宽的公路桥，桥面高程与堤顶高程一致，设计荷载等级为公路—Ⅱ级。该闸调水流量按 100 m^3/s 设计，两端连接堤防级别为 2 级，主要建筑物级别 2 级。本闸有正反向调水功能，上、下游均设长 16 m、深 0.5 m 的消力池。消力池后接 40 m 的灌砌块石海漫，后接 8 m 的抛石防冲槽以消余能。上下游河坡灌砌块石防护，护坡长度 50 m。翼墙共 4 节，均采用钢筋混凝土扶壁式结构。

临洪东抽水站是治淮工程沂、沭、泗洪水东调南下主体工程之一，承担着蔷薇河流域内涝强排任务，是确保连云港市区及东陇海铁路防洪安全的关键工程。全站设计抽排能力 300 m^3/s，最大抽排能力 360 m^3/s，总装机容量 36 000 kW。临洪东抽水站于 1978 年经淮委批准动工兴建，1980 年停缓建，1992 年实施提办工程复工续建，1996 年经淮委批准全面续建，1997 年底完成主体工程，1998 年 7 月通过试运行验收，2000 年通过工程竣工验收交付使用。

临洪东站自排闸建于新沭河临洪闸下的新沭河右堤上，距江苏省连云港市市区北侧约 7 km 处，布置在临洪东抽水站和大浦抽水站之间。顺水流向中心线西距临洪东抽水站中心线约 250 m，东距大浦抽水站中心线约 230 m。临洪东站自排闸按 10 a 一遇排涝标准设计，设计排涝流量 650 m^3/s，自排闸共 6 孔，每孔净宽 10 m，总净宽 60 m；闸室采用沉井基础，岸、翼墙采用灌注桩基础；闸室、空箱岸墙及上下游扶壁式翼墙均为钢筋混凝土结构。设平面钢闸门 6 扇，配 2×250 kN 卷扬式启闭机。闸室上游设检修门一道，采用电动葫芦启闭。

乌龙河调度闸位于临洪闸上游蔷薇河左堤 800 m 处，1977 年 11 月动工兴建，1978 年 8 月竣工，中型水闸，工程级别 5 级，共 1 孔，闸孔净宽 10 m，孔高 8 m，闸身总长 12.96 m，闸长 85.6 m，设计流量 90 m^3/s，校核流量 100 m^3/s，主要担负着沟通水系、调水、通航等重任。

乌龙河自排闸位于海州区浦南镇，1977 年 11 月动工兴建，1978 年 7 月竣工。中型水闸，工程级别 5 级，共 1 孔，闸孔净宽 10 m，孔高 8 m，为临洪西抽水站配套工程。

太平庄闸位于海州区浦南镇、赣榆区罗阳镇交界处，在新沭河下游中泓上，濒临黄海，离入海口 14 km，该闸为通榆河北延送水河道与新沭河交汇处的控制性建筑物，主要功能为挡水、灌溉、排涝。设计流量 1 000 m^3/s。原建成于 1977 年 7 月。2009 年 9 月进行拆建，2011 年 4 月建成。太平庄闸为 12 孔开敞式水闸，三孔一联，单孔净宽 9.7 m，中墩厚 1.15 m，缝墩厚 1.78 m，边墩厚 1.3 m，闸室总宽为 133.6 m，钢筋混凝土底板，闸底板厚度 1.3 m，底板门槛高程 −1.50 m，门顶高程 3.00 m。闸门为直升式平面钢闸门，QP-2×160 kN 卷扬式启闭机。公路桥净宽 7 m，公路—Ⅱ级。

沭南闸位于连云港市海州区浦南镇新沭河右堤 29K+580 处，距太平庄闸 1.2 km。原建成于 1977 年 7 月，单孔，净宽 10 m。2015 年 11 月经省发展改革委批复拆除重建，工程投资 1 858 万元。拆建后的沭南闸为单孔，净宽 12 m，闸底板顶高程 −1.00 m，闸门顶高程 7.20 m，交通桥桥面净宽 6.5 m，桥面高程 10.25 m，公路—Ⅱ级，升卧式平面钢闸门，QH-2×320 kN-14.0 m 弧门卷扬式启闭机。设计防洪标准 50 a 一遇，设计排涝标准 10 a 一遇，设计引水流量为 90 m^3/s，通航标准Ⅴ级。沭南闸主要功能为挡洪、送水、反向引水和通航，并辅助乌龙河地区排涝。

沭北闸位于连云港市赣榆区罗阳镇新沭河左堤 29K+560 处，距太平庄闸

1.0 km。原建成于 1978 年 5 月，单孔，净宽 10 m。2015 年 11 月经省发展改革委批复拆除重建，工程投资 1 648 万元。拆建后的沭北闸为单孔，净宽 12 m，闸底板顶高程－1.00 m，闸门顶高程 7.20 m，交通桥桥面净宽 6.5 m，桥面高程 10.00 m，公路—Ⅱ级，升卧式平面钢闸门，QH-2×320 kN-14.0 m 弧门卷扬式启闭机。设计防洪标准 50 a 一遇，设计排涝标准 10 a 一遇，设计引水流量为 90 m^3/s，通航标准Ⅴ级。沭北闸主要功能为挡洪、送水、引水和通航。

盐东水利枢纽：盐东水利枢纽是灌河流域（7 273 km^2）末级控制工程，位于连云港市灌南县境内，目前由武障河闸、北六塘河闸、龙沟河闸、义泽河闸四座节制闸和盐河南套闸组成，是具有防洪排涝、供水灌溉、航运交通、冲淤保港、挡潮御卤、调水冲污、水利景观等多种功能的大型水利枢纽。控制范围西至宿迁中运河，南至废黄河，北至新沂河，涉及沭阳、宿豫、泗阳、淮阴、涟水、灌南等地区，控制面积达 4 160 km^2。流域内主要河流有沂南河、柴米河、北六塘河、南六塘河和盐河。该枢纽 1968 年开始陆续兴建，1980 年全部竣工。表 1-9 所列为盐东水利枢纽四座节制闸的基本情况。

表 1-9 盐东水利枢纽基本情况

序号	工程名称	位置	基本情况			建成年份
			设计流量/(m^3/s)	孔数	单孔净宽/m	
1	武障河闸	灌南县新安镇	841	14	8/6	1979
2	北六塘河闸	灌南县新安镇	559	9	6	2000
3	龙沟河闸	灌南县新安镇	874	17	6	2004
4	义泽河闸	灌南县新安镇	291	3	16/10	2012

武障河闸位于连云港市灌南县新安镇境内，在南六塘河下尾的武障河头上，该闸主要作用为排涝、挡潮、蓄水灌溉及交通等，控制南六塘河及盐河流域约 1 341 km^2 的集水。该闸设计流量 841 m^3/s，共 14 孔，中间 12 孔净宽 6 m，两边闸孔净宽 8 m，闸底高程－2.50 m，闸身总宽 103.4 m，闸上交通桥桥面宽 5 m，设计荷载汽 10 级。闸门为平面钢闸门，配绳鼓式启闭机。

北六塘河闸位于连云港市灌南县新安镇境内北六塘河下尾，流域集水面积约 1 332 km^2。该闸主要作用为排涝、挡潮、蓄水灌溉及便利航运等。设计流量 559 m^3/s，共 9 孔，每孔净宽 6 m，闸底高程－2.00 m。闸门为平面钢闸门，配绳鼓式启闭机。

龙沟河闸位于连云港市灌南县新安镇境内的龙沟河上，流域集水面积约 1 260 km^2。该闸主要作用为排涝、挡潮，同时兼有蓄水灌溉等功能。该闸设计流量 874 m^3/s，共 17 孔，闸孔净宽 6 m，闸底高程－2.50 m，闸身总宽 119.2 m，底板顺水流向长 14 m。闸上交通桥桥面宽 8 m，设计荷载汽 10 级。闸门为平面钢闸门，配 17 台绳鼓式启闭机。

义泽河闸位于连云港市灌南县新安镇境内的义泽河上，流域集水面积约 227 km^2。该闸主要作用为排涝、挡潮，同时兼有蓄水灌溉及航运交通等功能。该闸设计流量 291 m^3/s，共 3 孔，闸孔净宽 36 m，中孔宽 16 m（兼通航），边孔宽 10 m，闸底高程－2.50 m，闸门为平面钢闸门，配绳鼓式启闭机。

（二）水闸工程

连云港市过闸流量大于 1 000 m^3/s 的大型水闸有 8 座，包括蒋庄漫水闸、善后新闸、新沂河海口控制北深泓闸、新沂河海口控制南深泓闸、新沂河海口控制中深泓闸、三洋港挡潮闸、临洪闸、太平庄闸。表 1-10 所列为连云港市大型水闸基本情况。

表 1-10　连云港市大型水闸基本情况表

水闸名称	所在地	建成年份	闸孔		过闸流量/(m^3/s)
			数量/孔	总净宽/m	
蒋庄漫水闸	东海县黄川镇	1957	15	150	1 300
善后新闸	灌云县圩丰镇	1958	10	100	1 050
新沂河海口控制北深泓闸	灌云县燕尾港镇	1999	10	100	2 027
新沂河海口控制南深泓闸	灌云县燕尾港镇	1999	12	120	2 425
新沂河海口控制中深泓闸	灌云县燕尾港镇	1999	18	180	3 348
三洋港挡潮闸	新沭河末端	2013	33	495	6 400
临洪闸	海州区北郊	1959	26	130	1 380
太平庄闸	新沭河下游	2011	12	116.4	1 000

第六节 水文站网

连云港市地处淮河流域、沂沭泗水系最下游，境内水系分属于沂河、沭河、滨海诸小河三大水系，其水文站网的历史可以追溯到1929年的燕尾港水位站以及1930年的龙沟水位站。1929年，燕尾港水位站设立，主要为观测潮水位，于1950年增加降水观测项目。龙沟水位站于1930年4月由民国导淮委员会设立，1938年3月停测。1950年7月由淮河水利工程总局复设为龙沟水位站。1978年10月因建闸需要由江苏省水文总站将断面临时下迁1.7 km，闸建成后上迁1.4 km，并改设为龙沟闸上、下游水位站。1980年1月更名为龙沟闸水位站，观测至今。

中华人民共和国成立以后，政府大力兴修水利和进行经济建设，迫切需要水文资料，水文站网得到了迅速发展。1950年，燕尾港水位站增加观测降水项目，1950年龙沟水位站复设并开始观测降水。随后，在1951年设立了板浦水位站观测水位，同年设立大兴镇水文站观测降水、水位以及流量。1955年，设立青口降水站，在观测降水的同时观测蒸发量，1960年设立石梁河水库水文站开始观测流量和泥沙。至20世纪80年代，通过科学合理地规划调整，连云港市已逐步建成了能监测水位、流量、含沙量、降水量、蒸发量等水文要素时空变化的各类水文基本站网，可以为防汛抗旱提供科学的决策支持，为水资源统一管理提供翔实的信息支撑，为生态环境保护和经济建设提供全面优质服务。

连云港市现设有6个水文站、7个水位站、44个雨量站(含水文站、水位站)、3个蒸发站(含水文站、雨量站)，中小河流站点共23处。

(一) 水文站

连云港市现有基本水文站6个，分别为小塔山水库水文站、黑林水文站、临洪水文站、小许庄水文站、石梁河水库水文站、大兴镇水文站；2013年，设立二期中小河流站，其中有7个水文站，分别是善后新闸水文站、光明大桥水文站、柴门水文站、四圩闸水文站、四队大桥水文站、小骆庄水文站、范口水文站。其中大兴镇水文站位于山东省临沭县。

（二）水位站

连云港市现有水位站25个，分布在各个区县，其中市区6个，东海7个，赣榆2个，灌南8个，灌云2个。

（三）雨量站

连云港市现有雨量站44个，分布在各个区县以及山东省临沭县、沭阳县以及莒南县。

（四）蒸发站

连云港市现有蒸发站3个，分别是石梁河水库蒸发站、青口蒸发站、牛山蒸发站。

表1-11　连云港水文站网一览表

编号	测站名称	行政区划	河流水系	设站时间	观测项目
1	燕尾港	灌云县	灌河	1929	水位、降水
2	龙沟闸	灌南县	北六塘河	1950	水位、降水
3	板浦	灌云县	善后河	1951	水位、降水
4	大兴镇	临沭县	新沭河	1951	水位、流量、降水
5	麦坡	东海县	淮沭新河	1951	降水
6	张湾	东海县	蔷薇河	1952	降水
7	朱堵集	赣榆区	朱稽河	1954	降水
8	灌云	灌云县	盐河	1954	降水
9	青口	赣榆区	青口河	1955	降水、蒸发
10	双店	东海县	石榴树河	1956	降水
11	小许庄	东海县	蔷薇河	1956	水位、流量、降水
12	桃林	东海县	高流河	1957	降水
13	连云港港	连云港港区	黄海	1958	水位
14	安峰山水库	东海县	厚镇河	1959	水位、降水
15	小塔山水库	赣榆区	青口河	1959	水位、流量、降水
16	石梁河水库	赣榆区	新沭河	1960	水位、水温、流量、泥沙、降水、蒸发
17	范河闸	赣榆区	范河	1960	降水
18	横沟	东海县	埝河	1961	降水
19	石桥	赣榆区	石桥河	1961	降水
20	洙边	莒南县	青口河	1961	降水
21	黑林	赣榆区	青口河	1961	降水、水位、流量
22	善后新闸(雨量)	灌云县	善后河	1962	降水
23	善后新闸(水文)	灌云县	善后河	2013	降水、水位

表 1-11(续)

编号	测站名称	行政区划	河流水系	设站时间	观测项目
24	下河套	东海县	鲁兰河	1962	降水
25	临洪	海州区	蔷薇河	1963	水位、流量、降水
26	夹谷山	赣榆区	朱稽河截水沟	1964	降水
27	班庄	赣榆区	朱稽河	1965	降水
28	杨集	灌云县	五图河	1966	降水
29	顺河集	灌南县	盐河	1966	降水
30	朱汪	赣榆区	龙河	1967	降水
31	石门	临沭县	石门河	1972	降水
32	临沭	临沭县	夏庄河	1973	降水
33	岳庄	赣榆区	新沭河	1973	降水
34	贤官亭	赣榆区	黄泥河	1973	降水
35	盐河南闸	灌南县	新沂河	1975	水位
36	小潮河闸	灌南县	新沂河	1975	水位
37	西连岛	连云区	黄海	1975	降水
38	汪子头	赣榆区	康邑河	1976	降水
39	清水涧	莒南县	旦头河	1976	降水
40	张疃	临沭县	大沙河	1976	降水
41	包庄	海州区	淮沭新河	1978	降水
42	牛山	东海县	牛南小河	1978	降水、蒸发
43	房山	东海县	白沙河	1978	降水
44	青坊	沭阳县	新伍河	1978	降水
45	前圩	沭阳县	黄泥河	1978	降水
46	东辛农场	连云区	烧香河	1978	降水
47	小窑	灌南县	一帆河	1979	降水
48	龙苴	灌云县	古泊河	1979	降水
49	李集	灌南县	南六塘河	2013	降水、水位
50	光明大桥	灌云县	五图河	2013	降水、水位
51	柴门	灌南县	灌河	2013	降水、水位
52	四圩闸	灌云县	牛墩界圩河	2013	降水、水位
53	四队大桥	灌云县	黄海	2013	降水、水位
54	小骆庄	灌云县	黄海	2013	降水、水位
55	范口	连云区	新沭河	2013	降水、水位
56	范口附属	赣榆区	黄海	2013	降水、水位
57	东山岔	灌南县	灌河	2013	降水、水位
58	杨集	灌云县	五灌河	2013	降水、水位

表 1-11(续)

编号	测站名称	行政区划	河流水系	设站时间	观测项目
59	临洪东	海州区	东站引河	2013	水位、流量
60	条河	东海县	卓王河	2013	降水、水位
61	洪庄	东海县	尤庄河	2013	降水、水位
62	刘顶	海州区	蔷薇河	2013	降水、水位
63	狮树	海州区	烧香河	2013	降水、水位
64	竹墩闸	东海县	龙梁河	2013	降水、水位
65	开发区	连云区	大浦调尾河	2013	降水、水位
66	贯庄桥	东海县	石安河	2013	降水、水位
67	盐河南闸南	灌南县	沂南河	2013	降水、水位
68	白塔	东海县	淮沭新河	2013	降水、水位
69	陈蛮庄	东海县	高流河	2013	降水、水位
70	戴庄	东海县	黑泥沟	2013	降水、水位
71	前石堰	赣榆区	龙王河	2013	降水、水位

第二章　暴雨分析

第一节　雨　　情

一、综述

2019年，连云港市降水量728.9 mm，较常年同期(894.7 mm)偏少18.5%，其中，东海县境内及灌南县田楼附近降水量偏大，东海县小许庄站882.9 mm为最大，其次东海县麦坡站848.5 mm。年内1月、3月、4月、6月、8月、12月降水量较常年同期偏多，其余月份均偏少，见表2-1。2019年连云港市降水量等值线图如图2-1所示，日雨量柱状图、累计雨量过程线如图2-2所示。汛前(1—5月)连云港市降雨量149.4 mm，较常年同期(186.3 mm)偏少19.8%。汛期(6—9月)连云港市降雨量501.9 mm，较常年同期(621.2 mm)偏少19.2%。在地区分布上，降雨中心位于东海县，雨量超过500 mm，局部大于600 mm，汛期点降雨量最大为东海县麦坡站683.5 mm。汛后(10—12月)连云港市降水量77.6 mm，较常年同期(87.2 mm)偏少11.0%。

表2-1　2019年连云港市各月降水量统计表

月份	2019年/mm	多年平均/mm	距平百分率/%
1月	34.6	17.1	102.3
2月	13.1	22.7	−42.3
3月	37.1	32.0	15.9
4月	58.5	49.5	18.2

表 2-1(续)

月份	2019 年/mm	多年平均/mm	距平百分率/%
5 月	6.1	65.0	−90.6
6 月	130.8	104.9	24.7
7 月	152.5	240.6	−36.6
8 月	201.6	181.2	11.3
9 月	17.0	94.5	−82.0
10 月	28.1	37.7	−25.5
11 月	19.5	33.1	−41.1
12 月	30.0	16.4	82.9
汛前	149.4	186.3	−19.8
汛期	501.9	621.2	−19.2
汛后	77.6	87.2	−11.0
全年	728.9	894.7	−18.5

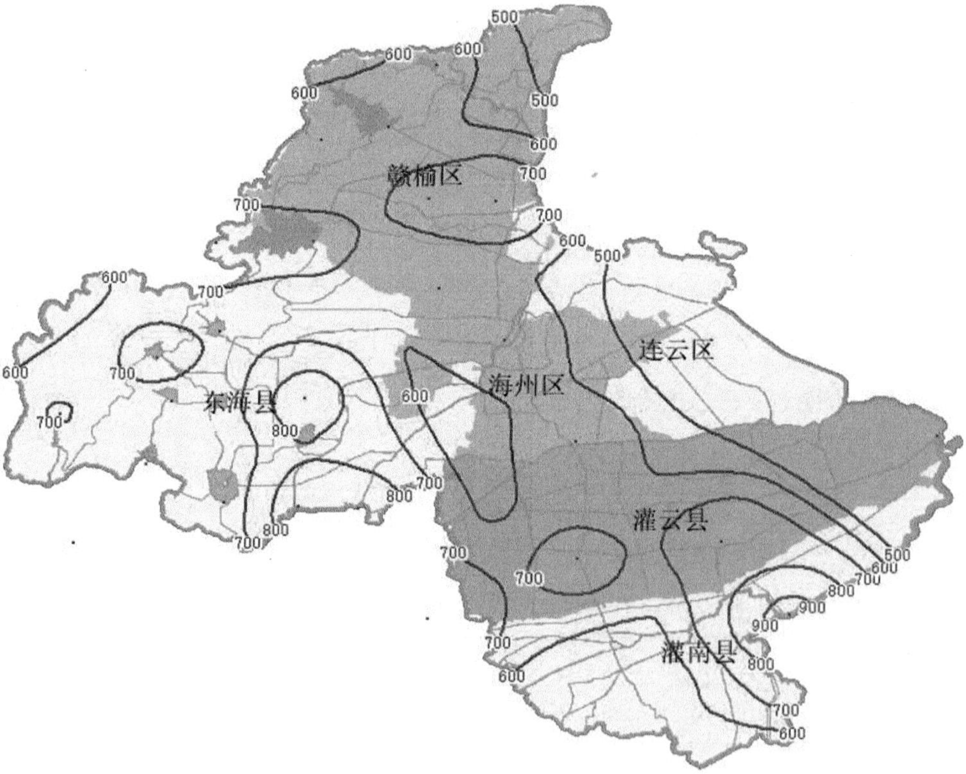

图 2-1 2019 年连云港市降水量等值线图

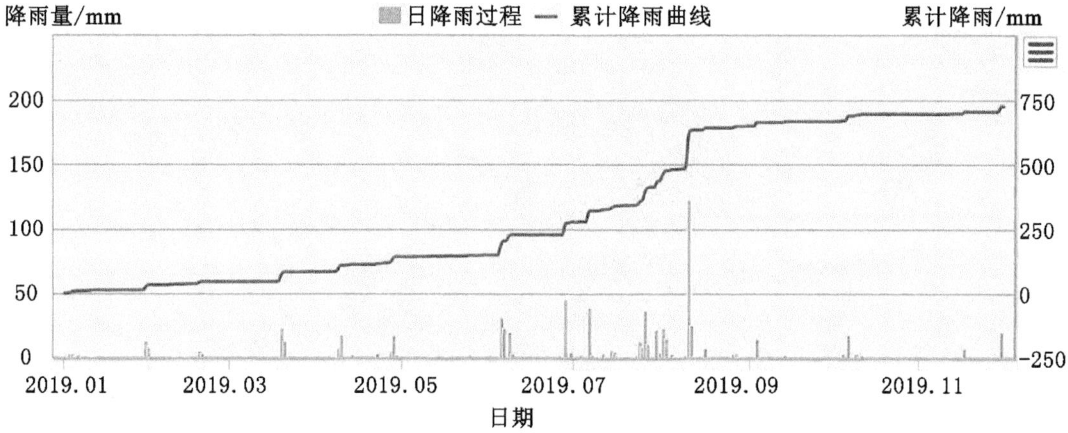

图 2-2　2019 年连云港市日雨量柱状图和累计雨量过程线

二、各月降水情况

（一）汛前降水情况

2019 年 1—5 月，连云港市降水量 149.4 mm，较常年同期偏少 19.8%，其中 2 月、5 月较常年同期分别偏少 42.3%、90.6%，1 月、3 月和 4 月较常年同期偏多 102.3%、15.9%、18.2%。

降水地区分布比较均匀，全市大部分降水量在 100 mm 以上，其中最大降水量站为龙苴站 176 mm，最小降水量站为安峰山水库站 69.5 mm。

2019 年连云港市汛前降水量等值线图如图 2-3 所示。

（二）汛期降水情况

2019 年 6—9 月，全市降水量 501.9 mm，较常年同期（621.2 mm）偏少 19.2%。市区 431.0 mm、赣榆 521.5 mm、东海 564.1 mm、灌云 442.6 mm、灌南 541.9 mm。汛期最大点降水量为 683.5 mm，发生在东海县驼峰镇麦坡，最小点降水量为 273.0 mm，发生在灌云县燕尾港镇，最大点降水量是最小点降水量的 2.5 倍。汛期降水量等值线图如图 2-4 所示。

6 月降水 130.8 mm，较常年同期（104.9 mm）偏多 24.7%。市区 130.3 mm、赣榆 142.3 mm、东海 131.7 mm、灌云 126.4 mm、灌南 119.7 mm。本月最大点降水量为 190.5 mm（赣榆区墩尚镇岳庄），最小点降水量为 63.5 mm（赣榆区黑林镇黑林），月最大点降水量是最小点降水量的 3.0 倍。本月降水量等值线图如图 2-5 所示。

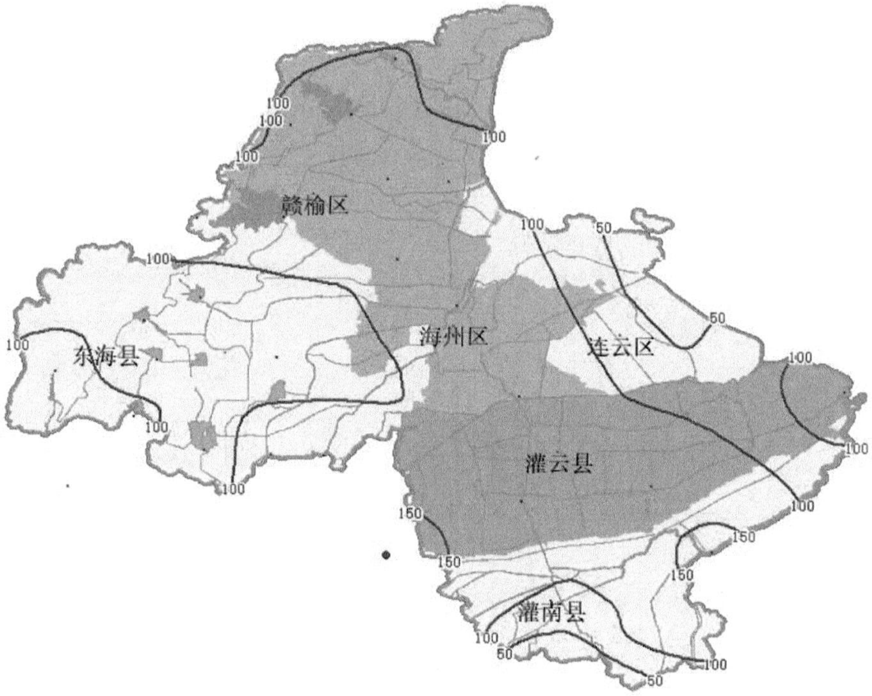

图 2-3　2019 年连云港市汛前降水量等值线图

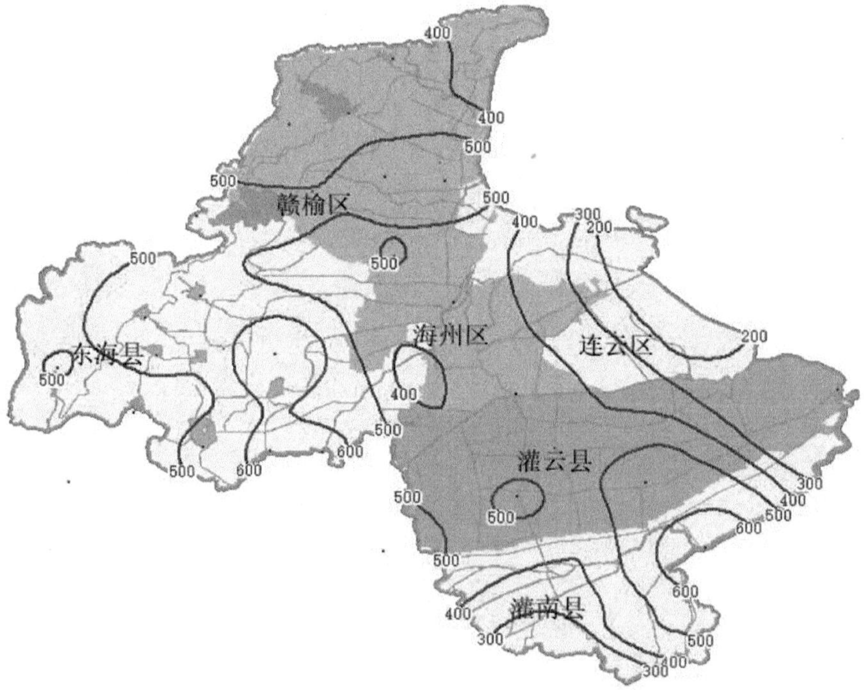

图 2-4　2019 年汛期连云港市降水量等值线图

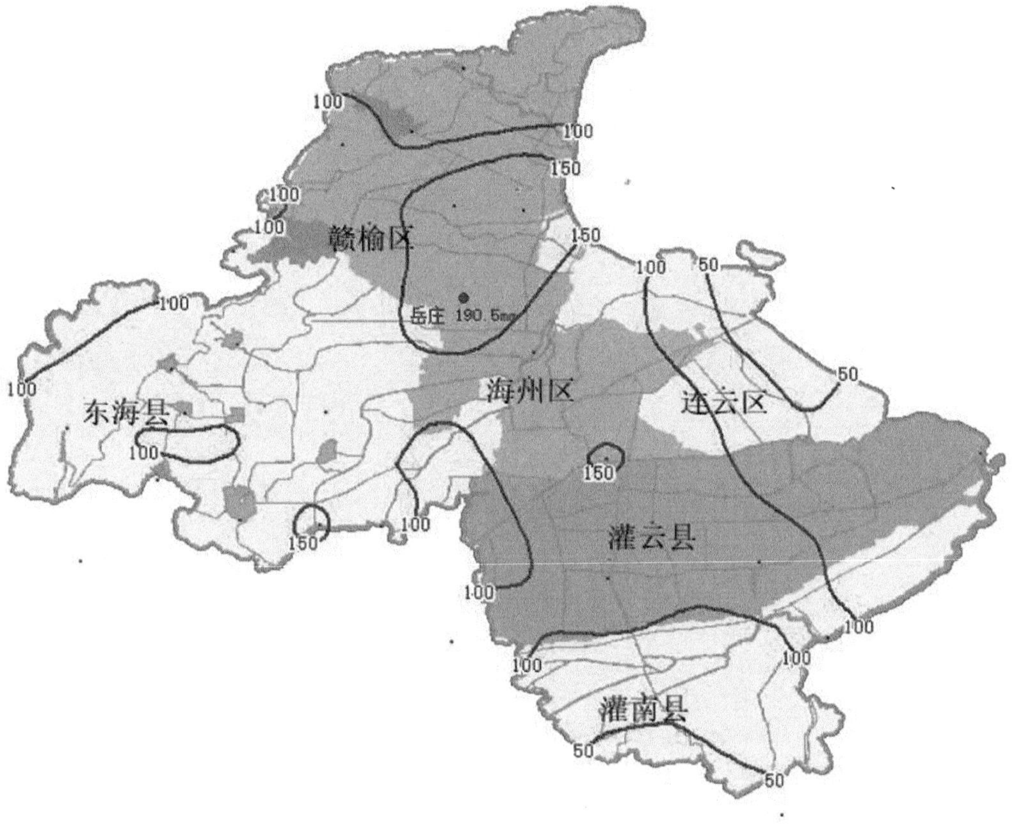

图 2-5　2019 年 6 月连云港市降水量等值线图

7 月降水 152.5 mm，较常年同期(240.6 mm)偏少 36.6%。市区 128.3 mm、赣榆 165.4 mm、东海 161.7 mm、灌云 123.0 mm、灌南 194.6 mm。本月最大点降水量为 297.5 mm(东海县山左口乡黑埠水库)，最小点降水量为 88.5 mm(连云区西连岛)，月最大点降水量是最小点降水量的 3.4 倍。本月降水量等值线图如图 2-6 所示。

8 月降水 201.6 mm，较常年同期(181.2 mm)偏多 11.3%。市区 148.6 mm、赣榆 206.5 mm、东海 259.3 mm、灌云 170.2 mm、灌南 204.4 mm。本月最大点降水量为 391.5 mm(东海县驼峰镇麦坡)，最小点降水量为 39.5 mm(灌云县燕尾港)，月最大点降水量是最小点降水量的 9.9 倍。本月降水量等值线图如图 2-7所示。

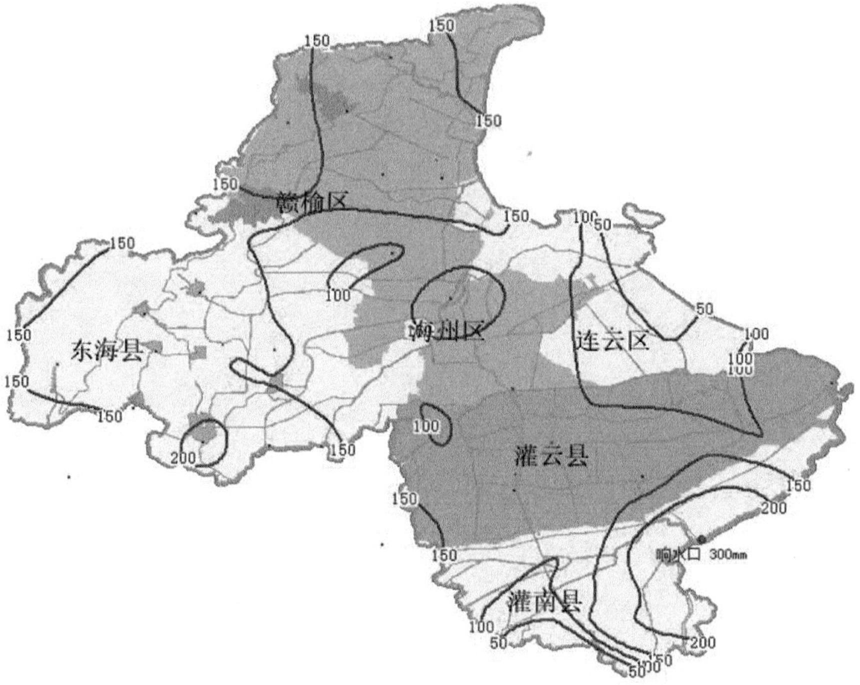

图 2-6　2019 年 7 月连云港市降水量等值线图

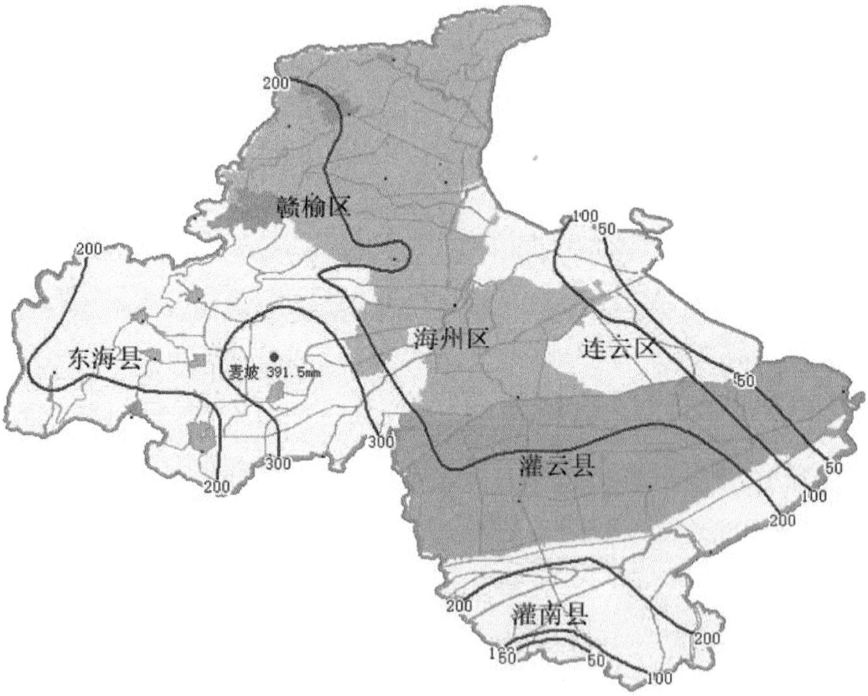

图 2-7　2019 年 8 月连云港市降水量等值线图

9 月降水 17.0 mm，较常年同期（94.5 mm）偏少 82.0%。市区 23.9 mm、赣榆 7.3 mm、东海 11.4 mm、灌云 23.0 mm、灌南 23.2 mm。本月最大点降水量为 44.5 mm（连云区东辛农场），最小点降水量为 1.0 mm（赣榆区黑林镇汪子头），月最大点降水量是最小点降水量的 44.5 倍。本月降水量等值线图如图 2-8 所示。

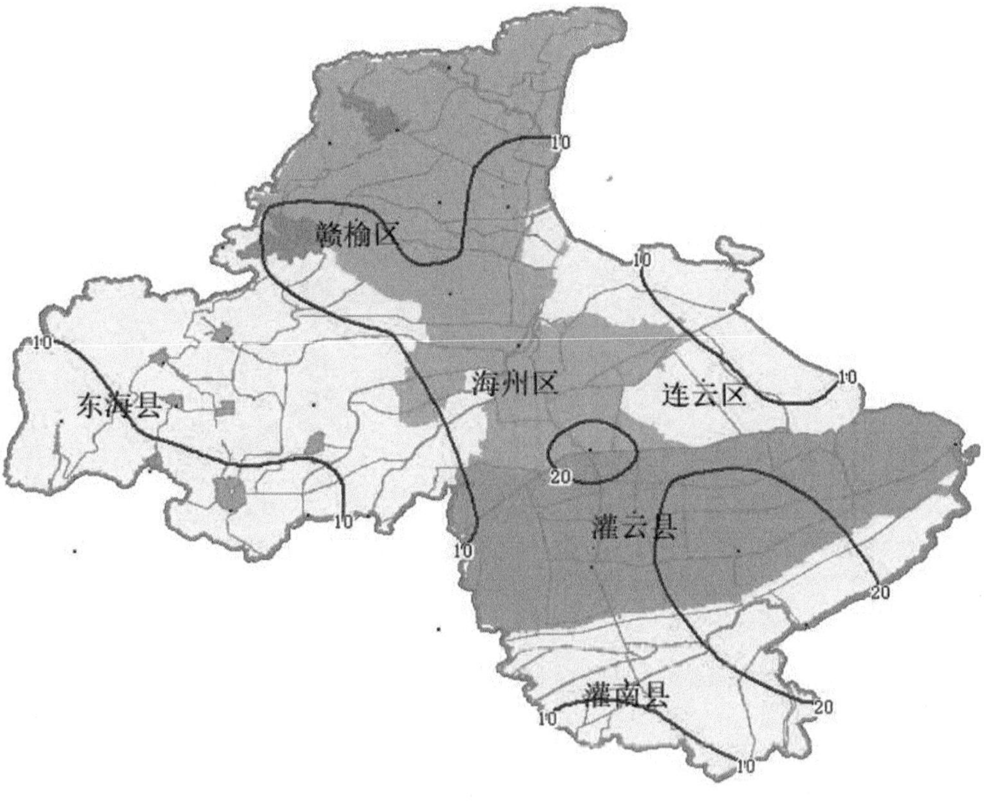

图 2-8　2019 年 9 月连云港市降水量等值线图

（三）汛后降水情况

2019 年 10—12 月，连云港市降水量 77.6 mm，较常年同期偏少 11.0%，其中 10 月、11 月较常年同期分别偏少 25.5%、41.1%，12 月较常年偏多 82.9%。

降水地区分布比较均匀，全市大部分降水量在 60 mm 以上，其中最大降水量站为小许庄站 91.5 mm，最小降水量站为羽山水库站 18.2 mm。

汛后降水量等值线图如图 2-9 所示。

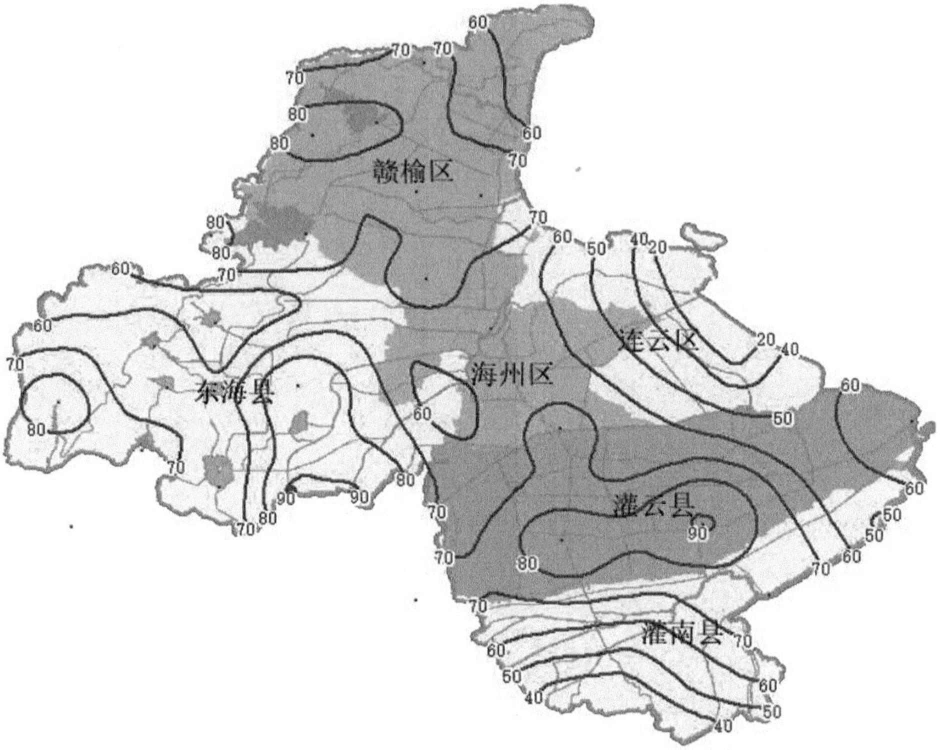

图 2-9　2019 年汛后连云港市降水量等值线图

三、降水特点

（一）降水总量偏少

2019 年连云港市降水量为 728.9 mm，比多年平均偏少 18.5%，历史排位 55，重现期为 1.2 a。汛前降水 149.4 mm，比常年同期偏少 19.8%；汛期降水 501.9 mm，比常年同期偏少 19.2%；汛后降水 77.6 mm，比常年同期偏少 11.0%。2 月、5 月、7 月以及 9—11 月都比常年同期偏少，其中 5 月、9 月、11 月比常年同期分别偏少 90.6%、82.0%、41.1%。

（二）暴雨集中，强度大

2019 年降雨集中在 8 月，而且强度大，占汛期降雨量的 40.2%，占全年降水量的 27.7%，暴雨过程集中在 8 月 10—12 日，连云港市平均降雨量 146.7 mm，占汛期降雨量的 29.2%，占全年降水量的 20.1%。

2019 年 8 月 10 日 6 时—12 日 5 时，全市最大 12 h 降雨量 90.9 mm、最大 24 h 降雨量 135.8 mm，达到大暴雨量级。暴雨中心麦坡站最大 6 h 暴雨重现期为 121 a，超过 100 a 一遇，历史排位第一；最大 24 h 暴雨重现期达 383 a，超 300 a 一遇，历史排位第一；麦坡站最大 1 d、3 d 暴雨重现期分别为 278 a、195 a，历史排位第一。

（三）空间分布不均，主要集中在东海县

2019 年 8 月 10 日 6 时—12 日 5 时，全市降水 146.7 mm，而东海县降水 205.2 mm，比全市偏大 39.9%。全市东部降水最少，大部分面积在 100 mm 以下；北部与南部次之，大部分在 100 mm 左右，西部降水最大，大部分面积降水大于 200 mm，东海县是全市暴雨中心，暴雨中心降水大于 300 mm，最大点雨量麦坡站降水达 362.5 mm。

第二节　暴雨过程、强度及空间分布

一、暴雨过程

本次连云港暴雨起止时间为 2019 年 8 月 10 日 6 时—12 日 5 时，累计降雨 146.7 mm，折合水量 11.17 亿 m^3。全市普降暴雨、大暴雨，局部地区特大暴雨，造成新沭河、新沂河及全市部分骨干河道发生较大洪水，东海县城区发生严重内涝。本次降雨分两个雨峰，第一个雨峰小于第二个雨峰。降雨量过程线如图 2-10所示。

其中暴雨中心驼峰乡麦坡村所在的东海县发生特大暴雨，降雨达 205.2 mm，折合水量 4.18 亿 m^3。东海县降雨量过程线如图 2-11 所示，麦坡站降雨量过程线如图 2-12 所示。多个水库开闸泄洪，多条河道超过警戒水位，城区受涝严重，多处被淹，积水0.5～0.7 m。本次降水分两个雨峰，第一个雨峰在 8 月 10 日 12—18 时，第二个雨峰在 11 日 3—10 时，第一个雨峰大于第二个雨峰。

8 月 10 日 6 时—12 日 8 时连云港市降雨笼罩面积见表 2-2。

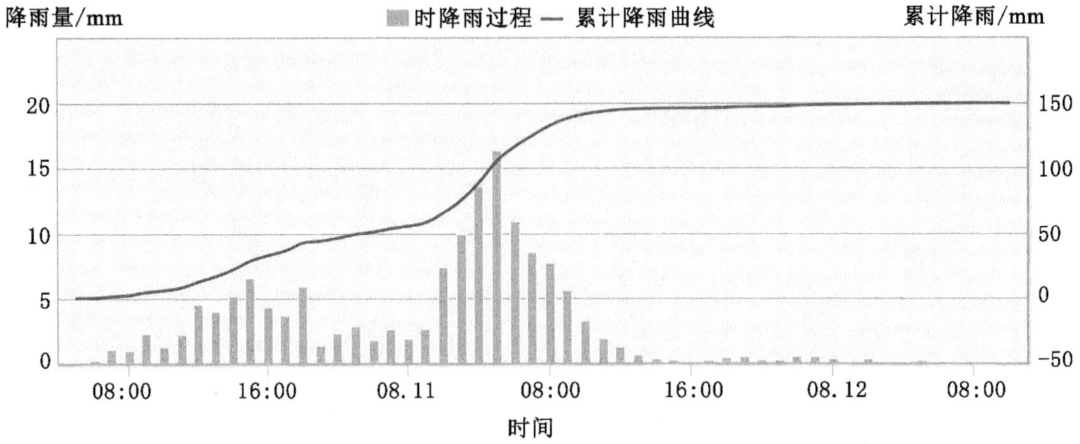

图 2-10　2019 年 8 月 10—12 日连云港市降雨量过程线

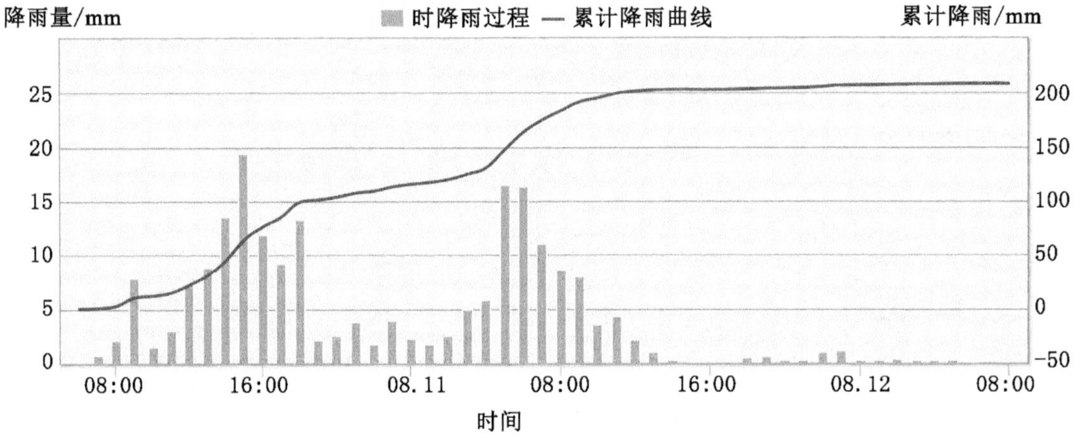

图 2-11　2019 年 8 月 10—12 日东海县降雨量过程线

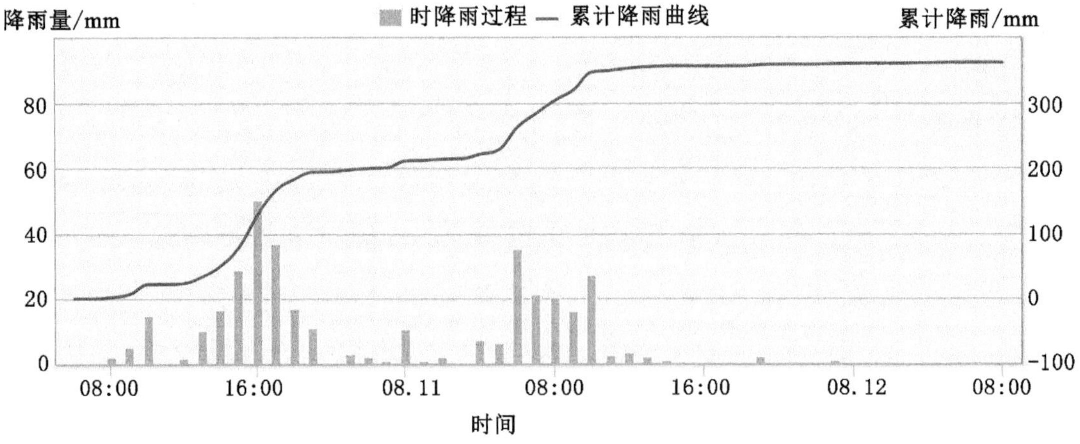

图 2-12　2019 年 8 月 10—12 日麦坡站降雨量过程线

表 2-2 8 月 10 日 6 时—12 日 8 时连云港市降水笼罩面积

时段	雨量分区	面积/km²	面积占比/%	面雨量/mm	水量/(亿 m³)
8 月 10 日 6 时—10 日 20 时	连云港市	7 615	100.0	43.2	3.29
	≥50 mm	2 185	28.7	99.4	2.17
	≥100 mm	1 010	13.3	133.6	1.35
	≥200 mm	0	0.0	0	0
	≥300 mm	0	0.0	0	0
8 月 10 日 6 时—11 日 08 时	连云港市	7 615	100.0	123	9.36
	≥50 mm	7 005	92.0	127.1	8.91
	≥100 mm	4 576	60.1	156.4	7.17
	≥200 mm	511	6.7	230.4	1.18
	≥300 mm	2	0.0	300.9	0.005
8 月 10 日 6 时—11 日 20 时	连云港市	7 615	100.0	144.3	10.99
	≥50 mm	7 257	95.3	145.7	10.59
	≥100 mm	5 678	74.6	163.2	9.29
	≥200 mm	1 036	13.6	236.2	2.45
	≥300 mm	109	1.4	325.7	0.36
8 月 10 日 6 时—12 日 08 时	连云港市	7 615	100.0	146.7	11.17
	≥50 mm	7 260	95.3	148.1	10.77
	≥100 mm	5 798	76.1	164.7	9.57
	≥200 mm	1 146	15.0	236.3	2.71
	≥300 mm	115	1.5	327.4	0.38

8 月 10 日 6—20 时，连云港面雨量 43.2 mm，折合水量 3.29 亿 m³，全市 50 mm、100 mm 以上降雨笼罩面积分别为 2 185 km²、1 010 km²（全部位于东海县），暴雨中心驼峰乡麦坡站 195.0 mm。该时段的面雨量等值线如图 2-13、图 2-14所示。

8 月 10 日 6 时—11 日 8 时，连云港面雨量 123.0 mm，折合水量 9.36 亿 m³，全市 50 mm、100 mm、200 mm、300 mm 以上降水笼罩面积分别为 7 005 km²、4 576 km²、511 km²、2 km²，暴雨中心驼峰乡麦坡站 305.0 mm。该时段的面雨量等值线如图 2-15 所示。

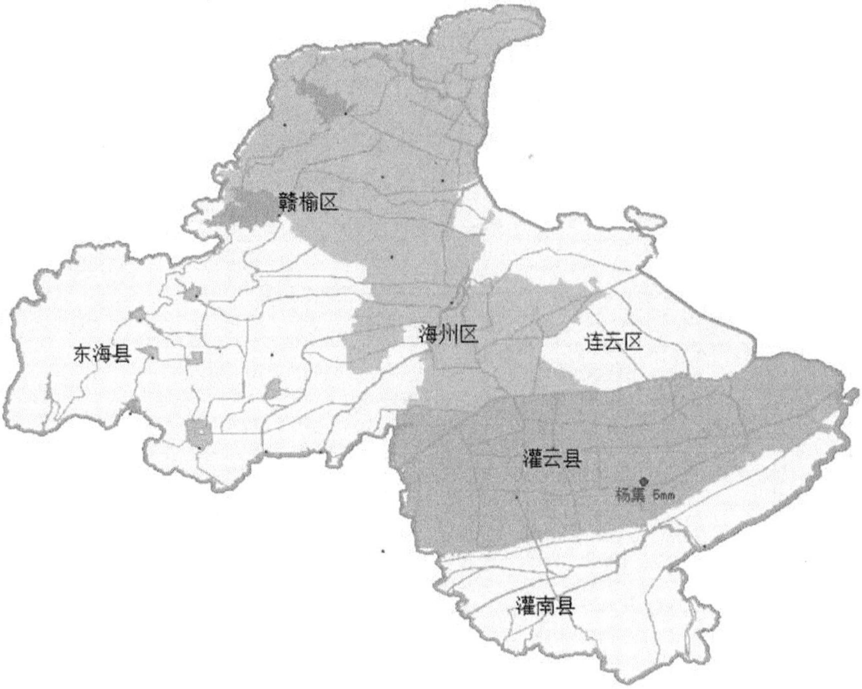

图 2-13　2019 年 8 月 10 日 6—8 时连云港市面雨量等值线图

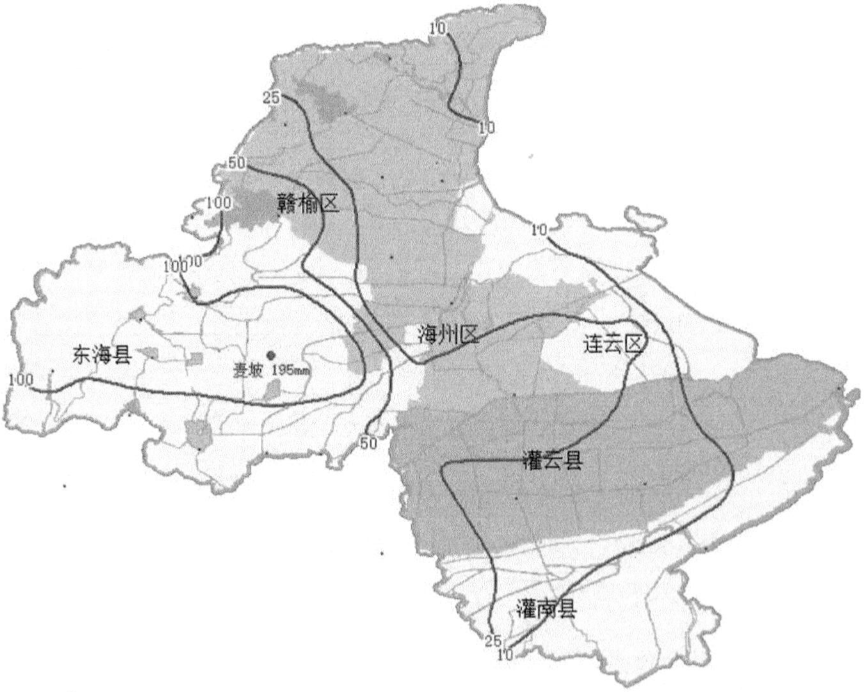

图 2-14　2019 年 8 月 10 日 6—20 时连云港市面雨量等值线图

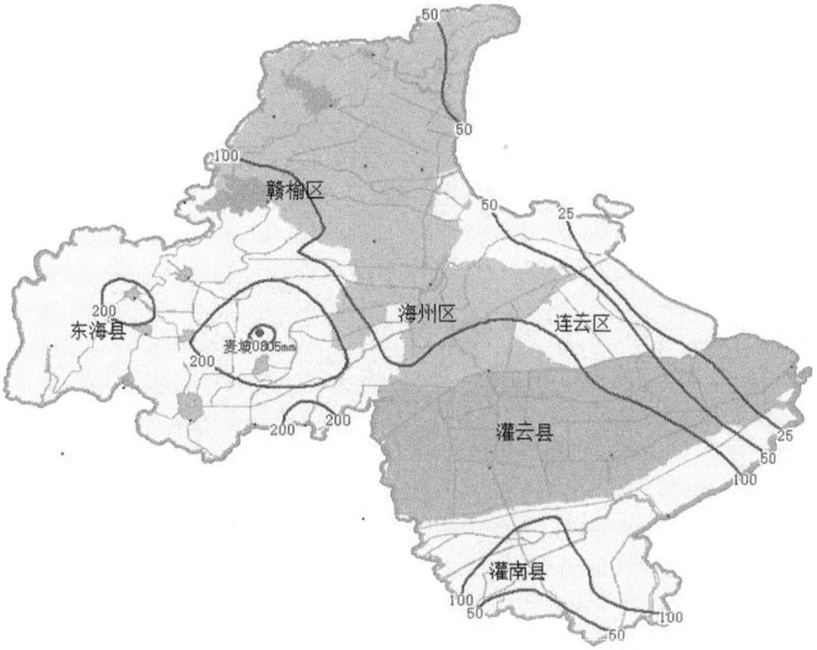

图 2-15　2019 年 8 月 10 日 6 时—11 日 8 时连云港市面雨量等值线图

8 月 10 日 6 时—11 日 20 时，连云港面雨量 144.3 mm，折合水量 10.99 亿 m^3，全市 50 mm、100 mm、200 mm、300 mm 以上降雨笼罩面积分别为 7 257 km^2、5 678 km^2、1 036 km^2、109 km^2（全部位于东海县），暴雨中心驼峰乡麦坡站 359.5 mm。该时段的面雨量等值线如图 2-16 所示。

8 月 10 日 6 时—12 日 8 时，连云港面雨量 146.7 mm，折合水量 11.17 亿 m^3，全市 50 mm、100 mm、200 mm、300 mm 以上降水笼罩面积分别为 7 260 km^2、5 798 km^2、1 146 km^2、115 km^2（全部位于东海县），暴雨中心驼峰乡麦坡站 362.5 mm。该时段的面雨量等值线如图 2-17 所示。

二、暴雨强度

2019 年 8 月 10 日 6 时—12 日 5 时，连云港市最大 1 h 降雨量 16.4 mm，起始时间 8 月 11 日 5 时，最大 3 h 降雨量 41.0 mm、起始时间 8 月 11 日 4 时，最大 6 h 降雨量 67.3 mm、起始时间 8 月 11 日 3 时，最大 12 h 降雨量 90.9 mm、起始时间 8 月 10 日 23 时，最大 24 h 降雨量 135.8 mm、起始时间 8 月 10 日 11 时，全市降雨达到大暴雨量级，其雨量等值线如图 2-18 所示。

2019 年，连云港市最大 1 d 降雨量 122.5 mm，历史排第 8 位，其雨量等值线如图 2-19 所示；最大 3 d 降雨量 149.9 mm，历史排第 15 位；最大 7 d 降雨量

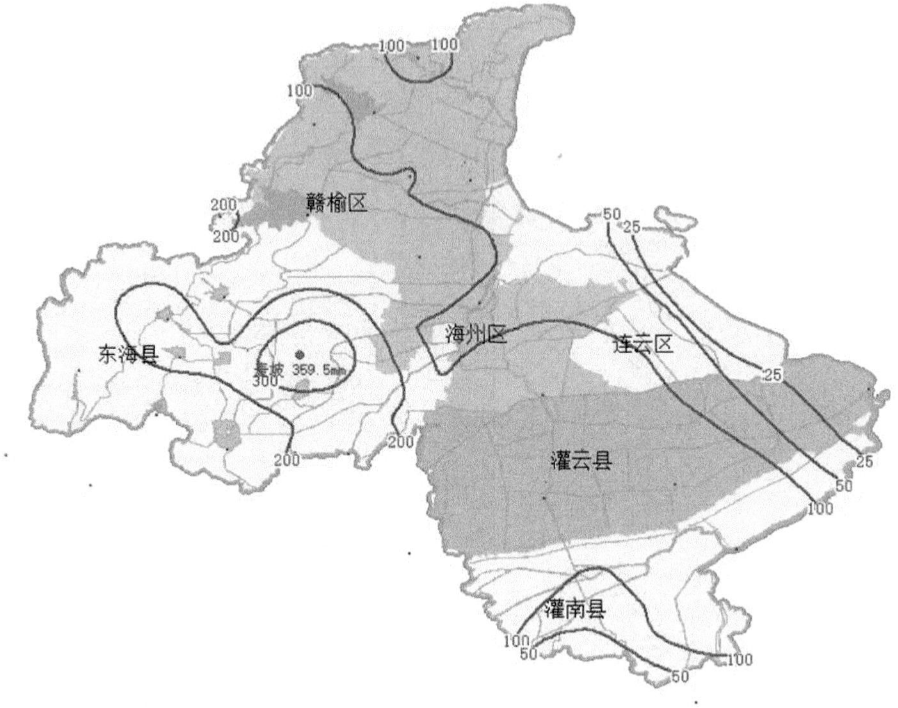

图 2-16　2019 年 8 月 10 日 6 时—11 日 20 时连云港市面雨量等值线图

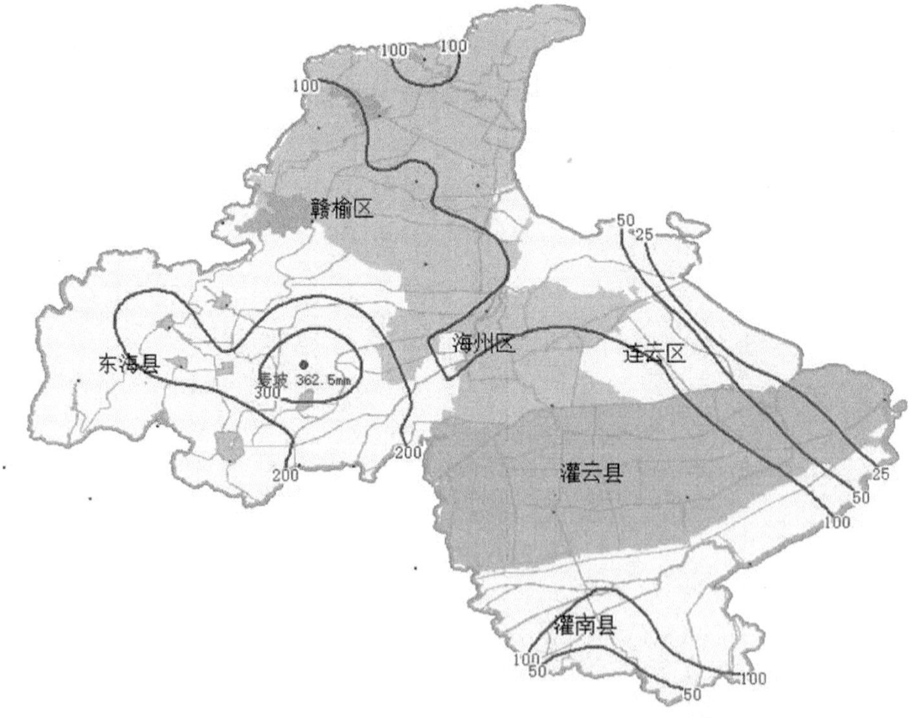

图 2-17　2019 年 8 月 10 日 6 时—12 日 8 时连云港市面雨量等值线图

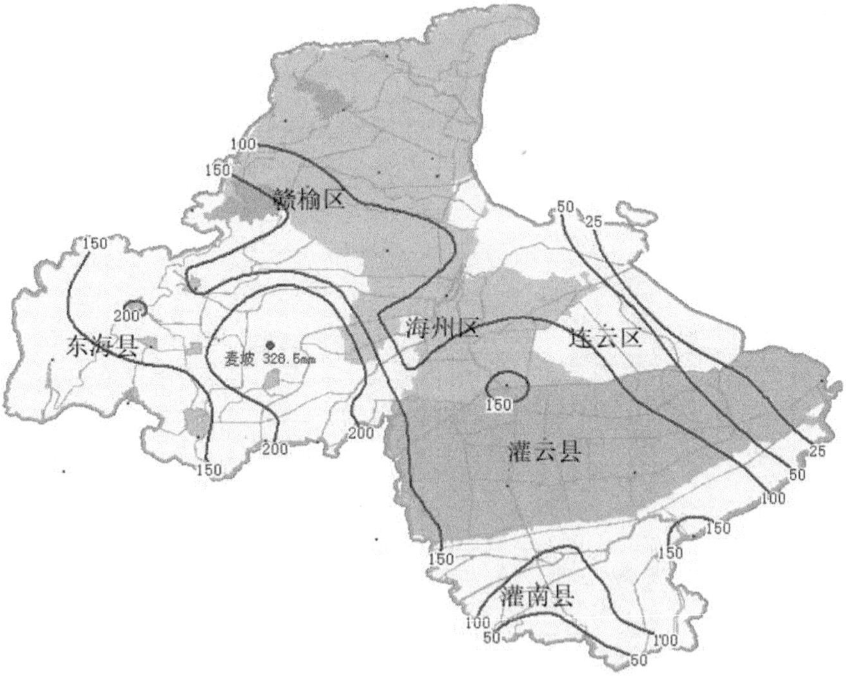

图 2-18　2019 年 8 月 10 日(最大 24 h)连云港市雨量等值线图

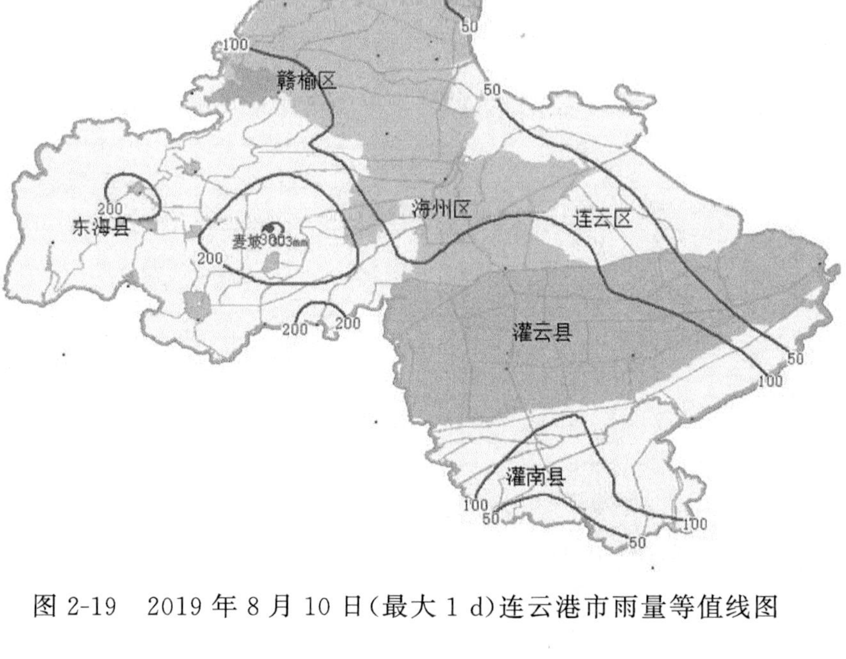

图 2-19　2019 年 8 月 10 日(最大 1 d)连云港市雨量等值线图

155.6 mm，历史排第 35 位；最大 15 d 降雨量 222.1 mm，历史排第 33 位；最大 30 d 降雨量 308.4 mm，历史排第 37 位，见表 2-3。

表 2-3　2019 年连云港市降雨量极值统计成果表

项目		当前	历史	排位
最大 1 d	雨量/mm	122.5	216	8/68
	起始日期	2019-8-10	2000-8-30	
最大 3 d	雨量/mm	149.9	336.4	15/68
	起始日期	2019-8-9	2000-8-28	
最大 7 d	雨量/mm	155.6	394.1	35/68
	起始日期	2019-8-10	2000-8-24	
最大 15 d	雨量/mm	222.1	434.1	33/68
	起始日期	2019-7-29	2000-8-17	
最大 30 d	雨量/mm	308.4	639.5	37/68
	起始日期	2019-7-14	1974-7-15	

本次暴雨中心位于东海县驼峰乡麦坡村，麦坡雨量站最大 1 d 降雨量为 303.0 mm，出现在 8 月 10 日；最大 3 d 降雨量 362.5 mm，起始日期 8 月 9 日；最大 7 d 降雨量 363.5 mm，起始日期 8 月 5 日；最大 15 d 降雨量 425.5 mm，起始日期 7 月 28 日；最大 30 d 降雨量 512.5 mm，起始日期 7 月 13 日。麦坡雨量站降雨强度统计见表 2-4。

表 2-4　暴雨中心东海县驼峰乡麦坡雨量站降雨强度统计表

项目		当前	历史	排位
最大 1 h	雨量/mm	50.5	84	17/43
	起始时间（年-月-日 时）	2019-08-10 15	1988-07-21 00	
最大 3 h	雨量/mm	116.5	119.8	3/43
	起始时间（年-月-日 时）	2019-08-10 14	2005-08-01 00	
最大 6 h	雨量/mm	161	150	1/55
	起始时间（年-月-日 时）	2019-08-10 13	2005-07-31 00	

表 2-4(续)

项目		当前	历史	排位
最大 12 h	雨量/mm	194.5	197.1	3/55
	起始时间（年-月-日　时）	2019-08-10 07	1965-08-04 00	
最大 24 h	雨量/mm	330.5	245.2	1/55
	起始时间（年-月-日　时）	2019-08-10 12	2005-07-31 00	
最大 1 d	雨量/mm	303.0	245.2	1/69
	起始日期	2019-8-10	2005-7-31	
最大 3 d	雨量/mm	362.5	317.8	1/69
	起始日期	2019-8-9	2005-7-31	
最大 7 d	雨量/mm	363.5	366.9	2/69
	起始日期	2019-8-5	2000-8-24	
最大 15 d	雨量/mm	425.5	484.7	4/69
	起始日期	2019-7-28	1970-7-15	
最大 30 d	雨量/mm	512.5	666.2	7/69
	起始日期	2019-7-13	2005-7-7	

三、空间分布

本次暴雨 25 mm 以上降雨笼罩整个连云港市，50 mm 以上降雨笼罩面积达 7 260 km^2，占全市面积的 98.5%。100 mm、200 mm、300 mm 以上降雨笼罩面积分别为 5 798 km^2、1 146 km^2、115 km^2(全部位于东海县)。

全市东部降水最少，大部分面积在 100 mm 以下；北部与南部次之，大部分在 100 mm 左右；西部降水最大，大部分面积降水大于 200 mm。东海县是全市暴雨中心，面雨量 205.2 mm，降雨量大于 100 mm 笼罩面积 2 032 km^2，占全县总面积的 99.7%；大于 200 mm 笼罩面积 1 032 km^2，占全县总面积的 50.6%；大于 300 mm 笼罩面积 115 km^2，占全县总面积的 5.6%。全市最大点降水量为 362.5 mm，出现在麦坡雨量站(东海县驼峰乡)。全市各县区降雨量统计成果表见表 2-5。

表2-5　全市各县区降雨量统计成果表

雨量分区	面积/km²	降水面积比/%	面雨量/mm	水量/(亿 m³)
连云港市	7 615		146.7	11.17
≥100 mm	5 798	76.1	164.7	9.55
≥200 mm	1 146	15.1	236.3	2.71
≥300 mm	115	1.5	327.4	0.38
赣榆区	1 514		107.5	1.63
≥100 mm	762	50.3	122.2	0.93
东海县	2 037		205.2	4.18
≥100 mm	2 032	99.7	204.3	4.15
≥200 mm	1 032	50.6	239.8	2.47
≥300 mm	115	5.6	327.4	0.38
海州区	701		130.7	0.92
≥100 mm	567	80.8	138.6	0.79
≥200 mm	12	1.7	207.9	0.02
连云区	797	100.0	86.6	0.69
≥50 mm	681	85.5	91.8	0.63
≥100 mm	269	33.8	117.3	0.32
灌云县	1 538		127.6	1.96
≥50 mm	1 416	92.1	134	1.9
≥100 mm	1 214.8	79.0	143.6	1.74
灌南县	1 028		164.5	1.69
≥100 mm	953.6	92.8	170.1	1.62
≥200 mm	102.3	10.0	205.4	0.21

第三节　暴雨成因

一、台风概况

2019年第9号台风"利奇马"于8月4日14时在菲律宾以东约1 000 km的洋面上生成，7日23时加强为超强台风，10日1时45分在浙江温岭市城南镇登陆，登陆时中心附近最大风力16级(52 m/s)。22时从太湖南部进入江苏省，经苏州、无锡、南通、盐城北上，11日12时从连云港灌云县灌西盐场入海，20时50

分前后在青岛市黄岛区沿海再次登陆，登陆时中心附近最大风力 9 级。此后移入渤海海面并不断减弱，13 日 8 时在渤海东部海面减弱为热带低压，13 日 14 时被中央气象台停止编号。

二、暴雨成因

8 月 9 日，西太平洋同时存在两个台风活动，菲律宾北部的南海地区有一个低压云团活动，“利奇马”在登陆前，其东南侧、西南侧的水汽输送通道分别被“罗莎”和南海低压截断，“利奇马”主要的水汽来源为它附近的温暖海面。2019 年 8 月 9 日 8 时 40 分和 8 月 10 日 9 时 30 分卫星云图分别如图 2-20、图 2-21 所示。

图 2-20　2019 年 8 月 9 日 8 时 40 分卫星云图

根据海温分析，8 月 8 日，“利奇马”北上时东海海温大面积达到 29 ℃以上，可以为台风提供充足的水汽和热量，使得“利奇马”可以长时间维持超强台风级，并且以超强台风级别登陆。

8 月 9 日，“利奇马”沿副高外围西南气流向西北方向移动。8 月 10 日，受西风槽影响，副高和大陆高压断裂，“利奇马”登陆后在副高西侧继续向偏北方向移动，连云港市地处台风倒槽顶部，受偏东气流影响，源源不断的水汽由海上输

图 2-21　2019 年 8 月 10 日 9 时 30 分卫星云图

送至连云港，后期随着“利奇马”与东移的西风槽在江苏北部、山东南部相结合，槽前的西南气流与台风带来的偏东气流交汇于此，造成连云港市出现区域性大暴雨，局部特大暴雨。8 月 11 日，“利奇马”在江苏北部、山东南部与西风槽结合，从温压场结构看，台风的正压结构逐步瓦解，在台风西侧、西南侧有冷平流，东侧则为暖平流，已经变性成斜压结构的温带气旋，形成第二个雨峰。8 月 12 日，台风继续北上，对连云港影响越来越小，降雨也逐渐停止。

第四节　暴雨重现期

暴雨重现期是反映降雨出现概率的指标，依据 2019 年连云港市各站水文资料，统计全市最大 1 d、3 d、7 d、15 d 和 30 d 降雨量，采用江苏省实时雨水情分析评价系统，分析全市、东海县及麦坡雨量站暴雨参数及最大降雨量重现期。

由表 2-6 可知，全市暴雨重现期差异不大，最大 1 d、3 d、7 d、15 d 和 30 d 暴雨重现期为 2～8 a。而东海县暴雨集中，暴雨重现期差异较大，最大 1 d、3 d 暴雨重现期分别为 47 a、16 a，其中最大 1 d 暴雨量历史排位第一，而最大 7 d、15 d 和 30 d 暴雨重现期都分别仅为 5 a、4 a、4 a。其他县区暴雨重现期相近，都比较小，在 1.2～9 a 之间。

表 2-6　连云港市各县区最大降雨量重现期成果表

区域	时段/d	均值/mm	C_v	C_s/C_v	降雨量/mm	起始时间	历史排位	重现期/a
连云港市	1	86.5	0.36	3.5	122.5	8 月 10 日	8/68	8
	3	125.5	0.38	3.5	149.9	8 月 11 日	15/68	4
	7	165.3	0.33	3.5	165.3	8 月 12 日	35/68	2
	15	226.8	0.29	3.5	222.1	8 月 13 日	33/68	2
	30	321.7	0.3	3.5	308.4	8 月 14 日	37/68	2
海州区	1	99.6	0.42	3.5	105.6	8 月 15 日	27/68	3
	3	137.8	0.4	3.5	132.4	8 月 16 日	31/68	2
	7	175.9	0.37	3.5	138.5	8 月 17 日	50/68	1.5
	15	240.4	0.33	3.5	177	8 月 18 日	55/68	1.3
	30	334.5	0.31	3.5	236.1	8 月 19 日	55/68	1.2
赣榆区	1	100.9	0.43	3.5	157.2	8 月 20 日	52/68	1.3
	3	142.9	0.44	3.5	111.4	8 月 21 日	44/68	1.6
	7	183.3	0.4	3.5	134.9	8 月 22 日	58/68	1.4
	15	248.3	0.41	3.5	205.7	8 月 23 日	42/68	2
	30	346	0.36	3.5	282.4	8 月 24 日	43/68	1.6
东海县	1	92.3	0.34	3.5	173	8 月 10 日	1/68	47
	3	132.5	0.35	3.5	210.9	8 月 11 日	4/68	16
	7	171.3	0.32	3.5	214.2	8 月 12 日	12/68	5
	15	234.8	0.31	3.5	269.9	8 月 13 日	17/68	4
	30	327.2	0.34	3.5	381.8	8 月 14 日	15/68	4
灌云县	1	97.5	0.49	3.5	113.9	8 月 10 日	16/68	4
	3	133.9	0.5	3.5	128.7	8 月 11 日	27/68	2
	7	129.7	0.47	3.5	129.7	8 月 12 日	50/68	1.5
	15	234.8	0.38	3.5	217.7	8 月 13 日	36/68	2
	30	325.8	0.37	3.5	300.5	8 月 14 日	38/68	2
灌南县	1	97.4	0.49	3.5	157.2	8 月 10 日	5/68	9
	3	139.9	0.53	3.5	166.6	8 月 11 日	17/68	4
	7	184.4	0.49	3.5	168.1	8 月 12 日	33/68	2
	15	241.2	0.4	3.5	255.2	8 月 13 日	27/68	2
	30	332	0.36	3.5	365.4	8 月 14 日	25/68	3

由表 2-7 可知，暴雨中心麦坡站暴雨集中，最大 6 h 暴雨重现期为 121 a，超过 100 a 一遇，历史排位第一；最大 24 h 暴雨重现期达 383 a，超 300 a 一遇，历史排位第一；最大 3 h、12 h 暴雨重现期分别为 31 a、68 a，而最大 1 h 暴雨重现期仅为 3 a。

麦坡站最大 1 d、3 d 暴雨重现期分别 278 a、195 a，历史排位第一；最大 7 d 暴雨重现期 81 a，历史排位第二；最大 15 d、30 d 暴雨重现期分别为 34 a、16 a。

表 2-7　2019 年连云港市暴雨中心麦坡站最大降雨量重现期成果表

时段	均值/mm	C_v	C_s/C_v	降雨量/mm	起始时间	历史排位	重现期/a
1 h	45.7	0.33	3.5	50.5	8 月 10 日 15 时	17/43	3
3 h	67	0.33	3.5	116.5	8 月 10 日 16 时	3/43	31
6 h	79	0.33	3.5	161	8 月 10 日 17 时	1/55	121
12 h	95.6	0.36	3.5	194.5	8 月 10 日 18 时	3/55	68
24 h	115.9	0.42	3.5	330.5	8 月 10 日 19 时	1/55	383
1 d	100.1	0.47	3.5	303.0	8 月 10 日	1/69	278
3 d	135.8	0.43	3.5	362.5	8 月 11 日	1/69	195
7 d	174.5	0.36	3.5	363.5	8 月 12 日	2/69	81
15 d	237.5	0.34	3.5	425.5	8 月 13 日	4/69	34
30 d	326.7	0.34	3.5	512.5	8 月 14 日	7/69	16

第五节　与历史暴雨比较

一、暴雨成因

1. 1974 年

1974 年 8 月，12 号台风于 11 日 20 时自福建省惠安县登陆北上，冷空气侵入台风，使其演变成温带气旋后继续北上，特大暴雨是由气旋东北部强烈的气流辐合和从海上源源不断的水汽输送所造成的。

11 日 8 时 500 hPa 亚洲中高纬度西风带系统为两脊两槽型，经向度较大。

乌拉尔山为一阻塞高压，贝加尔湖东侧为一阻塞高压，西西伯利亚为一低压，东部沿海为一低压，并在 36°N 附近有一副高脊线，588 adgp m 线西伸到北海道至大阪一线。11 日 8 时后西风带略有东移，比较稳定。11 日 20 时 12 号台风在惠安县登陆，中心气压为 990 hPa。与此台风对应的上空，100 hPa 图上有一个 1 685 adgp m 的反气旋中心，“抽气机”作用明显，有助于台风登陆后气旋性环流仍继续维持。12 日 14 时台风演变为温带气旋，13 日 8 时 500 hPa 亚洲中高纬度的两个高压脊与西伸的副高脊叠加合并，形成向西开口的马蹄形高压坝。副高脊的中心在日本东部洋面上，588 adgp m 线伸到我国东部沿海，台风环流与位于太原南边的低压环流合并，中心在郑州西边，冷温度中心消失，处于马蹄形高压坝包围中，低槽槽线东移缓慢，这是造成这次特大暴雨的特定的天气背景。与此同时，700 hPa 和 850 hPa 的低压中心在合肥附近，槽线在合肥—长沙—南宁一线，且合肥到射阳一线有一暖切变，此次暴雨就出现在它的前部。由于副高脊的西进，我国东南沿海有一支来自太平洋的大于等于 12 m/s 的低空急流，它把源源不断的水汽输送到暴雨区，这是造成这次特大暴雨的极为有利的温湿条件。在高压坝包围的低压地区，偏南风、东南风和东北风风速增大，气旋性曲率加大，低层辐合加强，高层气流辐散补偿低层气流的辐合，有利于上升运动的维持和发展，这是这次暴雨的动力条件。当辐合的偏东气流西进时，遇到赣榆山地的阻挡被迫上升，造成强烈的抬升运动，形成暴雨中心，从而造成夹谷山降雨 388.5 mm、小塔山降雨 386.8 mm。

2. 2000 年

受 12 号台风“派比安”外围影响，在 2000 年 8 月 30 日 08 时到 31 日 08 时，连云港市出现了一次突发性、高强度、超历史纪录的特大暴雨过程。特大暴雨是在沿海北上台风“派比安”外围大尺度背景下产生的，台风“派比安”于 2000 年 8 月 27 日 2 时在菲律宾东部的洋面生成，以 20 m/s 的速度向西北移动，30 日到达东海海面，强度加强，风速加大，而后沿 125°E 向北移动。在此期间，与东移的西风槽结合，给连云港市大部分地区带来了暴雨。8 月 30 日 2 时到 8 月 31 日 8 时在它运行的路线中，南北最大距离相差 7.3°(纬度)，东西最大距离相差 1. 1°(经度)，近中心气压在 965～970 hPa 之间，仅有 5 hPa 的变化，近中心最大风力在 33～35 m/s，这次沿海北上的台风在一狭长的区间运行，强度很强，中心气压及其风力十分稳定,变化不大,始终在对流层低层维持稳定的东风气流。8月30日20时,500 hPa中纬度西风槽呈南北向,位于115°E附近,连云港市正好处于西风槽前。此时台风中心位于长江口,它的倒槽已北伸到38°N附近,槽前的西南气流与台风带来的偏东气流在江苏东北部交汇。

3. 2005年

7月30日,副高稳定,贝加尔湖不断有冷空气南下与副高西北侧暖湿气流交汇是此次连续性暴雨的天气尺度原因;低空急流的周期性增强是此次连续暴雨的重要原因,低空急流造成了低层持续的强的水汽辐合和位势不稳定能量的积累;高、低空急流的耦合以及低层中尺度辐合线是强降水过程的动力条件。维持在东北到河套东部的高空低压槽有利于槽后冷空气下沉南侵,与来自孟加拉湾和南海的暖湿气流在淮河流域交汇,触发了强降水的发生。

4. 2012年

7月8日8时,500 hPa高层中高纬贝加尔湖为低压槽区,槽区底部分裂冷空气东移南下侵入淮河流域,中低纬连云港市处于副高584线边缘,西南暖湿气流沿副高外围北上与南下冷空气交汇于淮河流域北部,低层700 hPa连云港市处于明显的风速辐合区,850 hPa,昆明—汉口—蚌埠一线出现大于12 m/s的西南急流,水汽条件充足,连云港市不仅处于低空急流的顶端左侧,且处于西安—郑州—临沂一线的暖性切变线南侧的强对流辐合区,对流层中低层具有明显的辐合抬升条件。相应地面上青藏高原东部有倒槽发展,形成1 000 hPa的低压中心,倒槽伸向江淮地区,江淮之间有准静止锋维持。从对流指数来看,K指数大于40°,SI小于−2°,$CAPE$值大于1 000 J/kg的区域覆盖江苏省范围,江苏北部大气层结具有强烈的不稳定性。受上述系统影响,连云港市区自8日5时起,出现10 mm/h的强降水,8日21时,新的对流单体生成,之后快速发展,由于受我国黄海弱高压脊阻挡,影响连云港市的降水云团东移缓慢,导致了21—23时市区出现60 mm/h以上的强降水。连云港市暴雨成因,是副热带高压外围强盛的西南暖湿气流和北方冷空气持续交汇于连云港地区,形成上干冷下暖湿的不稳定层结,产生强烈的上升运动。

综上,2019年暴雨与1974年、2000年相似,都是由台风形成的,2005和2012年降雨是暖湿气流交汇形成的。

二、降水量比较

（一）汛期降水量比较

2019年汛期降水量501.9 mm，1974年、2000年、2005年、2012年同期降水量分别为539.4 mm、933.8 mm、900.4 mm、726.8 mm，比较可见，2019年汛期降水量小于1974年、2000年、2005年、2012年。连云港市2019年与历史年份各月降水量见表2-8。

表2-8　连云港市2019年与历史年份各月降水量表　　单位：mm

年份	1月	2月	3月	4月	5月	6月	7月	8月	9月	10月	11月	12月	汛期	全年
1974	12.9	27.8	22.5	43.8	184.5	17.7	290.5	96.2	135.1	66.9	30.5	27.5	539.4	955.8
2000	44.9	18.2	4.5	9.7	61.9	154.5	218.7	510.4	50.2	72.3	70.9	8.7	933.8	1 224.9
2005	3.6	23.7	35.3	94.4	107.9	43.4	404.7	402.7	49.7	29.9	14.6	49.3	900.4	1 259.1
2012	0.3	10.6	46.1	43.5	2.4	74.5	272.2	262.3	117.8	3.4	46.2	49.8	726.8	929.0
2019	34.6	13.1	37.1	58.5	6.1	130.8	152.5	201.6	17.0	28.1	19.5	30.0	501.9	728.9
多年平均	17.1	22.7	32.0	49.5	65.0	104.9	240.6	181.2	94.5	37.7	33.1	16.4	621.2	894.5

（二）降雨时空分布比较

1. 1974年

8月10—14日，受12号台风影响，连云港普降大暴雨，全市面雨量217.9 mm。暴雨中心位于赣榆区，最大点雨量位于夹谷山388.5 mm，次大点雨量位于小塔山水库386.8 mm。10日，赣榆开始降雨，降雨量18.4 mm，11日降水最大为119.5 mm，12日、13日降雨量有所减小，分别为94.0 mm、96.5 mm。降雨主要集中在连云港市北部和西部，由北向南逐渐减少。赣榆和东海降雨分别为328.4 mm、304.1 mm，都大于300 mm。市区、灌云、灌南降雨分别为163.2 mm、140.4 mm、107.3 mm，都小于200 mm。

2. 2000年

受12号台风“派比安”影响，连云港市从8月28日8时—31日8时普降大暴雨，局部特大暴雨。本次降水的特点是：笼罩了连云港市整个辖区，全市平均降水量405.3 mm，南部降水量大于北部，东部大于西部，暴雨中心在灌南长茂乡一带，降水量在400～800 mm之间的有长茂、九队、三口、花园等近12个乡镇。主雨区覆盖圩丰等 6 个乡镇，降水量在 300～600 mm 之间。降水量由小突然变大、突发性强、降水集中、降水强度大，3 d 降水量超过 500 mm 的达二十多个乡镇，灌南长茂乡 1 d 降水量高达 812 mm，发生频率超过 10 000 a 一遇，灌南 3 d 面平均降水量达 683.1 mm，相当于 8 000 a 一遇。1 d 平均降水量 509.0 mm，相当于 1 000 a 一遇。灌云 3 d 面平均降水量达 411.7 mm，相当于 150 a 一遇。1 d 平均降水量 300.8 mm，相当于 50 a 一遇，市区、东海县、赣榆县 3 d 平均降水量均超过 20 a 一遇，平均降水量也超过 10 a 一遇。许多地方次降水量达到或接近正常年份的全年。

3. 2005 年

7 月 31—8 月 5 日，全市普降大暴雨，局部特大暴雨，全市面雨量 259.0 mm，灌云县为此次暴雨中心。降水时段主要集中在 7 月 31 日，8 月 1—5 日逐渐变小。连云港市西部东海和南部灌云、灌南降水较大，大部分面积降雨 200 mm 以上，北部赣榆、东部城区降雨较小，基本上在 100 mm 左右。全市 100 mm、200 mm、300 mm、400 mm 以上降水笼罩面积分别为 7 109 km^2、5 600 km^2、2 172 km^2、516 km^2（全部位于灌云）。暴雨中心灌云站 496 mm 最大，东海房山水库 323 mm 为次大。

4. 2012 年

2012 年 7 月 8 日 4 时—9 日 4 时，连云港市发生特大暴雨，暴雨中心在市区云台山东南侧的凤凰嘴至大桅尖一线，300 mm 雨量基本涵盖连云港市区。本次暴雨为局部暴雨，受云台山地形因素影响明显，强降雨主要分布在云台山南坡一线，云台山北坡一线略小。暴雨以连云港市城区为中心，向周边递减。此次暴雨特点为降雨量大、强降雨时间集中、范围相对较小。

区域出现差异很小，各站降雨起始时间一般相差不超过 1 h，北部略早。降雨分两个雨峰，第一雨峰在 8 日 4—12 时，第二个雨峰出现在 8 日 21 时—9 日 0 时，第二雨峰降雨量大于第一雨峰。根据降雨过程分析，市区临洪站最大 24 h 降雨 304.2 mm，凤凰嘴站 420 mm，大桅尖站 418.6 mm。临洪站最大 60 min 降雨 76.8 mm，最大 120 min 降雨 119.2 mm，最大 180 min 降雨 149.2 mm，最大 180 min 降雨占最大 24 h 降雨的 49.05%。凤凰嘴站最大 60 min 降雨 91.2 mm，最大 120 min 降雨 162 mm，最大 180 min 降雨 265.8 mm，最大 180 min 降雨占最大24 h降雨的63.3%。

2019年暴雨中心位于东海,1974年暴雨中心位于赣榆,2000年暴雨中心位于灌南,2005年暴雨中心位于灌云,2012年暴雨中心位于连云港市城区。2019年暴雨影响范围和降雨历时都小于1974年、2000年、2005年,大于2012年。

(三)暴雨强度比较

2019年与1974年、2000年、2005年、2012年各时段最大雨量均出现在7月和8月。

最大1 d雨量,2019年为122.5 mm(8月10日),1974年为107.0 mm(8月12日),2000年为216.0 mm(8月30日),2005年为153.2 mm(7月31日),2012年为131.5 mm(7月8日),2019年大于1974年,小于2000年、2005年、2012年。

最大3 d雨量,2019年为149.9 mm(8月9日),1974年为216.4 mm(8月11日),2000年为336.4 mm(8月28日),2005年为223.6 mm(7月31日),2012年为209.7 mm(7月7日),2019年小于1974年、2000年、2005年、2012年。

最大7 d雨量,2019年为155.6 mm(8月11日),1974年为223.6 mm(8月7日),2000年为394.1 mm(8月24日),2005年为283.0 mm(7月31日),2012年为262.3 mm(7月4日),2019年小于1974年、2000年、2005年、2012年。

连云港市2019年与历史暴雨各时段最大雨量比较见表2-9。

表2-9 连云港市2019年与历史暴雨各时段最大雨量比较表

年份	1 d		3 d		7 d	
	雨量/mm	日期	雨量/mm	起始日期	雨量/mm	起始日期
1974	107.0	1974-8-12	216.4	1974-8-11	223.6	1974-8-7
2000	216.0	2000-8-30	336.4	2000-8-28	394.1	2000-8-24
2005	153.2	2005-7-31	223.6	2005-7-31	283.0	2005-7-31
2012	131.5	2012-7-8	209.7	2012-7-7	262.3	2012-7-4
2019	122.5	2019-8-10	149.9	2019-8-9	155.6	2019-8-10

第三章　洪水分析

第一节　洪水概述

2019 年 8 月，受台风“利奇马”影响，沂沭泗流域降水总量大、时间较集中，且强度较大，与降水过程对应，沂沭泗流域各河道均出现了不同程度的洪水过程。连云港市作为沂沭泗流域下游，是有名的“洪水走廊”，受本地降水影响，加之两大流域性河道新沭河、新沂河大流量行洪，连云港市区域内各水系河道均出现较大洪水过程，洪水主要特点是洪峰流量高、洪水总量大。

新沭河大官庄(新)站年径流量 9.850 亿 m^3。新沭河大官庄闸自 8 月 11 日 13 时开始开闸泄洪，开闸流量 502 m^3/s，相应水位 47.56 m；8 月 11 日达到最大流量 4 020 m^3/s，相应水位 51.76 m，最高水位 52.66 m。新沭河大兴镇站年径流量 6.312 亿 m^3，较多年平均偏多 1.3%，其中，汛期径流量 6.224 亿 m^3。8 月 11 日 20 时 55 分大兴镇站年最大流量为 3 850 m^3/s，相应水位 24.97 m，列有资料以来第 2 位。新沭河石梁河水库站年径流量 11.060 亿 m^3，较多年平均偏多 47.0%，其中，汛期径流量 8.750 亿 m^3，8 月 12 日石梁河水库站年最大出库流量为 3 430 m^3/s。

新沂河嶂山闸于 8 月 9 日 12 时开闸泄洪，至 17 日 17 时 05 分关闸。11 日 10 时 40 分嶂山闸(闸下游)站出现年最大洪峰流量 5 220 m^3/s，相应水位 21.62 m；嶂山闸(闸上游)站最高水位 23.57 m，出现在 8 月 15 日，超警戒水位 0.07 m，列有资料以来第 9 位。嶂山闸从 8 月 10 日开闸泄洪，到 8 月 17 日结束，总泄洪量 16.75 亿 m^3。嶂山闸站水位超警戒水位累计时长为 24 h。

受嶂山闸泄洪及区间来水的共同影响，新沂河沭阳站 8 月 12 日 6 时 55 分出现年最高水位 11.31 m，超警戒水位 2.31 m，列有资料以来第 1 位；8 月 12 日 6 时 54 分沭阳站出现最大洪峰流量 5 900 m^3/s（相应水位 11.30 m），列有资料以来第 2 位；汛期径流量 22.55 亿 m^3；沭阳站水位超警戒水位累计时长为 120 h。

蔷薇河小许庄站汛期径流量 2.917 亿 m^3，8 月 11 日 17 时 50 分小许庄站年最大洪峰流量 302 m^3/s，列有资料以来第 1 位。蔷薇河临洪（总）站年径流量 5.842亿 m^3，汛期径流量 4.408 亿 m^3。8 月 17 日临洪（总）站洪峰流量 863 m^3/s，历史最大。其中蔷薇河临洪断面年径流量 2.417 亿 m^3，汛期径流量 1.678 亿 m^3，8 月 14 日临洪断面年最大洪峰流量 405 m^3/s；东站引河临洪（东）断面年径流量 3.425 亿 m^3，汛期径流量 2.730 亿 m^3，年最大洪峰流量 491 m^3/s。由于临洪枢纽全力泄洪，临洪站水位超警戒水位累计时长只有 22.7 h。

2019 年与历史最大洪水特征值比较见表 3-1（见下页）。

第二节 洪涝调查

一、洪水调查

洪水调查是为了收集、了解部分河道节点漏测的水位、面上受灾区域积水深度，了解河道治理对洪水的影响和作用，进一步探讨本地河流洪水的特性，评估水文情报预报工作，从而为今后的防汛抗洪工作、水利规划与建设和水文情报预报提供宝贵资料。洪水调查包含新沭河蒋庄漫水闸、墩尚桥节点水位调查、鲁兰河上湾坝节点水位调查、暴雨中心及附近积水深调查。

新沭河蒋庄漫水闸上游 8 月 12 日 5 时 40 分左右出现最高水位 12.09 m（85 基准），新沭河墩尚桥下游最高水位出现在 8 月 12 日 8 时至 9 时之间，最高水位 7.64 m（85 基准）。鲁兰河上湾坝下游最高水位 8.42 m（废黄河口），具体时间不详。

暴雨中心东海县驼峰镇麦坡村及其周边受淹程度较重，局部低洼处积水深度达 1 m，一般地方为 0.30～0.60 m，造成有些房屋进水深达 0.40 m，部分旱作物受害程度较重，有的直接颗粒无收。东海县洪痕及洪水情况调查表见表 3-2，相关现场照片如图 3-1～图 3-9 所示。

表 3-1 连云港市主要河库 2019 年与历史最大洪水特征值比较表

河名	站名	警戒水位/m	设计水位/m	设计流量/(m^3/s)	2019 年最大值				历史最大值				2019 年超警戒水位历时/d	备注
					最高水位/m	出现时间(月.日)	最大流量/(m^3/s)	出现时间(月.日)	最高水位/m	出现时间(年.月)	最大流量/(m^3/s)	出现时间(年.月)		
新沭河	大官庄(新)(闸下游)		54.90	5 000	52.66	8.11	4020	8.11	56.51	1962.7	4 250	1974.8		
新沭河	大兴镇				25.05	8.16	3 850	8.11	27.21	1974.8	3 870	1974.8		
新沭河	石梁河水库				24.93	8.16	3 430	8.12	26.82	1974.8	3 950	2018.8		总出库
新沂河	嶂山闸(闸下游)		23.80	8 000			5 220	8.11	22.98	1974.8	5 760	1974.8		
新沂河	沭阳	9.00	11.20	7 000	11.31	8.12	5 900	8.12	10.76	1974.8	6 900	1974.8	5	
新沂河	盐河南闸	6.50	7.50		6.90	8.12	—	—	—	—	—	—		
新沂河	小潮河闸				5.71	8.14	—	—	—	—	—	—		
蔷薇河	小许庄	5.50	6.50		5.49	8.12	302	8.11	7.07	2000.8	299	2000.8		
蔷薇河	临洪	4.50	5.87		5.28	8.13	405	8.14	5.93	1974.8	760	2000.9		
东站引河	临洪(东)	4.50	5.87		4.79	8.12	491	8.17	—	—	—	—		
青口河	黑林				35.89	8.11	242	8.11	37.97	1990.8	583	2012.7		
青口河	小塔山水库				31.30	8.23	11.2	6.19	34.00	1974.8	373	1974.8		总出库

表 3-2 东海县洪痕及洪水情况调查表

洪痕编号	所在村镇及地点	洪水发生时间	洪痕高程/m	说明人姓名相关信息	洪水情况描述	可靠程度
1	驼峰镇八湖村第一排第二家	8月11日晚至12日下午4点	12.54（85基准）	郭明军，55岁，18352102131	与门前第二层红砖齐平，S323道路积水，低洼住宅内积水0.5 m左右	可靠
2	驼峰镇麦坡村村口	8月11日	12.54（85基准）	刘先生，67岁，18352102331	西边稻田全部淹没，东边稻田积水0.3～0.4 m	可靠
3	东海水文监测中心	8月11日		封一波，46岁	中心内未积水，办公房后面积水约10 cm	可靠
4	牛山街道望东村	8月11日至12日		李佃霞（当地农民）	水稻田积水约30 cm，积水2d	可靠
5	东海县水晶城	8月11日	22.62（85基准）	保安	水晶市场门口积水约10 cm，当时用沙袋封堵大门	可靠
6	双店镇后双村	8月11日		当地农民	水稻田积水15～20 cm	可靠
7	山左口乡中寨村	8月11日		当地农民	水稻田积水30～40 cm	可靠
8	驼峰镇后坞墩村	8月11日		当地农民	基本无积水	可靠
9	驼峰镇上湾村	8月11—13日		当地村民	水未上到路面，积水到达水泥堰上方约10 cm	可靠
10	驼峰镇鲁南村	8月11—12日		当地村民	水稻田积水30～50 cm	可靠
11	牛山水岸上城	8月11—12日	22.10（85基准）	当地村民	小区积水30～40 cm	可靠
12	驼峰镇程庄村	8月11日		当地村民	水稻短时间田积水30～50 cm	可靠
13	东海中心新址（东海气象局北）	8月11日		当地村民	稻田积水30 cm	可靠

表 3-2(续)

洪痕编号	所在村镇及地点	洪水发生时间	洪痕高程/m	说明人姓名相关信息	洪水情况描述	可靠程度
14	东海县东开发区弟威服装厂	8月11—12日	22.45(85基准)	富宸路68号,当地工人	门口积水约50 cm,院内20 cm	可靠
15	新沭河蒋庄漫水闸上游	8月12日5点40左右	12.09(85基准)	闸管所人员	最大水位漫过蒋庄漫水桥栏杆顶部	可靠
16	新沭河墩尚桥下游	8月12日8点至9点	7.64(85基准)	巡堤人员	最高水位至桥下桥墩以上40 cm;与距离南桥头下游最近一棵杨树下面第一根树枝齐平	可靠
17	鲁兰河上湾坝下游	8月11—13日	8.42(废黄河口)	付思成 15751208618	上湾坝下游水位高出坝顶1.02 m,周围水稻田积水约50 cm,旱作物淹死	可靠

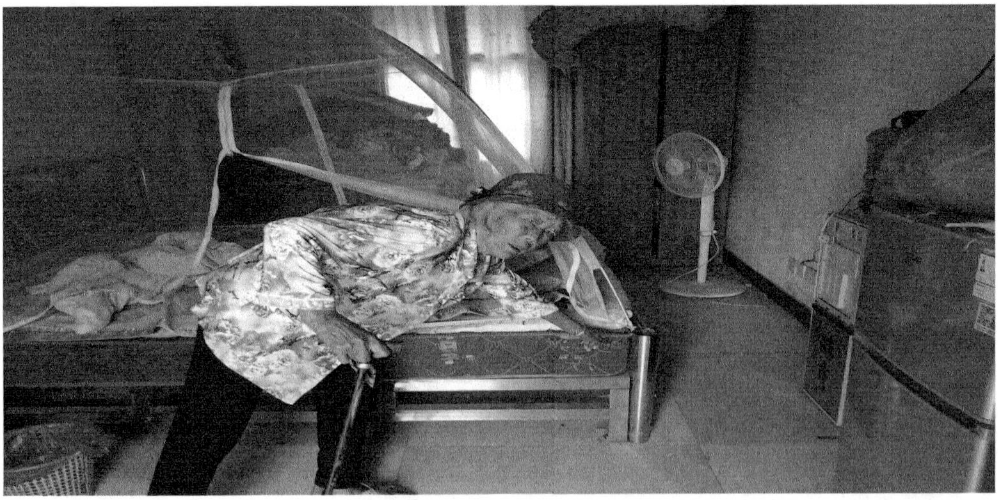

图 3-1　东海县驼峰镇八湖村村民指认洪水淹没深度(一)

图 3-2　东海县驼峰镇八湖村村民指认洪水淹没深度(二)

图 3-3　东海县驼峰镇麦坡村洪水淹没深度调查

图 3-4　东海县牛山街道望东村村民指认洪水淹没深度

图 3-5　东海县双店镇后双村村民指认洪水淹没深度

图 3-6　东海县山左口乡中寨村村民指认洪水淹没深度

图 3-7　东海县驼峰镇程庄村洪水淹没深度调查

图 3-8　新沭河蒋庄漫水闸闸上洪痕指认

图 3-9　鲁兰河上湾坝处洪水位测量

二、东海县城区洪涝调查

（一）防洪调度

东海县城区防洪工程由龙梁河、石安河、西双湖水库等组成。

石安河洪水调度：当水位超过 18.0 m、安峰山水库低于汛限水位时，先开启薛埠闸满足补库需要；当薛埠闸分洪补库不及河水位上涨，其次开启青湖闸经磨山河排入新沭河，青湖闸在开、关闸时需提前 1 h 通知黄川水管所及时开启、关闭磨山河闸；当水位超过 19.0 m 再依次开启范埠闸、埝河闸、胜泉闸分洪；当出现水位超过 19.7 m 的非常情况时，炸开埝河闸南侧河堤分洪。

西双湖水库洪水调度：当库水位低于汛限水位 31.5 m 时，开启水库上游贺庄水库尤塘闸，承担贺庄水库一部分洪水来量；当库水位达到汛限水位时，关闭尤塘闸；当库水位超过汛限水位 31.5 m 时，先开启南泄洪闸，控制下泄流量不超过 80 m^3/s；当库水位达 32.5 m 时，同时开启东泄洪闸、南泄洪闸，下泄流量逐步加大到最大设计流量 127 m^3/s，其中南泄洪闸下泄流量不超过 100 m^3/s、东泄洪闸下泄流量不超过 27 m^3/s。

（二）排水分区

根据东海县城区水系、地形特点及现有除涝工程体系情况，东海县城区划分为石安河左岸、石安河右岸两部分，共 7 个排水片，如图 3-10 所示。其中石安河左岸有陇海铁路以北片、陇海铁路以南片、卫星河片、西双湖水库以西片 4 个排水片，石安河右岸有望埝河片、范埠河片、范埠分干渠片 3 个排水片。

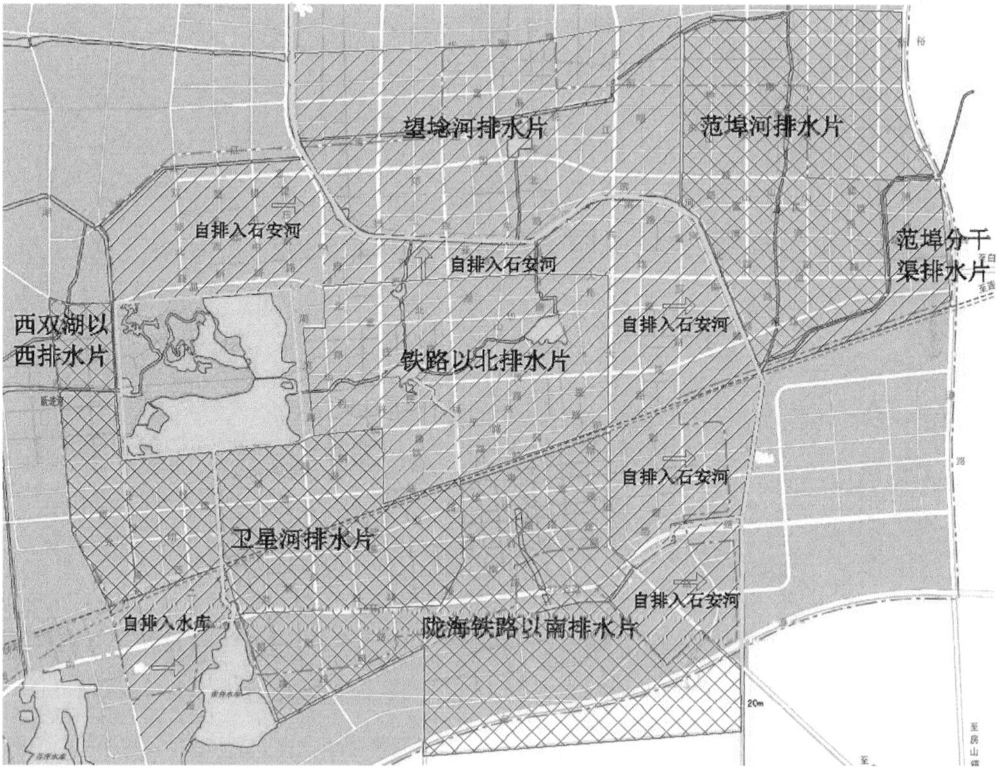

图 3-10　东海县城区除涝分片示意图

1. 陇海铁路以北片

陇海铁路以北排水片位于东海县城石安河左岸、陇海铁路以北，属县城中心城区，现状基本为建成区，排涝范围北、东至石安河，西至西双湖水库，南至陇海铁路，总排涝面积 17.7 km^2。该片排涝干河除石安河外还有北玉带河（东西向）、南玉带河（南北向）、自清河（南北向）、石英河（南北向）等支流。其中，该片直接排入石安河的排涝面积 7.3 km^2，通过石安河支流排入石安河的排涝面积 10.4 km^2。由于北玉带河为等高截洪河道，北玉带河以南上游来水经沿线郑庄塘坝、英疃塘坝两座塘坝调蓄后，分别经自清河、石英河向北排入石安河。

2. 陇海铁路以南片

陇海铁路以南排水片位于东海县城石安河左岸、陇海铁路以南，属规划新城区，排涝范围北至陇海铁路，南至郇林大沟，西至张谷水库，东至石安河，总排涝面积 21.1 km^2，该片排涝干河除石安河外还有徐海运河、郇林大沟等支流。其中，该片直接排入石安河的排涝面积 6.0 km^2，排入张谷水库的排涝面积 1.7 km^2，通过石安河支流徐海运河排入石安河的排涝面积 6.7 km^2，通过郇林大沟排入石安河的排涝面积 6.7 km^2。

3. 卫星河片

卫星河排水片位于东海县城西石安河左岸、县城西南部，排涝范围北至跃进河，西至湖西路，南至张谷水库，东至湖东路，排涝面积 12.6 km^2，排涝干河为卫星河及其支流昌平河延伸段。卫星河北起西双湖水库南泄洪闸，南至张谷水库，承接西双湖水库南泄洪闸的下泄洪水和河道沿线汇水区域(包括昌平河延伸段)的涝水。

4. 望埝河片

望埝河排水片位于东海县城石安河右岸、东海县城区东北部，排涝范围北至华海路，西、南至石安河，东至范埠河，排涝面积 14.0 km^2，其中城区排涝面积 8.9 km^2，农区排涝面积 5.1 km^2，排涝干河为望埝河。望埝河西起石安河，东至范埠河，排水经范埠河、埝河入鲁兰河。

5. 范埠河片

范埠河排水片位于石安河右岸、东海县城区东南部，排涝范围北至埝河，西、南至石安河，东至新 245 省道，总排涝面积 27.2 km^2(含望埝河排水片)。范埠河自身排水面积(不含望埝河排水片)13.2 km^2，其中城区排涝面积 7.9 km^2，农区排涝面积 5.3 km^2，排涝干河为范埠河。范埠河南起石安河范埠闸，北至埝河，除排泄自身汇水面积的涝水外，还承泄石安河流域的下泄洪水。根据石安河流域洪水调度原则，当发生 20 a 一遇设计洪水时，考虑在通过青湖闸泄洪入新沭河的同时，也开启范埠闸向鲁兰河分洪 50 m^3/s。

6. 西双湖水库以西片

西双湖水库以西排水片位于西双湖水库库区西部，属东海县规划城区边缘，城区排涝范围北至晶都路，西至湖西路，南至跃进河，东至西双湖水库，排涝面积约 1.2 km^2，该片排涝干河为昌平河，经跃进河排水入西双湖水库。该片排涝面积较小，通过雨水管网排入昌平河。昌平河位于西双湖水库库区上游，其城区范围排涝面积相对较小，考虑兼顾防洪、排涝要求，适当抬高地面高程以满足防洪、排涝要求。

7. 范埠分干渠片

范埠分干渠排水片位于石安河右岸，东海县规划城区最东部，排涝范围北至富国路，西至范埠分干渠，南至陇海铁路，东至新 245 省道，排涝面积 2.3 km^2，河道现状规模基本满足排涝要求。该片距陇海铁路较近，排涝范围内多为绿地，晶都大道以北规划城区通过雨水管网排入范埠分干渠。

（三）城区涝情分析

受强降雨影响，8 月 10—12 日城区大部分区域出现道路积水、小区倒灌等严重内涝现象，东海县组织 200 余人到城区道路、小区、建筑工地、公园广场等重点积水区域进行安全隐患排查、人员疏散并采取强制机械排水等措施，因雨量太大，效果不明显。城区主要存在以下严重积水路段和积水点。

(1) 道路积水严重路段：利民路（金牛公园—振兴路）、果园路（海陵路—富华路）、花园路（海陵路—晶都大道）、牛山路（晶都大道—滨河路）、振兴路（利民路—和平路）、北辰路（湖滨路—中华路）、府苑路（牛山路—幸福路）、中华路（颐高路—晶都大道）、颐高路全线、富华路水晶公园北门等路段水深过膝，达 0.4～0.6 m，车辆无法通行。

(2) 铁路涵洞积水严重：城区涉铁通道振兴路涵洞、幸福路涵洞、湖东路涵洞积水严重，已经无法通行，组织人员安全疏导排水，排水现场如图 3-11 所示。

(3) 积水严重住宅小区：晶都花园车库进水、晶都家苑车库进水、翰林公馆门前积水、晶都学府门前积水、水岸上城整个小区积水、水岸名城地下泵房进水、水晶公园贵都储藏室进水、金陵御花园小区等 21 个小区不同程度出现内涝现象，组织物业公司排水。

主要原因：一方面受强降水影响，雨水管网排水能力不足；另一方面石安河水位高水持续时间长，对雨水管网排水产生顶托，城区金牛公园、水晶公园，玉带河水位猛增。

图 3-11 东海县幸福路涵洞排水现场

（四）排涝分析

“利奇马”影响前，平明等乡镇预先降低内河水位，掌握了抵御强降雨的主动权；台风影响期间，东部洼地房山、平明、张湾等乡镇40余座排涝泵站开机强排，8月11日新沭河大流量行洪期间，市局指令与蔷薇河交界处的马河闸、民主河闸关闭，区域排涝站全部关闭，以保证蔷薇河行洪安全，马河、民主河等河道水位快速上涨，导致平明等部分洼地受淹，待蔷薇河水位下降后，才开闸泄洪。鲁兰河受新沭河洪水顶托无法自排，水位上涨过快，已危及堤防安全，开富安调度闸向蔷薇河分洪。

城区涝水采用自排。采用前期日降雨量资料计算前期影响降雨，计算次降水净雨量，从而得到城区排涝水量。此次暴雨，东海县城区排涝水量为2 072万 m^3，见表3-3。

表 3-3 东海县城区排涝水量估算成果表

序号	排水片区	排入水体	面积/km^2	净雨量/mm	水量/（万 m^3）
1	陇海铁路以北片	石安河	17.7	252.4	447
2	陇海铁路以南片	石安河、张谷水库	21.1	252.4	533
3	卫星河片	卫星河	12.6	252.4	318
4	望埝河片	望埝河、范埠河	14.0	252.4	353

表 3-3(续)

序号	排水片区	排入水体	面积/km^2	净雨量/mm	水量/(万 m^3)
5	范埠河片	范埠河	13.2	252.4	333
6	西双湖水库以西片	西双湖水库	1.2	252.4	30
7	范埠分干渠片	范埠分干渠	2.3	252.4	58
合计			82.1	252.4	2 072

第三节 洪水过程

2019 年连云港市受本地降雨及上游来水影响,新沂河、新沭河、蔷薇河、石梁河水库等河库出现大洪水。

一、新沭河

(一) 大官庄(新)闸站

大官庄(新)闸自 8 月 11 日 13 时开始行洪,其水位流量过程线如图 3-12 所示。8 月 11 日 13 时流量 502 m^3/s(相应闸下水位 47.56 m),8 月 11 日 21 时出现 4 020 m^3/s 的洪峰流量(相应闸下水位 51.76 m);大官庄(新)闸闸上最高水位 52.66 m,闸下最高水位 51.77 m,均出现在 8 月 11 日 22 时。

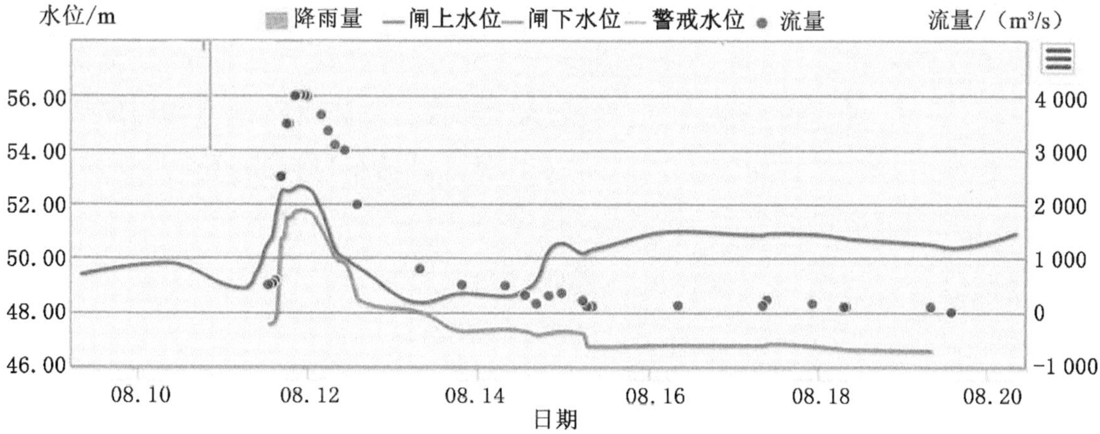

图 3-12 大官庄(新)闸站水位流量过程线

（二）大兴镇站

大兴镇站本年度共出现两次明显的洪水过程。第 1 次洪水从 8 月 2 日 4 时 45 分流量 36.8 m^3/s(相应水位 22.23 m)起涨，2 日 14 时 55 分出现 715 m^3/s 的洪峰流量(相应洪峰水位 22.50 m)；第 2 次从 10 日 9 时 10 分流量 0 m^3/s(相应水位 23.09 m)起涨，11 日 20 时 55 分出现 3 850 m^3/s 的洪峰流量(相应洪峰水位 24.97 m)，列有资料以来第 2 位。大兴镇站 8 月 10—20 日水位流量过程线如图 3-13 所示。

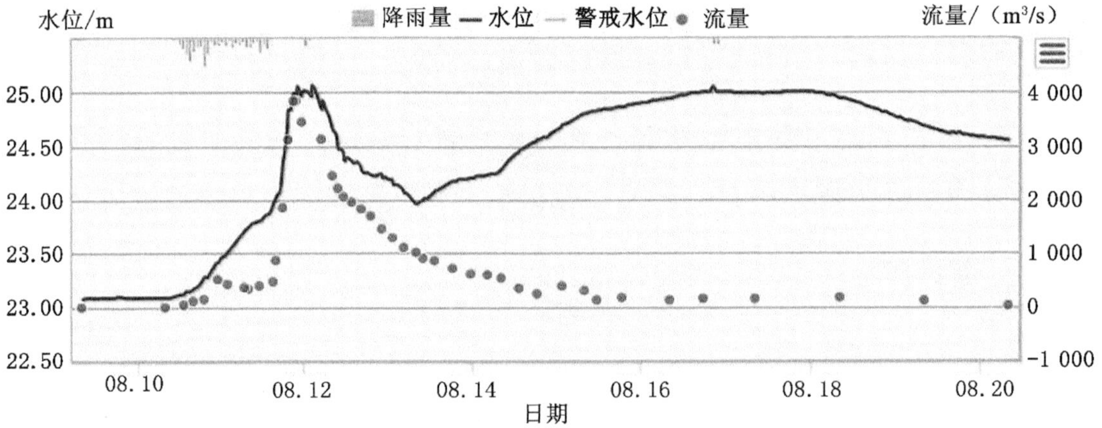

图 3-13　大兴镇站水位流量过程线

（三）石梁河水库站

石梁河水库站 8 月 11 日 8 时开闸泄洪，初始流量 300 m^3/s，相应水位23.63 m；后期逐渐加大，8 月 11 日 16 时流量 1 520 m^3/s；8 月 12 日 7 时 50 分出现洪峰流量 3 430 m^3/s，相应洪峰水位 25.08 m，为本年最大洪峰水位；8 月 20 日 8 时，水位降至 24.49 m，流量 41.0 m^3/s，石梁河水库站水位流量过程线如图 3-14 所示。

（四）太平庄闸站

受上游来水影响，太平庄闸站出现明显洪水过程，12 日 13 时出现年最高水位 6.50 m。

太平庄闸站水位流量过程线如图 3-15 所示。

（五）三洋港闸(闸上)站

受上游来水影响，三洋港闸(闸上)站出现明显洪水过程，12 日 16 时 30 分出现年最高水位 3.51 m。

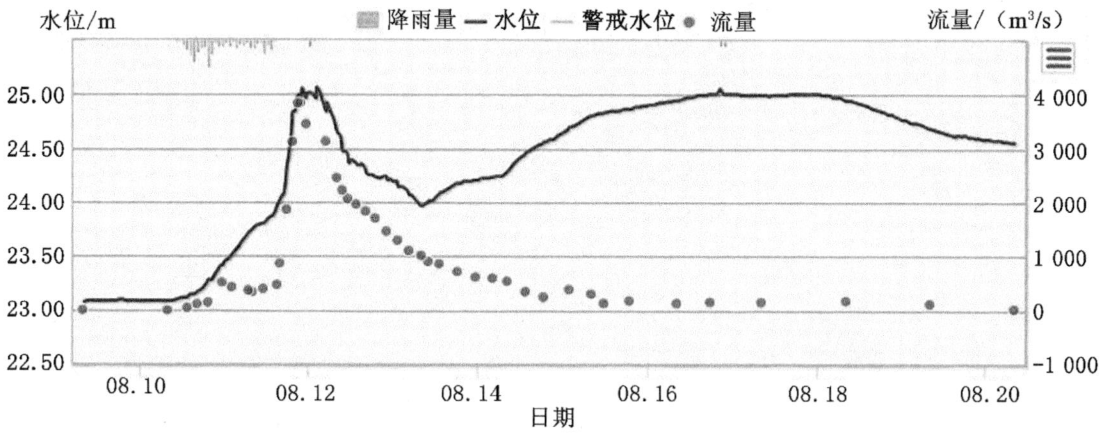

图 3-14　石梁河水库站水位流量过程线

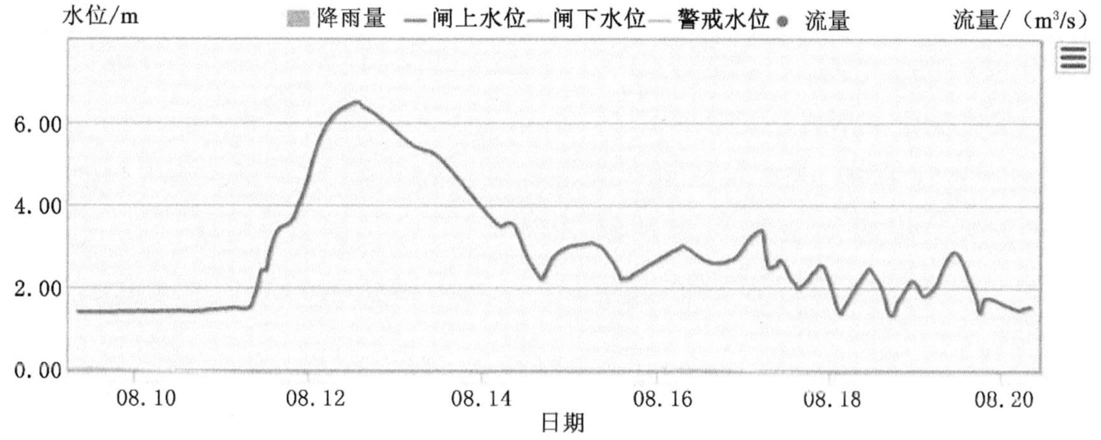

图 3-15　太平庄闸站水位流量过程线

三洋港闸(闸上)站水位流量过程线如图 3-16 所示。

二、新沂河

(一) 嶂山闸站

嶂山闸于 8 月 9 日 12 时开闸泄洪,初始泄洪流量为 537 m³/s;后期逐渐加大,11 日 7 时加大到 3 000 m³/s,其后加大 5 000 m³/s,10 时 40 分嶂山闸站出现年最大洪峰流量 5 220 m³/s,相应水位 21.62 m,17 时下泄流量 5 020 m³/s,相应水位 21.04 m;后逐渐减小,12 日 0 时为 4 000 m³/s,4 时 30 分调到最低 2 000 m³/s;后又逐渐加大,12 日 10 时 30 分加大到 3 000 m³/s,14 时 0 时加大

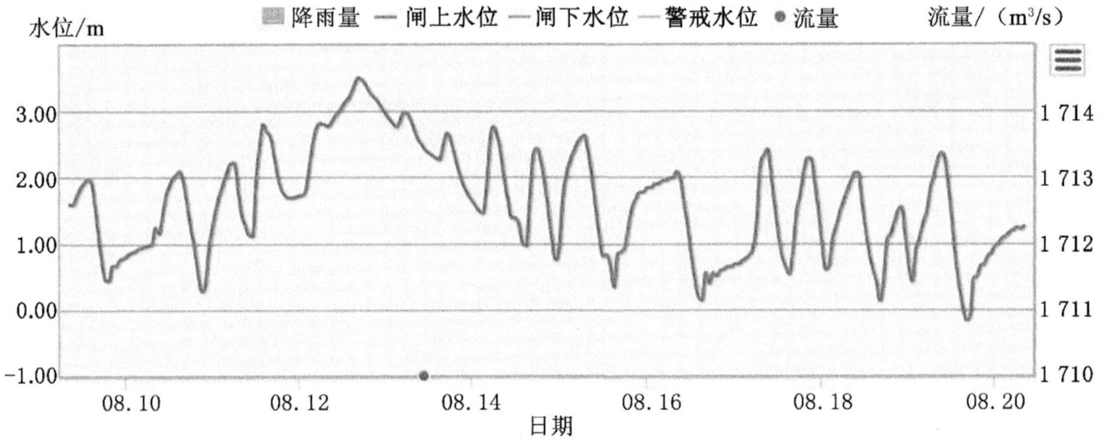

图 3-16　三洋港闸(闸上)站水位流量过程线

至 3 730 m^3/s,16 时 20 分调减至 3 000 m^3/s,22 时 30 分加大至 4 000 m^3/s;13 日 9 时 30 分加大至 5 000 m^3/s,14 日 8 时流量 4 920 m^3/s,15 日 8 时 2 030 m^3/s,其后流量逐渐减小,至 17 日 17 时 05 分关闸。嶂山闸闸上最高水位23.57 m 出现在 8 月 15 日,超警戒水位 0.07 m,列有资料以来第 9 位。嶂山闸从 8 月 9 日首次开闸泄洪,到 8 月 17 日结束,历时 9 天。嶂山闸总泄洪量 16.75 亿 m^3。嶂山闸站水位超过警戒水位累计时长为 24 h。嶂山闸站水位流量过程线如图 3-17所示。

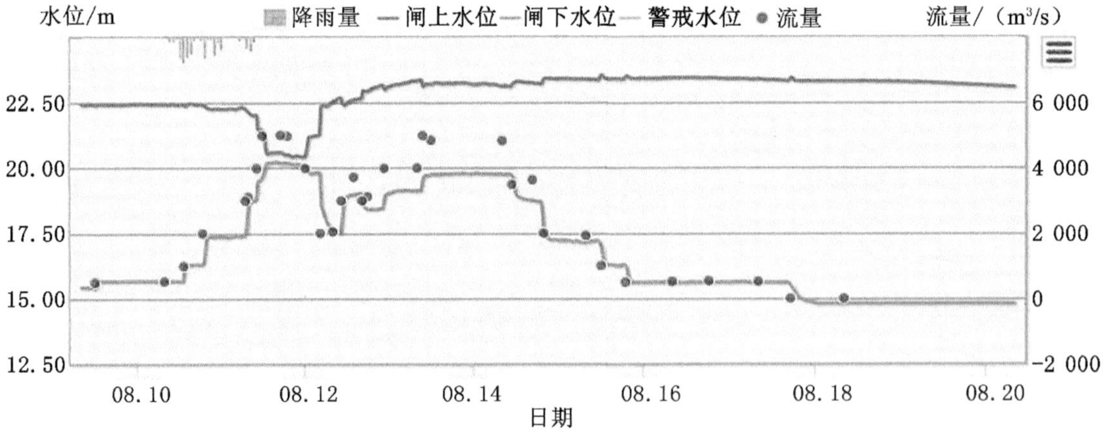

图 3-17　嶂山闸站水位流量过程线

（二）沭阳站

受嶂山闸泄洪及嶂山至沭阳区间来水的共同影响，沭阳站汛期出现一次洪水过程。洪水过程发生在 8 月 8—20 日，历时 12 d。从 8 月 8 日 19 时 05 分水位 4.53 m（相应流量 13.4 m^3/s）起涨，8 月 12 日 6 时 54 分出现洪峰，洪峰流量 5 900 m^3/s（相应水位 11.30 m），列有资料以来第 2 位；12 日 6 时 55 分出现年最高水位 11.31 m，超过警戒水位 2.31 m，列有资料以来第 1 位；20 日 8 时水位降至 5.04 m，流量 53.8 m^3/s，汛期径流量 22.55 亿 m^3，沭阳站水位超过警戒水位累计时长为 120 h。

沭阳站水位流量过程线如图 3-18 所示，沭阳及以上主要入流站洪水特征值见表 3-2。

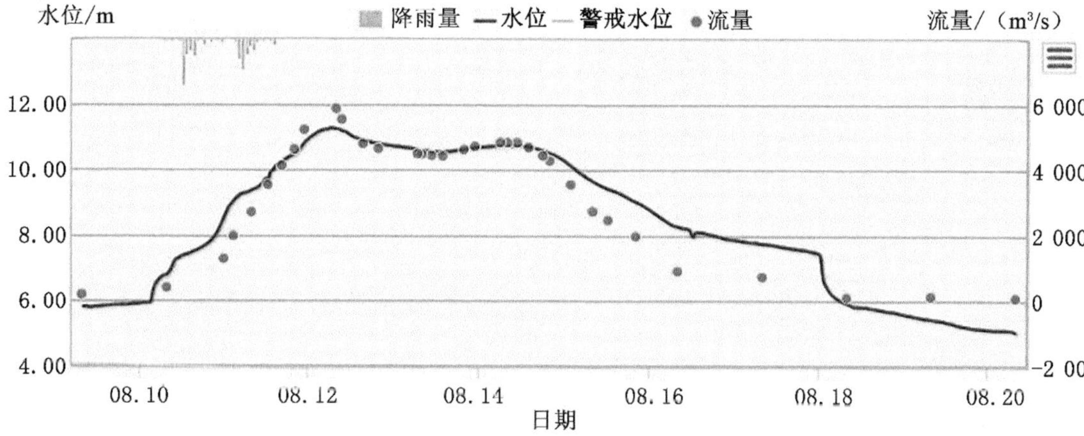

图 3-18　新沂河沭阳站水位流量过程线

表 3-4　沭阳及以上主要入流站洪水特征值表

站名		汛期(6.1—9.30)
新沂河嶂山闸(闸下游)	洪量/(亿 m^3)	16.75
	最大流量/(m^3/s)	5220
	发生时间(月.日 时:分)	8.11 10:45
老沭河新安	洪量/(亿 m^3)	2.819
	洪峰流量/(m^3/s)	896
	发生时间(月.日 时:分)	8.12　10:15
新开河桐槐树	洪量/(亿 m^3)	1.591
	洪峰流量/(m^3/s)	426
	发生时间(月.日 时:分)	8.11　22:10

表 3-4(续)

站名		汛期(6.1—9.30)
新沂河沭阳	洪量/(亿 m^3)	22.554
	洪峰流量/(m^3/s)	5900
	发生时间(月.日 时:分)	8.12 6:54

(三) 盐河南闸站

流域性河道新沂河受嶂山闸开闸大流量行洪影响形成洪水过程,盐河南闸水位站最高水位 6.90 m(8 月 12 日)。11 日 3 时 20 分水位开始起涨,盐河南闸最高水位 6.90 m,出现时间 12 日 14 时 50 分。盐河南闸历史最高水位 7.37 m,设计水位 7.56 m。本次洪水最高水位比历史最高水位低 0.47 m、比设计水位低 0.66 m。

盐河南闸站水位流量过程线如图 3-19 所示。

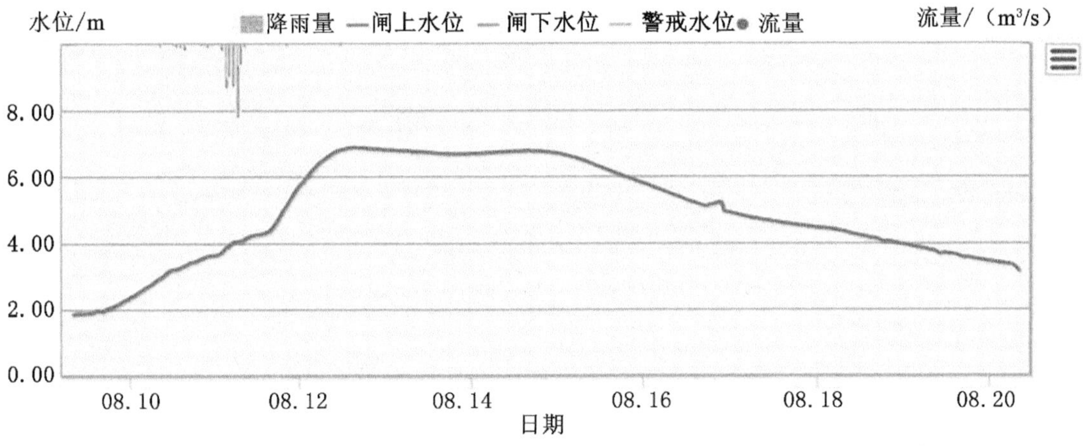

图 3-19 盐河南闸站水位流量过程线

(三) 小潮河闸站

受嶂山闸开闸大流量行洪影响形成洪水过程,小潮河闸水位站最高水位 5.71 m(8 月 14 日),出现时间 14 日 14 时 20 分。小潮河闸历史最高水位 6.59 m,设计水位 6.47 m。本次洪水最高水位低于历史最高水位 0.91 m、低于设计水位 0.79 m。

小潮河闸站水位流量过程线如图 3-20 所示。

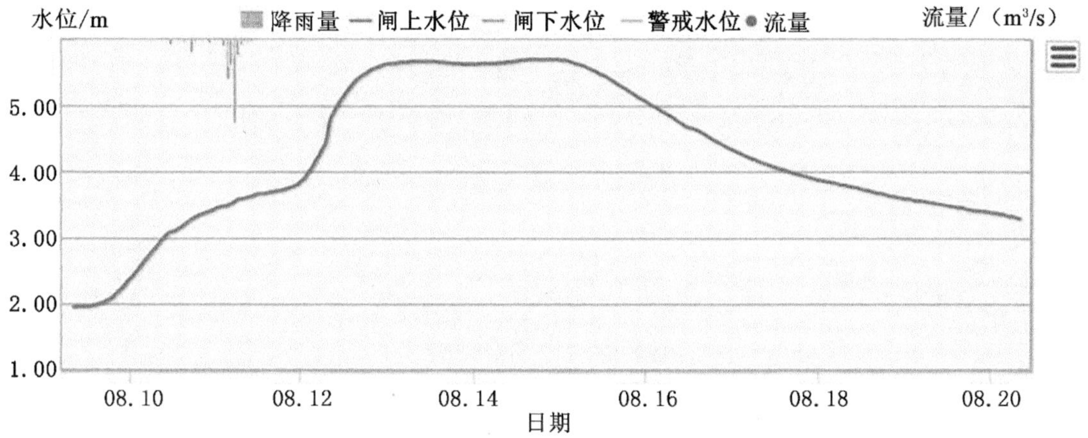

图 3-20 小潮河闸站水位流量过程线

三、蔷薇河

（一）小许庄站

蔷薇河干流上游控制站小许庄站本年出现四次洪水过程。其中最大的一次为 8 月 9 日 19 时 25 分—8 月 23 日 0 时。8 月 11 日 17 时 50 分，小许庄水文站出现超历史最大流量 302.0 m^3/s（相应水位 5.08 m），本年度最高水位 5.49 m（8 月 12 日）。

小许庄站水位流量过程线如图 3-21。

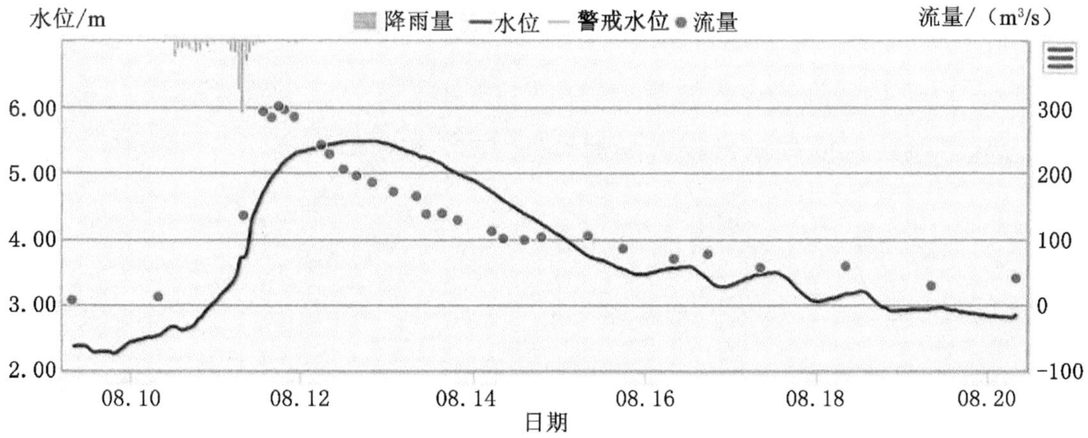

图 3-21 小许庄站水位流量过程线

（二）临洪站

受上游及区间来水影响，临洪站本年度出现多次洪水过程，以 8 月 10 日 8 时 50 分—12 日 0 时 5 分及 8 月 13 日 3 时 15 分—15 日 16 时 10 分两次洪水较大。其中 8 月 14 日临洪水文站出现年最大流量 405 m^3/s，8 月 13 日出现年最高水位 5.28 m。

临洪站水位流量过程线如图 3-22 所示。

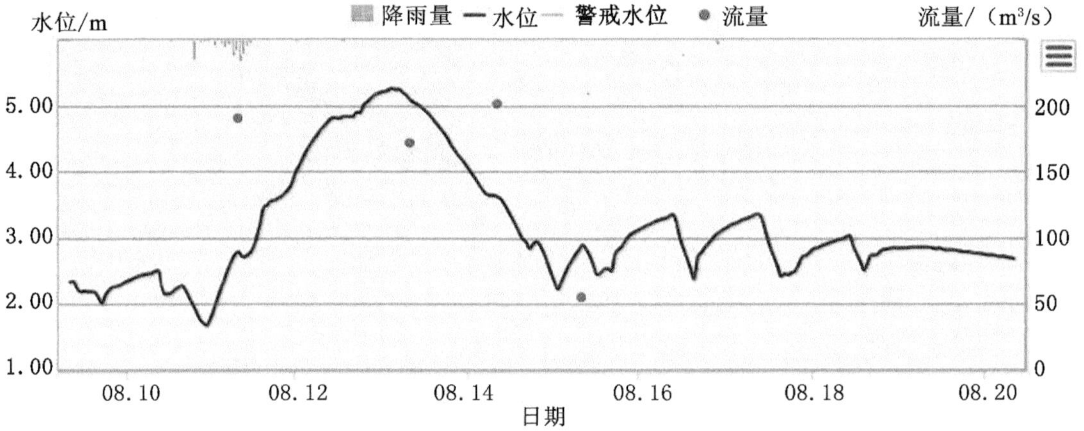

图 3-22　临洪站水位流量过程线

（三）临洪（东）站

受上游及区间来水影响，临洪（东）站本年度出现多次洪水过程。其中 8 月 12 日 0 时 25 分—3 时 05 分及 8 月 2 日 7 时 55 分—15 时 20 分两次洪水较大。临洪（东）站 8 月 17 日出现年最大流量 491 m^3/s，8 月 12 日出现年最高水位4.79 m。

临洪（东）站水位流量过程线如图 3-23 所示。

四、大型水库

2019 年，连云港市境内大型水库出现明显洪水过程，其水文特征值见表 3-3。

（一）石梁河水库

石梁河水库 8 月上中旬出现本年最大洪水，8 月 16 日 19 时 35 分水库坝上出现年最高水位 24.93 m。

石梁河水库站水位流量过程线如图 3-24 所示。

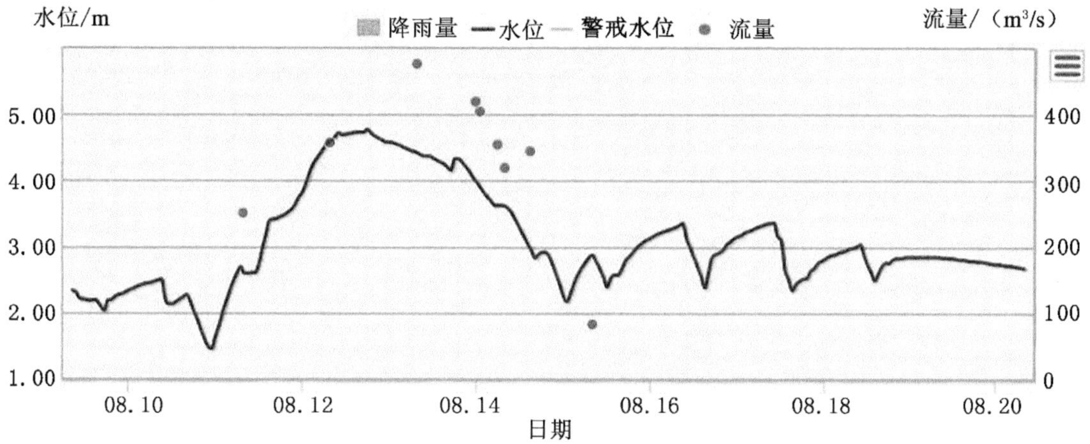

图 3-23　临洪(东)站水位流量过程线

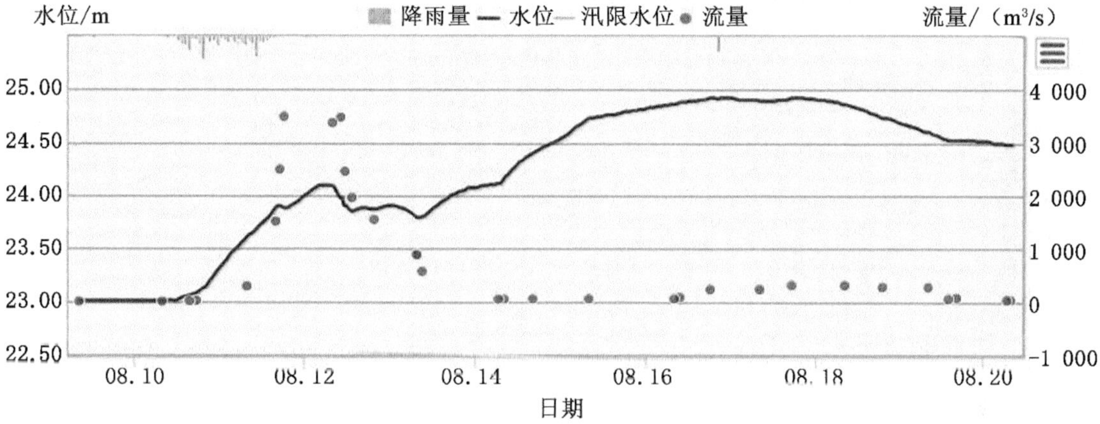

图 3-24　石梁河水库站水位流量过程线

（二）小塔山水库

受上游来水影响，小塔山水库 7 月及 8 月上中旬出现两次洪水过程。8 月 23 日 4 时 25 分，水库出现最高水位 31.30 m。

小塔山水库站水位流量过程线如图 3-25 所示。

（三）安峰山水库

安峰山水库 8 月中上旬出现一次较大洪水过程，8 月 13 日 21 时 35 分出现年最高水位 17.36 m。安峰山水库站水位流量过程线如图 3-26 所示。

表 3-5　2019 年连云港市大型水库水文特征值表

河名	库名	总库容/(亿 m^3)	汛限水位/m	2019 年							历史最高(大)						备注
				最高水位/m	相应库容/(亿 m^3)	出现时间(月.日.时:分)	最大入库流量/(m^3/s)	出现时间(月.日.时:分)	最大出库流量/(m^3/s)	出现时间(月.日.时:分)	水位/m	出现时间(年.月)	最大入库流量/(m^3/s)	出现时间(年.月)	最大出库流量/(m^3/s)	出现时间(年.月)	
新沭河	石梁河	5.31	23.50	24.93	2.92	8.16 19:35	3 850	8.11	3430	8.12	26.82	1974.8	4 560	1974.8	3 950	2018.8	
青口河	小塔山	2.81	32.00	31.30	0.99	8.23 4:25	242	8.11	11.2	6.19	34.00	1974.8	—	—	373	1974.8	
厚镇河	安峰山	1.13	16.00	17.36	—	8.13 21:35	—	—	—	—	18.22	1960.7	3400	1974.8	—	—	

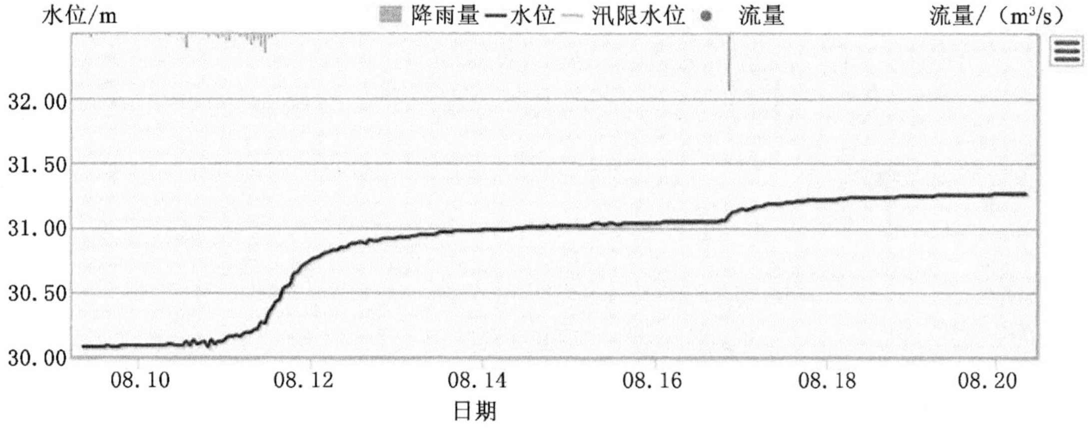

图 3-25　小塔山水库站水位流量过程线

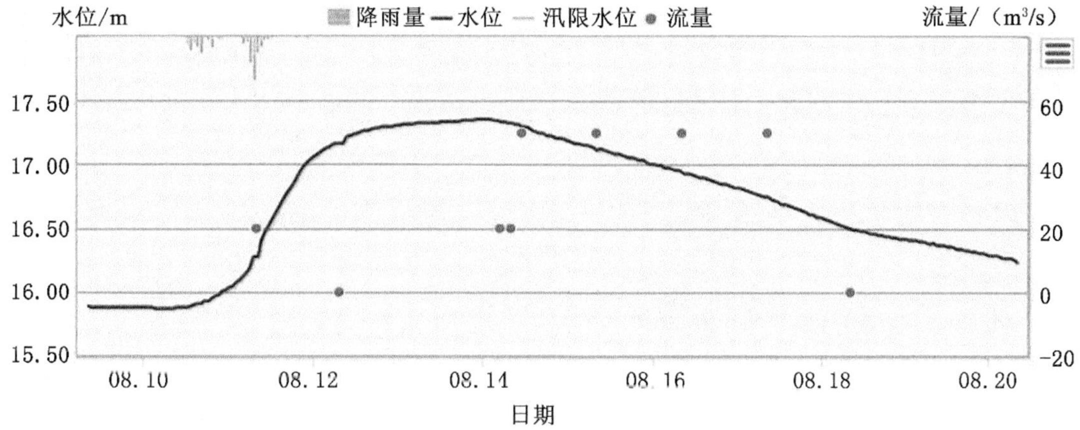

图 3-26　安峰山水库站水位流量过程线

五、东海县主要河库洪水过程

2019 年第九号台风“利奇马”8 月 10 日 8 时起开始影响东海县，降雨影响主要集中于 10—12 日，水库泄洪、河道行洪延至 16—18 日结束。东海县防指严格执行上级指令，加强县域水利工程调度，采取了预泄洪水、洪水补库等多种措施，同时为保连云港市区及蔷薇河安全，部分水库、河道短时间内超汛限运行，成功抵御了台风影响，将灾害损失降到最低限度。

（一）石安河

8 月 10 日 8 时—11 日 0 时，石安河水位由 15.93 m 猛涨至 18.32 m，10 日

14 时，开青湖闸 5 m^3/s 泄入磨山河，10 日 16 时加至 20 m^3/s，10 日 22 时增至 100 m^3/s，10 日 24 时加大至 200 m^3/s，在 11 日 0 时 20 分出现第一个高水位 18.34 m，接着水位开始下降，至 11 日 6 时 15 分，水位下降至 18.02 m。11 日 6 时青湖闸流量减至 100 m^3/s，11 日 7 时 30 分增至 150 m^3/s，11 日 8 时 30 分增至 200 m^3/s，11 日 9 时 30 分增至 250 m^3/s，11 日 11 时 30 分增至 300 m^3/s(11 日 12 时 15 分水位上涨至最高水位 18.45 m)，11 日 17 时减至 100 m^3/s。12 日 6 时保留发电孔 20 m^3/s 缓慢下泄(水位 17.0 m)。12 日 6 时 15 分降至 16.88 m，14 日 1 时水位增至 17.90 m，到 18 日水位回落至 17.5 m 以下。

10 日 15 时，青湖闸泄洪入磨山河的同时，开启磨山河桥闸 20 m^3/s 泄洪入新沭河，10 日 20 时增至 50 m^3/s，10 日 24 时增至 100 m^3/s，11 日 6 时增至 350 m^3/s，11 日 18 时减至 100 m^3/s，12 日 6 时减至 20 m^3/s。

10 日 17 时，开范埠闸 20 m^3/s、埝河闸 10 m^3/s 向鲁兰河泄洪，10 日 21 时范埠闸增至 30 m^3/s，10 日 24 时增至 50 m^3/s；11 日 8 时 30 分范埠闸增至 80 m^3/s。

因石安河水位上涨迅速，11 日 1 时，开启薛埠闸 20 m^3/s 承接河道洪水入安峰山水库。

图 3-27 所示为石安河贯庄桥 8 月 9—20 日水位过程线。

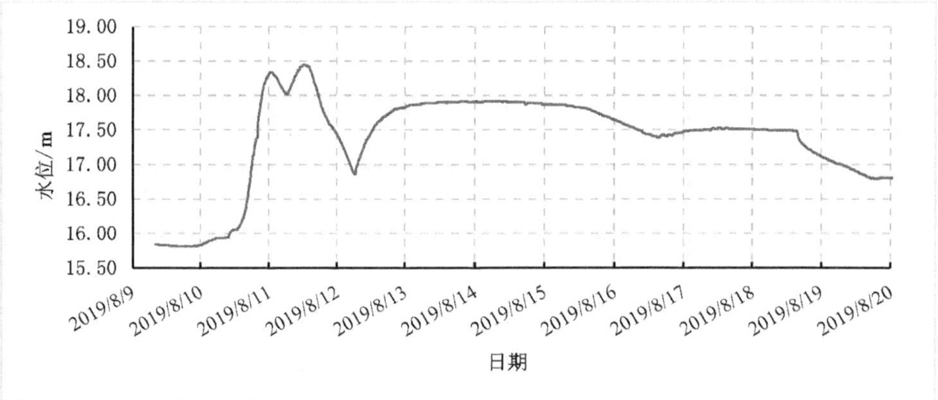

图 3-27　石安河贯庄桥 8 月 9—20 日水位过程线

（二）龙梁河

受强降雨及大石埠水库泄洪影响，龙梁河竹墩闸水位由 45.61 m(10 日 13

时40分)猛涨至49.34 m(10日19时),因贺庄水库接近汛限水位,关闭竹墩闸,先后开启昌西闸、羽山闸向昌黎、羽山两座中型水库补库。11日14时30分出现最高水位49.68 m。至15日0时,水势趋于平稳(水位48.08 m)。10日9时—14日6时,昌黎水库承接龙梁河洪水910.4万m^3,羽山水库承接龙梁河洪水272万m^3。

龙梁河竹墩闸8月9—20日水位过程线如图3-28所示。

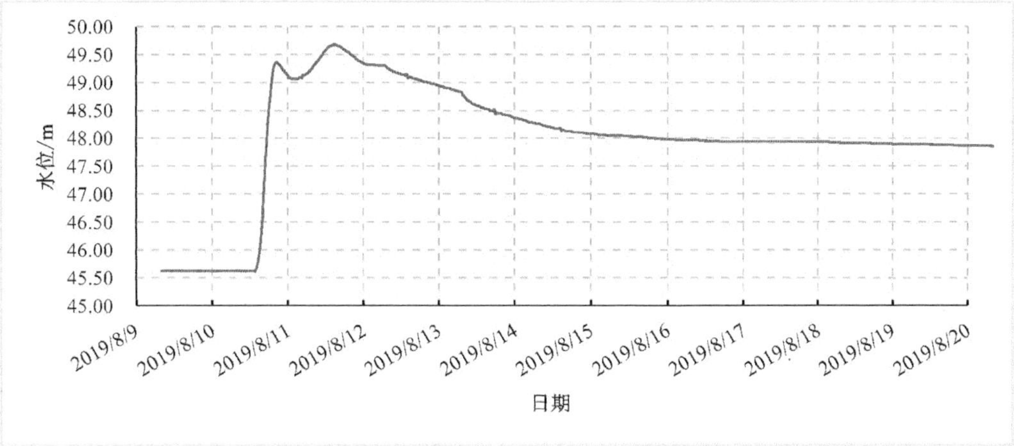

图3-28 龙梁河竹墩闸8月9—20日水位过程线

（三）安峰山水库

安峰山水库(主汛期汛限水位16 m,末汛16.5 m)11日8时开启泄洪闸下泄20 m^3/s(水位16.28 m),为保证蔷薇河行洪安全,12日6时30分关闭泄洪闸(水位17.17 m,蔷薇河小许庄站5.42 m)。13日22时,出现最高水位17.36 m。14日5时,重新开启泄洪闸下泄20 m^3/s(水位17.34 m),11时加大到50 m^3/s,至18日8时停止泄洪(水位16.5 m)。

安峰山水库8月9—20日水位流量过程线如图3-29所示。

（四）西双湖水库

西双湖水库10日12时水位由30.21 m开始上涨,至15日18时上涨至最高水位31.28 m,然后水位逐渐下降。至19日0时,水位回落至31.20 m以下。本次暴雨期间全程未泄洪。

西双湖水库8月9—20日水位流量过程线如图3-30所示。

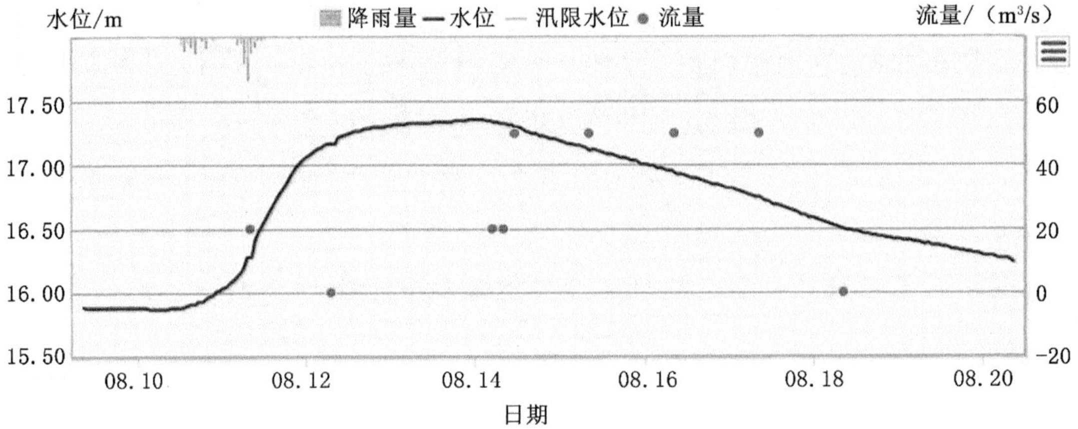

图 3-29　安峰山水库 8 月 9—20 日水位流量过程线

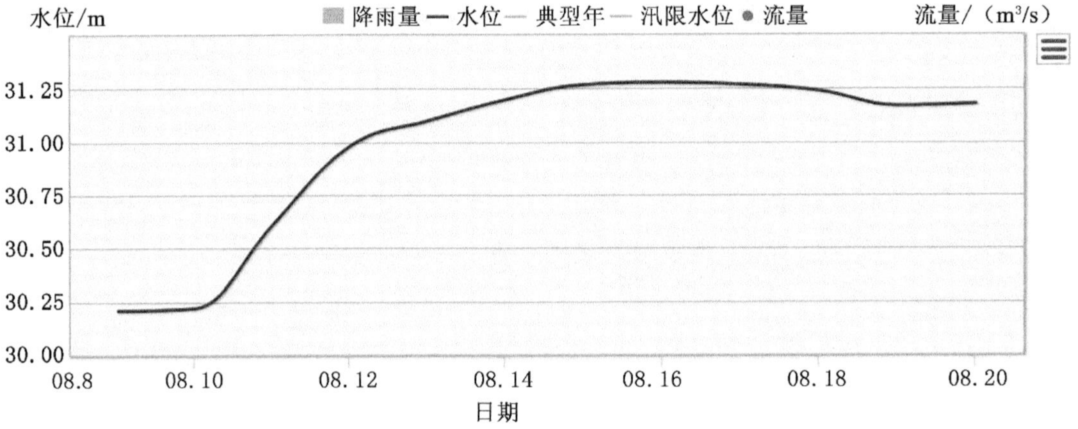

图 3-30　西双湖水库 8 月 9—20 日水位流量过程线

（五）房山水库

房山水库（主汛期汛限水位 9.5 m，末汛 10 m）11 日 1 时开启泄洪闸下泄 10 m^3/s（水位 9.59 m），6 时增加至 30 m^3/s（水位 9.73 m），8 时增至 100 m^3/s（水位 9.81 m），11 日 19 时，出现最高水位 10.44 m，为缓解淮沭新河行洪压力，12 日 7 时减至 20 m^3/s（水位 10.39 m），15 日 11 时减至 10 m^3/s（水位 10.1 m），17 日 4 时停止泄洪（水位 9.97 m）。

房山水库 8 月 9—20 日水位流量过程线如图 3-31 所示。

（六）贺庄水库

贺庄水库（主汛期汛限水位 38 m，末汛 38.5 m）10 日 18 时开启泄洪涵洞下

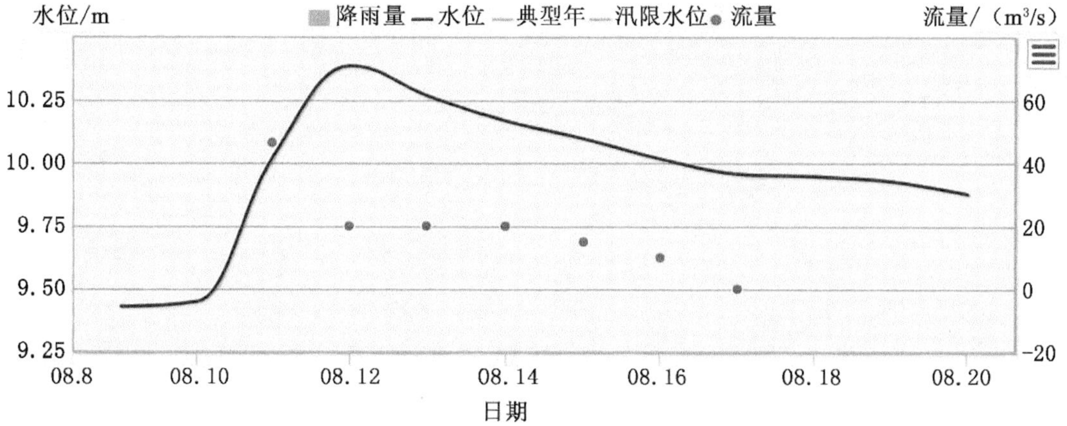

图 3-31　房山水库 8 月 9—20 日水位流量过程线

泄 5 m^3/s(水位 38.12 m)，11 日 12 时增至 10 m^3/s(水位 38.80 m)，11 日 23 时，出现最高水位 38.88 m。12 日 8 时减至 5 m^3/s(水位 38.87 m)，至 16 日 8 时停止泄洪(水位 38.48 m)。

贺庄水库 8 月 9—20 日水位流量过程线如图 3-32 所示。

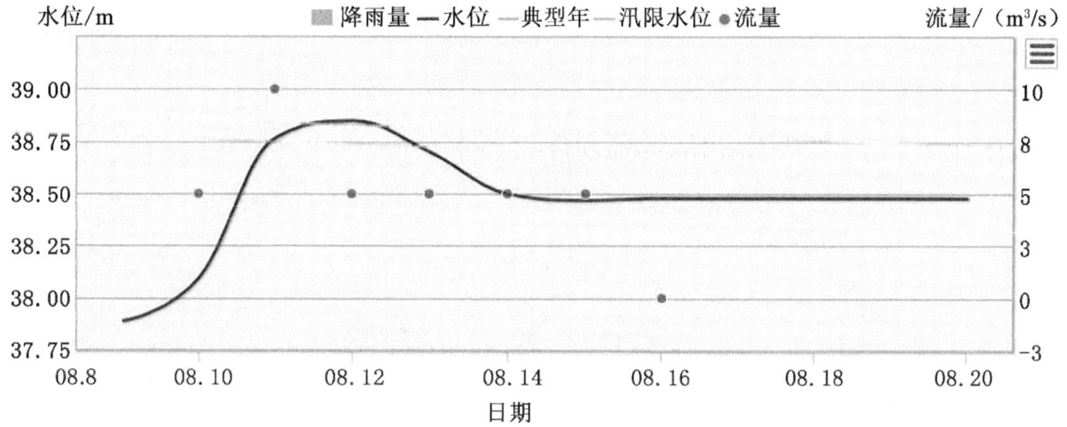

图 3-32　贺庄水库 8 月 9—20 日水位流量过程线

（七）横沟水库

横沟水库(主汛期汛限水位 27 m，末汛 27.5 m)10 日 18 时开启泄洪闸下泄 5 m^3/s(水位 27.07 m)，因石安河持续高水位，流量未增加，13 日 14 时，出现最高水位 27.49 m。至 16 日 0 时停止泄洪(水位 27.4 m)。

横沟水库 8 月 9—20 日水位流量过程线如图 3-33 所示。

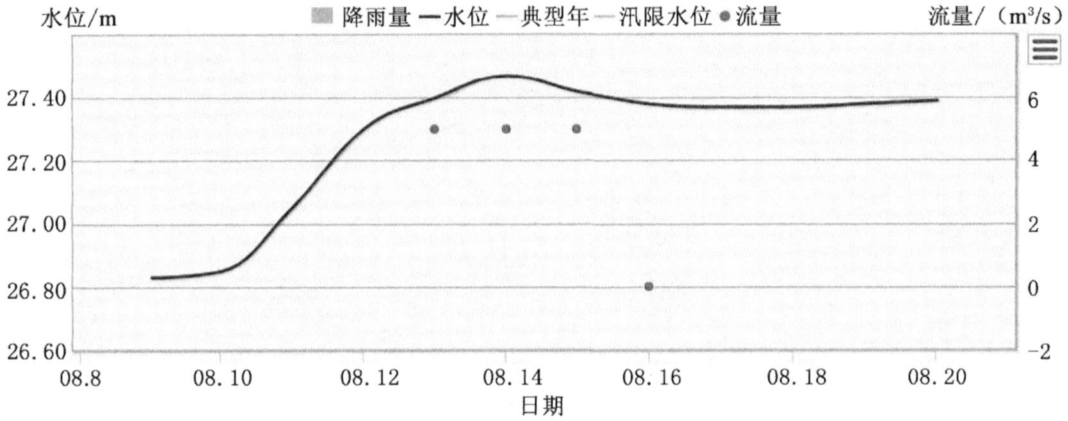

图 3-33　横沟水库 8 月 9—20 日水位流量过程线

（八）大石埠水库

大石埠水库（主汛期汛限水位 49 m，末汛 50 m）10 日 16 时超汛限水位 0.05 m，开启调度闸向龙梁河泄洪 5 m^3/s，因雨势大，上游来水急，18 时加大至 15 m^3/s，20 时增至 30 m^3/s（水位 49.41 m）；因水位持续上涨，11 日 9 时，另开泄洪闸下泄 20 m^3/s（水位 50.18 m），22 时泄洪闸、调度闸联合下泄 70 m^3/s（泄洪闸 50 m^3/s，水位 50.43 m），自此，库水位缓慢回落。12 日 18 时，调度闸 10 m^3/s、泄洪闸 5 m^3/s，至 16 日 0 时，水位回落至 49.65 m。

桃林、李埝、山左口等中西部丘陵地区 30 座小型水库超汛限溢洪。

第四节　洪 水 组 成

一、新沭河

石梁河水库洪水由大官庄（新）泄洪和大官庄闸至石梁河水库区间及库区其余流域所产生的洪水组成，也就是由大兴镇洪水及库区其他入库洪水组成。

经分析计算，石梁河水库的洪水组成中大兴镇站的来水量占入库总水量的 84.1%，其他入库口门和库区来水量占 15.9%，见表 3-6。

表 3-6 2019 年石梁河水库站场次洪水组成表

洪水起讫时间（月.日—月.日）	入库洪量/（亿 m³）	大兴镇		其他入库口门和库区来水	
		洪量/（亿 m³）	占总量/%	洪量/（亿 m³）	占总量/%
8.9—8.20	6.03	5.07	84.1	0.96	15.9

二、新沂河

新沂河沭阳站来水的控制站为新沂河嶂山闸、老沭河新安、新开河桐槐树、淮沭河沭阳闸。

经分析计算，在 8 月 9—20 日沭阳站来水组成中，嶂山闸来水占 83.8%，新安、桐槐树和区间来水分别占 9.6%、3.9%和 2.7%，见表 3-7。

表 3-7 2019 年新沂河沭阳站场次洪水组成表

洪水起讫时间（月.日—月.日）	沭阳洪量/（亿 m³）	新沂河嶂山闸		老沭河新安		新开河桐槐树		淮沭河沭阳闸		区间	
		洪量/（亿 m³）	占总量/%	洪量/（亿 m³）	占总量/%	洪量/（亿 m³）	占总量/%	洪量/（亿 m³）	占总量/%	洪量/（亿 m³）	占总量/%
8.8—8.20	19.98	16.75	83.8	1.92	9.6	0.772	3.9	0	0	0.538	2.7

三、蔷薇河

蔷薇河来水主要由上游小许庄及小许庄以下蔷薇河各支流来水组成。其中临洪枢纽 8 月 9—20 日洪水总量 2.26 亿 m³，其中小许庄来水占 41.5%，区间其他各支流来水占 58.5%，见表 3-8。

表 3-8 2019 年蔷薇河临洪(总)站场次洪水组成表

洪水起讫时间（月.日—月.日）	入库洪量/（亿 m³）	小许庄		区间	
		洪量/（亿 m³）	占总量/%	洪量/（亿 m³）	占总量/%
8.8—8.20	2.26	0.938	41.5	1.32	58.5

第五节 洪水重现期

一、计算思路

本次选取 2019 年大兴镇站、石梁河水库站、小许庄站、临洪站等水文资料，分析新沭河、蔷薇河洪水重现期。

（一）大兴镇站

取大兴镇站洪峰流量、最大 1 d 洪量、最大 3 d 洪量和最大 7 d 洪量分析其洪水重现期。

（二）石梁河水库站

取石梁河水库及上游大兴镇站洪水资料，反推入库洪水，得到石梁河水库入库洪峰及洪量资料。

根据还原后的入库洪峰流量、最大 1 d 洪量、最大 3 d 洪量和最大 7 d 洪量分析其洪水重现期。

（三）小许庄站

取小许庄站洪峰流量、最大 1 d 洪量、最大 3 d 洪量和最大 7 d 洪量分析其洪水重现期。

（四）临洪站

取临洪站洪峰流量、最大 1 d 洪量、最大 3 d 洪量和最大 7 d 洪量分析其洪水重现期。

二、分析成果

（一）洪峰流量及洪量

1. 大兴镇站

根据大兴镇站计算成果分析，大兴镇站洪峰流量为 3 850 m^3/s，最大 1 d、3 d和 7 d 洪量分别为 1.944 亿 m^3、3.865 亿 m^3 和 4.748 亿 m^3。

2. 石梁河水库站

根据计算成果分析，石梁河水库还原后最大入库流量 3 680 m^3/s，最大 1 d、3 d 和 7 d 洪量分别为 2.223 亿 m^3、3.948 亿 m^3 和 4.510 亿 m^3。

3. 小许庄站

根据小许庄站计算成果分析，小许庄站洪峰流量为 302 m^3/s，最大 1 d、3 d 和 7 d 洪量分别为 0.191 亿 m^3、0.503 亿 m^3 和 0.79 亿 m^3。

4. 临洪站

根据临洪站计算成果分析，临洪站洪峰流量为 863 m^3/s，最大 1 d、3 d 和 7 d洪量分别为 0.493 亿 m^3、1.240 亿 m^3 和 2.045 亿 m^3。

（二）重现期

2019 年，新沭河大兴镇站洪峰流量以及最大 1 d、3 d 和 7 d 洪量的重现期分别为 82 a、16 a、12 a、12 a；石梁河水库站洪峰流量以及最大 1 d、3 d 和 7 d 洪量的重现期分别为 22 a、21 a、17 a、12 a，见表 3-9。

2019 年，蔷薇河小许庄站洪峰流量以及最大 1 d、3 d 和 7 d 洪量的重现期分别 41 a、14 a、17 a、11 a；临洪站洪峰流量以及最大 1 d、3 d 和 7 d 洪量的重现期分别 104 a、17 a、11 a、13 a，见表 3-9。

表 3-9 2019 年新沭河、蔷薇河代表站重现期分析成果

河名	站名	洪水要素	均值	C_v	C_s/C_v	洪峰流量 /(m^3/s)	洪量 /(亿 m^3)	重现期 /a
新沭河	大兴镇	洪峰流量	1150	0.77	1.26	3850	—	82
		最大 1 d 洪量	0.7	0.99	1.87		1.94	16
		最大 3 d 洪量	1.45	1.1	1.84	—	3.87	12
		最大 7 d 洪量	1.93	0.97	1.85	—	4.75	12
	石梁河水库	洪峰流量	1020	1.14	1.74	3680	—	22
		最大 1 d 洪量	0.62	1.24	1.81	—	2.22	21
		最大 3 d 洪量	1.18	1.3	1.92	—	3.95	17
		最大 7 d 洪量	1.65	1.18	2.03	—	4.51	12
蔷薇河	小许庄	洪峰流量	132	0.57	1.14	302	—	41
		最大 1 d 洪量	0.09	0.67	2.31	—	0.19	14
		最大 3 d 洪量	0.23	0.65	2.51	—	0.50	17
		最大 7 d 洪量	0.41	0.64	2.70	—	0.79	11
	临洪	洪峰流量	536	0.28	−0.60	863	—	104
		最大 1 d 洪量	0.32	0.34	−0.60	—	0.49	17
		最大 3 d 洪量	0.81	0.4	−0.30	—	1.24	11
		最大 7 d 洪量	1.35	0.45	1.16	—	2.05	13

第六节 与历史洪水比较

1949年以来，连云港市发生了1970年、1974年、2000年、2005年、2012年、2018年和2019年洪水，并有较完整的水文资料，其中以1974年洪水为最大，主要发生在沂沭河，并在沭河发生了特大洪水，2000年洪水主要发生在连云港市沂南地区，2005年洪水主要发生在灌云地区，2012年洪水主要发生在连云港市主城区，2018年洪水主要发生在沂沭河。2019年连云港市洪水与历史洪水的比较分析主要选择1974年、2000年、2005年、2012年和2018年典型洪水进行对比分析。

新沭河大兴镇站2019年最大流量、最大1 d洪量、最大3 d洪量小于1974年，大于2000年、2005年、2012年和2018年；2019年最大7 d洪量小于1974年、2018年，大于2000年、2005年和2012年。

新沭河石梁河水库站2019年最大流量(还原后的最大流量)小于2018年，大于1974年、2000年、2005年和2012年；2019年最大1 d洪量小于1974年，大于2000年、2005年、2012年和2018年；2019年最大3 d洪量、最大7 d洪量小于1974年和2018年，大于2000年、2005年和2012年。

蔷薇河小许庄站2019年最大流量列有资料以来最大，大于1974年、2000年、2005年、2012年和2018年；2019年最大1 d洪量小于1974年和2000年，大于2012年和2018年，与2005年相同；2019年最大3 d洪量、最大7 d洪量小于1974年、2000年和2005年，大于2012年和2018年。

蔷薇河临洪(总)站2019年最大流量、最大1 d洪量大于1974年、2000年、2005年、2012年和2018年；2019年最大3 d洪量小于1974年和2005年，大于2000年、2012年和2018年；最大7 d洪量小于1974年和2005年，大于2000年、2012年和2018年。

新沭河、蔷薇河代表站2019年洪水要素与历史比较见表3-10。

表 3-10 新沭河、蔷薇河代表站 2019 年洪水要素与历史比较表

河名	站名	年份	最大流量 /(m^3/s)	最大 1 d 洪量 /(亿 m^3)	最大 3 d 洪量 /(亿 m^3)	最大 7 d 洪量 /(亿 m^3)
新沭河	大兴镇	1974	3 870	3.16	6.87	8.61
		2000	1 650	1.13	2.49	3.21
		2005	1 400	0.87	0.20	2.82
		2012	2 100	0.88	1.90	2.65
		2018	3 420	1.55	3.56	4.98
		2019	3 850	1.94	3.87	4.75
	石梁河水库（反推成果）	1974	3 510	2.94	7.18	9.30
		2000	2 420	1.54	2.27	2.94
		2005	1 010	0.81	1.87	2.98
		2012	2 270	1.31	2.27	2.78
		2018	3 950	1.93	4.13	5.70
		2019	3 680	2.22	3.95	4.51
蔷薇河	小许庄	1974	276	0.23	0.55	0.96
		2000	299	0.23	0.58	1.03
		2005	224	0.19	0.54	1.04
		2012	77.6	0.06	0.13	0.25
		2018	77.0	0.06	0.16	0.35
		2019	302	0.19	0.50	0.79
	临洪(总)	1974	565	0.43	1.25	2.55
		2000	760	0.42	1.06	2.00
		2005	625	0.48	1.36	2.69
		2012	550	0.35	0.85	1.15
		2018	770	0.25	0.53	0.74
		2019	863	0.49	1.24	2.05

连云港市及上游主要站点 2019 年与 1974 年、2000 年、2005 年、2012 年和 2018 年洪水特征值比较见表 3-11。

表 3-11　连云港市及上游主要站点 2019 年洪水与 1974 年、2000 年、2005 年、2012 年和 2018 年洪水特征值比较表

河名	控制站名	2019 年				1974				2000 年				2005 年				备注
		最高水位/m	出现日期(月.日)	最大流量/(m^3/s)	出现日期(月.日)	最高水位/m	出现日期(月.日)	最大流量/(m^3/s)	出现日期(月.日)	最高水位/m	出现日期(月.日)	最大流量/(m^3/s)	出现日期(月.日)	最高水位/m	出现日期(月.日)	最大流量/(m^3/s)	出现日期(月.日)	
新沭河	大官庄新闸(下)	51.77	8.11	4020	8.11	54.69	8.14	4250	8.14	48.74	8.31	1230	8.31	48.23	9.21	997	9.21	
新沭河	大兴镇	25.05	8.16	3850	8.11	27.21	8.14	3870	8.14	25.58	8.31	1650	8.31	20.68	9.30	1400	9.22	
新沭河	石梁河水库	24.93	8.16	3430	8.12	26.82	8.14	3510	8.14	25.31	8.31	2420	8.31	25.75	9.30	1010	9.22	总出库
新沂河	嶂山闸(下)	20.24	8.11	5220	8.11	22.98	8.16	5760	8.16	23.63	11.25	2220	7.23	20.80	9.23	4320	9.21	
新沂河	沭阳	11.31	8.12	5900	8.12	10.76	8.16	6900	8.16	8.76	7.24	1770	7.24	10.07	9.23	4310	9.23	
新沂河	盐河南闸	6.90	8.12	—	—	—	—	—	—	—	—	—	—	—	—	—	—	
新沂河	小潮河闸	5.71	8.14	—	—	—	—	—	—	—	—	—	—	—	—	—	—	
蔷薇河	小许庄	5.49	8.12	302	8.11	—	—	—	—	7.07	8.31	299	8.30	6.06	8.03	224	8.02	
蔷薇河	临洪	5.28	8.13	405	8.14	5.93	8.14	565	8.16	5.87	9.1	760	9.3	3.55	8.07	625	8.03	
东站引河	临洪(东)	4.79	8.12	491	8.17	—	—	—	—	—	—	—	—	—	—	—	—	
青口河	黑林	35.89	8.11	242	8.11	—	—	—	—	37.17	8.31	32.70	352	37.02	7.08	245	7.08	
青口河	小塔山水库	31.30	8.23	11.2	6.19	34.00	8.14	373	8.14	30.29	12.20	32.7	9.17	33.05	10.10	20.9	6.15	总出库

表 3-11(续)

河名	控制站名	2012年				2018				历史最大值				备注
		最高水位/m	出现日期(月.日)	最大流量/(m^3/s)	出现日期(月.日)	最高水位/m	出现日期(月.日)	最大流量/(m^3/s)	出现日期(月.日)	最高水位/m	出现日期(年.月.日)	最大流量/(m^3/s)	出现日期(年.月.日)	
新沭河	大官庄新闸(下)	49.91	7.10	1970	7.10	51.53	8.20	5040	8.20	56.51	1962.7	4250	1974.8.14	
新沭河	大兴镇	25.17	7.10	2100	7.10	25.77	8.20	3420	8.20	27.21	1974.8.14	3870	1974.8.14	
新沭河	石梁河水库	25.01	1.27	2270	7.11	24.85	8.20	3950	8.20	26.82	1974.8.14	3950	2018.8.20	总出库
新沂河	嶂山闸(下)	19.28	7.12	3070	7.11	—	—	4730	8.20	22.98	1974.8.16	5760	1974.8.16	
新沂河	沭阳	9.74	7.11	3610	7.11	10.11	8.21	3860	8.21	10.76	1974.8.16	6900	1974.8.16	
新沂河	盐河南闸	5.67	7.12	—	—	6.37	8.21	—	—	—	—	—	—	
新沂河	小潮河闸	4.72	7.12	—	—	5.22	8.22	—	—	—	—	—	—	
蔷薇河	小许庄	4.39	7.10	77.6	9.08	3.94	9.20	77.0	7.11	7.07	2000.8	299	2000.8.31	
蔷薇河	临洪	3.91	7.9	550	8.11	3.77	9.20	465	9.23	5.93	1974.8	760	2000.9.3	
东站引河	临洪(东)	—	—	—	—	3.75	9.20	419	8.17	4.78	2019.8.12	485	2014.7.30	
青口河	黑林	8.31	7.10	583	7.10	36.00	8.20	241	8.20	37.97	1990.8	583	2012.7	
青口河	小塔山水库	32.20	7.11	34.4	7.11	31.64	1.02	17.1	6.11	34.00	1974.8	373	1974.8	总出库

第四章　水利工程运用对洪水的影响

第一节　洪水调度

以国家防汛抗旱总指挥部2012年6月批准的《沂沭泗河洪水调度方案》以及江苏省、连云港市相关的洪水调度方案为依据，充分发挥河流主要防洪工程统一管理、统一调度的优势，控制性闸涵联动，上下游、左右岸兼顾，合理分泄，科学调度，使洪水始终处于可控状态。

一、适时调度，合理排泄洪水

（一）新沭河

为迎战沂沭河洪水，流域工程管理部门及时调度刘家道口枢纽、大官庄枢纽提前预泄。刘家道口闸8月11日8时下泄流量1 930 m^3/s，9时加大下泄流量至2 170 m^3/s；11时下泄流量4 700 m^3/s，12时下泄流量5 290 m^3/s，13时下泄流量5 820 m^3/s，17时最大下泄流量5 880 m^3/s；彭道口闸于11日11时13分开闸，下泄流量351 m^3/s，14时加大到最大下泄流量1 420 m^3/s。大官庄枢纽新沭河闸11日13时开启，21时出现最大下泄流量4 020 m^3/s。石梁河水库11日8时下泄流量300 m^3/s，16时加大至1 524 m^3/s，17时加大至2 500 m^3/s，18时30分加大至最大下泄流量3 500 m^3/s。三洋港挡潮闸11日14时20分，开高2.0 m，21孔，11日17时45分开高4.5 m，33孔。新沭河沿线控制工程的科学调度为沂沭河洪水安全下泄和洪水尽量东调入海创造有利条件。

新沭河沿线控制工程水情调度情况见表4-1～表4-3。

表 4-1　大官庄枢纽新沭河闸水情调度情况表

时间	8月11日 13:00	8月11日 16:30	8月11日 18:00	8月11日 23:30	8月12日 21:00	8月13日 08:00	8月13日 19:30
泄洪流量/(m^3/s)	502	2 500	3 480	4 000	4 020	800	508

表 4-2　石梁河水库水情调度情况表

时间	8月11日 08:00	8月11日 16:00	8月11日 18:30	8月12日 11:30	8月12日 13:20	8月12日 19:30	8月13日 08:00	8月13日 09:13
泄洪流量/(m^3/s)	300	1 524	3 500	2 460	1 969	1556	896	580

表 4-3　三洋港挡潮闸水情调度情况表

时间	8月11日14:20	8月11日16:20	8月11日17:45	8月14日16:45
开高/m	2.0	3.0	4.5	0.0
孔数/孔	21	21	33	0

（二）新沂河

新沂河洪水流经新沂、宿迁、沭阳、灌云、灌南，经海口闸入海。沿线控制站点有嶂山闸、沭阳、盐河南闸、小潮河闸、东友涵洞、三百弓、海口闸。

嶂山闸于8月10日8时开闸泄洪，初始泄洪流量为535 m^3/s；后期逐渐加大，11日7时加大到3 000 m^3/s，11日12时加大到5 000 m^3/s，11日17时下泄流量5 020 m^3/s，为最大泄洪量；后逐渐减小，12日0时为4 000 m^3/s，12日4时30分调到最低2 000 m^3/s；后又逐渐加大，12日10时30分加大到3 000 m^3/s，12日14时加大至3 730 m^3/s，12日16时20分调减至3 000 m^3/s，12日22时30分加大至4 000 m^3/s；13日9时30分加大至5 000 m^3/s。

表 4-4　嶂山闸水情调度情况表

时间	8月10日 8:00	8月11日 7:00	8月11日 12:00	8月11日 17:00	8月12日 00:00	8月12日 4:30	8月12日 10:30	8月12日 14:00	8月12日 16:20	8月12日 22:30	8月13日 9:30
泄洪流量/(m^3/s)	535	3 000	5 000	5 020	4 000	2 000	3 000	3 730	3 000	4 000	5 000

（三）蔷薇河

蔷薇河洪水流经东海县、海州区，在太平庄闸下游与新沭河汇流，经三洋港挡潮闸入海。受流域内降水影响，蔷薇河临洪（东）水位于8月11日0时开始上涨。临洪东站自排闸在下游水位回落后于8月13日18时20分开启自排。临洪东站于8月11日14时30分开机，强排流量350 m^3/s，共开机340台时。临洪西站于8月11日22时开机，强排流量60 m^3/s，共开机52台时。大浦站8月11日9时50分开机，强排流量40 m^3/s，共开机48台时；大浦二站8月11日9时50分开机，强排流量40 m^3/s，共开机24台时。

表4-5　临洪枢纽水情调度情况表

序号	站名	开闸时间	设计流量/(m^3/s)	开机台时
1	临洪东站	8月11日14:30	350	340
2	临洪西站	8月11日22:00	60	52
3	大浦站	8月11日9:50	40	48
4	大浦二站	8月11日9:50	40	24

二、提前预泄，腾出河湖库容

为防御台风“利奇马”带来的降雨影响并接纳新沂河、新沭河、蔷薇河流域内及上游洪水，8月10日连云港市防指要求各县沿海闸站在潮位合适时抢排降低河道水位。水库、塘坝保持汛限水位以下运行，病险水库、塘坝确保保持低水位或空库运行（连水调〔2019〕16号）。

8月11日8时，在大官庄闸泄洪最大流量尚未到达石梁河水库时，连云港市防指调度石梁河水库开闸预泄300 m^3/s（连水调〔2019〕18号），8月11日16时加大到1 000 m^3/s（连水调〔2019〕19号）。为后期有效调蓄上游来水，减轻市区防洪压力做好准备。

第二节　水利工程运用对洪水的影响

水库的拦蓄洪水作用表现在两个方面：一是拦蓄洪水；二是消减下游河道

的洪峰流量。

一、石梁河水库

石梁河水库位于新沭河中游，苏鲁两省的赣榆、东海、临沭三区县交界处，原设计集水面积 5 464 km^2，沂沭河洪水东调工程实施后，增加了沂河（集水面积 10 100 km^2）部分洪水经分沂入沭水道由新沭河汇入水库。该水库建于 1958 年，总库容 5.31 亿 m^3，是一座具有防洪、灌溉、供水、发电、水产养殖、旅游等综合功能的大（2）型水库。

8 月 11 日 8 时—14 日 6 时 20 分，新沭河来水 39 930 万 m^3，石梁河水库拦蓄了 2 719 万 m^3，拦蓄率 6.8%，新沭河石梁河水库站实测最大流量 3 430 m^3/s，如果没有石梁河水库调蓄，洪峰流量将为 3 850 m^3/s，削峰率 10.9%。

2019 年连云港市石梁河水库拦蓄量和削峰率见表 4-6，其入库和出库流量过程线如图 4-1 所示。

表 4-6　2019 年连云港市石梁河水库拦蓄量和削峰率表

河名	水库名	起讫时间	水库蓄水变量 /(万 m^3)	最大入库流量 /(m^3/s)	最大出库流量 /(m^3/s)	削峰率 /%
新沭河	石梁河水库	8 月 11 日 8 时—8 月 14 日 6 时 20 分	2 719	3 850	3 430	10.9

二、小塔山水库

小塔山水库位于青口河中上游，是赣榆中心城区和沿途村镇饮用水及工农业用水的主要水源地。小塔山水库是一座以防洪为主，结合农业灌溉、城镇生活供水和水产养殖等综合利用的大（2）型水库。小塔山水库最大水域面积 35 km^2，集水面积 386 km^2，库区面积约 26.5 km^2，其上游共有三条入库支流，分别为青口河上游段（山东省境内称洙边河）、汪子头河和旦头河，三条河流皆起源于山东省，水库补水主要依靠汛期降水补给。

2019 年 8 月 11 日 15 时—14 日 10 时，青口河来水 1 133 万 m^3，小塔山水

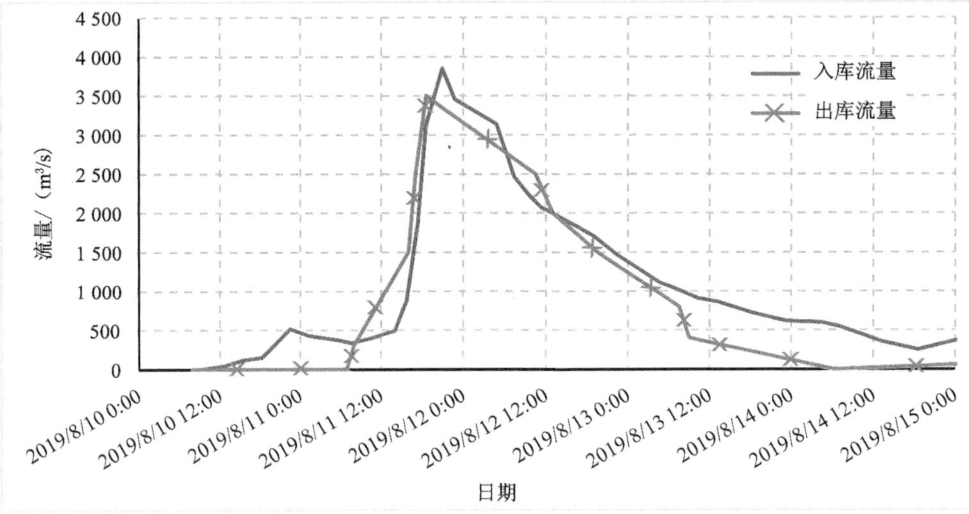

图 4-1　石梁河水库入库和出库流量过程线

库拦蓄了全部来水。如果没有小塔山水库调蓄，洪峰流量将为 242 m^3/s，削峰率 100%。

2019 年连云港市小塔山水库拦蓄量和削峰率见表 4-7，其入库和出库流量过程线如图 4-2 所示。

表 4-7　2019 年连云港市小塔山水库拦蓄量和削峰率表

河名	水库名	起讫时间	水库蓄水变量 /(万 m^3)	最大入库流量 /(m^3/s)	最大出库流量 /(m^3/s)	削峰率 /%
青口河	小塔山水库	8 月 11 日 15 时—8 月 14 日 10 时	1 133	242	0	100

三、临洪枢纽强排站

连云港市地处沿海，圩区排涝基本通过小型泵站向各河流排水，目前排涝标准 5 a 一遇。因新沭河从太平庄闸以下段借道临洪河入海，蔷薇河、乌龙河、大浦河等在新沭河行洪时因顶托不能实现自排，因洪致涝严重，故在临洪闸附

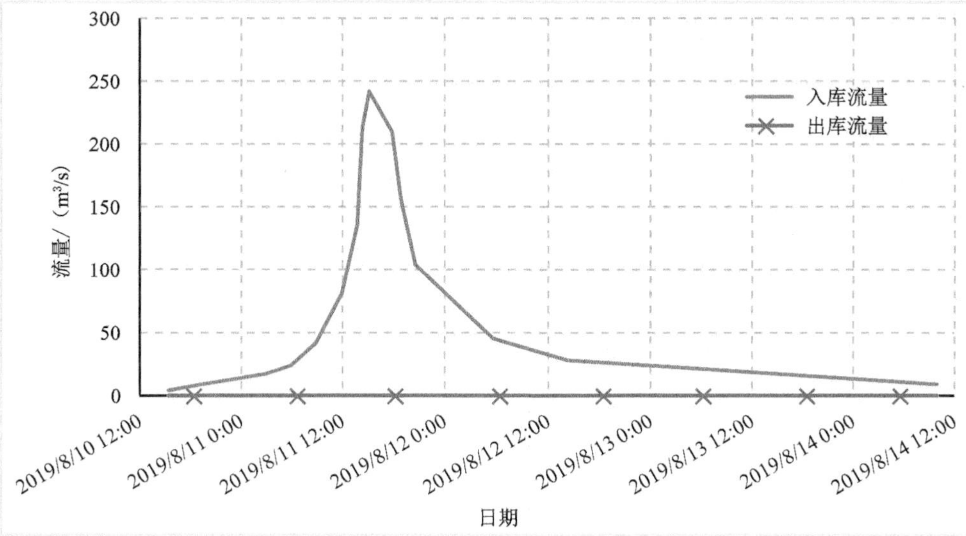

图 4-2　小塔山水库入库和出库流量过程线

近建有 4 个站，分别为大浦抽水站、大浦抽水二站、临洪东翻水站、临洪西翻水站，承担 3 个支流河道向新沭河排水功能。其中临洪西翻水站抽排乌龙河涝水，流域面积 105.52 km^2；临洪东翻水站抽排蔷薇河涝水，流域面积 1349.6 km^2；大浦抽水站、大浦抽水二站承担大浦河涝水抽排任务，流域面积 126 km^2。本次泄洪 4 个泵站发挥了重要作用。

蔷薇河、大浦河、乌龙河同时强排，临洪东翻水站、临洪西翻水站、大浦抽水站、大浦抽水二站等 4 个泵站同时运行，几乎全部机组同期开机排涝，这是新沭河 50 a 一遇行洪未曾预料的恶劣遭遇组合。这次行洪，新沭河水位刷新历史新高，临洪东翻水站和临洪东站自排闸、临洪闸——同一条河上自排、强排口门并肩运行，是罕见的方式。这是在排洪流量最大化探索中实现的成功创举。这次排洪还进行了其他系列的实践探索，如乌龙河洪水被成功控制之后，为了充分利用临洪西翻水站的排涝能力，调度部门果断决策，开启乌龙河调度闸分流蔷薇河洪水，通过临洪西翻水站强排，有效提升了蔷薇河强排能力；在新沭河洪峰减小的后半程，通过关闭富安调度闸抬高临洪闸前水位，为临洪闸创造自排条件，增加了强排的选择性，优化了排水组合方式。

这次行洪中采用诸多工程运行组合策略和技巧，在一定程度上实现了管理洪水的目标,远远超越传统的抗洪持久战、疲劳战战术,体现了调度决策的预见和胆识,以及对全局工程特性了然于胸,也得益于完备的水情测控系统所提供的实时信息支撑,这是对防洪体系建设成果的一次成功检阅,也是对调度及运行管理系统的全面检验。

由于临洪枢纽全力泄洪,临洪站水位超过警戒水位累计时长只有 22.7 h。

第五章　水文测验及情报预报

水文测验是水文学的基础，是国家一项重要的基础工作，通过对江、河、湖泊、水库、河口等水文循环中水的动态要素进行长期、持续的观测、调查，运用长系列的水文基础资料进行国家或区域水资源变化规律的研究，为合理开发利用水资源、有效保护水环境提供科学依据，对水利规划、水利工程建设管理、防汛抗旱、水资源管理与保护工作有重要的作用。水文预报是指根据前期或现时的水文气象资料，对某一水体、某一地区或某一水文站在未来一定时间内的水文情况做出定性或定量的预测，水文预报是水文工作的重要组成部分，是水文服务经济和社会的重要方面。

水文情报预报工作是防汛抗旱的重要支撑和保障，为各级防汛指挥部门组织防汛抗洪、抢险救灾提供及时准确的决策性水文情报预报信息，发挥耳目和参谋作用，在保障国家和人民财产安全等方面发挥重大作用。

2019年“利奇马”台风暴雨洪水期间，为全面掌握、了解连云港市暴雨洪水的状况，广大水文职工测验、报汛及时，预警、预报准确，非常出色地完成了水文测验和水文情报预报的各项任务，充分发挥了水文在抗洪中的尖兵和耳目的作用，为连云港市各级防汛指挥部门科学决策、统一调度从而指挥抗洪抢险提供了科学依据，取得了巨大的社会效益和经济效益。

第一节　水文测验

2019年“利奇马”台风暴雨洪水期，连云港片区部分骨干河道水情超历史。新沂河沭阳水文站最高水位11.31 m，列有资料以来第一位，实测最大流量5 900 m^3/s，列有资料以来第二位；新沭河大兴镇水文站实测最大流量3 850

m^3/s，列有资料以来第二位；蔷薇河小许庄水文站实测最大流量 302 m^3/s，列有资料以来第一位。在这场大洪水中，面对严峻的汛情，广大水文职工克服困难，全力以赴，团结协作，恪尽职守，顽强拼搏，及时、准确地提供雨、水情信息。在测验条件有限的情况下，广大职工克服一切困难观测、收集、传递洪水信息，确保抗洪决策的正确性，为水文预报、各级防汛指挥部门科学决策、统一调度及时提供大量准确、可靠的水情信息。

2019 年"利奇马"台风暴雨洪水期间紧张的汛情对报汛的时效性提出了很高的要求，水文站水位、雨量信息均要求 1 h 报汛 1 次，流量信息随测随报。多数水文站流量测验采用缆道流速仪法，少数水文站采用 ADCP(多普勒流速剖面仪)进行施测。各水文站密切注意水情变化，按规范、信息报送任务书和防汛部门的要求进行观测、收集、传递洪水信息。少数站针对出现的特殊水情，结合测站任务书要求，及时调整和增加测验内容。

为了及时掌握"利奇马"台风暴雨洪水期间主要河道的水情变化，水文部门及时开展水文监测。新沂河沭阳站在 8 月 10—17 日实测流量 39 次；新沭河大兴镇站在 8 月 10—15 日实测流量 38 次，石梁河水文站实测流量 3 次；蔷薇河小许庄站采用二线能坡法自动在线测流(每 5 min 一个数据)，8 月 11—16 日校核流量高达 28 次，临洪站在 8 月 9—15 日实测流量 35 次；青口河黑林站在 8 月 10—12 日实测流量 12 次。各水文站均顺利完成大洪水期间水文测验工作，测到了完整的洪水过程。

"利奇马"台风期间，江苏省水文水资源勘测局连云港分局于 8 月 10 日 16 时接到江苏省水文水资源勘测局通知，要求在新沂河行洪期间开展水文测验。江苏省水文水资源勘测局连云港分局随即紧急部署，抽调技术骨干、应急监测设备，利用走航式 ADCP(多普勒流速剖面仪)开展新沂河应急测验，水文职工克服重重困难，圆满完成了新沂河海口控制闸断面洪水期间的监测任务，8 月 11—15 日新沂河海口控制闸断面实测流量 26 次。面对紧张的汛情，江苏省水文水资源勘测局连云港分局主动作为，按照应急预案，积极开展新沭河、善后河、车轴河、五灌河等入海口门应急测验，8 月 11—13 日新沭河墩尚桥断面实测流量 6 次，三洋港闸断面实测流量 4 次，8 月 10—11 日善后河、车轴河、五灌河监测断面完成实测流量 6 次，取得了宝贵的水文资料。

本次台风期间应急测验中先进测流仪器的使用既降低了测流的危险性，减轻了水文职工的工作强度，提高了水情信息的时效性和准确性，又满足了水文情报和水文资料整编的需要。

一、大兴镇站

（一）测站概况

大兴镇水文站位于淮河流域沭河水系新沭河上中游，流量测验断面横跨苏鲁两省交界，站址位于山东省临沭县大兴镇大兴一村，自然地理坐标东经118°43′，北纬34°46′。1951年4月21日，由华东军政委员会水利部设立为水文站；1956年1月1日，由治淮委员会撤销；1961年7月1日，由江苏省水文总站复设为水文站；1979年6月1日，由江苏省水文总站将该站断面上迁40 m；1985年1月1日，由江苏省水文总站确定集水面积为5 108 km^2。

该站为石梁河水库上游干流入库控制站、国家级重要水文站，也是石梁河水库防汛调度的重要报汛站及水文预报重要站。大兴镇站断面以上流域面积5 108 km^2，其中大官庄闸以下大兴镇站以上区间面积579 km^2。该站暴雨洪水特性属山丘区雨洪特性，暴涨暴落，且降水多集中于汛期；另外，测站上游22 km有大官庄节制闸节制上游来水，当该闸执行分沂入沭洪水分洪任务时，其下泄洪水与本站原控制流域面积的降水无因果关系，因而此时本断面洪水只受大官庄闸门开启程度、河流槽蓄及洪水传播时间影响。测验河段基本顺直段长度约1 100 m，测验河段附近由于人为采砂，严重破坏了河床和岸壁。测验断面为复式断面，总宽约370 m，右岸60 m为滩地，有坍塌现象。河床冲淤变化较大，加上采砂影响，测验断面河底高程有逐渐降低趋势，1995年河底最低高程19.84 m，2003年河底最低高程18.37 m。中泓左右摆动，中高洪水时断面水流流向不正。

该站上游约22 km的新沭河干流上1977年建成大官庄节制闸一座，坐落于山东省临沭县境内，共18孔，每孔净宽12 m，净高12.5 m，底板高程46.50 m，采用卷扬式钢制弧形门，设计最大过闸流量6 000 m^3/s，设计闸上下游稳定水位分别为55.85 m和55.60 m。大官庄闸主要功能是蓄水和向东排洪，建成后实际最大排洪流量2 060 m^3/s。该闸对本站的影响主要体现在以下两方面：

① 该闸控制新沭河干流集水面积达4 529 km^2,平水期径流或中小洪水的部分径流被其拦蓄供上游使用,在这期间大兴镇站控制的径流是大官庄闸至本站区间径流或加上大官庄闸余弃水量;② 当沂河发生大洪水且其下游泄洪困难或者新沭河同时发生洪水而又有分洪能力时,大官庄闸将承担分沂入沭排洪任务,所下泄洪水通过本站断面经石梁河水库下泄入海。此种情况下本站控制洪水即有外流域来水成分。大官庄闸上游数百米沭河右岸建有人民胜利堰闸一座,功能是蓄水和向南(新沂河)分洪,最大分洪流量为2 500 m^3/s。当沭河发生大洪水时,可通过人民胜利堰闸向南排洪入新沂河,减轻新沭河泄洪任务。在此种情况下,大兴镇站测验断面只能控制大部分本流域径流。沭河上游干支流上,建有数百座大、中、小型水库和塘坝,对本流域径流产生拦截作用,使现状大兴镇站断面径流并非天然条件下的流域径流。大兴镇水文站下游13 km处是石梁河水库主坝,该水库总蓄水库容5.31亿m^3。汛限水位23.50 m,比大兴镇站测验断面河底高程高出5 m以上;兴利水位24.50 m,比大兴镇站测验断面河底高程高出6 m以上。该站测验断面在石梁河水库正常蓄水情况下,受石梁河水库水位顶托形成的水道断面面积近1 000 m^2,水道断面平均水深近5 m,可见受顶托情况是十分严重的;在洪水期,石梁河水库水位会产生剧烈变化,因此这种顶托是变动的。这种剧烈的变动回水顶托对大兴镇站测验、整编产生了较大影响:在测验上,受高水顶托时,由于水道断面面积大,基流流量或小流量垂线流速较小,测验困难很大,有时甚至无法测到;在整编上,水位流量关系受变动回水影响呈现出复杂的绳套形态,特别在中小洪水时,几乎没有一般山区水文站受洪水涨落率影响下的关系形态。

(二)设站目的及测验项目

该站主要监测水位、流量、降水量、含沙量和水质等水文要素,收集基本水文信息,开展报汛等任务,为控制新沭河干流径流积累资料,分析水文特性,探求流域水文规律,为流域防洪调度提供水文情报预报,为省界水资源管理、生态环境保护、工程管理等提供数据信息,为区域提供水资源监测信息和考核评价依据,为下游(主要为石梁河水库)防汛防旱和水利工程调度等提供水文情报服务等。

（三）测洪方案

1. 缆道流速仪法

缆道流速仪法为大兴镇水文站基本测流方法，该站配备一台柴油发电机，正常情况下，缆道依靠供电线路供电，停电时立即启动发电机为缆道供电。缆道测流采用借用断面，测流时根据水位变化情况适时摘录遥测水位以求准确计算断面面积。根据分析测速垂线布设情况采用 20 m 间距进行控制。当遇到大洪水时，根据水位情况适当增加或减少测速垂线，控制断面地形和流速沿河宽分布的主要转折点。当遇到特殊水情时，对测速垂线的流速及时进行分析，找出单断速关系，或者缩短测速垂线的测速历时（>30 s），达到快速抢测的目的。

流量计算采用在站整编程序计算，岸边系数采用 0.70，死水边系数采用 0.60，水面系数采用 0.90。当采用单断速关系推算断面流量时，使用在站整编程序计算出断面面积和垂线流速，再根据单断速关系和断面面积计算流量。

2. 走航式 ADCP 法

走航式 ADCP 法测流是目前较为常用的测流方法，其特点为机动灵活、测验时间短、测验精度高等，常在缆道出现故障时启用。测验设备有走航式 ADCP 一套、手提电脑一台、三体船一艘以及配套的牵引绳等。

(1) 缆道测流信号故障时：使用缆道牵引三体船进行流量测验。施测两个测回，各单次流量与平均流量误差应在 5%以内。测流完成后输出测流报告（相当于流量测验记载表），计算断面测回平均流量。

(2) 缆道运行故障或被拉垮时：大兴镇水文站上游约 1.4 km 有大兴三村大桥，利用交通桥采用人工牵引三体船的方法进行测流。施测两个测回，各单次流量与平均流量误差应在 5%以内。测流完成后输出测流报告（相当于流量测验记载表），计算断面测回平均流量。当新沭河大兴三村大桥处有大量养殖网箱时，不可采用走航式 ADCP 测流，应更换地点，调整到测站下游 1.8 km 处新沭河交通桥施测。

3. 电波流速仪法

电波流速仪法主要用于野外巡测和洪水、溃坝、决口、泥石流等应急测量，尤其适用于汛期抢测洪峰。其优点是自动化程度高、性能可靠、工作稳定。当新沭河发生超历史洪水，缆道流速仪、走航式 ADCP 皆无法使用的情况下，启用电波流速仪测流。

测验设备:电波流速仪一套、笔记本电脑一台、计算器一个以及配套的相关设备等。

大兴镇水文站电波流速仪测流断面布设在距离测验断面上游 1.37 km 的新沭河大桥上游侧,根据断面成果资料,在桥上分别布置相应的测速垂线,利用电波流速仪测得各条测速垂线的表面流速,转换成垂线平均流速,从而计算断面流量。

4. 比降—面积法

比降—面积法测流,是根据测验河段实测的水位、断面等资料,用水力学公式计算河段瞬时流量。特别是在使用流速仪法等常规测验方式无法施测或高洪期间无法测量时,采用比降断面的洪痕水位,推算洪峰流量。特点是:经济、简便、安全、迅速,能及时测到瞬时流量。

比降—面积法是使用于河流不能采用精度较高的测流方法施测流量时的近似计算方法,是使用河段水面比降断面面积作为主要因素测取流量的一种方法。在遇到大洪水无法用常规手段施测时,采用此方法可以及时测取大洪水的量值,采用历史流量测验资料分析计算河道糙率值,并有完整的上下游比降观测资料,确定水位和糙率的关系曲线,糙率值随着水位的变化,根据不同的水位值在线上可查出相应的糙率值。

比降水尺水位应由两名观测员同时观测。水位变化缓慢时,可由一人观测,观测步骤为:先观读上(或下)比降水尺,后观读下(或上)比降水尺,再返回观读一次上(或下)比降水尺,取上(或下)比降水尺的均值作为下(或上)比降水尺的同时水位,两次往返的时间应基本相等。

断面布设原则:① 使用比降—面积法测流的河段,要求河段基本顺直、断面稳定、近岸边水流通畅,无明显的回流区和阻水建筑物。② 断面形状沿程变化不大,无卡口、急滩,水面线不宜有明显的转折点。③ 河槽内无较高而且密集的水生植物,岸坡无影响水流畅通的成片树林和季节性的高秆植物。④ 比降上、下断面,应避开邻近河段的急湾和支流来水干扰。

断面布设位置:充分考虑上述原则,根据《比降—面积法测流规范》,下游比降断面借用基本水尺断面,上游比降断面布设在上游新沭河大兴三村大桥下游

50 m 处，上下游比降断面间距 1.25 km。

（四）特殊水情

当区域内发生局部特大暴雨洪水和短历时强降雨而引发的决口、溃堤、严重水污染、超历史洪水等突发性事件时，应及时向分局上报。

二、石梁河水库站

（一）测站概况

石梁河水库水文站位于淮河流域沭河水系新沭河中上游，站址位于江苏省东海县石梁河镇石梁河水库，自然地理坐标东经 118°52′，北纬 34°46′。1960 年 6 月 1 日，由江苏省水文总站设立为水文站；1961 年 1 月 1 日，由江苏省水文总站增测蒸发量；1962 年 8 月 1 日，由江苏省水文总站增测含沙量；1976 年 1 月 1 日，由江苏省水文总站停测含沙量；1984 年 1 月 1 日，由江苏省水文总站增测含沙量。石梁河水库水文站断面以上流域面积 5 464 km^2，大官庄闸以下区间面积 935 km^2。该站为石梁河水库控制站、国家级重要水文站，也是石梁河水库及其下游防汛调度的重要报汛站。该站上游流域暴雨洪水特性属山丘区雨洪特性，暴涨暴落，且降水多集中于汛期；测站上游 35 km 有大官庄节制闸节制上游来水，当该闸执行分沂入沭洪水分洪任务时，其下泄洪水与本站原控制流域面积的降水无因果关系；本站属于水库控制站，洪水受水库调蓄、调节。测验河段（溢洪道）基本顺直段长度约 900 m，下游约 300 m 处有弯道。测验河段上下游为人工河段，河床和岸壁稳定，河底平整。测验断面形状为梯形，总宽 280 m。断面左岸为块石护坡，右岸为沙壤土。河床稳定，无冲淤变化。该断面位于南、北泄洪闸汇口下游约 200 m 处，当南泄洪闸单独开闸泄洪时，断面水流流向稳定；当北泄洪闸单独泄洪或南、北泄洪闸同时开闸泄洪时，断面水流流向不正。

该站上游约 35 km 新沭河干流上建有大官庄节制闸一座，坐落于山东省临沭县境内，共 18 孔，每孔净宽 12 m，净高 12.5 m，底板高程 46.50 m，采用卷扬式钢制弧形门，设计最大过闸流量 6 000 m^3/s，设计闸上下游稳定水位分别为 55.85 m 和 55.60 m。该闸对本站的影响主要体现在以下两方面：该闸控制新沭河干流集水面积达 4 529 km^2，平水期径流或中小洪水的部分径流被其拦蓄供上游使用，在这期间石梁河水库水文站控制的径流是大官庄闸至本站区间径流或加上大官庄闸余弃水量；当沂河发生大洪水且其下游泄洪困难或者新沭河同时发生洪水而又有分洪能力时，大官庄闸将承担分沂入沭排洪任务，所下泄洪水通过石梁河水库调蓄后下泄入海。此种情况下本站控制洪水即有外流域来水成分。

大官庄闸上游数百米沭河右岸建有人民胜利堰闸一座，功能是蓄水和向南(新沂河)分洪，最大分洪流量2 500 m^3/s。当沭河发生大洪水时，可通过人民胜利堰闸向南排洪入新沂河，减轻新沭河泄洪任务。在此种情况下，石梁河水库水文站只能控制大部分本流域径流。沭河上游干支流上，建有数百座大、中、小型水库和塘坝，对本流域径流产生拦截作用，使现状石梁河水库水文站径流并非天然条件下的流域径流。

石梁河水库总蓄水库容5.31亿m^3，兴利库容2.65亿m^3，100 a一遇设计洪水位26.81 m，2 000 a一遇校核洪水位28 m，汛限水位23.5 m，正常蓄水位24.5 m。除险加固工程和扩大泄量工程于2002年6月全面完成后，石梁河水库新老溢洪闸设计100 a一遇最大泄量为7 000 m^3/s，校核2 000 a一遇最大泄流量为10 131 m^3/s。水库主体工程功能及规模如下：老泄洪闸，排洪，30孔，孔宽4.0 m，闸底高程18.00 m，平板平底闸；新溢洪闸，排洪，10孔，孔宽10 m，闸底高程17.50 m，弧形平底闸，曲率半径10.0 m，支绞高度6.5 m，闸门尺寸8.5 m×10 m；南涵洞，灌溉，2孔，孔宽2.50 m，闸底高程15.10 m，平底闸；石梁河电站，利用余弃水发电，进水口3孔，孔宽2.5 m，闸底高程17.32 m，装机容量3×400 kW；孟曹埠干渠，灌溉，1孔，孔宽2.50 m，闸底高程16.00 m，平底闸；北干渠，灌溉，2孔，孔宽3.00 m，闸底高程16.00 m，平底闸；石梁河翻水站，向水库补水；磨山翻水站，从水库引水灌溉；古城翻水站，从水库引水灌溉。

(二) 设站目的及测验项目

该站主要监测水位、流量、降水量、蒸发量、含沙量、水温、水质、墒情等水文要素，收集基本水文信息，开展报汛等任务。为控制新沭河干流径流积累资料，并分析水文特性，探求流域水文规律，为流域防洪调度提供水文情报预报，为水资源管理、生态环境保护、工程管理等提供数据信息，为区域提供水资源监测信息和考核评价依据，为下游防汛防旱和水利工程调度等提供水文情报服务等。

(三) 测洪方案

1. 缆道流速仪法

缆道测流为石梁河水库水文站溢洪道基本测流方法，为电动缆道，缆道跨度为 305 m，缆道动力由供电线路提供，缆道的操作台为淮安水文机械厂生产的 HS-2000-Ⅱ型，操作台带有水平、升降变频器，方便了流速仪准确到达指定位置。缆道测流时应注意：严格遵守缆道操作规程，确保缆道运行正常。缆道测流采用借用断面，测流时根据水位变化情况适时观测水尺水位达到准确计算断面面积。根据分析，测速垂线布设主要采用 20 m 间距进行控制，当遇到特大洪水时，根据水位情况适当增加或减少测速垂线，控制断面地形和流速沿河宽分布的主要转折点。当遇到特殊水情时，可以对测速垂线的流速及时进行分析，找出单断速关系，或缩短测速垂线的测速历时（＞30 s），达到快速抢测的目的。流量计算采用在站整编程序计算，岸边系数采用 0.70，死水边系数采用 0.60，水面系数采用 0.90。当采用单断速关系推算断面流量时，使用在站整编程序计算出断面面积和垂线流速，再根据单断速关系和断面面积计算流量。

2. 走航式 ADCP 法

走航式 ADCP 法测流是目前较为常用的测流方法，其特点为机动灵活、测验时间短、测验精度高，常在缆道出现故障时启用。测验设备有走航式 ADCP 一套、笔记本电脑一台、三体船一艘以及配套的牵引绳等。

（1）缆道测流信号故障时：使用缆道牵引三体船进行流量测验。施测两个测回，各单次流量与平均流量误差应在 5％以内。测流完成后输出测流报告（相当于流量测验记载表），计算断面测回平均流量。

（2）缆道运行故障或被拉垮时：石梁河水库水文站下游约 18.9 km 有墩尚大桥，利用交通桥采用人工牵引三体船的方法进行测流。施测两个测回，各单次流量与平均流量误差应在 5％以内。测流完成后输出测流报告（相当于流量测验记载表），计算断面测回平均流量。

考虑到测流断面至交通桥区间较大，有支流磨山河（磨山河闸控制）、三岭房坡水区（三岭房退水闸控制）汇入，石梁河水库行洪期间，磨山河闸、三岭房退水闸同步开闸行洪，须同时施测磨山河闸、三岭房退水闸流量。

3. 电波流速仪法

电波流速仪法主要用于野外巡测和洪水、溃坝、决口、泥石流等应急测量，尤其适用于汛期抢测洪峰。其优点是自动化程度高、性能可靠、工作稳定。当新沭河发生超历史洪水，缆道、走航式 ADCP 皆无法使用的情况下，启用电波流速仪测流。测验设备包括电波流速仪一套、笔记本电脑一台、计算器一个以及配套的相关设备等。

石梁河水库水文站电波流速仪测流断面布设在墩尚桥上游。利用电波流速仪测得各条测速垂线的表面流速，并转换成垂线平均流速，从而计算断面流量。

4. 比降—面积法

比降—面积法测流，是根据测验河段实测的水位、断面等资料，用水力学公式计算河段瞬时流量。特别是在使用流速仪法等常规测验方式无法施测或高洪期间无法测量时，采用比降断面的洪痕水位，推算洪峰流量。特点是：经济、简便、安全、迅速，能及时测到瞬时流量。

比降—面积法是使用于河流不能采用精度较高的测流方法施测流量时的近似计算方法，是使用河段水面比降断面面积作为主要因素测取流量的一种方法。在遇到大洪水无法用常规手段施测时，采用此方法可以及时测取大洪水的量值，采用历史流量测验资料分析计算河道糙率值，并有完整的上下游比降观测资料，确定水位和糙率的关系曲线，糙率值随着水位的变化，根据不同的水位值在线上可查出相应的糙率值。

施测方法：比降水尺水位应由两名观测员同时观测。水位变化缓慢时，可由一人观测，观测步骤为：先观读上（或下）比降水尺，后观读下（或上）比降水尺，再返回观读一次上（或下）比降水尺，取上（或下）比降水尺的均值作为下（或上）比降水尺的同时水位，两次往返的时间应基本相等。

断面布设原则：① 使用比降—面积法测流的河段，要求河段基本顺直、断面稳定、近岸边水流通畅，无明显的回流区和阻水建筑物。② 断面形状沿程变化不大，无卡口、急滩，水面线不宜有明显的转折点。③ 河槽内无较高而且密集的水生植物，岸坡无影响水流畅通的成片树林和季节性的高秆植物。④ 比降上、下断面，应避开邻近河段的急湾和支流来水干扰。

断面布设位置：充分考虑上述原则，建议比降断面布设在水库泄洪闸下游 1.8～2.4 km 处，上下比降间距根据《比降—面积法测流规范》确定。

5. 设计出流曲线

石梁河水库除险加固完成后，新建了南溢洪闸，并对原来的溢洪闸进行了改造。

南溢洪闸建成后设计单位给出了该闸的设计模型出流曲线 h_u-e-Q 关系曲线图及关系表，其中 h_u 为上游水头。在多次开闸泄洪时，利用本关系查得的流量与实测流量相对误差都在 5%之内，说明设计曲线与实际情况很相符。因此，在遇到大洪水缆道和 ADCP 都无法使用时，可以直接利用该关系图查算流量。

北溢洪闸改造完成后设计单位给出了该闸的设计模型出流曲线 e-H-Q 关系曲线图，其中 H 为上游水位。在多次开闸泄洪时，利用本关系图查得的流量与实测流量相对误差都在 5%之内，说明设计曲线与实际情况很相符。因此，在遇到大洪水缆道和 ADCP 都无法使用时，可以直接利用该关系图查算流量。

（四）特殊水情

当区域内发生局部特大暴雨洪水和短历时强降雨而引发的决口、溃堤、严重水污染、超历史洪水等突发性事件时，应及时向分局上报。

三、小许庄站

（一）测站概况

小许庄水文站位于淮河流域沭河水系蔷薇河上游干流，站址位于江苏省东海县房山镇尚仁庄，自然地理坐标东经 118°51′，北纬 34°22′。1956 年 7 月 1 日，由治淮委员会设立为汛期水文站；1957 年 6 月 1 日，由江苏省水文总站撤销；1957 年 6 月 17 日，由江苏省水文总站设立为雨量站；1959 年 6 月 1 日，由江苏省水文总站改级为水文站；1961 年 6 月 1 日，由江苏省水文总站将断面下迁 900 m；1968 年 1 月 1 日，由江苏省水文总站改级为水位站；1970 年 6 月 1 日，由江苏省水文总站改级为水文站；1972 年 5 月 1 日，由江苏省水文总站将断面上迁 260 m；1975 年 10 月 1 日，由江苏省水文总站将断面上迁 310 m；1986 年 5 月 1 日，由江苏省水文总站将断面下迁 1 150 m。该站为蔷薇河上游径流控制站，省级重要水文站，也是地方防汛调度的重要报汛站。由于该站位于江水北调入连云港市的枢纽工程下游，因此又是外引水进入市区的上游控制站。该站暴雨洪水特性属平原区雨洪特性，且降水多集中于汛期。测验河段：基本顺直段长度约1 000 m,测验河段为航运河道。测验断面:复式断面,总宽约200 m,主槽宽约70 m,滩地为杂草,断面两岸为黏土,河底为砂礓,河床冲淤变化不大。

该站上游1.5~2 km范围内黄泥河右岸与淮沭新河之间建有淮沭退水闸、桑墟电站、友谊闸和蔷北地涵,其中前二项工程均为从淮沭新河引水至黄泥河供下游连云港市用水,友谊闸为黄泥河支流友谊河的节制闸,而蔷北地涵为穿过黄泥河底的地下涵洞,引淮沭新河水灌溉东海县东部灌区。该站上游约1.5 km黄泥河左岸建有调度闸一座,从黄泥河引水入沭新干渠进入东海县。以上工程除蔷北地涵不影响本站径流外,其他工程均对本站径流产生重要影响。由于口门较多,情况复杂,难于控制,因此小许庄站对断面以上流域径流控制是不全面的,并且与外来水相混,不易分清。小许庄站断面以上流域面积477 km^2。

(二)设站目的及测验项目

该站主要监测水位、流量、降水量、水质等水文要素,收集基本水文信息,开展报汛等任务,为控制蔷薇河干流径流积累资料,并分析水文特性,探求流域水文规律,为流域防洪调度提供水文情报预报,为市界断面水资源管理、调水、生态环境保护、工程管理等提供数据信息,为区域提供水资源监测信息和考核评价依据,为下游防汛抗旱和水利工程调度等提供水文情报服务。

(三)测洪预案

蔷薇河是沭南片区内重要的区域性河道,具有防洪、排涝、航运、供水和灌溉等功能。作为流经连云港市市区最重要的一条河流,是连云港市城市防洪的重要屏障,直接威胁着市区安全。受上游行洪(新沭河洪水顶托)、区域洪水、城市内涝、外海风暴潮的综合影响,蔷薇河历史上洪涝灾害频繁。

1. 二线能坡法

二线能坡法是通过两条实测垂线流速获取垂线流速模型参数,计算多条垂线流速,再通过流速-面积法计算出断面流量的一种流量计算模型。本法以曼宁公式为基础,借助水力学实验方法,建立与曼宁公式具有相同结构形式的垂线流速公式;改天然河道中综合糙率为分解糙率,并以二条实测垂线流速为已知条件反求能坡(水流能量坡度)参数,代替曼宁公式中比降与糙率的比值关系,从而使成果精度明显提高;借助等效流量原理,解决多种非恒定、非均匀流条件下流量测验问题。

根据水下地形查勘情况，选择水文缆道测流断面下游 20 m 处为流量自动监测断面。两台水下流速传感器分别安装在起点距 75 m、105 m 处河底，数据线沿断面方向上岸后，埋设在地面以下 0.5 m 深度，布设至水文自记井房，与岸上仪表和计算机系统进行集成。小许庄自动测流系统每 5 min 自动采集并上传一次瞬时流量，真正实现无人在线自动测流。根据水文站网函〔2018〕26 号，小许庄水文站在流量小于 80 m^3/s 的应用范围内采用自动测流设备开展流量监测，数据成果可用于报汛与整编。

2. 缆道流速仪法

缆道流速仪法为小许庄水文站原常规测流方案，在二线能坡法自动测流设施出现故障时启用。定期开展关系线检测工作，遇超应用范围水情应继续进行比测验证，扩大自动测流设施应用范围。

缆道测流采用借用断面。平水期主槽测速垂线布设采用 5 m 间距进行控制。当遇到超历史洪水等特殊水情时，洪水漫滩后，滩地测速采用 20 m、主槽采用 10 m 间距进行控制。及时对测速垂线的流速进行分析，找出单断速关系，或缩短测速垂线的测速历时(30 s)，达到快速抢测的目的。

流量计算采用在站整编程序计算，岸边系数采用 0.70，死水边系数采用 0.60。当采用单断速关系推算断面流量时，使用在站整编程序计算出断面面积和垂线流速，再根据单断速关系和断面面积计算流量。

3. 走航式 ADCP 法

走航式 ADCP 法测流是目前较为常用的测流方法，其特点为机动灵活、测验时间短、测验精度高等，在二线能坡自动测流设施及缆道出现故障时启用。测验设备有走航式 ADCP 一套、笔记本电脑一台、三体船一艘以及配套的牵引绳等。

(1) 缆道测流信号故障时：使用缆道牵引三体船进行流量测验。施测两个测回，各单次流量与平均流量误差应在 5%以内。测流完成后输出测流报告(相当于流量测验记载表)，计算断面测回平均流量。

(2) 缆道运行故障或被拉垮时：小许庄水文站下游约 2.8 km 有交通桥，测流断面至交通桥区间无入流，利用交通桥采用人工牵引三体船的方法进行测流。施测两个测回，各单次流量与平均流量误差应在 5%以内。测流完成后输出测流报告(相当于流量测验记载表),计算断面测回平均流量。

4. 电波流速仪法

电波流速仪法主要用于野外巡测和洪水、溃坝、决口、泥石流等应急测量,尤其适用于汛期抢测洪峰。其优点是自动化程度高、性能可靠、工作稳定。当蔷薇河发生超历史洪水,二线能坡自动测流设施、缆道、走航式 ADCP 皆无法使用时,启用电波流速仪测流。测验设备有电波流速仪一套、笔记本电脑一台、计算器一个以及配套的相关设备等。电波流速仪测流断面布设在测验断面上游 0.86 km 的蔷薇河友谊桥上游侧,根据断面成果资料,利用电波流速仪测得各条测速垂线的表面流速,并转换成垂线平均流速,从而计算断面流量。

(四)特殊水情

当区域内发生局部特大暴雨洪水和短历时强降雨而引发的决口、溃堤、严重水污染、超历史洪水等突发性事件时,应及时向分局上报。

四、临洪站

(一)测站概况

临洪水文站位于淮河流域沭河水系蔷薇河下游,测验断面位于江苏省海州区浦南镇新圩村,自然地理坐标东经 119°11′,北纬 34°37′。1963 年 6 月 10 日,由江苏省水文总站设立为水文站;1964 年 1 月 1 日,由江苏省水文总站增测降水量、输沙率;1967 年 10 月 1 日,由江苏省水文总站停测输沙率;2002 年 1 月 1 日,由江苏省水文总站将断面下迁 1 000 m;2013 年,增设东站引河测验断面。该站为蔷薇河干流控制站、国家级重要水文站,也是连云港市防汛调度的重要报汛站。临洪水文站暴雨洪水特性属平原区雨洪特性,且降水多集中于汛期,该站自设站以来,实测最大洪峰流量 760 m^3/s(2000 年),最高洪水位 5.93 m(1974 年)。测验河段:基本顺直段长度约 1 000 m,测验河段主槽有淤积现象。测验断面为复式断面,总宽 254 m,右岸 100 m、左岸 54 m 为滩地,主槽 100 m。断面左岸为亚黏土,右岸为亚砂土,右岸滩地芦苇水草较多,河床主槽有冲淤变化。2012 年在临洪断面上游约 2.18 km 处新建富安调度闸一座,将蔷薇河洪水与鲁兰河洪水分开排放,临洪站现状断面仅排放鲁兰河洪水,蔷薇河洪水改走东站引河排放,2013 年东站引河测验断面缆道建设完成,2014 年缆道正式投入使用。临洪站断面以上流域面积 1 365 km²。

（二）设站目的及测验项目

设站目的为控制蔷薇河干流径流积累资料，探求流域水文规律，为连云港市市区防汛抗旱和水利工程调度等提供水文情报服务。测验项目有水位、流量、降水量。

（三）测洪方案

临洪水文站具有两个测验断面：① 蔷薇河断面；② 东站引河断面。临洪水文站为连云港市市区水情重要控制站，该站洪水直接关系着市区防洪安全，防汛责任非常重大。

1. 缆道流速仪法

缆道测流为临洪水文站蔷薇河断面、东站引河断面的基本测流方法，全部为电动缆道。东站引河缆道跨度为 230 m，蔷薇河缆道跨度为 254 m。缆道动力由供电线路提供，缆道的操作台带有水平、升降变频器，方便流速仪准确到达指定位置。为确保信号正常，该站配备了质量较好的万用表作音响器使用。缆道测流时应注意：严格遵守缆道操作规程，确保缆道运行正常。

缆道测流采用借用断面，测流时根据水位变化情况适时摘录遥测水位准确计算断面面积。根据分析，测速垂线布设主要采用 10 m 间距进行控制，当遇到大洪水时，根据水位情况适当增加或减少测速垂线，控制断面地形和流速沿河宽分布的主要转折点。当遇到特殊水情时，可以对测速垂线的流速及时进行分析，找出单断速关系，或缩短测速垂线的测速历时（＞30 s），达到快速抢测的目的。

流量计算采用在站整编程序计算，岸边系数采用 0.70，死水边系数采用 0.60，水面系数采用 0.85。当采用单断速关系推算断面流量时，使用在站整编程序计算出断面面积和垂线流速，再根据单断速关系和断面面积计算流量。

2. 走航式 ADCP 法

无线走航式 ADCP 法测流为临洪水文站东站引河、蔷薇河断面应急测验方法。测验设备有无线 ADCP 一套、手提电脑一台、三体船一艘以及配套的牵引绳等。ADCP 测流为目前一种较为常用的测流方法，其特点为测验时间短、测验精度高、要求条件低等。临洪水文站位于连云港市城区，当城区监测中心人员紧张时，分局人员协助本站采用ADCP进行测流。

（1）东站引河断面

① 缆道突遇测流信号故障，测站人员安装好无线ADCP及三体船，用缆道牵引三体船进行流量测验。测流至少一个测回，测流完成后输出测流报告（相当于流量测验记载表），计算断面测回平均流量。

② 缆道运行故障或被拉垮时，测站人员采用桥测方法进行ADCP流量测验。桥测断面布设在原310国道桥（或新圩桥）上。原310国道桥断面距东站引河测流断面仅0.30 km，区间无汇水面积，利用大桥采用人工牵引三体船的方法进行无线ADCP测流，测流至少一个测回，测流完成后输出测流报告（相当于流量测验记载表），计算断面测回平均流量。

（2）蔷薇河断面

① 缆道突遇测流信号故障，测站人员安装好无线ADCP及三体船，用缆道牵引三体船进行流量测验。测流至少一个测回，测流完成后输出测流报告（相当于流量测验记载表），计算断面测回平均流量。

② 缆道故障或被拉垮时，分局人员与测站人员配合采用桥测方法进行ADCP流量测验。桥测断面布设在鲁兰河富安桥下游侧，富安桥断面距鲁兰河入蔷薇河口仅0.88 km，区间汇水面积也很小。利用大桥采用人工牵引三体船的方法进行无线ADCP测流，测流至少一个测回，测流完成后输出测流报告（相当于流量测验记载表），计算断面测回平均流量。

3. 公式法

当鲁兰河流域遇到大洪水临洪站原断面缆道出现故障或被拉垮时，采用公式计算流量作为该断面应急测流的第二种测流方法，临洪站人员立即采用本站上年拟合出的推流公式，进行流量推算。

2015年拟合公式为：

$$Q=2.753\times(Z_U-Z_L)^{0.429}\times A$$

式中 Q——流量，m^3/s；

Z_U——上游水位，m；

Z_L——下游水位，m；

A——闸孔过水面积，m^2。

当蔷薇河流域遇到大洪水临洪站原断面缆道出现故障或被拉垮时，自排闸采用公式法计算流量、临洪东站按照每台抽泵的额定抽水流量进行计算。

2015年自排闸拟合公式为：

$$Q = 2.448 \times (Z_{\mathrm{U}} - Z_{\mathrm{L}})^{0.433} \times A$$

各符号意义同前。

临洪东站按每台抽泵 25 m^3/s。

4. 电波流速仪法

电波流速仪法测流为临洪站蔷薇河断面、东站引河断面测流预案，使用的电波流速仪同上。临洪站电波流速仪测流断面布设在新浦二桥上，东站引河电波流速仪测流断面布设在新浦大桥上，利用电波流速仪测得各条测速垂线的表面流速，并转换成垂线平均流速，从而计算断面流量。

（四）非常措施

当出现超常洪水时，在保证人身安全的前提下，努力坚守岗位，抢测暴雨洪水，并立即做好临时水尺设立，还可利用物体做好标记，确保水位观测。

五、黑林站

（一）测站概况

黑林水文站设立于1976年，为汛期站。该站位于淮河流域滨海诸小河水系青口河上，为小塔山水库上游干流控制站。黑林水文站基本断面以上流域面积 190 km^2，流域平均宽度 11.0 km，干流长度 17.0 km，干流平均比降 2.90‰。黑林水文站暴雨洪水特性属山丘区雨洪特性，暴涨暴落，且降水多集中于汛期。该站自设站以来，实测最大洪峰流量 583 m^3/s(2012年)，最高洪水位 37.97 m(1990年)。

（二）设站目的

该站主要监测水位、流量、降水量和水质等水文要素，收集基本水文信息，开展报汛等任务，为控制青口河干流径流积累资料，为国家长期积累基础信息，并分析水文特性，探求流域水文规律，为流域防洪调度提供水文情报预报，为水资源管理、生态环境保护、工程管理等提供数据信息，为区域提供水资源监测信息和考核评价依据，为下游防汛抗旱和水利工程调度等提供水文情报服务。

（三）测洪方案

黑林水文站为小塔山水库的干流控制站，防汛责任非常重大，肩负向地方各级防汛指挥部门提供水情情报任务，对水库及其下游的防汛抗旱工作而言，黑林水文站是不可或缺的重要站点。

1. 缆道流速仪法

缆道测流为黑林水文站基本测流方法，为电动缆道，缆道跨度为161 m，缆道动力由供电线路提供，同时该站还配备柴油发电机一套。缆道的操作台为淮安水文机械厂生产的HS-2000-Ⅱ型，操作台带有水平、升降变频器，方便流速仪准确到达指定位置。为确保信号正常，该站配备了一个质量较好的万用表作音响器使用。缆道测流时应注意：严格遵守缆道操作规程，确保缆道运行正常。

缆道测流采用借用断面，测流时根据水位变化情况适时观测水尺水位准确计算断面面积。根据分析，测速垂线布设主要采用10 m间距进行控制。当遇到大洪水时，根据水位情况适当增加或减少测速垂线，控制断面地形和流速沿河宽分布的主要转折点。当遇到特殊水情时，可以对测速垂线的流速及时进行分析，找出单断速关系，或缩短测速垂线的测速历时（＞30 s），达到快速抢测的目的。流量计算采用在站整编程序计算，岸边系数采用0.70，死水边系数采用0.60，水面系数采用0.90。当采用单断速关系推算断面流量时，使用在站整编程序计算出断面面积和垂线流速，再根据单断速关系和断面面积计算流量。

2. 走航式ADCP法

有无线走航式ADCP测流为黑林水文站制定的第一种测流应急预案。测验设备有无线ADCP一套、手提电脑一台、三体船一艘以及配套的牵引绳等。ADCP测流为目前一种较为常用的测流方法，其特点为测验时间短、测验精度高、要求条件低等。缆道出现故障时，分局人员携带ADCP立即赶赴黑林水文站，协助本站采用ADCP进行测流。

（1）缆道突遇测流信号故障：分局人员与测站人员配合安装好无线ADCP及三体船，用缆道牵引三体船进行流量测验。测流至少一个测回，测流完成后输出测流报告（相当于流量测验记载表），计算断面测回平均流量。

（2）缆道循环索故障或被拉垮时：分局人员与测站人员配合采用桥测方法进行ADCP流量测验。桥测断面布设在黑林水文站下游，距离水文站测验断面

300 m 的青新大桥下游侧，两断面之间的区间入流相对较小，大桥顶面高程 36.40 m，一般水面高程 35.50 m。利用大桥采用人工牵引三体船的方法进行无线 ADCP 测流，测流至少一个测回，测流完成后输出测流报告(相当于流量测验记载表)，计算断面测回平均流量。

3. 电波流速仪法

黑林水文站电波流速仪测流断面布设在测验断面下游 300 m 的青新桥下游侧，大桥利用电波流速仪测得各条测速垂线的表面流速，并转换成垂线平均流速，从而计算断面流量。

(四) 非常措施

当出现超常洪水，在保证人身安全的前提下，努力坚守岗位，抢测暴雨洪水，并立即做好临时水尺设立，还可利用物体做好标记，确保水位观测。

六、小塔山水库站

(一) 测站概况

小塔山水库水文站设立于 1963 年，为常年站。该站位于淮河流域滨海诸小河水系青口河中游，为小塔山水库出库控制站。小塔山水库流域面积 386 km^2，水库总库容 2.81 亿 m^3，防洪库容 2.04 亿 m^3，兴利库容 1.16 亿 m^3，100 a 一遇设计洪水位 35.37 m，2 000 a 一遇校核洪水位 37.31 m，汛限水位 32.00 m，正常蓄水位 32.80 m。除险加固工程于 2007 年 12 月完成，溢洪闸设计 100 a 一遇最大泄流量为 400 m^3/s、校核 2 000 a 一遇最大泄流量为 500 m^3/s。该站控制流域暴雨洪水特性属山丘区雨洪特性，暴涨暴落，且降水多集中于汛期。因本站属于水库控制站，洪水受水库调蓄、调节。该站自设站以来，实测最大洪峰流量 373 m^3/s(1974 年)，最高洪水位 34.00 m(1974 年)。

(二) 设站目的

该站主要监测水位、流量、降水量、水质等水文要素，收集基本水文信息，开展报汛等任务，为控制青口河干流径流积累资料，为国家长期积累基础信息，并分析水文特性，探求流域水文规律，为流域防洪调度提供水文情报预报，为省界水资源管理、生态环境保护、工程管理等提供数据信息，为区域提供水资源监测信息和考核评价依据，为下游(主要为小塔山水库)防汛防旱和水利工程调度等提供水文情报服务。

（三）测洪方案

小塔山水库水文站为小塔山水库控制站，也是小塔山水库防汛调度的重要报汛站，防汛责任非常重大，肩负向流域管理部门、地方各级防汛指挥部门提供水情情报和预报任务，对水库及其下游的防汛抗旱工作而言，小塔山水库水文站是不可或缺的重要站点。小塔山水库2004年除险加固后新建了溢洪闸，但是溢洪道上未建测流设施。

1. 电波流速仪法

电波流速仪法测流为小塔山水库站制定的第一种测流应急预案，使用的电波流速仪同上。小塔山水库水文站电波流速仪测流断面布设在溢洪闸上游，利用电波流速仪测得各条测速垂线的表面流速，并转换成垂线平均流速，从而计算断面流量。

2. 走航式ADCP法

无线走航式ADCP测流为小塔山水库第二种测验方案，测验断面位于溢洪闸上游。溢洪闸行洪时，连云港分局多次使用船载ADCP在溢洪闸上游进行了测流。

3. 建闸设计出流曲线法

小塔山水库除险加固完成后，新建了溢洪闸，建闸设计单位给出了该闸在闸门提出水面时，利用公式

$$m=\frac{Q}{B\sqrt{2g}h_{\mathrm{u}}^{3/2}}$$

进行模型试验得到了一系列的 m 值，利用 m 值，建立 h_{u}-m 关系曲线。当闸门提出水面时，利用关系曲线和上面公式就可直接求得泄洪流量。

在闸门未提出水面时，利用公式

$$m=\frac{Q}{Be\sqrt{h_{\mathrm{u}}}}$$

进行模型试验得到了一系列的 m 值，利用 m 值，建立 e/h_{u}-m 关系曲线，利用关系曲线和上面公式就可直接求得泄洪流量。闸门未提出水面时，本站实测了多次流量与计算流量进行比较，相对误差全部在8%之内，说明实际情况与模型试

验值相符。因此在小塔山水库开闸泄洪时，ADCP无法施测就可以用该方法直接计算流量。

（四）非常措施

当出现超常洪水，在保证人身安全的前提下，努力坚守岗位，抢测暴雨洪水，并立即做好临时水尺设立，还可利用物体做好标记，确保水位观测。

第二节　水文气象情报

一、气象情报

气象信息是准确、及时做好水文情报、预报的重要前提。在2019年“利奇马”台风暴雨洪水期间，水利部门与气象部门密切配合，效果良好。气象部门提供常规气象资料、数值预报产品、卫星云图、天气雷达资料等信息，同时通过互联网获取国内外的其他气象资料，滚动制作连云港片区的中期、短期天气预报，通过手机短信、微信、电话、网页等方式在内部发布，使各级防汛人员能及时、方便地掌握气象信息。在大水期间，定时、定量和定区域地发布降雨预报，对洪水预报和防汛决策发挥了重要作用。

（一）“利奇马”台风分析

2019年第9号台风“利奇马”于7月30日下午在菲律宾东部海域上空生成，编号94W，而后逐渐加强并北上，8月4日14时达到热带低压编报标准，8月7日5时加强为台风，17时加强为强台风，23时成为超强台风，中心风力最大达到18级(62 m/s)。

“利奇马”中心于8月10日1时45分在浙江省温岭市城南镇登陆，登陆时中心附近最大风力有16级(超强台风，52 m/s)，登陆后由西北方向转偏北方向移动。10日20时在浙江省湖州市南浔境内由强热带风暴级减弱为热带风暴级，22时从太湖南部进入我省，经苏州、无锡、南通、盐城北上，11日12时从连云港灌云县灌西盐场入海，20时50分前后在青岛市黄岛区沿海再次登陆，之后持续减弱，于13日8时在渤海东部海面减弱为热带低压，13日14时中央气象台对其停止编号。

“利奇马”台风前期沿着副高南侧引导气流向西北方向移动。受西风槽影响，副高和大陆高压断裂，“利奇马”登陆后在副高西侧北上。“利奇马”登陆后结构变得松散，并与低压云团存在互旋，产生逆时针互旋效应，后来低压环流逐步减弱并入“利奇马”环流后，在副高西侧偏南气流引导下，台风移速又有所加快。“利奇马”在江苏北部、山东南部与西风槽结合，从温压场结构看，台风的正压结构逐步瓦解，在台风西侧、西南侧有冷平流，东侧则为暖平流，已经变性成斜压结构的温带气旋。

（二）气象情报服务成果

2019 年“利奇马”台风暴雨洪水期间，连云港市气象部门高度重视，迅速行动，统一部署，适时启动重大气象灾害（台风）Ⅲ级应急响应，并适时升级为Ⅱ级应急响应。及时召开台风“利奇马”新闻通气会，市电视台、市日报、晚报、新华日报、现代快报、扬子晚报等多家新闻媒体参加，新闻通气会详细介绍了台风“利奇马”的最新位置动态、对我市可能产生的风雨影响，并针对台风对海洋渔业、交通、旅游、电力、城市给排水等可能带来的不利影响提出了防范建议。

市气象台提前滚动制作《重要天气报告》3 期，台风影响期间滚动制作台风最新动态服务专报 12 期，核电专题气象服务 4 期，沂沭泗流域泄洪排涝专题服务 2 期，制作并上网发布雨量图 100 余幅，卫星云图 4 000 余幅，雷达图像 3 000 余幅，各类标准等压面天气图 1 200 余幅，累计发布台风、暴雨等各类预警信号共 25 期，并向市委、市政府、相关企事业单位发布；同时及时向防汛责任人、气象信息员、民政、地质灾害信息员等发布台风黄色预警信号、暴雨红色预警信号和海上大风橙色预警信号，并通过微信公众号、微博等新媒体向公众发布。

（三）应急响应情况

(1) 8 月 9 日上午，市气象局赴市政府向朱伟哲、徐希娟副秘书长汇报台风预测情况；

(2) 8 月 9 日 10 时，市气象灾害防御工作领导小组启动气象灾害（台风）Ⅲ级应急响应，应急期间，各单位加强领导带班及值班，坚持 24 h 值守，加强雷达、自动站和网络的维护、监控工作，严格按照气象灾害应急响应工作流程相关级别做好各项应急响应工作；

(3) 8 月 9 日 16 时，市汛期气象服务领导小组召开全市气象部门视频会议，部署台风应急值守及预警服务工作；

(4) 8月9日17时，市气象局前往市水利局参加全省防汛抗台视频会议，并汇报了台风预测及影响情况；

(5) 8月9日18时，市气象局观测与预报处发布关于加强台风“利奇马”气象服务工作的紧急通知；

(6) 8月9日20时，全市气象部门加密会商台风最新动态及其影响；

(7) 8月9日22时，全市气象部门加密会商台风最新动态及其影响；

(8) 8月10日13时，东海县气象局参加东海电视台、东海日报、东海县微平台、水晶之都App和县气象台共同举办的联合实时播出“利奇马”动态信息的采访节目；

(9) 8月10日15时，全市气象部门加密会商台风最新动态及其影响；

(10) 8月10日20时，全市气象部门加密会商台风最新动态及其影响；

(11) 8月10日20时，市气象局前往市水利局参加全省防汛抗台电视电话会议，并汇报了台风预测及影响情况；

(12) 8月10日22时，全市气象部门加密会商台风最新动态及其影响；

(13) 8月10日22时，连云港市气象灾害防御工作领导小组提升我市气象灾害(台风)应急响应Ⅲ级为Ⅱ级；

(14) 8月11日6时，全市气象部门加密会商台风最新动态及其影响；

(15) 8月11日9时，市气象局参加全省气象会商并发言，介绍连云港市降水及风力情况，并对未来天气进行预测；

(16) 8月11日15时30分，市气象局前往市水利局参加防御沂沭泗地区大洪水视频会议，并在会议上汇报台风“利奇马”的预测及影响情况；

(17) 8月11日18时，市气象局终止连云港市气象灾害(台风)Ⅱ级应急响应。

二、水文情报

江苏水文部门气象情报资料主要来自中国气象台、水利部信息中心、江苏省气象局、连云港市气象局。其中常规(地面、高空、数值预报、指导预报等)资料来自中国气象局的VSAT系统；气象雨量资料和部分中长期资料来自江苏省气象局;水情分析评价系统面雨量数值预报资料来自上海气象中心;流域雷达拼图来自中央气象局。这些情报资料为连云港片区的暴雨洪水监测预报提供了必要的条件。2019 年度水文气象情报资料较往年有所增加,首次使用了水情分析评价系统的面雨量数值预报,显著提高了降水预报的精度和落区位置。

为做好 2019 年汛期水情信息报送工作,4 月初江苏省水利厅下发了“2019 年江苏省防汛抗旱信息报送任务书”(简称“信息报送任务书”)。根据当年防汛工作的需要,江苏省水文水资源勘测局连云港分局及时调整报汛站网,做好汛前的各项准备工作。汛期,水文部门设有水情值班室,24 h 值守,接收各类水情信息。根据收到的信息编制日、旬、月报表,场次洪水水情简报、分析报告,月水情小结等。为各级防汛决策部门提供所需的水雨情信息、水文预报成果和洪水调度建议。汛期结束后水情人员还对汛期水情工作进行总结,撰写水情分析总结等。遇特殊水情时,水情人员还将编制专题分析材料。

(一) 汛期

2019 年汛期,江苏省水文水资源勘测局连云港分局共接收苏、鲁两省的水情信息 11.7 万条。水情人员经过认真处理后,将连云港片区主要河库控制站的水位、流量等水情信息及时以电话、短信等方式传送到水利部信息中心、江苏省防汛抗旱总指挥部以及连云港市各级防汛抗旱主管部门。汛期,江苏省水文水资源勘测局连云港分局共发布雨水情简述、水情简报、水情分析、水情小结 160 余期;发布有关汛情短信 2.7 万次;发布水情预报 72 期,为连云港市防洪调度决策提供了科学依据。

(二) 台风期

2019 年“利奇马”台风期间,江苏省水文水资源勘测局连云港分局共接收水情信息 4 万余条(含遥测),制作雨量等值线图 100 余份,编写《连云港水情简报》6 期、《连云港水情总结》6 期、《连云港水情预报》7 期,发布水情短信 8 万人次,编写了《新沂河新沭河蔷薇河行洪专报》《“利奇马”台风期暴雨洪水分析》《新沭河行洪能力分析》《新沂河行洪能力分析》等多份专题分析材料和总结,水情工作人员通过多种方式和工具及时把雨水情信息传送给各级领导及相关防汛部门,为科学调度、指挥防汛提供决策依据。充分发挥水文的服务功能,收到了很好的社会效益,扩大了水文的影响力。

第三节 水文气象预报

一、气象预报

（一）全国气象预测

中国科学院大气物理研究所的全国气候趋势预测结果表明，预计 2019 年汛期，长江中下游以南大部分地区降水偏多，其中江南地区偏多2～5成，可能发生局地洪涝灾害；新疆北部、东北北部、四川东部和陕西南部等地降水正常略偏多。我国其他大部分地区降水正常略偏少，其中河套地区降水偏少 2～5 成。预计 2019 年夏季登陆台风数正常略偏多。

（二）江苏省气象预测

江苏省减灾委员会印发的《2019 年汛期自然灾害风险分析报告》显示，2019 年汛期江苏省自然灾害风险主要表现为长江流域、沿江苏南和江淮地区洪涝灾害风险高。预计 2019 年江苏省入梅大约在 6 月下旬前期，比正常略晚（常年 6 月 18 日），出梅在 7 月中旬中期，比正常略晚（常年 7 月 12 日）；梅雨期长度接近常年（常年 25 d）。夏季降水量：全省 500～700 mm，较常年偏多，降水时空分布不均，其中沿江苏南地区降水量偏多 25%，沿淮淮北地区降水量接近常年，空间上呈“南多北少”分布，江苏省里下河南部地区偏多 20%以上，可能发生中等及以下洪水，南四湖蓄水状况接近常年、骆马湖以上来水偏丰 1～2 成。长江来水整体偏丰；太湖可能出现超警洪水，最高水位 3.90～4.20 m（7 月上旬至 8 月中旬）；淮河王家坝站最高水位接近 28.00 m，最大流量约 3 500 m^3/s（7 月中旬至 8 月初），要警惕上游客水的影响。长江流域可能出现汛情，沿江苏南和江淮地区由于集中强降水可能造成城市内涝和中小河流洪涝风险的发生。预计 2019 年夏季影响江苏省的台风个数为 2～3 个，接近常年（常年值：全年 3.1 个、夏季 2.3 个），有一个影响较重。预报结果报送有关领导和部门，为江苏省水利工程安全度汛早安排、早准备、早部署提供信息服务。

（三）台风气象预测

“利奇马”台风期间，江苏省气象局预报江苏省的主要影响时段为 8 月 9 日夜间—11 日，全省大部分地区有暴雨到大暴雨。过程雨量 60～150 mm，局部 200 mm 左右。风力：9 日夜间沿江苏南地区 7～9 级大风，东南沿海海面 10～12 级。10—11 日，淮河以南地区 8～10 级，淮北地区 7～9 级；沿海海面 10～12 级。具体预报如下：9 日淮河以南地区多云转阴有阵雨或雷雨，其中苏南地区雨量中到大雨、局部暴雨，其他地区多云到阴。10 日全省阴有阵雨或雷雨，雨量：全省大部分地区大到暴雨，部分地区大暴雨，11 日全省阴有阵雨或雷雨。雨量：淮北地区中到大雨，部分地区暴雨到大暴雨。

8 月 9 日 8 时—10 日 8 时、8 月 10 日 8 时—11 日 8 时、8 月 11 日 8 时—12 日 8 时的雨量预报示意图分别如图 5-1、图 5-2、图 5-3 所示。

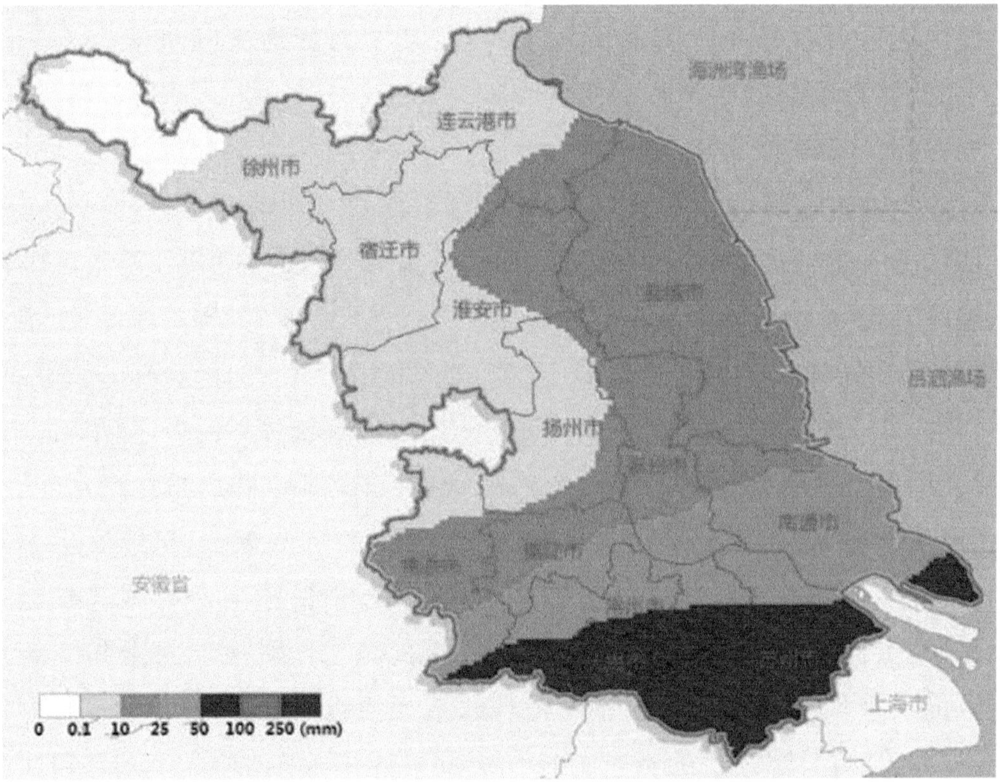

图 5-1 8 月 9 日 8 时—10 日 08 时雨量预报图

（四）台风气象预警

8 月 10 日 9 时 55 分，东海县气象台发布暴雨黄色预警信号：受台风“利奇马”影响，预计未来 24 h 我县将出现 6 h 超 50 mm 的强降水，局地超过 100 mm，请注意防范。

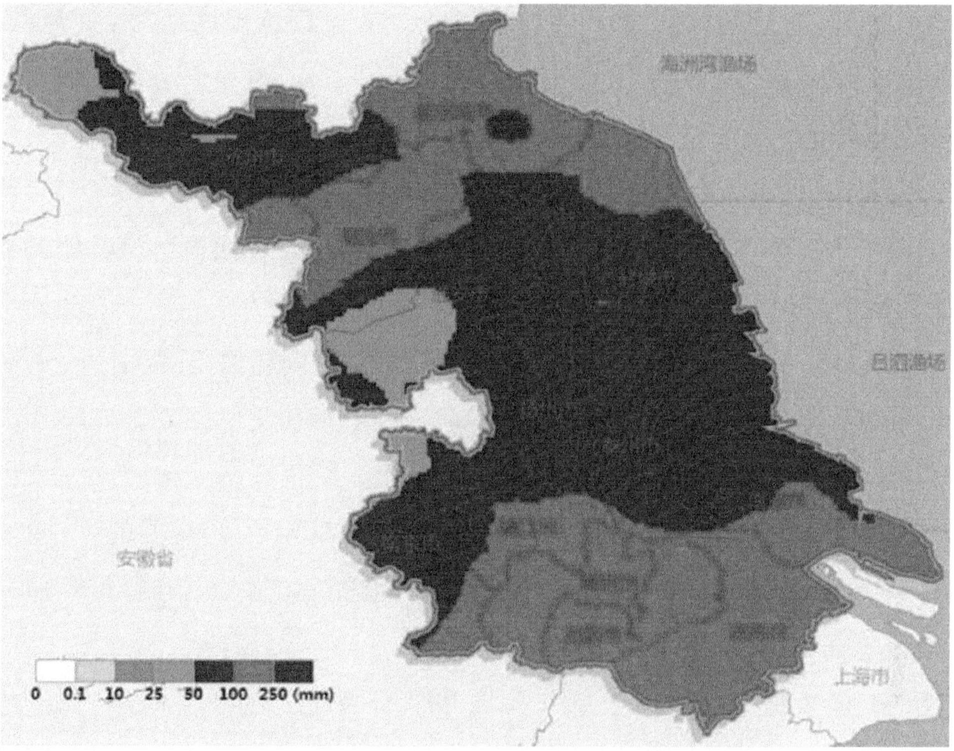

图 5-2　8 月 10 日 8 时—11 日 08 时雨量预报图

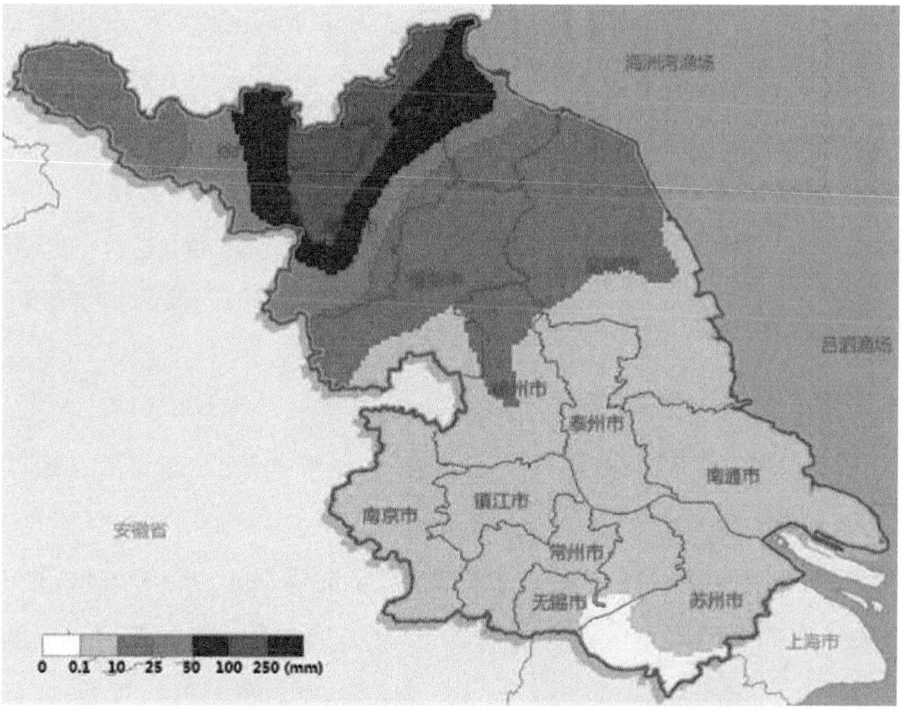

图 5-3　8 月 11 日 8 时—12 日 08 时雨量预报图

8 月 10 日 10 时 30 分，灌云县气象台发布暴雨黄色预警信号：受台风“利奇马”影响，预计未来 24 h 我县将出现 6 h 超 50 mm 的强降水，局地超过 100 mm，请注意防范。

8 月 10 日 10 时 43 分，灌南县气象台发布暴雨黄色预警信号：受台风“利奇马”影响，预计未来 24 h 我县将出现 6 h 超 50 mm 的强降水，局地超过 100 mm，请注意防范。

8 月 10 日 14 时 53 分，东海县气象台升级为暴雨橙色预警信号：受 9 号台风“利奇马”影响，预计未来 24 h 我县大部分地区将出现 3 h 雨量 50 mm 以上、局部 100 mm 以上的降水，请注意防范。

8 月 11 日 5 时 27 分，连云港市气象台升级为暴雨红色预警信号：受 9 号台风“利奇马”影响，预计未来 12 h 我市大部分地区将出现 3 h 雨量 100 mm 以上降水，请注意防范。

8 月 11 日 5 时 28 分，灌云县气象局升级为暴雨红色预警信号：受 9 号台风“利奇马”影响，我县部分地区过去 3 h 降雨量已达 100 mm 以上且强降雨仍将持续，请加强防范。

8 月 11 日 5 时 30 分，灌南县气象局升级为暴雨红色预警信号：受 9 号台风“利奇马”影响，预计未来 24 h 我县部分地方将出现 3 h 雨量 100 mm 以上的降水，请加强防范。

8 月 11 日 5 时 53 分，赣榆区气象局升级为暴雨黄色预警信号：受台风“利奇马”影响，预计未来 12 h 我区大部分地区将出现 6 h 雨量 50 mm 以上的强降水，请注意防范。

二、水文预报

2019 年，江苏省水文水资源勘测局高度重视水文预报工作，《省水文局关于加强主汛期水文测报工作的通知》水文〔2019〕43 号中明确，加强防汛会商，强化预报预警。严格按照报汛任务书要求开展日常化预报，如特殊雨水情应全程开展滚动预报，推进关键节点的多方案集合预报，注重预报成果回头看；加强行业内部和行业间的联合会商，建立健全预报会商制度，重大预报发布前必须经流域、省级、市级水情部门三方会商，确保关键预报准确可靠；预报成果及时报送水旱灾害防御部门，做好预警技术支撑。全省分片区组建 6 个预报组，为形成省、市联合会商制度奠定基础。

水文预报工作在水行政主管部门防汛调度以及水资源合理利用等方面发挥了重要作用。

（一）梅雨期水文预报

2019 年 6 月中旬前，江苏省面雨量 5 月份较常年同期偏少近 6 成，6 月以来较常年同期偏少近 1 成。5 月以来，长江干流来水偏丰，淮河干流来水显著偏少，沂沭泗诸河基本无来水；太湖流域、秦淮河流域等区域水情平稳，固城湖及里下河北部地区出现轻度枯水；全省大中型水库枯水较常年偏多不足 1 成，淮北地区湖库蓄量持续减少。6 月 18 日，江苏省水文水资源勘测局分析预测：今年我省梅雨量正常，南部部分地区偏多，呈现阶段性明显的特点；前期晴雨相间，26 日后间断，之后雨带可能重建，再次出现一段集中降雨时段；7 月上旬末至中旬初出梅，梅期长度正常。预计未来一周，沿江苏南地区将出现 3 次明显降雨过程：18 日中雨，局部大雨；20—21 日中到大雨；24—25 日中雨，局部大雨。

（二）台风期水文预报

“利奇马”台风暴雨洪水期，根据江苏省水文水资源勘测局连云港分局预报方案，连云港片区新沭河流域重要控制站石梁河水库水文站及连云港沿海潮位代表站燕尾港水位站开展预报工作。

（1）石梁河水库水文站。8 月 8 日 8 时，根据流域内雨、水情信息，预报 9 日 8 时石梁河水库水文站水位 23.00 m，9 日 8 时石梁河水库水文站实际水位23.01 m，水位仅相差 0.01 m，预报结果评定为合格。10 日 8 时，预报 11 日 8 时石梁河水库水文站水位 23.49 m，11 日 8 时石梁河水库水文站实际水位 23.63 m，水位相差 0.14 m，预报结果评定为合格。11 日 8 时，预报 12 日 8 时石梁河水库水文站水位 23.49 m，其间根据石梁河入库水文站大兴镇水文站实测流量成果，11 日 23 时及时修正预报石梁河水库 12 日 8 时水位为 24.34 m，12 日 8 时石梁河水库水文站实际水位 24.09 m，水位相差 0.25 m。12 日 8 时，预报 13 日 8 时石梁河水库水文站水位 23.98 m，其间根据石梁河入库水文站大兴镇水文站实测流量成果，12 日 20 时及时修正预报石梁河水库 13 日 8 时水位为 23.96 m，13

日8时石梁河水库水文站实际水位23.80 m,水位相差0.17 m。

(2)燕尾港水位站。8月10日8时,预报11日3时30分燕尾港水位站出现最高潮,水位3.18 m,11日3时40分燕尾港水位站出现最高潮,水位3.45 m,时间仅差10 min,水位仅差0.27 m,预报结果评定为合格。8月11日8时,预报12日5时燕尾港水位站出现最高潮,水位2.90 m,11日4时50分燕尾港水位站出现最高潮,水位2.57 m,时间仅差10 min,水位差0.33 m,预报结果评定为合格。

2019年连云港主要水文站点预报成果见表5-1。

表5-1 2019年连云港主要水文站点预报成果

河、海名	站名	预报值		实测值		精度评定		预报发布时间(月.日.时.分)	预见期/h
		水位/m	出现时间(月.日.时.分)	水位/m	出现时间(月.日.时.分)	水位误差绝对值/m	评定等级		
新沭河	石梁河	23.00	6.09.08:00	23.01	6.09.08:00	0.01	合格	6.08.08:00	24
		23.49	6.11.08:00	23.63	6.11.08:00	0.14	合格	6.10.08:00	24
		24.34	6.12.08:00	24.09	6.12.08:00	0.25	不合格	6.11.23:00	9
		24.01	6.13.08:00	23.80	6.13.08:00	0.21	不合格	6.12.20:00	12
		24.01	6.14.08:00	24.18	6.14.08:00	0.17	不合格	6.13.20:00	12
		24.58	6.15.08:00	24.74	6.15.08:00	0.16	合格	6.14.16:00	16
		24.96	6.16.08:00	24.87	6.16.08:00	0.09	合格	6.15.08:00	24
黄海	燕尾港	3.18	6.11.03:30	3.45	6.11.03:40	0.27	合格	6.10.08:00	19.5
		2.90	6.12.05:00	2.57	6.12.04:50	0.33	合格	6.11.08:00	21

(三)台风期水文预警

"利奇马"台风暴雨洪水期间,江苏省水文水资源勘测局及相关分局根据《江苏省水情预警发布管理办法(试行)》,利用"全国水情预警汇集系统"共发布洪水预警15期,其中蓝色预警11期、黄色预警3期、橙色预警1期,涉及我省太湖流域和沂沭泗地区6条流域性河道、1条区域性骨干河道和1个重要调蓄湖泊。其中,连云港片区共涉及新沭河石梁河水库站和蔷薇河临洪站两个站点,见表5-2。新沂河沭阳段洪水橙色预警为我省首次发布该等级预警。

水情预警工作在有关单位做好防御准备、社会公众防范避险方面发挥了积极作用。

表 5-2　洪水预警发布一览表

流域名称	河流名称	测站名称	预警等级	发布时间	发布单位
太湖	京杭运河	无锡	蓝色	8 月 10 日 20 时	省水文水资源勘测局无锡分局
		常州	蓝色	8 月 10 日 19 时 20 分	省水文水资源勘测局常州分局
沂沭泗	新沂河	沭阳	蓝色	8 月 11 日 11 时	省水文水资源勘测局
			黄色	8 月 11 日 16 时	省水文水资源勘测局
			橙色	8 月 12 日 0 时	省防汛抗旱指挥部
			黄色	8 月 13 日 16 时	省水文水资源勘测局
			蓝色	8 月 15 日 12 时	省水文水资源勘测局
	邳苍分洪道	林子	蓝色	8 月 11 日 13 时	省水文水资源勘测局徐州分局
			黄色	8 月 11 日 22 时	省水文水资源勘测局徐州分局
			蓝色	8 月 13 日 8 时	省水文水资源勘测局徐州分局
	中运河	运河	蓝色	8 月 11 日 18 时	省水文水资源勘测局
	沂河	港上	蓝色	8 月 11 日 20 时	省水文水资源勘测局
	新沭河	石梁河水库	蓝色	8 月 11 日 20 时	省水文水资源勘测局
	蔷薇河	临洪	蓝色	8 月 12 日 7 时	省水文水资源勘测局连云港分局
	骆马湖	杨河滩闸	蓝色	8 月 13 日 10 时	省水文水资源勘测局

第六章 灾情分析

受台风“利奇马”影响，连云港市部分景区关停，部分户外作业停止；经核报，此次台风过程全市受灾人口192 091人，转移安置人口1 429人，一般性损坏房屋1 736间，倒塌房屋6间，农作物受灾面积约44 273公顷，成灾面积约26 015公顷，绝收面积约358公顷，造成直接经济损失约12 151万元，其中农业损失约9 144万元，受灾详细情况见表6-1，部分受灾现场如图6-1～图6-4所示。

表6-1 连云港市台风“利奇马”过程灾情统计表

行政区划	受灾人口/人	因灾死亡人口/人	因灾失踪人口/人	紧急转移安置人口/人	需紧急生活救助人口/人	农作物受灾面积/公顷	其中农作物成灾面积/公顷	其中农作物绝收面积/公顷	倒塌房屋/间	严重损坏房屋/间	一般损坏房屋/间	直接经济损失/万元
连云区	48	0	0	46	0	0	0	0	0	0	0	92
海州区	0	0	0	0	0	0	0	0	0	0	0	0
赣榆区	97 732	0	0	30	0	3 875	3 868	339	0	29	127	2 476
东海县	79 413	0	0	1 267	160	12 350	9 617	19	3	81	1 520	6220
灌云县	8 398	0	0	86	0	13 083	12 530		3	34	76	2 974
灌南县	6 500	0	0	0	0	14 965	0	0	0	0	13	389
全市	192 091	0	0	1 429	160	44 273	26 015	358	6	144	1 736	12 151

东海县和赣榆区受灾最为严重。东海县受灾人口79 413人，紧急转移安置人口1 267人，集中转移安置475人，分散转移安置792人，农作物受灾面积12 350公顷(其中成灾面积9 617公顷，绝收面积19公顷)，严重破损房屋81间，造成直接经济损失约6 220万元。赣榆区受灾人口97 732人，紧急转移安置人口30人，农作物受灾面积3 875公顷(其中成灾面积3 868公顷，绝收面积339公顷)，严重破损房屋29间，造成直接经济损失约2 476万元。

图 6-1　东海县驼峰乡一处农作物栽培大棚受淹

图 6-2　东海县桃林镇上河村村干部转移危房人群

图 6-3　赣榆区一道路积水严重导致轿车受淹

图 6-4　连云港城区多处树木倒伏

第七章　专题分析

第一节　新沭河行洪能力分析

一、分析方法

（一）计算方法

（1）根据沂沭泗河洪水东调南下续建工程新沭河治理工程下段设计断面资料，太平庄闸上至太平庄水位站处实测断面资料，设计流量采用 6 400～6 000 m^3/s，中泓糙率取原设计 0.022 5，滩地糙率取原设计 0.035，用水面曲线法推求太平庄水位站至三洋港闸段设计水位，与原设计水位对比，修改断面参数，使水面曲线推求水位与原设计水位一致，得到等效设计断面。

（2）选取本次行洪过程中太平庄水位站最高水位进行校核，修改设计流量，试算太平庄水位站水位等于设计水位，相应流量即为设计水位下新沭河治理工程现状设计流量。

（3）比较现状复核流量与设计流量，分析新沭河下段现状行洪能力。

（二）计算原理

行洪能力计算采用天然河道恒定非均匀流计算公式，即伯努利方程：

$$Z_1+\frac{(\alpha_1+\xi_1)v_1^2}{2g}=Z_2+\frac{(\alpha_2+\xi_2)v_2^2}{2g}+\frac{Q^2}{\bar{K}^2}\Delta L$$

式中　Z_1、Z_2——上、下游水位，m；

Q——计算流量，m^3/s；

ΔL——上、下游断面间距，m；

v_1、v_2——上、下游断面流速，m/s；

α_1、α_2——上、下游断面动能校正系数，一般取 1～1.05；

ξ_1、ξ_2——上、下游断面局部阻力系数，视断面变化情况而定；

$\bar{K}$——上、下游断面平均流量模数，其计算公式为

$$\bar{K}=\frac{1}{n}wR^{2/3}$$

式中 n——河床糙率；

w——断面过水面积，m^2；

R——过水断面水力半径，m。

二、河道设计指标

根据《沂沭泗河洪水东调南下续建工程新沭河治理工程(江苏段)》，新沭河按 50 a 一遇防洪标准进行治理，新沭河下段太平庄闸以下采用深浅泓结合疏浚河槽，不抬高太平庄闸下水位方案，新沭河中段采用抬高水位方案。新沭河中段(石梁河水库至太平庄闸)设计流量为 6 000 m^3/s，太平庄闸上设计水位 6.66 m；下段(太平庄闸至三洋港闸)蔷薇河口以下设计流量 6 400 m^3/s，三洋港闸上设计水位 3.54 m。中泓设计糙率 0.022 5，滩地设计糙率 0.035 0，设计水面线如图 7-1 所示。

三、水面线分析

(一) 历史水面线分析

根据水面线推算原理以及节点实测的水位、流量数据，分别求得 2012 年、2018 年和 2019 年各年最大洪水的行洪水面线，如图 7-2 所示。

2012 年、2018 和和 2019 年最大流量分别为 2 800 m^3/s、4 000 m^3/s、4 300 m^3/s，水面线位置与流量大小相对应，比降从上游向下游逐渐减小，符合河段洪水特性。

三条水面线上游之间差值较大，向下游逐渐减小，到三洋港闸上，基本一致。2012 年、2019 年水面线与 2018 年水面线之间差值蔷薇河口以上较大，蔷薇河口以下逐渐趋于一致。

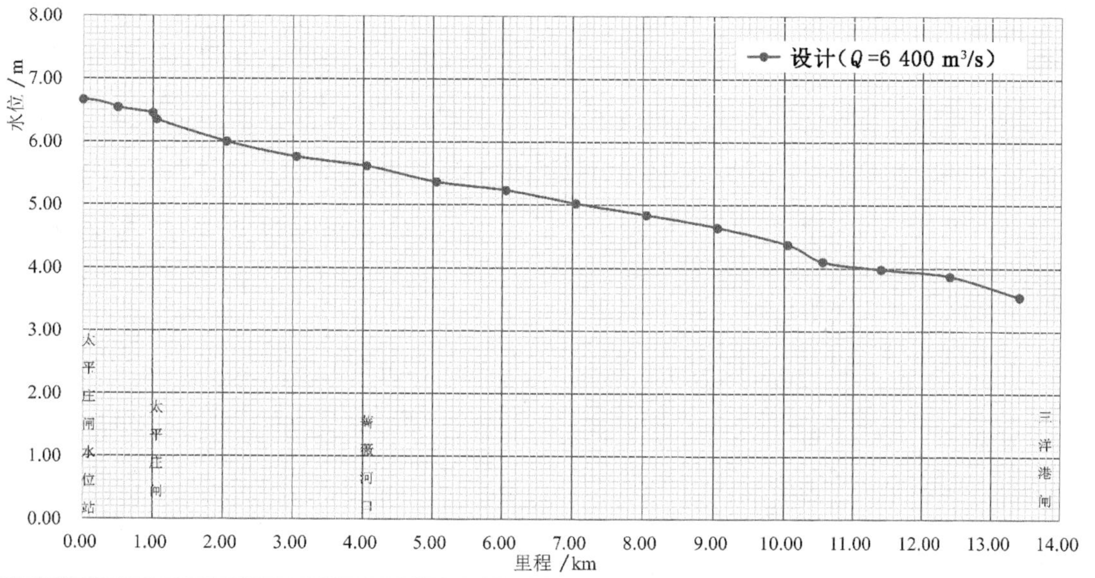

图 7-1 新沭河(太平庄闸上—三洋港闸上)设计水面线

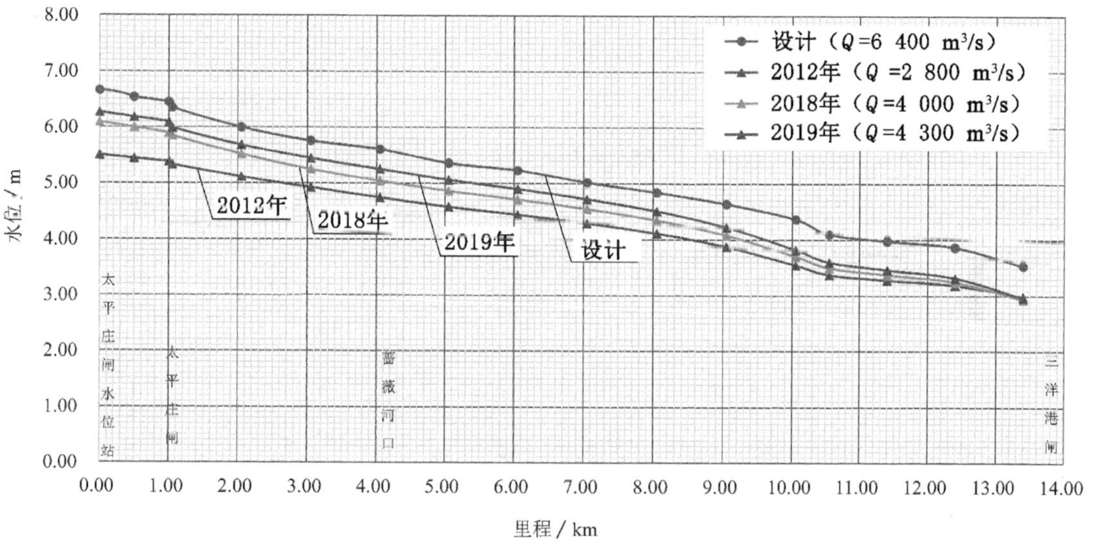

图 7-2 新沭河历史行洪水面线图

2018 年、2019 年蔷薇河口以上最大流量分别为 4 000 m^3/s、3 850 m^3/s，而 2018 年水面线在 2019 年水面线下面，说明蔷薇河口以上段，2019 年行洪能力小于 2018 年。

蔷薇河口以下段，2012 年、2019 年最大流量与 2018 年最大流量的差值分别为−1 200 m^3/s、300 m^3/s，而 2012 年、2019 年水面线与 2018 年水面线的差值基本相同，说明蔷薇河口以下段，2019 年行洪能力小于 2018 年。

（二）本次水面线分析

2019 年 Q=4 300 m^3/s 部分断面行洪水面线比较见表 7-1。根据水面线推算原理以及设计断面、糙率等参数，推算 2019 年最大流量下的设计水面曲线，如图 7-3 所示。

表 7-1　2019 年 Q=4 300 m^3/s 部分断面行洪水面线比较表

里程 /km	0（太平庄闸水位站）	0.5	1.0	1.05（太平庄闸）	2.05	3.05	4.05（蔷薇河口）	5.05	6.05	7.05
现状水位/m	6.50	6.41	6.32	6.22	5.91	5.67	5.48	5.29	5.13	4.95
设计水位/m	5.98	5.90	5.82	5.77	5.47	5.26	5.10	4.96	4.83	4.71
水位差值/m	0.52	0.51	0.50	0.45	0.44	0.41	0.38	0.33	0.30	0.24

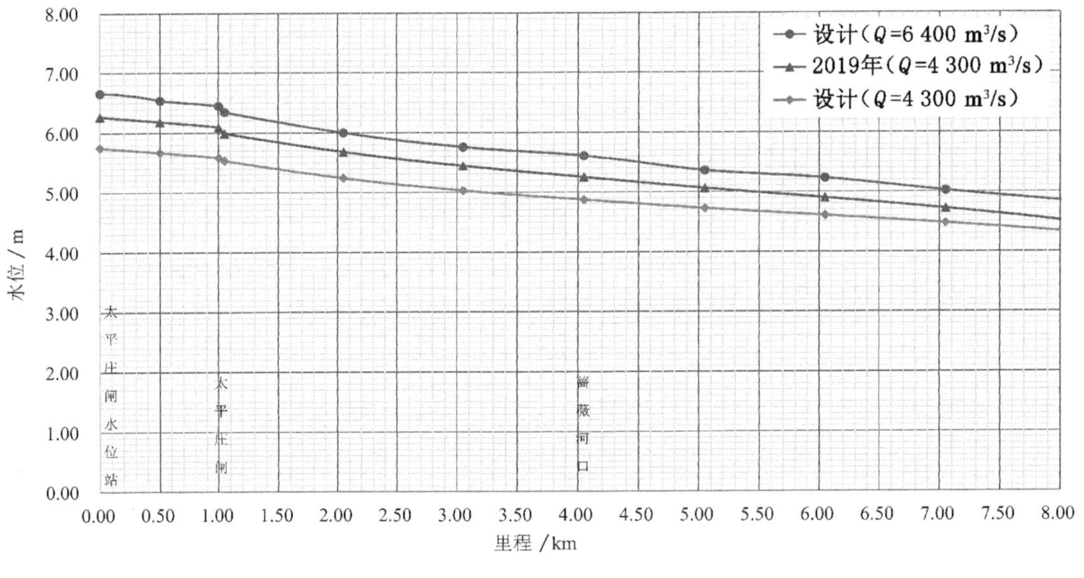

图 7-3　2019 年 Q=4 300 m^3/s 部分断面行洪水面线比较图

从图 7-3 可以看出，本次行洪水面线位于相应设计水面线以上，说明行洪能力未达到设计标准。

根据表 7-1，本次行洪水面线比设计水面线高 0.24～0.52 m，上游差值较大，其中太平庄闸水位站水位比设计水位高 0.52 m，太平庄闸水位比设计水位高 0.45 m，向下差值逐渐减少。

四、行洪能力分析

(1) 本次行洪过程中太平庄水位站最高水位 6.50 m，修改设计流量，新沭河下段按太平庄流量加 400 m^3/s 处理，试算使太平庄水位站水位等于 6.50 m，相应流量 5 350 m^3/s，即为该水位下原新沭河治理工程设计流量。

(2) 本次行洪过程中新沭河中段行洪流量 3 850 m^3/s，新沭河下段行洪流量 4 300 m^3/s，修改断面参数，使太平庄水位站水位等于本次行洪最高水位 6.50 m，得到等效现状断面。修改设计流量，新沭河下段按太平庄流量加 400 m^3/s 处理，试算使太平庄水位站水位等于东调南下续建工程新沭河治理工程 50 a 一遇设计水位 6.89 m，相应流量为 5 060 m^3/s，即为新沭河下段现状行洪能力，见表 7-2。

按照同样方法得到 2012 年、2018 年新沭河行洪能力，见表 7-2。

表 7-2　新沭河行洪能力分析成果表

年份	太平庄闸水位站最高水位/m	最大流量/(m^3/s)		现状行洪能力/(m^3/s)	占设计比例/%
		实测	设计		
2012	5.73	2 800	3 650	4 530	70.8
2018	6.32	4 000	5 010	5 250	82.0
2019	6.50	4 300	5 350	5 060	79.1

2012 年行洪能力为 4 530 m^3/s，是原设计的 70.8%，行洪能力达到设计标准。

2018 年行洪能力为 5 250 m^3/s，是原设计的 82.0%，行洪能力较 2012 年提高了 11.2%，但仍未达到设计标准。

2019 年行洪能力为 5 060 m^3/s，是原设计的 79.1%，行洪能力比 2012 年提高了 8.3%，与 2018 年基本一致，仍未达到设计标准。

五、影响因素分析

(一) 新沭河治理工程施工进度

2012 年新沭河治理主体工程基本完工，但大浦排水通道尚未完全贯通，沭河下段滩面仍有大量鱼虾塘，未按设计清障，削弱了行洪能力，2012年行洪能力只有4530 m^3/s，是原设计的70.8%，未达到设计标准。到2018年时，大浦排水通道已经完工，行洪能力较2012年提高了11.2%。

（二）三洋港闸上河道淤积

新沭河下游段治理方案为在主槽两侧开挖宽浅河槽，堆土堤内，根据河道现状、工程地质，按有利于理顺水流，有利于堆土、调土的原则确定。选取太平庄闸下1 000 m、4 000 m和9 500 m处三个现状实测断面与相应设计断面进行比较，如图7-4～图7-6所示，显示新沭河太平庄闸下游淤积明显，主要集中在主槽两侧新开挖的宽浅河槽部分，减少了过水断面面积，削弱了行洪能力。

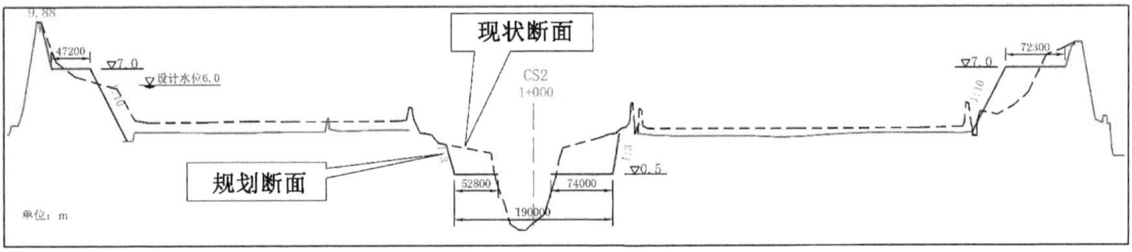

图7-4　新沭河太平庄闸下1 000 m处现状断面与规划断面对比图

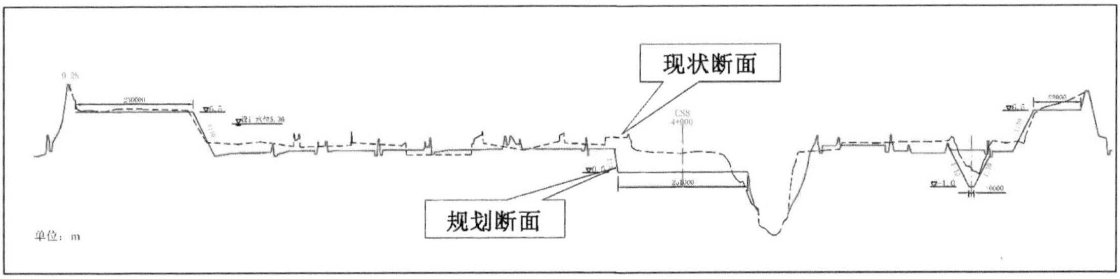

图7-5　新沭河太平庄闸下4 000 m处现状断面与规划断面对比图

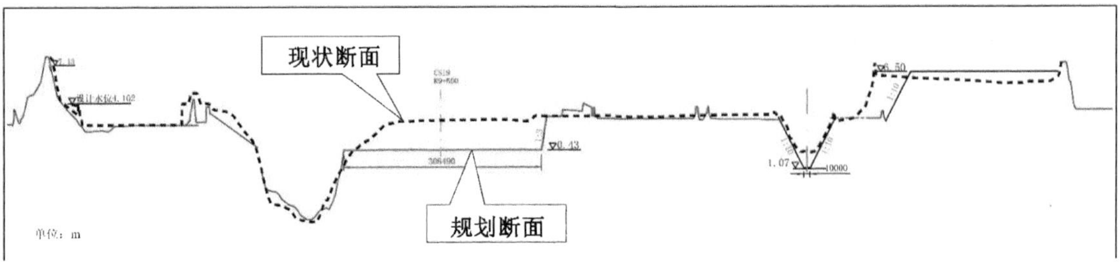

图7-6　新沭河太平庄闸下9 500 m处现状断面与规划断面对比图

（三）人类活动影响

2012年以后，新沭河上修建了多座桥梁，比如2017年连盐铁路跨新沭河大桥，占用了部分过水断面，减小了行洪能力。2018年新沭河蔷薇河口下段确定建省级湿地公园，2018年汛后开始建设，通过修复植被、涵养水源、功能分区，达到改善环境、生态平衡、保护鸟类繁衍生息的目的，从而占用了部分行洪断面，因此2019年行洪能力较2018年有所下降。

（四）潮汐影响

新沭河下游三洋港闸调度受到潮汐影响，排水也受到下游潮汐顶托，影响行洪能力，特别是行洪期间遇到大潮，影响会更大。

六、结论与建议

（一）结论

（1）新沭河2012年、2018年、2019年三次洪水资料的分析成果显示，新沭河行洪能力未达到设计标准。

（2）2012年行洪能力为4 530 m^3/s，是原设计的70.8%，分析其原因为：① 沭河下段滩面仍有大量鱼虾塘，未按设计清障，削弱了行洪能力；② 大浦排水通道尚未完全贯通。

（3）2018年行洪能力为5 250 m^3/s，是原设计的82.0%，较2012年提高了11.2%，分析其原因为：① 到2018年，大浦排水通道已经完工；② 新沭河治理过后，2012年洪水（治理后第一场洪水）对河道起到了一定的清障作用，增加了河道行洪能力。③ 2013—2017年，石梁河水库连续5 a没有泄洪，新沭河太平庄闸下游淤积明显，主要集中在主槽两侧新开挖的宽浅河槽部分，减少了过水断面面积，削弱了行洪能力。

（4）2019年行洪能力为5 060 m^3/s，是原设计的79.1%，较2012年提高了8.3%，与2018年基本一致。说明2009年治理过后新沭河经过2012年、2018年、2019年三次洪水后，行洪能力趋于稳定。

（二）建议

（1）展开不同水年新沭河工程联合调度方案研究。工程调度放水冲沙是新沭河最为经济合理的防淤减淤措施，应开展枯水年、平水年、丰水年新沭河沿线控制工程联合调度方案研究,保障新沭河行洪能力。

(2) 开展泥沙测验与研究工作。新沭河是一条季节性行洪河道,河道内滩地非行洪期间正常耕作。受人为活动和行洪的共同影响,河道泥沙淤积的情况较为明显,曾出现"中流量、高水位、大防汛"的严峻局面。建议开展新沭河泥沙测验与分析研究,为枯水年、平水年、丰水年新沭河沿线控制工程联合调度方案研究提供支撑。

(3) 加大行洪断面清障工作力度。新沭河中、下游(石梁河水库以下,太平庄闸以上)堤防内侧有白杨、榆树等林木,下游(太平庄闸以下,三洋港闸以上)有芦苇、盐蒿等天然植被,行洪期阻水严重。建议加大新沭河行洪断面的清障工作力度,保障新沭河行洪能力。

(4) 三洋港闸上、下游清淤纳入常态工作。通过选取太平庄闸闸下1 000 m、4 000 m和9 500 m处三个现状实测断面与相应设计断面进行比较,显示新沭河下游段(太平庄闸以下,三洋港闸以上)淤积严重;同时受潮汐及上游来水较少的共同影响,三洋港闸闸下淤积,闸下过水断面未达新沭河50 a一遇治理工程设计标准。新沭河下游段(太平庄闸以下)行洪面积的减少,削弱了新沭河行洪能力。建议将三洋港闸上、下游清淤工作纳入常态,保障新沭河行洪能力。

第二节　新沂河行洪能力分析

一、分析方法

本节采用两种方法分析新沂河行洪能力是减弱还是增强:其一为对照《沂沭泗河洪水东调南下续建工程新沂河整治工程初步设计报告》中的设计水面线进行分析;其二为从新沂河自2008年整治后的河道水位流量关系进行分析。

二、河道设计指标

沂沭泗河洪水东调南下续建工程中确定,新沂河按50 a一遇防洪标准进行治理,新沂河沭东段治理采用挖河与复堤相结合适当抬高水位的水位半抬高方案。结合骆马湖防洪安全,新沂河设计行洪流量确定为:嶂山闸至口头段设计流量为 7 500 m^3/s，口头设计水位 16.83 m；口头至海口为 7 800 m^3/s，沭阳设计水位 11.40 m。设计水面线如图 7-7 所示。

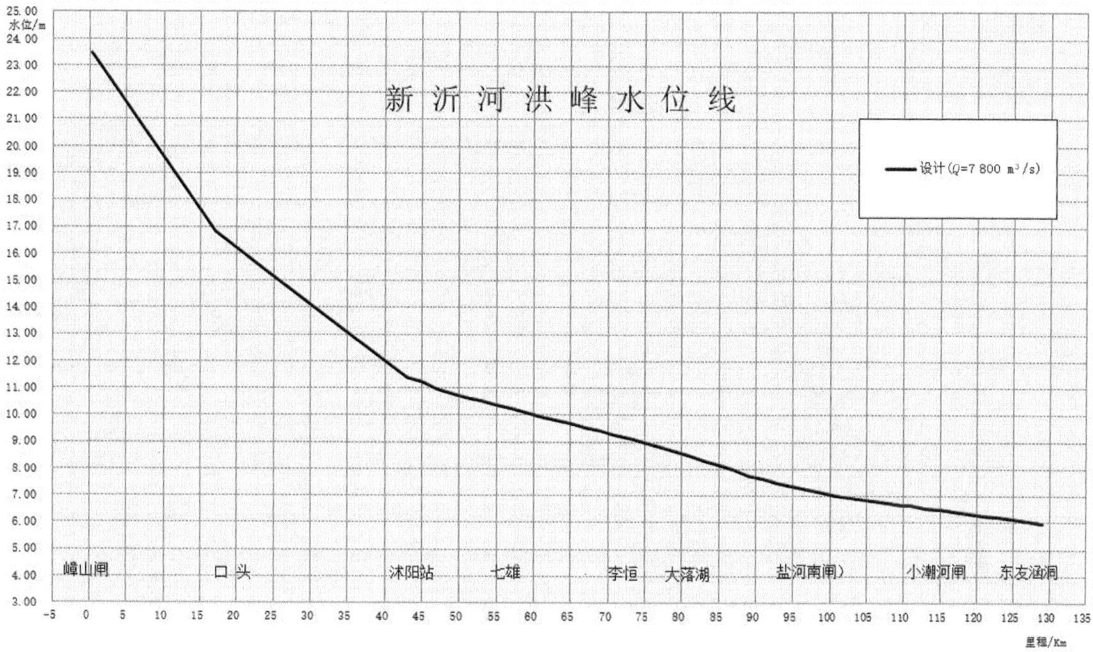

图 7-7 新沂河 50 a 一遇设计水面线

三、水面线分析

新沂河沭东段是一个相对封闭的河道，行洪期间没有进出水量交换，其洪水水面线（洪峰水位线）主要受河床断面和洪水波特性的影响。通过不同时期不同场次洪水水面线的比较也能反映出新沂河的行洪能力变化。根据工程整治前后实测洪水资料，绘制沭东段行洪水面线及设计水面线进行比较分析。

（一）同时水面线分析

选取 2008 年 7 月、2019 年 8 月两次洪水，分别以沭阳断面和东友涵洞断面洪峰水位出现时间，绘制河段同时水面线。

沭阳水文站最高水位（11.31 m）时瞬时水面线如图 7-8 所示，盐河南闸以下水面线低于 2008 年流量为 4 760 m^3/s 时的瞬时水面线，其主要原因为洪水波尚未到达，与洪水量级和洪水涨水过程短有关。沭阳断面出现洪峰时，下游河道原有水位较低，以上游断面出现洪峰时的同时水面线（属涨水段）较以下游断面出现洪峰时的同时水面线水面比降大，反映涨水期比降大于峰顶和落水期，符合河段洪水特性，但不能说明行洪能力是否有所改善。

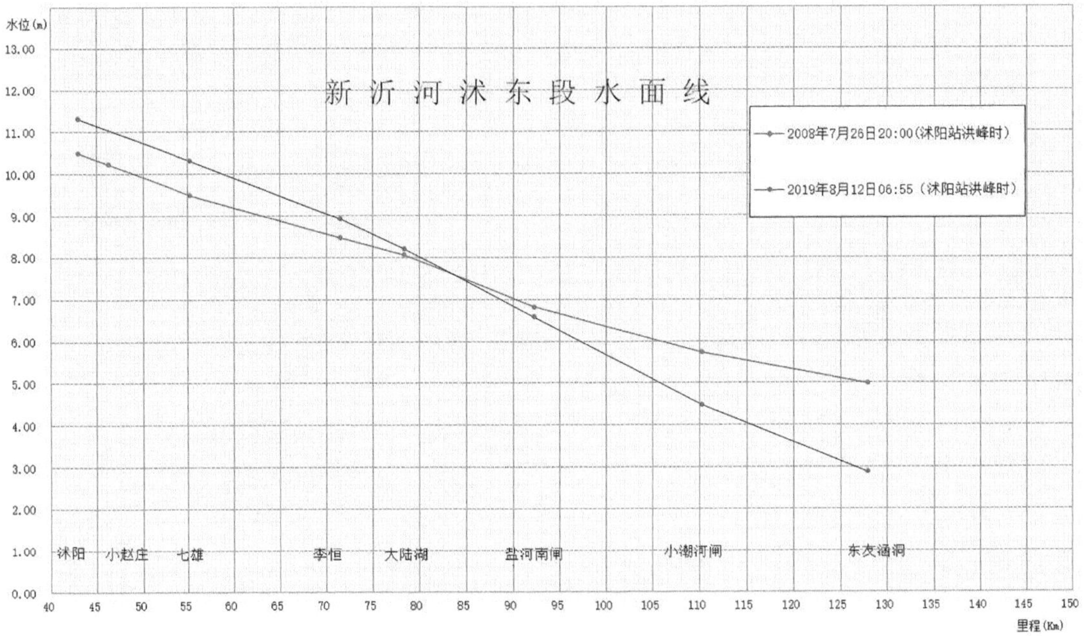

图 7-8 新沂河 2008 年、2019 年两场洪水沭阳站出现洪峰时的瞬时水面线

根据洪峰到达东友涵洞时的瞬时水面线(图 7-9)，可看出与 2008 年整治后的瞬时水面线基本相对应，基本平行于设计水面线。

上游嶂山闸泄洪流量减小至 2 000 m^3/s 后，再次调整至 5 000 m^3/s，沭阳水文站发生第二次洪峰水位(10.77 m)，瞬时水面线如图 7-10 所示，二次洪峰持续时间较长，基本达到稳定流状态，当下游东友涵洞断面达到洪峰时，上游各断面基本还处于峰顶状态，与设计水面线相比，盐河南闸下游段瞬时水面线偏低，上段基本与设计水面线相对应。

（二）最高水位水面线分析

选择 2008 年 7 月和 2019 年 8 月两次洪水过程以各断面最高水位绘制河段水面线(图 7-11)，与设计水面线进行比较分析。

从图中可以看出：最高水面线与同时水面线反映的情况一致，2019 年水面线盐河南闸上游段接近设计流量(7 800 m^3/s)时的水面线，说明行洪能力未达到设计要求，但与 2008 年基本相对应，说明行洪能力在整治后至今没有发生明显变化。

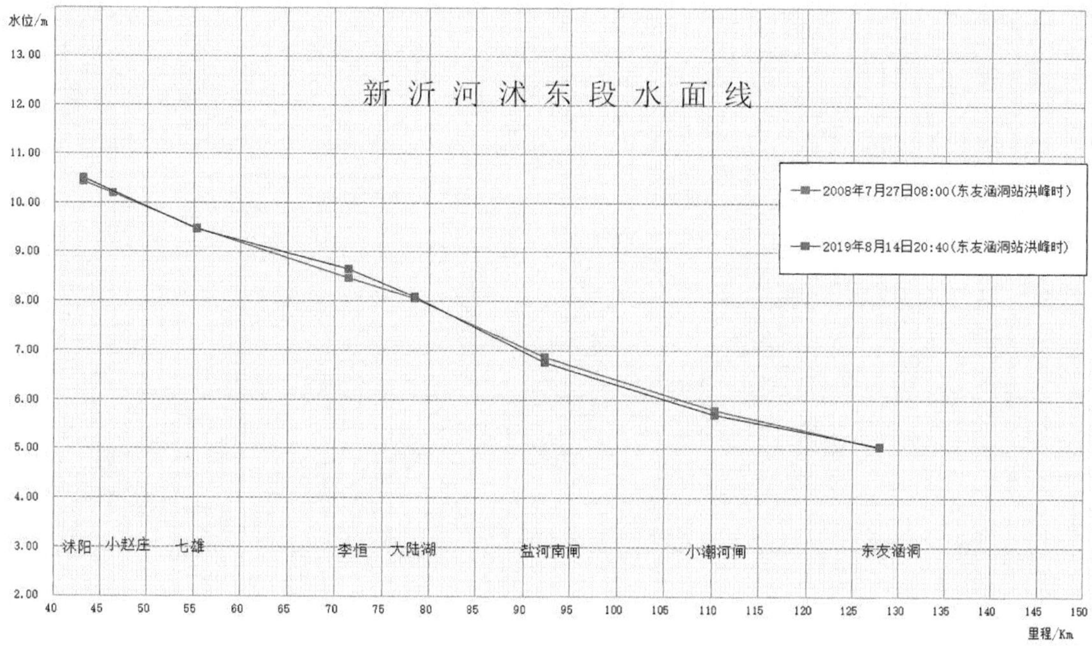

图 7-9　新沂河 2008 年、2019 年两场洪水东友涵洞出现洪峰时的瞬时水面线

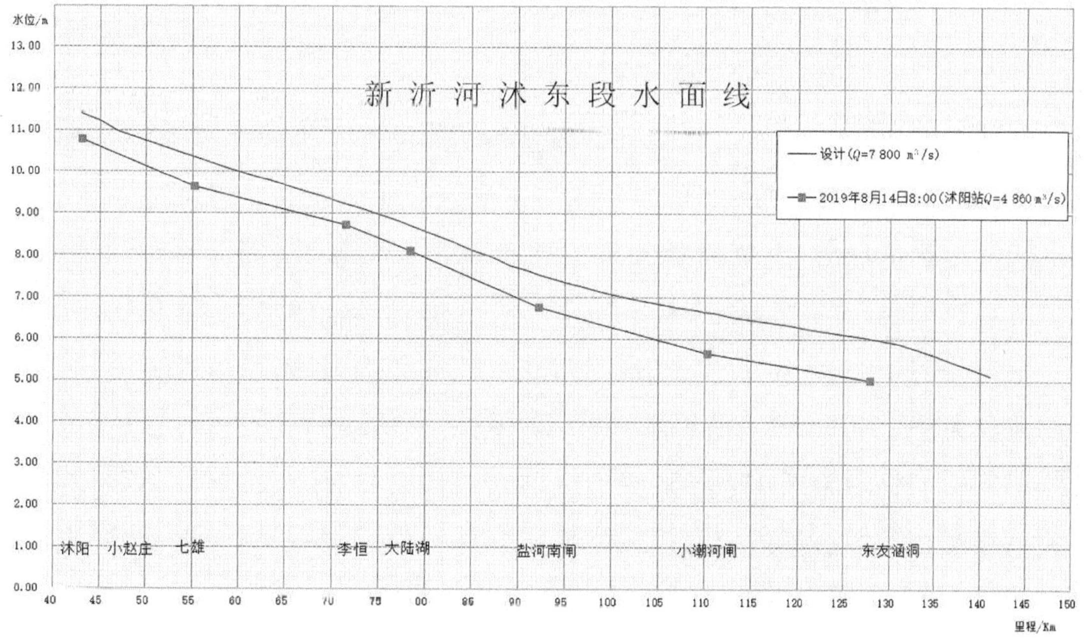

图 7-10　新沂河 2019 年沭阳站出现第二次洪峰时的瞬时水面线

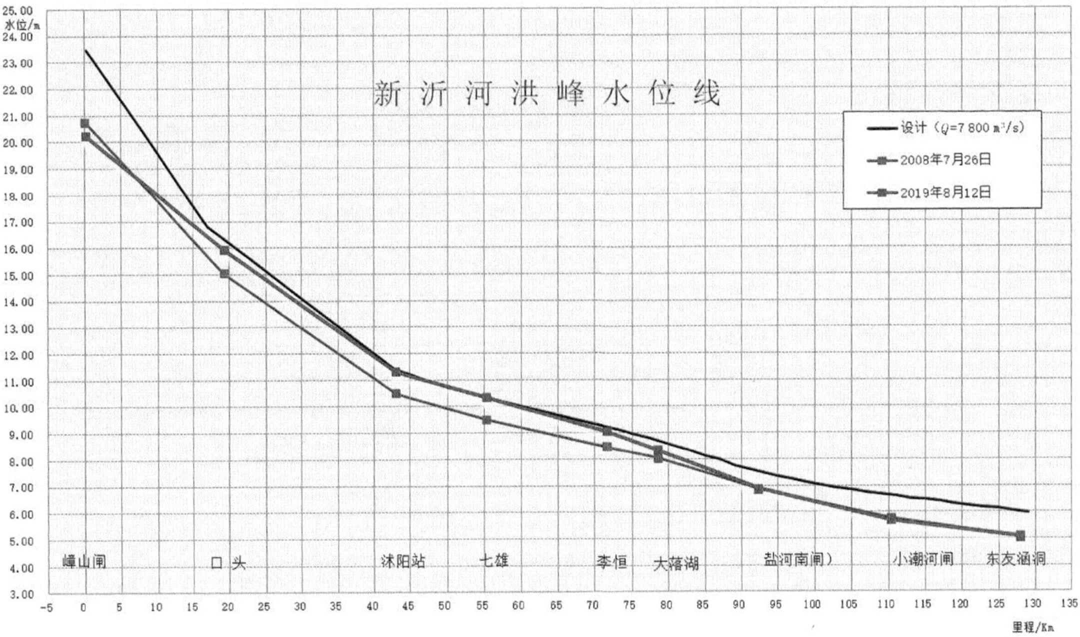

图 7-11　新沂河 2008 年、2019 年两次洪水各断面最高水位时的水面线

四、水位流量关系分析

（一）沭阳水文站水位流量关系分析

沭阳水文站是新沂河上重要的水情控制站，是国家重要水文站，控制骆马湖及其上游沂河、泗运河来水和部分沭河来水及分淮入沂等。沭阳站以下河段行洪期间无水量进出，水位流量关系主要受洪水涨落影响，因此沭阳站的水位流量关系对测验河段代表性较好。

根据沭阳站 2008 年 7 月、2012 年 7 月、2018 年 8 月和 2019 年 8 月的四次实测流量大于 3 000 m^3/s 的洪水资料，绘制水位流量关系线如图 7-12 所示，比较分析新沂河整治后近年来行洪能力变化情况。总体来看，四场洪水的水位流量关系绳套线型各有不同，反映各次洪水不同的特性，但总体上来看水位流量关系基本一致，说明河道的行洪能力较整治后没有明显下降趋势。

（二）同流量的水位变化分析

根据四次洪水测验资料，统计不同流量条件下沭阳水文站水位变化情况，进行比较分析，见表 7-3。

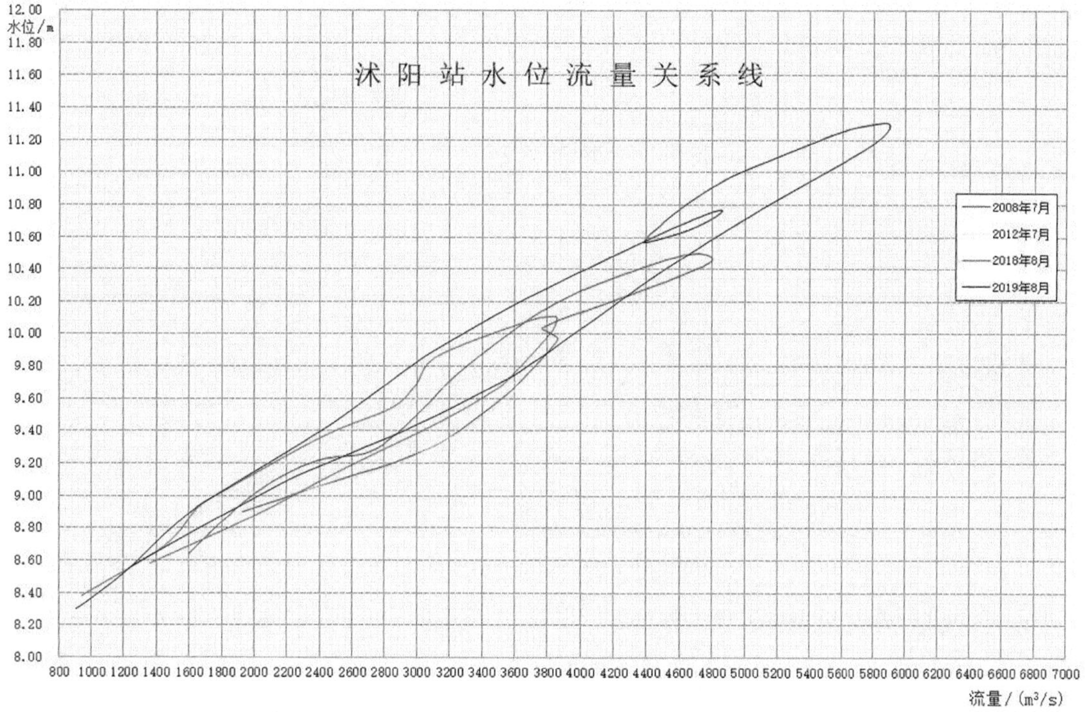

图 7-12　沭阳站 4 个代表年份水位流量关系线

表 7-3　新沂河沭阳站同流量级水位对照表

流量 /(m^3/s)	水势	水位/m				水位变化量/m		
		2008	2012	2018	2019	$Z_{2019}-Z_{2008}$	$Z_{2019}-Z_{2012}$	$Z_{2019}-Z_{2018}$
3 500	涨水	9.58	9.55	9.70	9.69	0.11	0.14	−0.01
	落水	9.95	9.72	9.99	10.13	0.18	0.41	0.14
4000	涨水	10.14			10.03	−0.11		
	落水	10.26			10.38	0.12		
4500	涨水	10.37			10.39	0.02		
	落水	10.46			10.69	0.23		

表中数据同属涨水段时：当流量为 3 500 m^3/s 时，2019 年水位较 2008 年高 0.11 m，较 2012 年高 0.14 m，较 2018 年低 0.01 m；当流量为 4 000 m^3/s 时，2019 年水位较 2008 年低 0.11 m；当流量为 4 500 m^3/s 时，2019 年水位较 2008 年高 0.02 m。

（三）同水位的流量变化分析

根据四次洪水测验资料，统计不同水位条件下沭阳水文站流量变化情况，进行比较分析，见表7-4。

表7-4　新沂河沭阳站同水位级流量对照表

水位/m	水势	流量/(m³/s)				流量变化量/(m³/s)		
		2008	2012	2018	2019	$Q_{2019}-Q_{2008}$	$Q_{2019}-Q_{2012}$	$Q_{2019}-Q_{2018}$
9.50	涨水	3390	3420	3220	3130	−260	−290	−90
	落水	3000	2780	2740	2550	−450	−230	−190
10.00	涨水	3830		3810	3960	130		150
	落水	3560		3480	3280	−280		−200
10.50	涨水	4720			4660	−60		
	落水	4720			4230			

表中数据同属涨水段时：当水位为9.50 m时，2019年流量较2008年减少260 m^3/s，较2012年减少290 m^3/s，较2018年减少90 m^3/s；当水位为10.00 m时，2019年流量较2008年增加130 m^3/s，较2018年增加150 m^3/s。

（四）年内水位流量关系分析

点绘2003年和2005年年内发生两次较大洪水场次的水位流量关系，如图7-13、图7-14所示，可看出年内第二次洪水水位流量关系明显右移，说明当年内首场洪水过后，河道内阻水影响因素减少，河床糙率变小，随之河道的行洪能力较首场洪水增大。

五、影响因素分析

（一）工程影响

新沂河沿线自20世纪60年代开始，陆续兴建了沭阳枢纽、送清水截污导流工程、海口枢纽及盐河、小潮河、通榆河等控制工程。2008年后增加较多拦水建筑物，其中漫水公路及桥梁共8处，有7座分布于沭阳段，漫水公路多数高于原状河床0.5～1.0 m，路面宽约4～8 m，在行洪过程中一定程度上造成阻水。根据对沿线的农用生产桥实地调查，自沭阳水文站测流断面(43K＋000 m)起至下游入海口(146K＋000 m)农用生产桥共有120座，部分生产桥桥孔内存在淤堵

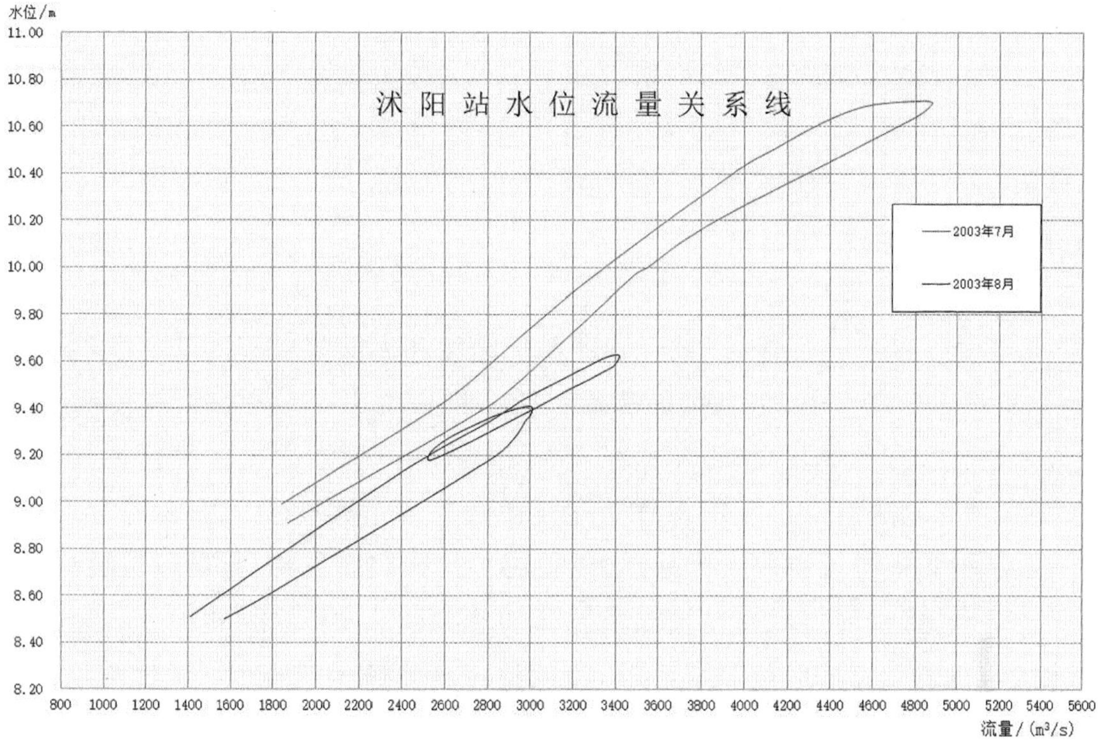

图 7-13　沭阳站 2003 年两次较大洪水水位流量关系线图

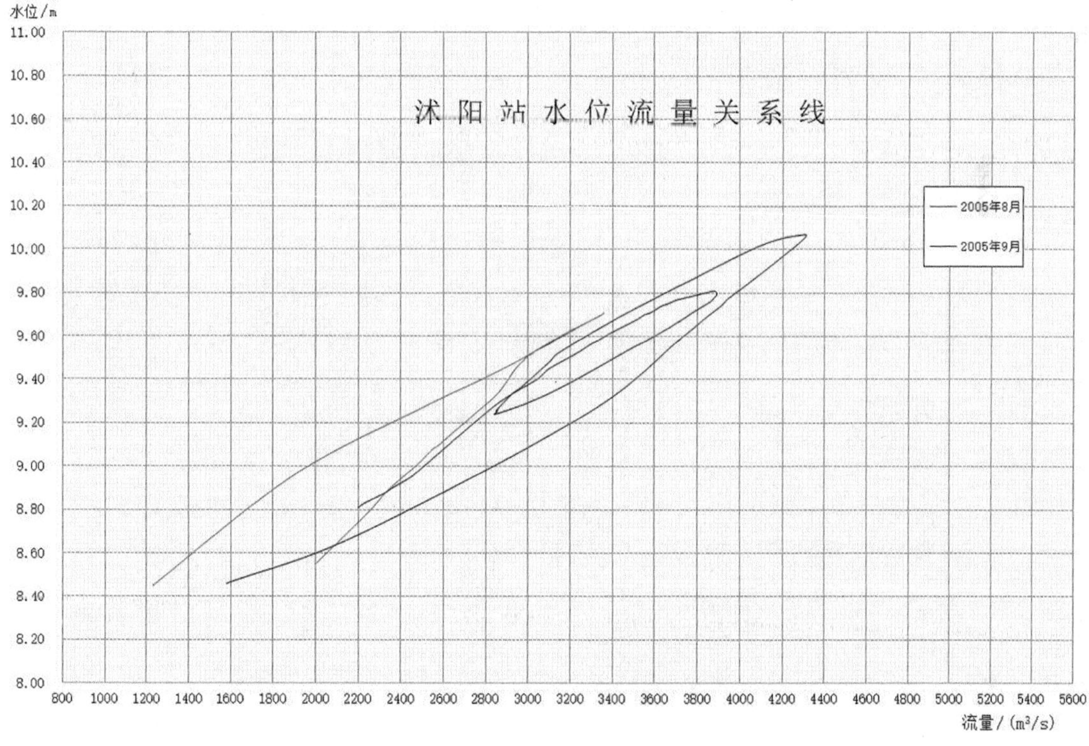

图 7-14　沭阳站 2005 年两次较大洪水水位流量关系线图

现象，局部桥墩间全部堵塞，自宿连两市交界处下游生产桥多数设有 0.5 m 高左右实心护栏，也是造成阻水的因素。2008 年以后，新沂河上修建了多座大型桥梁，其中高速公路桥 3 座、国道公路桥 3 座、高铁桥梁 2 座，如青盐铁路初步测量桥墩跨径约 50 m，桥墩宽约 4 m，桥梁布设总长 3 km 左右，占用了部分过水断面，减小了行洪能力。

（二）农作物影响

糙率是反映河道河床、岸壁形状的不规则性和表面粗糙程度的一个重要参数，在水流运动过程中，它直接影响沿程能量损失的大小。本次调查主泓内虽未发现高秆农作物，但由于近年来秸秆禁烧工作的开展，河床上留有较高的麦茬，使得河床糙率增大。新沂河作为平地筑堤束水漫滩行洪的宽浅河道，其河床大面积的滩地受农耕等人为活动影响较大，河床表面形状、粗糙度也随时间、季节而变化，根据河道的水位流量关系也可说明这一点，首次洪水过后第二场洪水的水位流量关系曲线明显右移，说明河床的影响因素减少，行洪能力较首场洪水来水有所增大。

河道南北泓两侧迎水坡附近均种植有 20 m 左右的杨树带，连云港境内部分河段种植柳树、灌木丛等植物，部分河段自生杂乱植物密集，子堤上种植有零星带状杨树带，整治后此类树木、植被长大后行洪时缠绕漂浮物形成阻水。

（三）临时挡水设施及其他阻水设施的影响

沿线 2 处高铁建设后在新沂河南北偏泓设置的临时便桥均未拆除，其中南泓 2 处、北泓 1 处，在调查过程中发现，新沂河南堤 78K＋450 m、北堤 95K＋700 m 处南偏泓、北偏泓内有较明显浅滩或高地，部分河段内有农户搭建临时棚房，圈网养殖牲畜；特别是在上游段周边农户拦河围网从事养殖渔业，上述情况的发生均对河道的行洪能力产生影响。

（四）河道断面的影响

新沂河自 2008 年整治后，受人类活动和泥沙淤积的共同影响，河床、过水断面均发生明显的变化，主要体现在过水断面的形状、面积的变化，特别是在盐河南闸上游段尤为突出，中泓滩地近年存在挖土取沙情况，对河道断面的破坏十分严重。

（五）供电线路钢架影响

沿线电力设施供电线路共 22 处，过河高压钢架基础多为灌注桩，部分桩体缠绕围网护栏，部分过河电缆采用水泥杆架空，水泥杆设有地锚拉线，行洪期间水草、树木等漂浮物缠绕后，形成阻水带，影响河道的行洪能力。

六、结论与建议

（一）结论

（1）自 1974 年特大洪水以后，多年来受人为活动影响，新沂河行洪能力逐年下降，至 2008 年整治后，河道行洪能力有所改善，就本年度水位流量关系来看，至今未发生明显变化。

（2）根据近年来洪水流量大于 3 000 m^3/s 的水位流量关系分析，当水位在 9.50 m 时，2019 年流量较 2008 年减少 260 m^3/s，较 2012 年减少 290 m^3/s，较 2018 年减少 90 m^3/s；当水位在 10.00 m 时，2019 年流量较 2008 年增加 130 m^3/s，较 2018 年增加 150 m^3/s，无明显的增强或减弱现象。

（3）综合对照本次洪水沭阳水文站两次峰现时的沭东段沿程水面线可看出，首次洪峰出现时盐河南闸以上段水位出现壅高，主要是由于河床内临时阻水因素影响，当嶂山闸调节流量第二次至 5 000 m^3/s 时，明显可看出水面基本平行于设计水面线，系因首场洪水过后，河道内部分阻水物已被洪水携带下泄，影响因素减小。

（二）建议

（1）加强新沂河沿线河道管理。新沂河沿线现状存在多处违章建筑，河塘内自生树木茂密，非法采砂取土问题尚未清理，中泓滩地麦茬留茬过高，建议河道管理部门定期执法清除违章建筑、对河道内临时阻水建筑物清除，例如高铁桥上下游设置的临时便道，应尽早清除，提高河道行洪能力。

（2）重视新沂河沿线水准网复测工作。新沂河沿线的水情测报直接关系到新沂河行洪安全，通过外业水文测验可以发现国家基本水准网水准点被破坏或出现下沉变动等现象。上次水准考证年份为 2008 年，至今已有 10 a 未进行联网复测，河道管理部门应建立相对独立的河道水准系统，设置专用水准点网并加以保护，定期与国家基本水准网进行联测、复测，同时做好水位校核水准点、水尺零高接测考证工作。

（3）开展泥沙测验与研究工作。新沂河是一条季节性行洪河道，河道内有约 30 万亩滩地非行洪期间正常耕作。多年来受人为活动和行洪的共同影响，河道存在泥沙淤积的情况较为明显，20 世纪 90 年代曾经出现“中流量、高水位、大防汛”的严峻局面。为研究新沂河来沙、产沙、输沙基本规律，掌握泥沙沿程分布及河道淤积情况，建议在今后行洪期间开展泥沙测验。

第八章　经验与建议

第一节　防台抗洪经验总结

面对这场罕见的台风袭击，在省委、省政府的正确领导下，在省防指的大力支持下，市委、市政府团结带领广大干部群众，按照以人为本、科学防灾的总体要求，万众一心，顽强奋战，把灾害损失减少到了最低限度，夺取了防台抗洪的重大胜利。回顾整个防台抗洪过程，我们在动员部署上，果断决策、迅速动员、周密部署、动态指挥，以最快的速度、最严的要求进入防台阵地；在人员转移上，坚决贯彻“有灾无害没有伤亡”的指示，把转移群众作为主要的措施来抓，以最广的范围动员海上作业人员大转移；在防御措施上，立足于全面防、全力防、全民防，做到风雨潮涝一起防，以最细的措施抓好防御抗灾工作；在抢险救灾上，立足于快行动、快见效，以最大的努力降低灾害损失。在这次抗台救灾中，各级党委、政府和广大干部群众既经受了艰难险阻的砥砺，取得了来之不易的战果，也积累了不少抗御强台风的重要经验和启示。

一、领导有力，掌握防御的主动权

防御“利奇马”期间，省防指先后召开了6次视频会议，对抗台防汛工作进行部署。省防指副指挥、省水利厅厅长陈杰率队来连督查新沂河、新沭河抗洪工作，现场对连云港市的防洪工作做了具体的安排；省防台防汛督导组郑在洲组长调集防汛救灾物资赶赴现场支援，迅速采取紧急措施，一线指挥全力固堤。市委书记项雪龙、市长方伟、副市长吴海云多次召开全市各级防台会商紧急部署会，同时深入县区检查部署，亲临一线统筹调度，要求各地全力做好防御台风工作。市防指迅速落实各项防台措施，8 月 10 日 22 时紧急启动全市防台风Ⅱ级应急响应，提升全面迎战台风的预警等级。为强化防汛责任落实，12 位市级领导对县区、功能板块、重点河道实行分区包干，全力督导防台措施落实到位情况。全市各级党委、政府沉着应对，开展了卓有成效的组织指挥工作；各基层党组织凝心聚力，切实发挥了战斗堡垒作用。

二、以人为本，把握防御的侧重点

从决策部署到组织发动、从防台应急到抗洪抢险，各级各部门始终把维护人民生命安全摆在首要位置。尤其在防御过程中，各地各部门坚定不移地贯彻落实省委省政府“有灾无害没有伤亡”的目标要求，下了最大的决心，做了最大的努力，及时将出海 1 686 艘渔船全部召回返港，12 734 名船员全部到岸。市防指迅速科学处置东海县场西水库滑坡、灌云县新沂河南岗段渗水等险情，消防支队共处置台风警情 39 起，出动消防车 46 辆次、230 人次、舟艇 5 艘次，没有发生一起伤亡事故。全市防指各成员单位根据各自职责分工，全力做好防御台风的各项工作。气象局及时预测预报，向市防指提供最新台风动向；市应急局开展灾害隐患再排查和治理，落实应急抢险队伍，集结 400 余名消防指战员 24 h 严阵以待；市水文部门进行新沭河、新沂河、蔷薇河、石梁河水库等重要河库水文预报，为防洪工程调度提供科学依据；市水利部门在暴雨来临之前预降石梁河、安峰山等水库及市区河道水位，最大程度腾出容量迎接台风带来的强降雨。降雨期间，水利一线人员全部在岗在位，排水涵闸第一时间全部开启，快速下泄涝水入海。8 月 11 日 9 时 50 分，临洪枢纽强排泵站先后开机，强排总流量大于 450 m^3/s，累计开机 737 台时，排水 8 525 万 m^3。各防指成员单位增强值守力量，密切关注洪水动向，及时掌握汛情，遇有紧急情况及时处理和上报，确保信息畅通。8 月 11 日 18 时，防台风Ⅱ级应急响应解除，连云港市抗击超强台风“利奇马”取得全面胜利。

三、科学施策，突出防御的关键点

台风过后，洪水接踵而至。受本地降雨与山东客水过境影响，新沂河、新沭河、蔷薇河相继行洪，8 月 11 日 13 时启动新沂河防汛Ⅲ级应急响应，8 月 12 日

6时蔷薇河临洪站超警戒水位发布洪水蓝色预警。面对巨大的洪水压力，全市上下连续作战，全力应对。

一是迅速部署，各就各位。8月11日18时，市政府主要领导召开防汛紧急调度会，要求各地各部门切实做好行大洪的各项准备工作。分片包干的市级领导同志分别到新沭河、新沂河等责任片区应急驻守，现场调度指挥。相关部门积极做好人员撤离工作，对跨漫水公路、漫水桥交通封闭管控，设立警示标识标牌。县区负责同志分片负责、乡镇负责人分段负责，24 h上堤巡查，严格落实抗洪责任，全面做好各项防汛工作。

二是强化巡堤，重点盯防。市防指专门发出通知，要求各地做好新沭河、新沂河等流域性河道巡堤查险等工作，强化重点巡查，做到抢早抢小。对险工患段、病险工程和水库，实行50 m一人驻点监控，确保第一时间发现险情，最快速度消除险情。石梁河水库近千艘船舶全部锚定，防止被洪水冲走阻碍行洪。

三是加强会商，研判调度。水文部门加密汛情监测，市水旱灾害防御调度指挥中心密切关注水情变化，加密会商频次，及时调整调度措施。为减轻蔷薇河泄洪压力，市防指争取省防指同意，逐步缩减石梁河行洪流量，同时压减蔷薇河支流来量，开启临洪东站、西站15台机组强排涝水。针对东海县6座大中型水库水位超汛限情况，协调大石埠、贺庄水库，向徐州高塘、阿湖水库泄洪，及时降低水位。

四是备战应急，随时待命。积极预置防汛抢险物资至新沭河、新沂河等行洪河道险工患段。防台期间，调运土工膜3 000 m^2和临时照明设施至东海场西水库；调运土工布1 600 m^2和应急灯至新沂河南岗段。

四、河湖长制，夯实防御的基础点

2019年，全市以河湖长制"两违三乱"治理为抓手，新沭河两岸各类违建基本拆除，石梁河水库采砂全部停止，船舶、砂场有效清理，一批"老大难"问题、陈年积弊得到有效解决，特别是很多河流恢复了行洪通道、提高了行洪能力，防洪减灾效益明显。扎实的河库治理工作为这次抗击台风、大流量行洪创造了有利条件，群众对保护水利工程的思想认识也得到了显著提升。

第二节　存在的问题

一、水利工程防洪体系短板明显

新沭河设计行洪流量6 400 m^3/s，2019年新沭河行洪能力为5 060 m^3/s，是原设计的79.1%，未完全达到设计标准，新沭河还存在黄川险工段和沙河险工段。新沂河在持续高水位行洪的状态下，南北堤大陆湖、腰庄险工段大范围出现渗漏、散浸等现象。流域行洪对蔷薇河行洪影响大，临洪闸前水位已接近历史高水位，临洪枢纽强排能力尚不足以保证市区防洪安全，蔷薇河沿线及支流受涝严重。现有城区河道、排水管网及水利防洪设施维护不完全到位，行洪、排涝能力有所降低，设计标准也不能与城市的经济发展相适应，例如"利奇马"期间东海县幸福路铁路涵洞积水严重，严重影响交通和安全。应高度重视这次台风带来的警示，紧盯灾后暴露出的薄弱环节，积极谋划"十四五"规划，早日补足防洪排涝体系中的短板。

二、水利工程运用不够科学

现有水库汛期防洪管理中，采用单一固定的汛限水位传统方法，而缺乏考虑汛期洪水发生的随机性以及洪水量级上的差异性，以至于水库在汛初为了保障防洪安全而不敢蓄，几乎来多少水就放多少水，例如本次石梁河水库调蓄削峰率只有10.9%，没有充分发挥大型水库的调蓄作用。缺乏区域科学行洪排涝联控机制，例如石梁河水库泄洪没有充分考虑下游蔷薇河行洪，致使蔷薇河洪水不能自排，只能采用抽排，导致蔷薇河上游受涝严重。

汛期末未能抓住最后一场洪水而蓄不满水的现象经常发生，从而导致水资源的浪费，降低了水库兴利效益。汛限水位是发挥水库功能的一个重要水位，是防洪与兴利的结合点，因此通过科学分析适当抬高石梁河、安峰山、小塔山等水库的汛限水位，使水库多拦蓄汛期洪水。可以根据其防洪调度方式及判别条件，按照水库的具体情况正确考虑与水库调洪有关的各种因素，尝试将整个汛期进行分期，并对各个分期分别拟订分期汛限水位，通过对历史洪水调洪演算，在满足约束条件的前提下，尽可能抬高汛限水位，并使之尽可能最大化，以此提高水库蓄洪量。除了利用水库提高汛限水位来多蓄洪水外，还可以通过水库群之间的优化调度以及水库与河网的优化调度充分利用洪水。

三、水文监测能力不足

连云港市部分区域河道、骨干河道缺少流量测验设施，只能采取应急巡测方式，尤其是入海河道；县级城区部分排涝河道无水位、流量控制站，无法及时掌握河道水情信息；县级城区内雨量站偏少，不能有效掌握暴雨时空分布情况。

第三节　建　　议

一、加快推进防洪工程提升建设

(1) 加快推进流域性工程建设，尽快实施新沂河、新沭河 100 a 一遇整治工程，提高防洪标准。

(2) 尽快实施新沂河大陆湖、南岗等险工段堤防加固工程建设，及时修复新沂河盐西节制闸滚水坝路面及护坡损坏；加快实施新沭河蒋庄闸至太平庄闸段堤防加固与防汛道路建设。

(3) 尽早实施 13 座小水库除险加固，加快推进武障河闸、北六塘河闸、龙沟河闸、同兴闸、青湖闸等病险大中型水闸工程，消除重点部位度汛隐患。

(4) 对蔷薇河流域防洪排涝体系进行深入研究。

(5) 开展石梁河水库、小塔山水库、安峰山水库等水库的汛限水位提升研究，增加兴利库容和防洪库容。另外，可以根据其防洪调度方式及判别条件，按照水库的具体情况正确考虑与水库调洪有关的各种因素，尝试将整个汛期进行分期，并对各个分期分别拟订分期汛限水位。

(6) 建议提升城区管网和河道排水标准，对未建排水泵站的桥涵进行补建，对原有排水能力不足的泵站进行改造，加大抽排能力和管理维护，针对建设路面排水不便地区，增建移动排水设施。

二、加强全流域水利工程科学调控

(1) 加强水利工程联调联控,充分发挥水闸拦蓄挡潮、水库调蓄削峰作用。

(2) 行洪时要考虑上下游、左右岸、干支流的影响,实行错峰行洪,最大限度地减少区域内涝。

三、以“清四乱”深入推进河湖长制

深入开展河湖“清四乱”专项行动,对乱占、乱采、乱堆、乱建等河湖突出问题进行集中清理整治。对于违法围垦河湖的,有计划地退田还河还湖;对于非法采砂,始终保持高压严打,确保采砂秩序总体可控;对于乱堆乱放的,逐个点位进行清理;对于违法违规涉河建设项目,逐项论证是否影响防洪、是否符合岸线管控和生态敏感区管理要求,依法依规清理整治,根治水利工程监管存在的问题,保障行洪河道通畅,提高行洪能力,提升防洪减灾效益。

四、加强水文监测能力提升建设

在充分考虑技术进步和水文测报方式改革,以满足防洪抗旱需求为目标,充分优化水文站网,建立与经济社会发展需求相适应的布局合理、密度适宜、点面结合、站类齐全、功能完备的水文站网体系。以水文测站为基本单元,以监测中心为重要对象,充分应用信息技术、空间技术等现代化科技手段和水文学科研究最新成果,实现实时化的信息数据获取能力、自动化的信息数据处理能力、网络化的信息管理与服务能力,提升水文监测服务能力和现代化水平,形成驻测、巡测、遥测、应急监测相结合的水文监测模式,构建地表、地下、空间监测相结合的多方式、多层次的高效水文监测体系,有力推进智慧水文建设,实时监视雨情、水情等洪水信息,大幅度提升连云港市水文监测能力。

五、开展雨洪资源利用研究

连云港市地处沂沭泗水系的最下游,用水主要依靠调引江淮水,对外界的依赖性较强,一旦江淮水引水工程受到影响,无法正常供水,而且江淮水的供应存在一定不确定性,比如缺水的季节往往整个流域都会出现不同程度的用水紧张,连云港市又处于江淮供水系统的末梢,更容易受到供水不足的影响,2019年就出现此情况。连云港市过境洪水水量丰富，加之本市水库较多，水利设施较完善，建议积极开展雨洪资源利用研究，例如利用河网自然调蓄能力和河渠联通关系，发挥现有的闸、坝功能，分析闸坝群联合调控方案，通过河网联合优化调度，延缓洪水在陆地停留时间，利用河道多蓄存汛期洪水；在靠近行洪河道及入海口处新建水库工程蓄水等。连云港市雨洪资源的开发利用是非常必要的，可以提高连云港市水资源的可持续利用程度，更好地服务于地方社会经济发展。

六、加强防洪非工程措施建设

建设完善洪水信息查询、洪水预测预报、洪水调度等业务应用系统，增加灾情评估系统，并辅助开展相关专题研究，以进一步提高连云港市洪水预报精度，优化调度方案，提高调蓄削峰效果，为区域以及城市防洪抢险提供技术支撑。

附　　录

附录一　附　　表

附表 1　降雨量等级划分表

等级	时段降雨量/mm	
	12 h 降雨量	24 h 降雨量
微量降雨(零星小雨)	<0.1	<0.1
小雨	0.1～4.9	0.1～9.9
中雨	5.0～14.9	10.0～24.9
大雨	15.0～29.9	25.0～49.9
暴雨	30.0～69.9	50.0～99.9
大暴雨	70.0～139.9	100.0～249.9
特大暴雨	≥140.0	≥250.0

附表2　连云港市各站月年降水量对照表

各站月、年降水量对照表

年份：2019　　　　共 2 页 第 1 页

序号	河名	站名	月降水量/mm 一月	二月	三月	四月	五月	六月	七月	八月	九月	十月	十一月	十二月	年降水量/mm	年降水日数	一日最大 降水量/mm	一日最大 出现日期 月	一日最大 出现日期 日	1—12月 降水量/mm	1—12月 降水日数
1	高流河	桃林	28.1	10.3	30.0	63.5	12.5	115.0	166.0	206.0	17.5	35.0	27.5	22.0	733.4	66	142.5	8	10	733.4	66
2	善后河	板浦	35.5	15.6	42.5	68.0	9.0	151.5	114.0	186.0	21.5	29.5	27.0	16.5	716.6	70	140.0	8	10	716.6	70
3	〃	善后新闸	40.6	19.5	38.5	77.5	7.5	151.0	129.5	129.5	25.0	30.0	33.0	19.0	700.6	64	87.5	8	10	700.6	64
4	五图河	杨集	43.9	18.5	47.5	67.0	7.5	114.0	135.5	266.0	28.5	31.5	39.5	19.5	818.9	74	116.5	8	10	818.9	74
5	古泊河	龙苴	36.8	16.7	45.0	66.5	4.0	155.5	107.0	180.0	8.0	33.5	28.0	14.0	695.0	71	124.5	8	10	695.0	71
6	烧香河	东辛农场	38.4	12.4	46.0	65.0	13.0	111.5	113.5	140.0	44.5	28.0	38.0	17.0	667.3	69	87.5	8	10	667.3	69
7	北六塘河	龙沟闸	45.9	18.4	41.5	58.0	5.0	144.5	188.0	257.0	21.5	26.0	39.0	17.0	861.8	70	185.0	8	10	861.8	70
8	盐河	顺河集	48.5	23.3	26.5	67.5	5.5	149.5	140.5	261.5	26.0	23.5	42.0	21.5	835.8	69	204.5	8	10	835.8	69
9	〃	灌云	40.7	19.3	45.5	73.0	3.0	114.0	130.5	250.5	18.5	32.0	37.0	17.5	781.5	71	126.5	8	10	781.5	71
10	一帆河	小窑	50.0	22.0	36.5	65.5	6.0	114.0	213.5	201.0	29.0	26.0	40.0	20.0	823.5	66	156.5	8	10	823.5	66
11	灌河	燕尾港	32.0	13.0	46.5	49.5	6.0	87.5	131.0	39.5	15.0	23.0	28.0	18.0	489.0	56	40.0	6	28	489.0	56
12	夏庄河	临沭	24.3	6.6	33.0	63.0	4.5	87.0	122.0	287.0	5.5	25.0	33.5	20.0	711.4	70	98.0	8	10	711.4	70
13	石门河	石门	27.5	9.2	28.0	63.5	9.0	111.5	197.5	314.0	5.5	30.5	29.0	24.0	849.2	68	142.5	8	10	849.2	68
14	新沭河	大兴镇	29.9	7.1	32.5	52.0	8.5	102.5	190.5	289.5	8.0	26.0	32.0	23.5	802.0	69	172.5	8	10	802.0	69
15	大沙河	张疃	25.0	7.0	29.0	58.0	4.5	98.5	147.5	243.0	2.5	26.0	29.5	25.0	695.5	78	80.5	8	10	695.5	78
16	朱稽截水沟	夹谷山	22.7	6.7	31.5	53.0	6.5	119.0	123.0	237.5	2.5	29.5	29.0	25.0	685.9	67	70.5	8	10	685.9	67
17	新沭河	石梁河水库	30.8	7.5	38.0	54.0	6.0	112.5	151.0	248.5	15.5	26.5	26.5	22.5	739.3	74	122.0	8	10	739.3	74
18	〃	岳庄	36.0	9.3	35.0	60.0	5.5	190.5	94.5	206.0	11.5	28.5	25.0	20.5	722.3	66	99.5	8	10	722.3	66
19	黄泥河	前圩	35.0	21.3	56.0	46.5	13.5	145.5	94.5	285.5	6.5	29.5	26.5	19.5	779.8	68	170.5	8	10	779.8	68
20	〃	贤官亭	45.0	17.8	43.0	58.5	0.5	194.5	169.0	304.0	7.5	34.5	32.5	19.5	926.3	71	187.0	8	10	926.3	71
21	新伍河	青坊	37.0	13.8	28.0	44.5	5.5	196.0	209.0	234.5	7.0	38.5	32.0	20.0	865.8	70	177.0	8	10	865.8	70
22	厚镇河	安峰山水库	39.4	13.6	25.0	33.5	3.0	127.5	209.5	176.0	10.0	27.5	19.5	15.5	700.0	70	134.5	8	10	700.0	70
23	蔷薇河	小许庄	43.6	16.9	31.5	50.0	3.0	159.5	182.0	288.5	13.5	41.5	28.5	21.0	879.5	70	183.0	8	10	879.5	70
24	白沙河	房山	30.5	11.1	26.5	44.0	2.0	137.5	138.5	302.5	20.5	25.5	24.0	17.5	780.1	72	223.5	8	10	780.1	72
25	蔷薇河	张湾	36.5	14.6	28.0	54.0	2.5	152.5	128.5	245.0	13.5	23.5	27.5	17.5	743.6	70	195.0	8	10	743.6	70

附表2（续）

各站月年降水量对照表

年份：2019　　　　共 2 页 第 2 页

序号	河名	站名	月降水量（mm）												年降水量(mm)	年降水日数	一日最大			1—12月	
			一月	二月	三月	四月	五月	六月	七月	八月	九月	十月	十一月	十二月			降水量(mm)	出现日期		降水量(mm)	降水日数
																		月	日		
26	淮沭新河	麦坡	34.8	11.0	39.0	55.5	3.5	132.5	151.0	391.5	8.5	34.5	32.5	21.0	915.3	70	303.0	8	10	915.3	70
27	石榴树河	双店	26.5	11.8	35.5	62.0	5.0	136.0	219.5	271.0	6.0	37.0	28.5	24.0	862.8	68	220.0	8	10	862.8	68
28	埝河	横沟	21.0	7.8	30.5	48.0	4.0	111.5	160.5	183.5	3.0	22.5	17.5	15.5	625.3	67	136.0	8	10	625.3	67
29	牛南小河	牛山	35.9	11.4	41.0	49.5	2.5	118.5	153.5	339.5	10.5	31.5	31.0	23.5	848.3	74	256.0	8	10	848.3	74
30	鲁兰河	下河套	28.5	9.4	30.5	64.5	3.0	146.0	119.0	200.5	6.5	29.5	25.5	20.5	683.4	67	113.0	8	10	683.4	67
31	淮沭新河	包庄	31.5	10.3	32.0	50.5	2.5	125.5	106.0	136.5	13.5	24.0	30.0	16.5	578.8	69	70.5	8	10	578.8	69
32	蔷薇河	临洪	37.8	12.2	45.5	59.0	6.5	132.5	179.5	132.0	16.0	21.5	29.5	17.0	689.0	70	99.5	7	6	689.0	70
33	石桥河	石桥	23.7	7.9	29.5	60.0	5.5	190.5	94.5	139.5	8.0	24.0	23.0	22.5	628.6	64	62.0	6	6	628.6	64
34	龙　河	朱汪	24.9	9.7	42.0	53.5	6.5	114.0	281.5	199.5	8.5	33.5	26.0	21.5	821.1	73	107.5	7	6	821.1	73
35	青口河	洙边	19.7	7.2	30.0	62.5	4.5	88.0	157.0	251.0	1.5	23.5	39.5	22.5	706.9	79	59.5	8	10	706.9	79
36	旦头河	清水涧	23.0	7.6	28.5	61.5	6.0	86.0	215.0	280.0	6.5	29.5	37.5	23.5	804.6	78	78.0	8	2	804.6	78
37	青口河	黑林	19.5	6.7	31.5	58.5	7.0	104.0	181.5	298.0	4.0	25.5	29.5	21.0	786.7	71	101.0	8	2	786.7	71
38	康邑河	汪子头	20.6	7.4	23.0	56.0	5.5	63.5	161.5	271.0	1.0	25.5	34.0	26.0	695.0	75	63.5	8	2	695.0	75
39	青口河	小塔山水库	23.9	8.0	31.5	52.5	6.0	91.5	189.0	195.0	5.0	28.0	32.0	23.0	685.4	70	95.0	7	6	685.4	70
40	〃	青口	32.0	7.9	27.0	57.5	4.0	168.5	198.5	181.5	16.0	32.5	26.5	21.5	773.4	73	80.0	7	6	773.4	73
41	朱稽河	班庄	28.0	7.6	28.5	53.5	7.5	117.0	138.0	219.0	3.0	26.0	27.5	23.0	678.6	71	73.5	8	10	678.6	71
42	〃	朱堵集	24.6	6.4	34.5	50.5	7.0	185.5	188.5	182.5	7.0	28.0	24.5	21.5	760.5	68	83.5	7	6	760.5	68
43	范河	范河闸	22.2	7.5	30.0	44.5	4.5	145.5	188.0	145.5	30.5	23.5	24.0	18.0	683.7	68	56.5	7	6	683.7	68
44	黄海	西连岛	32.4	12.7	36.5	70.0	8.0	135.5	87.5	80.0	12.0	24.0	32.0	20.5	551.1	68	48.0	6	6	551.1	68

附表 3 连云港市各站各时段最大降水量表(1)

年份:2019 流域水系码: 降水量单位:mm

站次	测站编码	站 名	时段/min												
			10	20	30	45	60	90	120	180	240	360	540	720	1 440
			最大降水量												
			开始月—日												
1	51126650	板浦	15.0	21.0	27.0	35.0	39.5	41.5	42.5	60.0	72.5	88.5	97.0	104.0	153.5
			7-6	7-6	7-6	7-6	7-6	7-6	7-6	8-11	8-11	8-11	8-11	8-10	8-10
2	51128450	龙沟闸	17.5	29.5	37.0	47.0	54.5	71.0	78.5	108.5	143.5	156.0	159.0	164.5	187.5
			7-6	7-6	7-6	8-11	8-11	8-11	8-11	8-11	8-11	8-11	8-10	8-10	8-10
3	51128800	灌云	20.5	38.5	45.5	48.5	49.0	63.0	76.0	85.5	96.5	104.5	112.5	114.0	134.0
			7-27	7-27	7-27	7-27	7-27	8-11	8-11	8-11	8-11	8-11	8-11	8-10	8-10
4	51131400	大兴镇	23.5	32.0	41.5	44.5	44.5	44.5	44.5	48.5	60.5	96.0	113.0	127.5	191.5
			7-27	7-6	7-6	7-6	7-6	7-6	7-6	8-10	8-10	8-10	8-10	8-10	8-10
5	51131600	张疃	11.5	18.0	26.5	34.0	39.0	51.5	62.0	64.5	65.5	65.5	71.5	73.0	102.5
			7-6	8-2	7-6	7-6	8-2	8-2	8-2	8-2	8-2	8-2	8-2	8-2	8-10
6	51131750	石梁河水库	22.5	39.0	48.5	50.5	50.5	50.5	52.0	52.0	53.0	54.0	67.5	84.0	152.0
			7-6	7-6	7-6	7-6	7-6	7-6	7-6	7-6	7-6	7-6	8-10	8-10	8-10
7	51132700	小许庄	22.0	36.5	43.0	57.5	65.5	72.0	92.0	108.0	117.0	130.5	137.5	140.5	194.5
			8-1	8-1	8-1	8-1	8-1	8-11	8-11	8-11	8-11	8-11	8-11	8-11	8-10
8	51133000	麦坡	15.5	29.0	42.0	48.0	54.5	85.0	97.5	118.0	135.5	167.0	177.5	194.5	331.5
			8-10	8-10	8-10	8-10	8-10	8-10	8-10	8-10	8-10	8-10	8-10	8-10	8-10

附表3(续)

站次	测站编码	站名	时段/min												
			10	20	30	45	60	90	120	180	240	360	540	720	1 440
			最大降水量												
			开始月—日												
9	51133300	牛山	12.5	17.5	24.0	29.5	34.5	46.0	53.5	72.0	82.0	113.0	131.0	160.5	265.0
			3-20	8-11	8-11	8-11	8-11	8-11	8-11	8-11	8-11	8-11	8-10	8-10	8-10
10	51133650	临洪	22.5	40.0	57.5	71.5	85.0	94.5	96.0	98.0	98.0	99.5	99.5	99.5	99.5
			7-6	7-6	7-6	7-6	7-6	7-6	7-6	7-6	7-6	7-6	7-6	7-6	7-6
11	51320850	朱汪	20.0	27.0	32.0	43.0	57.5	70.5	86.0	93.0	94.0	96.0	100.0	100.0	107.5
			8-16	8-5	6-8	7-6	7-6	7-6	7-6	7-6	7-6	7-6	7-6	7-6	7-6
12	51321150	清水涧	19.0	30.5	38.0	43.0	46.0	66.0	75.0	77.0	77.5	78.0	102.0	103.0	105.5
			7-6	7-6	7-6	7-6	7-6	8-2	8-2	8-2	8-2	8-2	8-2	8-2	8-1
13	51321200	黑林	V20.5	36.5	51.0	63.5	70.0	89.5	96.0	98.5	100.0	100.5	123.5	125.0	132.5
			8-2	8-2	8-2	8-2	8-2	8-2	8-2	8-2	8-2	8-2	8-2	8-2	8-1
14	51321300	汪子头	20.5	30.5	33.5	42.5	50.0	56.5	56.5	60.0	62.0	65.5	79.0	82.5	92.5
			8-16	8-16	8-2	8-2	8-2	8-2	8-2	8-2	8-2	8-2	8-2	8-2	8-1
15	51321400	小塔山水库	21.0	33.5	40.0	42.5	43.0	62.5	79.0	87.5	87.5	88.5	92.0	92.0	95.0
			7-6	8-16	8-16	8-16	8-16	7-6	7-6	7-6	7-6	7-6	7-6	7-6	7-6
16	51321500	青口	20.0	35.0	46.0	47.5	48.5	53.0	56.5	60.5	74.0	75.0	78.5	78.5	82.0V
			7-6	7-6	7-6	7-6	7-6	8-1	8-1	6-8	7-6	7-6	7-6	7-6	8-10
17	51321750	朱堵集	22.5	34.5	44.5	57.0	65.0	68.5	70.0	71.5	73.0	75.0	79.5	79.5	92.0
			8-1	8-1	7-6	7-6	7-6	7-6	7-6	6-8	7-6	7-6	7-6	7-6	8-10

附表 4　连云港市各站各时段最大降水量表(2)

年份：2019　　　流域水系码：　　　降水量单位：mm

站次	测站编码	站名	时段/h																	
			1			2			3			6			12			24		
			降水量	开始		降水量	开始		降水量	开始		降水量	开始		降水量	开始		降水量	开始	
				月	日		月	日		月	日		月	日		月	日		月	日
1	51126250	桃林	24.5	7	15	35.5	8	10	44.0	8	10	81.5	8	10	107.0	8	10	145.5	8	10
2	51126750	善后新闸	25.5	8	11	35.0	6	29	48.5	6	29	70.5	8	11	91.0	8	10	100.5	8	10
3	51126800	杨集	48.0	8	2	66.0	8	1	75.0	8	11	97.5	8	11	112.0	8	10	126.0	8	10
4	51127200	龙苴	40.5	8	11	58.5	8	11	76.5	8	11	92.0	8	11	102.0	8	10	130.5	8	10
5	51127250	东辛农场	30.0	7	6	35.5	9	3	49.0	8	11	84.5	8	11	100.0	8	10	110.5	8	10
6	51128700	顺河集	50.5	8	11	81.5	8	11	103.5	8	11	156.0	8	11	176.0	8	10	204.5	8	10
7	51128950	小窑	42.0	8	11	76.0	8	11	94.5	8	11	130.5	8	11	143.5	8	10	157.5	8	10
8	51129250	燕尾港	26.5	7	30	26.5	7	30	35.0	7	27	46.5	7	27	47.5	7	27	47.5	7	27
9	51131300	临沭	42.0	8	16	45.5	8	16	53.5	8	2	60.5	8	2	71.5	8	2	118.5	8	10
10	51131350	石门	28.0	7	23	47.0	8	1	47.5	8	1	57.0	8	10	100.0	8	10	160.0	8	10
11	51131650	夹谷山	30.5	7	6	38.0	7	6	38.5	7	6	45.5	8	11	66.5	8	11	98.0	8	10
12	51131900	岳庄	32.0	6	6	59.5	6	6	70.0	6	6	90.0	6	6	103.0	8	10	139.5	8	10
13	51132350	前圩	34.5	8	26	63.5	8	26	75.5	6	6	96.5	6	6	110.5	8	10	176.0	8	10
14	51132500	贤官亭	45.0	6	8	59.0	8	26	76.0	8	10	99.0	6	6	102.0	6	6	192.0	8	10
15	51132550	青坊	40.5	7	25	66.5	8	11	83.0	8	11	103.0	8	11	113.0	8	10	189.0	8	10
16	51132650	安峰山水库	40.5	7	14	54.0	8	11	66.5	8	11	83.0	8	11	90.0	8	11	144.5	8	10
17	51132850	房山	40.5	8	11	72.0	8	11	91.0	8	11	115.5	8	11	126.0	8	11	223.5	8	10
18	51132950	张湾	38.5	8	11	51.0	8	11	72.0	8	11	98.5	8	11	119.5	8	10	204.0	8	10
19	51133100	双店	71.5	7	24	89.5	7	24	95.0	8	10	135.0	8	10	173.0	8	10	222.0	8	10
20	51133200	横沟	36.5	7	24	48.0	8	10	55.5	8	10	82.0	8	10	100.0	8	10	151.0	8	10
21	51133450	下河套	30.5	7	27	38.5	8	11	52.5	8	11	70.5	8	11	90.5	8	10	144.5	8	10
22	51133500	包庄	28.5	6	6	41.0	6	6	47.0	6	6	68.5	6	6	76.0	8	10	100.0	8	10
23	51320600	石桥	32.0	6	6	59.5	6	6	70.0	6	6	90.0	6	6	93.0	6	6	93.0	6	6
24	51320950	洙边	34.0	8	16	43.5	8	16	43.5	8	16	53.0	8	11	72.0	8	11	104.0	8	10
25	51321550	班庄	30.5	7	27	36.0	7	6	36.5	7	6	42.0	8	11	57.5	8	11	96.5	8	10
26	51321850	范河闸	45.5	7	16	46.5	7	16	51.5	7	6	55.5	7	6	56.5	7	6	65.0	8	10
27	51321950	西连岛	22.0	3	20	32.5	6	6	44.0	6	6	63.5	6	6	68.0	6	6	68.0	6	6

附表5 连云港市各站逐日降水量表

高流河 桃林站逐日降水量表

年份:2019　　测站编码:51126250　　降水量单位:mm

日期＼月份	一月	二月	三月	四月	五月	六月	七月	八月	九月	十月	十一月	十二月
1								8.5				0.5
2		0.5										
3	2.0							1.5	14.5			
4	1.6*									6.5		
5	1.8*					45.0		3.0				
6				0.5		7.5	47.0			20.0		
7								11.0				
8		0.8*		19.5		13.0						
9	1.4*			19.5						4.0	0.5	
10					10.5		6.0	142.5		1.0		
11	0.3*							26.0		3.5		
12											2.5	
13		2.4*		1.0					3.0			
14		0.3*					5.0					
15							24.5					
16												10.5
17							1.0				6.5	
18		6.3*										
19			24.0									
20			6.0									
21												

续表

日期 \ 月份	一月	二月	三月	四月	五月	六月	七月	八月	九月	十月	十一月	十二月
22				3.0								
23							9.0					
24				1.0	0.5		2.0					1.0
25				1.5			8.5					10.0
26					1.5		2.5	10.0				
27				2.5			33.5	3.5				
28				14.0		48.5	2.0					
29				1.0								
30	21.0*					1.0	25.0				18.0	
31												
月统计 总量	28.1	10.3	30.0	63.5	12.5	115.0	166.0	206.0	17.5	35.0	27.5	22.0
月统计 降水日数	6	5	2	10	3	5	12	8	2	5	4	4
月统计 最大日量	21.0	6.3	24.0	19.5	10.5	48.5	47.0	142.5	14.5	20.0	18.0	10.5

年统计	降水量	733.4		年降水日数	66	
	时段/d	1	3	7	15	30
	最大降水量	142.5	168.5	182.5	227.0	305.5
	开始日期	8月-10日	8月-10日	8月-5日	7月-27日	7月-14日
附注						

善后河　板浦站逐日降水量表

年份:2019　　测站编码:51126650　　降水量单位:mm

月份/日期	一月	二月	三月	四月	五月	六月	七月	八月	九月	十月	十一月	十二月
1								8.5				1.5
2		2.0						3.0				
3	3.5								17.5			
4	1.8*							4.5		4.0		
5	3.2*					30.0						
6						24.5	45.0			21.5		
7							2.5					
8		1.6*		8.0		40.0						
9	2.0*			24.5		2.5				2.0	0.5	
10								140.0	0.5	0.5		
11	2.0*						0.5	21.5		1.5		
12					5.5			1.5			1.5	
13		2.0*		2.0					1.5			
14							22.5		2.0			
15												
16								1.5				6.5
17					0.5		0.5				7.0	
18		10.0*										
19			30.0				1.0					
20			12.0									
21												0.5

续表

日期＼月份	一月	二月	三月	四月	五月	六月	七月	八月	九月	十月	十一月	十二月
22				3.0								
23												
24				1.0			1.0					0.5
25				1.5	2.5		0.5					7.5
26				1.0	0.5		21.0	2.0				
27				6.0			2.0	3.5				
28				18.5		54.5						
29			0.5	2.5								
30	23.0*						17.5				18.0	
31												
月统计 总量	35.5	15.6	42.5	68.0	9.0	151.5	114.0	186.0	21.5	29.5	27.0	16.5
月统计 降水日数	6	4	3	10	4	5	11	9	4	5	4	5
月统计 最大日量	23.0	10.0	30.0	24.5	5.5	54.5	45.0	140.0	17.5	21.5	18.0	7.5

年统计						
年统计	降水量	733.4		年降水日数	66	
年统计	时段/d	1	3	7	15	30
年统计	最大降水量	140.0	163.0	164.5	196.5	245.0
年统计	开始日期	8月-10日	8月-10日	8月-5日	7月-27日	7月-14日
附注						

五图河　杨集站逐日降水量表

年份:2019　　测站编码:51126800　　降水量单位:mm

月份 日期	一月	二月	三月	四月	五月	六月	七月	八月	九月	十月	十一月	十二月
1								67.5				2.0
2		2.0	0.5					53.5				
3	3.5								27.5			
4	5.1*							2.0		3.5		
5	3.8*					26.5						
6		0.5		1.0		20.5	33.0		0.5	26.0		
7							0.5			0.5		
8		3.1*		2.5		5.5						
9	1.3*			29.5		0.5		5.0		1.0		
10		0.2*						116.5		0.5		
11	1.7*							14.0				
12					0.5		3.5	1.0			1.0	
13		1.7*		2.0								
14									0.5			
15							1.5					
16				0.5								6.5
17					1.0		1.0				6.5	
18		10.7*										
19			19.0				0.5					
20			28.0									
21		0.3*										0.5

续表

日期＼月份	一月	二月	三月	四月	五月	六月	七月	八月	九月	十月	十一月	十二月
22				2.0								0.5
23												
24					1.5		4.0					0.5
25				2.5	3.5		1.5					9.0
26					1.0		76.5	2.0				0.5
27				5.0			0.5	4.5				
28				18.5		61.0						
29				3.5								
30	28.5*						13.0				32.0	
31												
月统计 总量	43.9	18.5	47.5	67.0	7.5	114.0	135.5	266.0	28.5	31.5	39.5	19.5
月统计 降水日数	6	7	3	10	5	5	11	9	3	5	3	7
月统计 最大日量	28.5	10.7	28.0	29.5	3.5	61.0	76.5	116.5	27.5	26.0	32.0	9.0

年统计						
年统计	降水量	818.9		年降水日数	74	
年统计	时段/d	1	3	7	15	30
年统计	最大降水量	116.5	135.5	157.5	272.5	358.0
年统计	开始日期	8月-10日	8月-10日	8月-5日	7月-27日	7月-14日
附注						

古泊河　龙苴站逐日降水量表

年份:2019　　测站编码:51127200　　降水量单位:mm

日期＼月份	一月	二月	三月	四月	五月	六月	七月	八月	九月	十月	十一月	十二月
1								7.5				1.0
2		2.0	0.5					17.0				
3	3.5							0.5	7.5			
4	3.6*									4.0		
5	3.4*					40.0						
6				0.5		11.0	16.5			24.5		
7							10.0					
8		1.8*		10.0		9.0						
9	1.3*			23.0		23.0		5.5		3.0		
10	0.8*							124.5		1.5		
11	1.2*							11.0		0.5		
12					1.5			0.5			1.0	
13		1.7*		2.0								
14							1.0		0.5			
15							8.5					
16												5.0
17					0.5		0.5				6.5	
18		10.0*										
19			28.5				1.0					
20			15.5									
21		1.2*										0.5

续表

日期＼月份	一月	二月	三月	四月	五月	六月	七月	八月	九月	十月	十一月	十二月
22				3.0								
23												
24				0.5			3.5					
25				3.5	1.5		0.5					7.5
26					0.5		24.0	9.5				
27				4.5			8.5	4.0				
28				17.0		72.5	2.5					
29			0.5	2.5								
30	23.0*						30.0				20.5	
31							0.5					
月统计 总量	36.8	16.7	45.0	66.5	4.0	155.5	107.0	180.0	8.0	33.5	28.0	14.0
月统计 降水日数	7	5	4	10	4	5	13	9	2	5	3	4
月统计 最大日量	23.0	10.0	28.5	23.0	1.5	72.5	30.0	124.5	7.5	24.5	20.5	7.5

<table>
<tr><td rowspan="4">年统计</td><td>降 水 量</td><td colspan="2">695.0</td><td>年降水日数</td><td colspan="2">71</td></tr>
<tr><td>时段/d</td><td>1</td><td>3</td><td>7</td><td>15</td><td>30</td></tr>
<tr><td>最大降水量</td><td>124.5</td><td>141.0</td><td>141.5</td><td>199.0</td><td>247.0</td></tr>
<tr><td>开始日期</td><td>8 月-10 日</td><td>8 月-10 日</td><td>8 月-5 日</td><td>7 月-27 日</td><td>7 月-14 日</td></tr>
<tr><td>附注</td><td colspan="6"></td></tr>
</table>

烧香河　东辛农场站逐日降水量表

年份:2019　　测站编码:51127250　　降水量单位:mm

日期＼月份	一月	二月	三月	四月	五月	六月	七月	八月	九月	十月	十一月	十二月
1								0.5				2.0
2		2.0						5.0		4.5		
3	4.0							0.5	42.0			
4	2.0									4.0		
5	3.0*					24.0						
6				1.5		33.5	36.0			15.5		
7							7.5					
8		1.1 *		4.5		17.5						
9	1.3 *			20.5						3.0	0.5	
10		0.3 *						87.5		0.5		
11	2.7*						2.0	27.0		0.5		
12					10.0			1.0			1.5	
13		2.0*		3.0					1.5			
14									1.0			
15												
16								6.5				4.5
17					2.0		0.5				8.0	
18		7.0*					0.5					
19			36.0									
20			10.0									
21							6.0					0.5

续表

日期＼月份	一月	二月	三月	四月	五月	六月	七月	八月	九月	十月	十一月	十二月
22				4.0								
23												
24				0.5			6.5					1.0
25				1.0	1.0							8.5
26				0.5			30.5	0.5				0.5
27				5.5			9.5	11.5				
28				22.0		36.5						
29				2.0								
30	25.4*						14.5				28.0	
31												
月统计 总量	38.4	12.4	46.0	65.0	13.0	111.5	113.5	140.0	44.5	28.0	38.0	17.0
月统计 降水日数	6	5	2	11	3	4	10	9	3	6	4	6
月统计 最大日量	25.4	7.0	36.0	22.0	10.0	36.5	36.0	87.5	42.0	15.5	28.0	8.5

年统计					
降水量	667.3		年降水日数	69	
时段/d	1	3	7	15	30
最大降水量	87.5	115.5	122.0	136.0	195.5
开始日期	8 月-10 日	8 月-10 日	8 月-5 日	7 月-30 日	7 月-18 日

附注	

北六塘　河龙沟闸站逐日降水量表

年份:2019　　测站编码:51128450　　降水量单位:mm

日期＼月份	一月	二月	三月	四月	五月	六月	七月	八月	九月	十月	十一月	十二月
1								4.5				2.0
2		2.5						37.5				
3	3.0		0.5						19.5			
4	4.5*							0.5		2.5		
5	3.8*					52.5						
6				2.0		11.0	47.5		0.5	21.5		
7							1.0			0.5		
8		3.2 *		2.0		2.0						
9	1.9*			28.5		16.5		10.0		1.5		
10								185.0				
11	2.1*							4.5				
12				0.5				2.5			0.5	
13		2.7*		1.0			14.0		0.5			
14							20.0		1.0			
15												
16												4.5
17					0.5		2.0				10.5	
18		10.0*										
19			24.0									
20			15.5									
21												0.5

续表

月份 日期	一月	二月	三月	四月	五月	六月	七月	八月	九月	十月	十一月	十二月
22				3.0								
23												
24					2.5		1.5					1.0
25				1.5	1.0		1.5					8.5
26					0.5		72.0	9.5				0.5
27				0.5			0.5	3.0				
28				15.5		62.5						
29			1.5	3.5								
30	30.6*				0.5		28.0				28.0	
31												
月统计 总量	45.9	18.4	41.5	58.0	5.0	144.5	188.0	257.0	21.5	26.0	39.0	17.0
月统计 降水日数	6	4	4	10	5	5	10	9	4	4	3	6
月统计 最大日量	30.6	10.0	24.0	28.5	2.5	62.5	72.0	185.0	19.5	21.5	28.0	8.5

年统计						
年统计	降水量	861.8		年降水日数	70	
	时段/d	1	3	7	15	30
	最大降水量	185.0	199.5	202.0	272.5	381.5
	开始日期	8月-10日	8月-9日	8月-9日	7月-30日	7月-13日
附注						

盐河　顺河集站逐日降水量表

年份:2019　　测站编码:51128700　　降水量单位:mm

日期＼月份	一月	二月	三月	四月	五月	六月	七月	八月	九月	十月	十一月	十二月
1								0.5				2.5
2		2.0						32.5	0.5			
3	4.5								25.5			
4	5.7*							6.5		2.5		
5	3.8*					52.0						1.5
6		0.5		2.5		4.5	43.0			20.0		
7							2.5	0.5		0.5		
8		5.3 *		1.0		1.0						
9	2.4 *			33.0		16.5		1.0		0.5		
10	0.4*							204.5				
11	0.7*							2.5				
12				1.0				0.5			1.5	
13		3.5*		1.0			1.0					
14		0.5*										
15												
16												7.0
17					0.5						11.0	
18		9.3*										
19			7.0				0.5					
20			18.5									
21		2.2*		1.5								

续表

<table>
<tr><th colspan="2">月份
日期</th><th>一月</th><th>二月</th><th>三月</th><th>四月</th><th>五月</th><th>六月</th><th>七月</th><th>八月</th><th>九月</th><th>十月</th><th>十一月</th><th>十二月</th></tr>
<tr><td colspan="2">22</td><td></td><td></td><td></td><td>5.0</td><td></td><td></td><td></td><td></td><td></td><td></td><td></td><td></td></tr>
<tr><td colspan="2">23</td><td></td><td></td><td></td><td></td><td></td><td></td><td></td><td></td><td></td><td></td><td></td><td></td></tr>
<tr><td colspan="2">24</td><td></td><td></td><td></td><td></td><td>2.5</td><td></td><td></td><td></td><td></td><td></td><td></td><td>0.5</td></tr>
<tr><td colspan="2">25</td><td></td><td></td><td></td><td>0.5</td><td></td><td></td><td>6.5</td><td></td><td></td><td></td><td></td><td>10.0</td></tr>
<tr><td colspan="2">26</td><td></td><td></td><td></td><td></td><td>1.0</td><td></td><td>70.0</td><td>11.0</td><td></td><td></td><td></td><td></td></tr>
<tr><td colspan="2">27</td><td></td><td></td><td></td><td>0.5</td><td></td><td></td><td>1.5</td><td>2.0</td><td></td><td></td><td></td><td></td></tr>
<tr><td colspan="2">28</td><td></td><td></td><td></td><td>16.0</td><td></td><td>75.5</td><td></td><td></td><td></td><td></td><td></td><td></td></tr>
<tr><td colspan="2">29</td><td></td><td></td><td>1.0</td><td>5.5</td><td></td><td></td><td></td><td></td><td></td><td></td><td></td><td></td></tr>
<tr><td colspan="2">30</td><td>31.0*</td><td></td><td></td><td></td><td>1.5</td><td></td><td>15.5</td><td></td><td></td><td></td><td>29.5</td><td></td></tr>
<tr><td colspan="2">31</td><td></td><td></td><td></td><td></td><td></td><td></td><td></td><td></td><td></td><td></td><td></td><td></td></tr>
<tr><td rowspan="3">月统计</td><td>总量</td><td>48.5</td><td>23.3</td><td>26.5</td><td>67.5</td><td>5.5</td><td>149.5</td><td>140.5</td><td>261.5</td><td>26.0</td><td>23.5</td><td>42.0</td><td>21.5</td></tr>
<tr><td>降水日数</td><td>7</td><td>7</td><td>3</td><td>11</td><td>4</td><td>5</td><td>8</td><td>10</td><td>2</td><td>4</td><td>3</td><td>5</td></tr>
<tr><td>最大日量</td><td>31.0</td><td>9.3</td><td>18.5</td><td>33.0</td><td>2.5</td><td>75.5</td><td>70.0</td><td>204.5</td><td>25.5</td><td>20.0</td><td>29.5</td><td>10.0</td></tr>
<tr><td colspan="2" rowspan="4">年统计</td><td colspan="2">降水量</td><td colspan="4">835.8</td><td colspan="2">年降水日数</td><td colspan="4">69</td></tr>
<tr><td colspan="2">时段/d</td><td colspan="2">1</td><td colspan="2">3</td><td colspan="2">7</td><td colspan="2">15</td><td colspan="2">30</td></tr>
<tr><td colspan="2">最大降水量</td><td colspan="2">204.5</td><td colspan="2">208.0</td><td colspan="2">212.5</td><td colspan="2">264.0</td><td colspan="2">343.0</td></tr>
<tr><td colspan="2">开始日期</td><td colspan="2">8 月-10 日</td><td colspan="2">8 月-9 日</td><td colspan="2">8 月-4 日</td><td colspan="2">7 月-30 日</td><td colspan="2">7 月-13 日</td></tr>
<tr><td colspan="2">附注</td><td colspan="12"></td></tr>
</table>

盐河　灌云站逐日降水量表

年份:2019　测站编码:51128800　降水量单位:mm

月份 / 日期	一月	二月	三月	四月	五月	六月	七月	八月	九月	十月	十一月	十二月
1								50.5	2.5			2.0
2		2.5						49.0		1.0		
3	3.8								14.5			
4	4.8*							4.5		3.0		
5	1.6*					31.5						
6		0.5		1.5		21.5	18.0		0.5	26.0		
7							6.5			0.5		
8		3.2*		10.5		2.5						
9	1.9*			30.0		13.5		0.5		1.0		
10	0.6*							126.5	0.5			
11	1.3*							12.5		0.5		
12								1.5			1.5	
13		1.8*		1.5								
14							2.0		0.5			
15							15.0					
16				0.5								5.5
17					0.5		1.0				8.5	
18		10.2*										
19			15.0									
20			30.0									
21		1.1*										0.5

续表

日期＼月份		一月	二月	三月	四月	五月	六月	七月	八月	九月	十月	十一月	十二月
22					3.0								
23													
24								2.5					0.5
25					2.0	2.5		1.0					9.0
26								62.0	2.0				
27					4.5			1.5	3.5				
28					16.5		45.0						
29				0.5	3.0								
30		26.7*						21.0				27.0	
31													
月统计	总量	40.7	19.3	45.5	73.0	3.0	114.0	130.5	250.5	18.5	32.0	37.0	17.5
	降水日数	7	6	3	10	2	5	10	9	5	6	3	5
	最大日量	26.7	10.2	30.0	30.0	2.5	45.0	62.0	126.5	14.5	26.0	27.0	9.0

年统计	降水量	781.5		年降水日数	71	
	时段/d	1	3	7	15	30
	最大降水量	126.5	140.5	141.0	266.0	351.0
	开始日期	8月-10日	8月-10日	8月-9日	7月-30日	7月-14日
附注						

一帆河　小窑站逐日降水量表

年份:2019　　测站编码:51128950　　降水量单位:mm

日期＼月份	一月	二月	三月	四月	五月	六月	七月	八月	九月	十月	十一月	十二月
1												2.5
2		2.5						18.5				
3	3.5								29.0			
4	6.0							5.5		2.0		
5	4.0					39.0						0.5
6		0.5		3.5		6.0	35.5			23.0		
7												
8		3.0		1.5		1.5						
9	2.5			30.0		6.0		4.0		1.0		
10		0.5					22.0	156.5				
11	0.5							4.5				
12				0.5				0.5			1.0	
13		3.0		1.5								
14							5.0					
15												
16												7.0
17					1.0		1.0				7.0	
18		11.0					0.5					
19			15.0				0.5					
20			18.0									
21		1.5		1.0								

续表

日期＼月份		一月	二月	三月	四月	五月	六月	七月	八月	九月	十月	十一月	十二月
22					5.0								
23													
24						2.0		2.0					0.5
25						1.5		1.0					9.5
26								90.0	9.5				
27					0.5			2.0	2.0				
28					15.5		61.5						
29				3.5	6.5								
30		33.5				1.5		54.0				32.0	
31													
月统计	总量	50.0	22.0	36.5	65.5	6.0	114.0	213.5	201.0	29.0	26.0	40.0	20.0
	降水日数	6	7	3	10	4	5	11	8	1	3	3	5
	最大日量	33.5	11.0	18.0	30.0	2.0	61.5	90.0	156.5	29.0	23.0	32.0	9.5

年统计						
	降水量	823.5		年降水日数	66	
	时段/d	1	3	7	15	30
	最大降水量	156.5	165.0	166.0	243.5	345.5
	开始日期	8 月-10 日	8 月-9 日	8 月-4 日	7 月-30 日	7 月-14 日
附注						

灌河　燕尾港站逐日降水量表

年份:2019　　测站编码:51129250　　降水量单位:mm

日期＼月份	一月	二月	三月	四月	五月	六月	七月	八月	九月	十月	十一月	十二月
1								1.0				2.5
2		1.5						4.0				
3	4.0								13.5			
4	4.0									3.0		
5	2.0					16.5						
6						21.5	16.5			16.5		
7										2.5		
8				3.0		3.0						
9	1.5			18.0		6.5						
10		0.5						20.0		0.5		
11	1.5						5.0	2.5		0.5		
12											1.5	
13		1.0		1.0								
14									1.5			
15												
16												5.5
17											4.5	
18		10.0										
19			16.0									
20			29.0									
21												1.0

续表

日期＼月份		一月	二月	三月	四月	五月	六月	七月	八月	九月	十月	十一月	十二月
22					1.5								0.5
23													
24						1.0							0.5
25						5.0		27.5					8.0
26					0.5			35.5					
27					6.5			12.0	2.5				
28					18.0		40.0						
29				1.5	1.0								
30		19.0						34.5				22.0	
31									9.5				
月统计	总量	32.0	13.0	46.5	49.5	6.0	87.5	131.0	39.5	15.0	23.0	28.0	18.0
	降水日数	6	4	3	8	2	5	6	6	2	5	3	6
	最大日量	19.0	10.0	29.0	18.0	5.0	40.0	35.5	20.0	13.5	16.5	22.0	8.0
年统计		降水量		489.0				年降水日数		56			
		时段/d		1		3		7		15		30	
		最大降水量		40.0		75.0		109.5		114.5		137.0	
		开始日期		6月-28日		7月-25日		7月-25日		7月-25日		7月-25日	
附注													

夏庄河　临沭站逐日降水量表

年份:2019　　测站编码:51131300　　降水量单位:mm

日期＼月份	一月	二月	三月	四月	五月	六月	七月	八月	九月	十月	十一月	十二月
1								22.0				0.5
2		0.5						60.5				
3	2.5*								5.0			
4	2.3*							2.0		1.5		
5	1.3*					23.0		5.0				
6						11.5	37.0	0.5		9.5		
7								10.5				
8				10.5		13.0						
9	1.1*			12.5				1.5		5.5	0.5	
10		0.4*					1.0	98.0		3.5		
11	0.2*							39.5		4.5		
12								1.5			1.5	
13		0.4*		5.5					0.5			
14							2.0					
15							10.5					
16								46.0			0.5	8.5
17					0.5						13.5	
18		5.3*					1.0					
19			27.5									
20			5.5									
21												

续表

日期 \ 月份		一月	二月	三月	四月	五月	六月	七月	八月	九月	十月	十一月	十二月
22					8.0								
23								3.0					
24					2.0			8.0					0.5
25					0.5	2.0		3.5			0.5		10.5
26						2.0		31.0					
27					10.0			9.5					
28					14.0		18.5	0.5					
29								4.0					
30		16.9*					21.0	6.0				17.5	
31								5.0					
月统计	总 量	24.3	6.6	33.0	63.0	4.5	87.0	122.0	287.0	5.5	25.0	33.5	20.0
	降水日数	6	4	2	8	3	5	14	11	2	6	5	4
	最大日量	16.9	5.3	27.5	14.0	2.0	23.0	37.0	98.0	5.0	9.5	17.5	10.5

年统计	降 水 量	711.4		年降水日数	70	
	时段/d	1	3	7	15	30
	最大降水量	98.0	139.0	185.0	265.0	358.5
	开始日期	8 月-10 日	8 月-9 日	8 月-10 日	8 月-2 日	7 月-18 日
附注						

石门河　石门站逐日降水量表

年份:2019　　测站编码:51131350　　降水量单位:mm

日期 \ 月份	一月	二月	三月	四月	五月	六月	七月	八月	九月	十月	十一月	十二月
1								59.5				0.5
2		0.5						29.0				
3	1.7*								4.0			
4	2.8*									3.5		
5	2.5*					34.0		2.5				
6						9.0	20.0			15.0		
7								16.5				
8				10.0		21.0						
9	0.7*			13.0				7.0		6.5	1.0	
10	0.1*	0.4*			5.0		1.0	142.5		1.0		
11	0.2*							54.0		4.5		
12											2.0	
13		2.6*		2.5					1.5			
14		0.5*					28.5					
15												
16								2.5				11.5
17					0.5						8.5	
18		5.2*					0.5					
19			21.0									
20			7.0									
21												

续表

日期＼月份		一月	二月	三月	四月	五月	六月	七月	八月	九月	十月	十一月	十二月
22					6.0								0.5
23								33.5					
24					4.0			17.0					0.5
25					0.5	1.5		45.5					11.0
26						2.0		20.5					
27					7.5			22.0	0.5				
28					19.5		41.0	0.5					
29					0.5								
30		19.5*					6.5	8.5				17.5	
31													
月统计	总量	27.5	9.2	28.0	63.5	9.0	111.5	197.5	314.0	5.5	30.5	29.0	24.0
	降水日数	7	5	2	9	4	5	11	9	2	5	4	5
	最大日量	19.5	5.2	21.0	19.5	5.0	41.0	45.5	142.5	4.0	15.0	17.5	11.5

年统计	降水量	849.2		年降水日数	68	
	时段/d	1	3	7	15	30
	最大降水量	142.5	203.5	222.5	320.0	487.5
	开始日期	8月-10日	8月-9日	8月-5日	7月-28日	7月-14日
附注						

新沭河　大兴镇站逐日降水量表

年份:2019　　测站编码:51131400　　降水量单位:mm

月份 / 日期	一月	二月	三月	四月	五月	六月	七月	八月	九月	十月	十一月	十二月
1								33.5				1.0
2		0.5						28.5				
3	2.5*								2.0		0.5	
4	2.4*									3.0		
5	1.9*					31.0		0.5				
6						14.5	52.5			13.0		
7								1.0				
8				3.0		13.0						
9	1.0*			11.0		1.5		0.5		5.5	0.5	
10	0.2*	0.5*			1.5			172.5		2.0		
11	0.3*							43.0		2.5		
12											2.0	
13		0.7*		2.5					5.5			
14		0.6*					16.5					
15							1.5		0.5			
16								9.5				10.5
17					0.5						12.0	
18		4.8*										
19			25.5				0.5					
20			7.0									
21												0.5

续表

日期＼月份		一月	二月	三月	四月	五月	六月	七月	八月	九月	十月	十一月	十二月
22					4.0								
23								22.0					
24					2.5			9.5					
25					0.5	5.0		16.5					11.5
26						1.5		38.5					
27					8.0			27.0	0.5				
28					19.5		37.0						
29					1.0								
30		21.6*					5.5	6.0				17.0	
31													
月统计	总量	29.9	7.1	32.5	52.0	8.5	102.5	190.5	289.5	8.0	26.0	32.0	23.5
	降水日数	7	5	2	9	4	6	10	9	3	5	5	4
	最大日量	21.6	4.8	25.5	19.5	5.0	37.0	52.5	172.5	5.5	13.0	17.0	11.5

年统计						
年统计	降水量	802.0		年降水日数	69	
	时段/d	1	3	7	15	30
	最大降水量	172.5	216.0	225.0	285.5	417.5
	开始日期	8月-10日	8月-9日	8月-10日	7月-30日	7月-14日
附注						

大沙河　张疃站逐日降水量表

年份:2019　　测站编码:51131600　　降水量单位:mm

日期＼月份	一月	二月	三月	四月	五月	六月	七月	八月	九月	十月	十一月	十二月
1								13.5				0.5
2		0.5						65.5				
3	2.0*								1.0		1.0	
4	2.0*							1.5		1.5		
5	1.0*					22.5		0.5				
6						10.5	48.5	0.5		10.0		
7								1.5				
8				9.0		21.0						
9	0.8*			12.0				2.0		6.0	1.0	
10		0.3*						80.5		3.5		
11	0.2*						5.5	38.5		4.0		
12								1.5			1.0	
13		0.5*		5.0			3.0		1.5			
14						0.5	0.5					
15							4.0					0.5
16								32.0			0.5	12.5
17					0.5			0.5			10.5	
18		5.7*					1.5					
19			24.0									
20			5.0									
21							3.5					

续表

日期＼月份	一月	二月	三月	四月	五月	六月	七月	八月	九月	十月	十一月	十二月
22				5.5								
23							9.0					
24				2.5			2.0					1.0
25				1.0	2.0		7.5			1.0		10.5
26					2.0		17.5	0.5				
27				10.0			13.0	0.5				
28				12.5		21.5		4.0				
29				0.5								
30	19.0*					22.5	14.0				15.5	
31							18.0					
月统计　总量	25.0	7.0	29.0	58.0	4.5	98.5	147.5	243.0	2.5	26.0	29.5	25.0
月统计　降水日数	6	4	2	9	3	6	14	15	2	6	6	5
月统计　最大日量	19.0	5.7	24.0	12.5	2.0	22.5	48.5	80.5	1.5	10.0	15.5	12.5

年统计						
年统计	降水量	695.5		年降水日数	78	
年统计	时段/d	1	3	7	15	30
年统计	最大降水量	80.5	121.0	152.5	237.5	323.5
年统计	开始日期	8月-10日	8月-9日	8月-10日	7月-30日	7月-18日
附注						

朱稽截水沟　夹谷山站逐日降水量表

年份:2019　　测站编码:51131650　　降水量单位:mm

日期\月份	一月	二月	三月	四月	五月	六月	七月	八月	九月	十月	十一月	十二月
1								21.0				0.5
2								31.0				
3	1.4*								1.0			
4	2.5*							11.0		1.5		
5	1.3*					20.0		12.5				
6						12.0	42.0			11.0		
7							0.5	0.5				
8				6.0		30.5						
9	1.0*			10.5				5.5		6.0	1.0	
10		0.5*						70.5		3.0		
11							8.0	48.0		7.5		
12								0.5			1.5	
13				4.0					1.5			
14		0.1*										
15												0.5
16								28.0				11.0
17					1.5						10.5	
18		6.1*					1.5					
19			24.0									
20			7.5									
21												0.5

续表

<table>
<tr><td colspan="2">月份
日期</td><td>一月</td><td>二月</td><td>三月</td><td>四月</td><td>五月</td><td>六月</td><td>七月</td><td>八月</td><td>九月</td><td>十月</td><td>十一月</td><td>十二月</td></tr>
<tr><td colspan="2">22</td><td></td><td></td><td></td><td>3.5</td><td></td><td></td><td></td><td></td><td></td><td></td><td></td><td>0.5</td></tr>
<tr><td colspan="2">23</td><td></td><td></td><td></td><td></td><td></td><td></td><td>10.0</td><td></td><td></td><td></td><td></td><td></td></tr>
<tr><td colspan="2">24</td><td></td><td></td><td></td><td>2.5</td><td></td><td></td><td>1.5</td><td></td><td></td><td></td><td></td><td></td></tr>
<tr><td colspan="2">25</td><td></td><td></td><td></td><td>1.0</td><td>3.0</td><td></td><td>5.0</td><td></td><td></td><td>0.5</td><td></td><td>12.0</td></tr>
<tr><td colspan="2">26</td><td></td><td></td><td></td><td></td><td>2.0</td><td></td><td>7.5</td><td></td><td></td><td></td><td></td><td></td></tr>
<tr><td colspan="2">27</td><td></td><td></td><td></td><td>11.5</td><td></td><td></td><td>14.0</td><td></td><td></td><td></td><td></td><td></td></tr>
<tr><td colspan="2">28</td><td></td><td></td><td></td><td>13.0</td><td></td><td>19.0</td><td></td><td>9.0</td><td></td><td></td><td></td><td></td></tr>
<tr><td colspan="2">29</td><td></td><td></td><td></td><td>1.0</td><td></td><td></td><td></td><td></td><td></td><td></td><td></td><td></td></tr>
<tr><td colspan="2">30</td><td>16.5*</td><td></td><td></td><td></td><td></td><td>37.5</td><td>14.0</td><td></td><td></td><td></td><td>16.0</td><td></td></tr>
<tr><td colspan="2">31</td><td></td><td></td><td></td><td></td><td></td><td></td><td>19.0</td><td></td><td></td><td></td><td></td><td></td></tr>
<tr><td rowspan="3">月统计</td><td>总量</td><td>22.7</td><td>6.7</td><td>31.5</td><td>53.0</td><td>6.5</td><td>119.0</td><td>123.0</td><td>237.5</td><td>2.5</td><td>29.5</td><td>29.0</td><td>25.0</td></tr>
<tr><td>降水日数</td><td>5</td><td>3</td><td>2</td><td>9</td><td>3</td><td>5</td><td>11</td><td>11</td><td>2</td><td>6</td><td>4</td><td>6</td></tr>
<tr><td>最大日量</td><td>16.5</td><td>6.1</td><td>24.0</td><td>13.0</td><td>3.0</td><td>37.5</td><td>42.0</td><td>70.5</td><td>1.5</td><td>11.0</td><td>16.0</td><td>12.0</td></tr>
<tr><td colspan="2" rowspan="4">年统计</td><td colspan="2">降水量</td><td colspan="4">685.9</td><td colspan="2">年降水日数</td><td colspan="4">67</td></tr>
<tr><td colspan="2">时段/d</td><td colspan="2">1</td><td colspan="2">3</td><td colspan="2">7</td><td colspan="2">15</td><td colspan="2">30</td></tr>
<tr><td colspan="2">最大降水量</td><td colspan="2">70.5</td><td colspan="2">124.0</td><td colspan="2">147.0</td><td colspan="2">233.5</td><td colspan="2">301.0</td></tr>
<tr><td colspan="2">开始日期</td><td colspan="2">8 月-10 日</td><td colspan="2">8 月-9 日</td><td colspan="2">8 月-10 日</td><td colspan="2">7 月-30 日</td><td colspan="2">7 月-18 日</td></tr>
<tr><td colspan="2">附注</td><td colspan="12"></td></tr>
</table>

新沭河　石梁河水库站逐日降水量表

年份:2019　　测站编码:51131750　　降水量单位:mm

月份 日期	一月	二月	三月	四月	五月	六月	七月	八月	九月	十月	十一月	十二月
1								39.0				0.5
2		0.5						26.0				
3	3.5								4.5			
4	2.4*									3.5		
5	1.4*					26.0						
6						19.5	57.5			12.5		
7							3.5	0.5				
8				9.0		18.5						
9	1.2*			8.5				1.5		6.0	0.5	
10	0.2*	0.4*			1.0		0.5	122.0		1.0		
11	0.4*						0.5	44.0		3.5		
12								0.5			2.0	
13		0.4*		2.0					11.0			
14		0.3*					3.5					
15							0.5					
16								14.5				11.5
17					1.0						8.5	
18		5.9*					1.0					
19			31.5				0.5					
20			6.0									
21												0.5

续表

日期＼月份	一月	二月	三月	四月	五月	六月	七月	八月	九月	十月	十一月	十二月
22				3.0								
23							2.0					
24				2.0			5.0					0.5
25				2.0	3.5		10.0					9.5
26					0.5		31.0					
27				8.0			26.5	0.5				
28				17.5		38.5	2.0					
29			0.5	2.0								
30	21.7*					10.0	6.5				15.5	
31							0.5					
月统计 总量	30.8	7.5	38.0	54.0	6.0	112.5	151.0	248.5	15.5	26.5	26.5	22.5
月统计 降水日数	7	5	3	9	4	5	16	9	2	5	4	5
月统计 最大日量	21.7	5.9	31.5	17.5	3.5	38.5	57.5	122.0	11.0	12.5	15.5	11.5

年统计						
年统计	降水量	739.3		年降水日数	74	
年统计	时段/d	1	3	7	15	30
年统计	最大降水量	122.0	167.5	181.0	242.0	333.0
年统计	开始日期	8月-10日	8月-9日	8月-10日	7月-28日	7月-18日
附注						

新沭河　岳庄站逐日降水量表

年份:2019　　测站编码:51131900　　降水量单位:mm

月份 / 日期	一月	二月	三月	四月	五月	六月	七月	八月	九月	十月	十一月	十二月
1								31.0				3.0
2		1.0										
3	4.0								9.5			
4	3.0									3.5		
5	2.5 *					31.0		2.0				
6						62.0	41.0			16.0		
7								0.5				
8		0.4*		9.0		45.5		0.5				
9	1.3 *			14.5				0.5		3.0	0.5	
10		0.7 *					0.5	99.5		1.0		
11								44.5		5.0		
12								0.5			1.0	
13				1.5					2.0			
14							2.0					
15							0.5					
16								25.0				8.0
17					1.0						7.0	
18		7.2*										
19			25.5									
20			8.5									
21												0.5

续表

日期＼月份	一月	二月	三月	四月	五月	六月	七月	八月	九月	十月	十一月	十二月
22				4.0								
23												
24				2.0			2.0				0.5	0.5
25				2.0	4.5		2.0					8.5
26							21.5	1.0				
27				6.5			7.0	1.0				
28				18.5		49.5						
29			1.0	2.0								
30	25.2*					2.5	17.0				16.0	
31							1.0					
月统计 总量	36.0	9.3	35.0	60.0	5.5	190.5	94.5	206.0	11.5	28.5	25.0	20.5
月统计 降水日数	5	4	3	9	2	5	10	11	2	5	5	5
月统计 最大日量	25.2	7.2	25.5	18.5	4.5	62.0	41.0	99.5	9.5	16.0	16.0	8.5

年统计						
年统计	降水量	722.3		年降水日数	66	
年统计	时段/d	1	3	7	15	30
年统计	最大降水量	99.5	144.5	169.5	197.0	254.5
年统计	开始日期	8月-10日	8月-9日	8月-10日	7月-30日	7月-24日
附注						

黄泥河　前圩站逐日降水量表

年份:2019　　测站编码:51132350　　降水量单位:mm

日期＼月份	一月	二月	三月	四月	五月	六月	七月	八月	九月	十月	十一月	十二月
1								15.0				2.0
2		4.5										
3	2.5								6.5			
4	3.5*									4.5		
5	4.0*					95.0						
6		0.5		0.5		4.5	8.0			22.5		
7								1.5				
8		2.2*		11.5		7.5						
9	1.0*			13.0			7.0	1.0		1.0		
10	1.5*							170.5				
11	0.5*							21.5		1.0		
12					11.5					0.5	1.5	
13		3.8*		0.5								
14		0.7*										
15												
16				0.5								5.5
17											8.0	
18		9.3*										
19			34.5				0.5					
20			21.5									
21		0.3*		1.0								1.0

续表

日期＼月份		一月	二月	三月	四月	五月	六月	七月	八月	九月	十月	十一月	十二月
22					1.0								
23								17.0					
24					0.5			1.5					0.5
25					0.5	0.5	1.0	2.0					10.5
26						1.5	2.0	6.0	69.5				
27					1.0			30.5	6.5				
28					16.0		35.5	7.0					
29					0.5								
30		22.0*						15.0				17.0	
31													
月统计	总量	35.0	21.3	56.0	46.5	13.5	145.5	94.5	285.5	6.5	29.5	26.5	19.5
	降水日数	7	7	2	12	3	6	10	7	1	5	3	5
	最大日量	22.0	9.3	34.5	16.0	11.5	95.0	30.5	170.5	6.5	22.5	17.0	10.5

年统计	降水量	779.8		年降水日数	68	
	时段/d	1	3	7	15	30
	最大降水量	170.5	193.0	194.5	240.5	301.0
	开始日期	8月-10日	8月-9日	8月-7日	7月-27日	7月-28日
附注						

黄泥河　贤官亭站逐日降水量表

年份:2019　　测站编码:51132500　　降水量单位:mm

日期＼月份	一月	二月	三月	四月	五月	六月	七月	八月	九月	十月	十一月	十二月
1								24.0				1.5
2		2.0	0.5					3.0				
3	3.0		0.5						5.5			
4	4.0*									4.0		
5	5.0*					73.5						
6		0.5		0.5		28.5	6.5			28.5		
7							20.0					
8		1.9*		18.5		45.5						
9	3.0*			14.0				0.5		1.5		
10	1.5*							187.0				
11	3.0*							16.0		0.5		
12								0.5			1.5	
13		2.5*		1.0					1.5			
14		0.4*							0.5			
15							0.5					
16				0.5								6.5
17							1.0				9.5	
18		10.0*										
19			23.5				0.5					
20			18.5									
21		0.5*		0.5								0.5

续表

日期 \ 月份	一月	二月	三月	四月	五月	六月	七月	八月	九月	十月	十一月	十二月
22				1.5								0.5
23							1.5					
24				0.5			2.5					0.5
25				1.5			34.0					10.0
26					0.5		75.5	67.5				
27				2.0			12.0	5.5				
28				16.5		47.0	1.5					
29				1.5								
30	25.5*						13.5				21.5	
31												
月统计 总量	45.0	17.8	43.0	58.5	0.5	194.5	169.0	304.0	7.5	34.5	32.5	19.5
月统计 降水日数	7	7	4	12	1	4	12	8	3	4	3	6
月统计 最大日量	25.5	10.0	23.5	18.5	0.5	73.5	75.5	187.0	5.5	28.5	21.5	10.0

年统计						
	降水量	926.3		年降水日数	71	
	时段/d	1	3	7	15	30
	最大降水量	187.0	203.5	204.0	245.5	373.5
	开始日期	8 月-10 日	8 月-9 日	8 月-9 日	7 月-28 日	7 月-15 日
附注						

新伍河　青坊站逐日降水量表

年份:2019　　测站编码:51132550　　降水量单位:mm

日期＼月份	一月	二月	三月	四月	五月	六月	七月	八月	九月	十月	十一月	十二月
1								12.5				2.0
2		1.0	0.5									
3	3.0								6.0			
4	2.5*							13.0		5.5		
5	3.0*					70.5						
6		0.5				21.0	8.0			29.5		
7							2.5	0.5				
8		1.7*		10.0		38.5						
9	2.0*			11.5				1.0		2.5		
10	0.5*						0.5	177.0		0.5		
11	3.5*							19.5		0.5		
12					4.5						1.5	
13		2.4*		1.0					0.5			
14		0.6*					31.5					
15							4.5		0.5			
16												8.5
17							1.0				10.0	
18		7.3*										
19			16.0				0.5					
20			11.5									
21		0.3*					2.0					0.5

续表

日期 \ 月份	一月	二月	三月	四月	五月	六月	七月	八月	九月	十月	十一月	十二月
22				1.0								
23											0.5	
24				1.0			51.0					1.0
25				1.5			42.5					8.0
26					1.0		17.5	8.5				
27				3.5			15.0	2.5				
28				15.0		66.0						
29												
30	22.5*						30.5				20.0	
31							2.0					
月统计 总量	37.0	13.8	28.0	44.5	5.5	196.0	209.0	234.5	7.0	38.5	32.0	20.0
月统计 降水日数	7	7	3	8	2	4	14	8	3	5	4	5
月统计 最大日量	22.5	7.3	16.0	15.0	4.5	70.5	51.0	177.0	6.0	29.5	20.0	8.5

年统计	降水量	865.8		年降水日数	70	
	时段/d	1	3	7	15	30
	最大降水量	177.0	197.5	198.0	256.0	421.5
	开始日期	8月-10日	8月-9日	8月-7日	7月-30日	7月-14日
附注						

厚镇河　安峰山水库站逐日降水量表

年份:2019　测站编码:51132650　降水量单位:mm

日期＼月份	一月	二月	三月	四月	五月	六月	七月	八月	九月	十月	十一月	十二月
1								11.5	1.5			1.0
2		1.0										
3	2.5								7.0			
4	3.7*							6.0		3.5		
5	3.2*					47.5						
6						23.5	20.5			20.5		
7							2.5					
8		1.4*		8.0		11.5						
9	1.9*			5.0				0.5		2.5		
10	0.2*	0.2*						134.5		0.5		
11	3.4*							17.5		0.5		
12					2.0						1.0	
13		2.6*		1.0					1.5			
14		0.3*					48.5					
15							14.0					
16												8.0
17							1.5				5.0	
18		7.6*										
19			14.0				1.0					
20			11.0									
21		0.5*					1.5					0.5

续表

日期＼月份		一月	二月	三月	四月	五月	六月	七月	八月	九月	十月	十一月	十二月
22					0.5								
23								0.5					
24					0.5			24.5					0.5
25					0.5			28.5					5.5
26						0.5		17.0	3.0				
27					3.0			10.5	3.0				
28					14.5		45.0	0.5					
29					0.5								
30		24.5*				0.5		30.5				13.5	
31								8.0					
月统计	总量	39.4	13.6	25.0	33.5	3.0	127.5	209.5	176.0	10.0	27.5	19.5	15.5
	降水日数	7	7	2	9	3	4	15	7	3	5	3	5
	最大日量	24.5	7.6	14.0	14.5	2.0	47.5	48.5	134.5	7.0	20.5	13.5	8.0

年统计						
年统计	降水量	700.0		年降水日数	70	
	时段/d	1	3	7	15	30
	最大降水量	134.5	152.5	152.5	209.0	356.5
	开始日期	8月-10日	8月-9日	8月-9日	7月-28日	7月-14日
附注						

蔷薇河　小许庄站逐日降水量表

年份:2019　　测站编码:51132700　　降水量单位:mm

日期＼月份	一月	二月	三月	四月	五月	六月	七月	八月	九月	十月	十一月	十二月
1								68.5	1.0			1.5
2		1.5						1.0	2.0			
3	3.5		0.5						7.5			
4	3.5*							8.5		6.5		
5	3.3*					57.5		0.5				
6						28.0	13.0			31.0		
7							1.0					
8		2.5*		13.5		4.5						
9	2.3*			11.0				0.5		2.5		
10	0.3*	0.3*						183.0		0.5		
11	2.6*							22.0		1.0		
12					2.0						1.5	
13		3.3*		3.0					2.5			
14		0.4*					24.0		0.5			
15							13.0					
16												9.0
17					0.5		1.0				6.5	
18		8.3*										
19			19.0									
20			12.0									
21		0.6*										0.5

续表

月份 日期	一月	二月	三月	四月	五月	六月	七月	八月	九月	十月	十一月	十二月
22				1.0								
23												
24							54.0					0.5
25				2.0			10.0					9.5
26				0.5	0.5		18.0	1.5				
27				4.0			9.5	3.0				
28				14.0		69.5						
29				1.0								
30	28.1*						38.5				20.5	
31												
月统计 总量	43.6	16.9	31.5	50.0	3.0	159.5	182.0	288.5	13.5	41.5	28.5	21.0
月统计 降水日数	7	7	3	9	3	4	10	9	5	5	3	5
月统计 最大日量	28.1	8.3	19.0	14.0	2.0	69.5	54.0	183.0	7.5	31.0	20.5	9.5

年统计	降水量	879.5		年降水日数	70	
	时段/d	1	3	7	15	30
	最大降水量	183.0	205.5	206.0	322.5	452.0
	开始日期	8月-10日	8月-9日	8月-5日	7月-30日	7月-14日
附注						

白沙河　房山站逐日降水量表

年份:2019　　测站编码:51132850　　降水量单位:mm

日期＼月份	一月	二月	三月	四月	五月	六月	七月	八月	九月	十月	十一月	十二月
1								21.5				1.5
2		1.0						18.0				
3	4.0								5.5			
4	2.5*							11.0		5.0		
5	3.0*					44.0						
6						45.5	17.0			15.0		
7								0.5				
8		0.7*		10.0		8.5						
9	2.0*			9.5		0.5		2.0		3.0	0.5	
10	0.2*	0.4*			0.5			223.5		0.5		
11	3.3*						5.5	22.0		2.0		
12											0.5	
13		1.5*		2.0					14.5			
14		0.3*					20.5		0.5			
15												
16												7.5
17					0.5		1.0				5.0	
18		6.8*										
19			17.0				2.0					
20			9.5									
21		0.4*										0.5

续表

日期＼月份	一月	二月	三月	四月	五月	六月	七月	八月	九月	十月	十一月	十二月
22				1.5								
23							3.5					
24				1.0			5.0					0.5
25				2.5	0.5		10.5					7.5
26					0.5		30.5	0.5				
27				3.0			7.5	3.5				
28				13.5		39.0						
29				1.0								
30	15.5*						17.5				18.0	
31							18.0					
月统计 总量	30.5	11.1	26.5	44.0	2.0	137.5	138.5	302.5	20.5	25.5	24.0	17.5
月统计 降水日数	7	7	2	9	4	5	12	9	3	5	4	5
月统计 最大口量	15.5	6.8	17.0	13.5	0.5	45.5	30.5	223.5	14.5	15.0	18.0	7.5

年统计					
降水量	780.1		年降水日数	72	
时段/d	1	3	7	15	30
最大降水量	223.5	247.5	248.0	334.0	414.5
开始日期	8月-10日	8月-9日	8月-7日	7月-30日	7月-14日

附注	

蔷薇河　张湾站逐日降水量表

年份:2019　　测站编码:51132950　　降水量单位:mm

日期＼月份	一月	二月	三月	四月	五月	六月	七月	八月	九月	十月	十一月	十二月
1								14.5				1.0
2		2.0						4.0				
3	4.0								6.5			
4	2.0*							6.0		4.5		
5	3.5 *					36.0						
6						49.5	17.0			14.5		
7							5.5					
8		0.5 *		8.0		20.5						
9	1.5 *			14.5		12.0		2.0		2.5	0.5	
10		0.6 *						195.0		1.0		
11	3.5*						1.5	19.0		1.0		
12							12.5	0.5			1.0	
13		1.8*		2.5					6.0			
14		0.2*					4.0		1.0			
15							15.5					
16												9.0
17					1.0		0.5				8.5	
18		9.5 *										
19			17.0									
20			11.0									
21												0.5

续表

日期＼月份	一月	二月	三月	四月	五月	六月	七月	八月	九月	十月	十一月	十二月
22				1.5								
23												
24				1.5			4.5					0.5
25				2.5	1.5		9.0					6.5
26				1.0			41.0	1.0				
27				3.5			2.0	3.0				
28				17.5		34.5						
29				1.5								
30	22.0*						14.0				17.5	
31							1.5					
月统计 总量	36.5	14.6	28.0	54.0	2.5	152.5	128.5	245.0	13.5	23.5	27.5	17.5
月统计 降水日数	6	6	2	10	2	5	13	9	3	5	4	5
月统计 最大日量	22.0	9.5	17.0	17.5	1.5	49.5	41.0	195.0	6.5	14.5	17.5	9.0

年统计						
年统计	降水量	743.6		年降水日数	70	
年统计	时段/d	1	3	7	15	30
年统计	最大降水量	195.0	216.0	216.5	256.5	333.0
年统计	开始日期	8月-10日	8月-9日	8月-9日	7月-30日	7月-14日
附注						

淮沭新河　麦坡站逐日降水量表

年份:2019　测站编码:51133000　降水量单位:mm

月份 日期	一月	二月	三月	四月	五月	六月	七月	八月	九月	十月	十一月	十二月
1								14.0				2.5
2		1.0						5.0				
3	3.0								4.0			
4	2.4*							5.5		5.5		
5	2.3*					41.5		0.5				
6						35.0	24.0			19.5		
7							2.5	0.5				
8		0.1*		11.5		9.5						
9	1.4*			13.0		1.0		2.0		3.5		
10		0.1*						303.0		1.5		
11	3.1*							57.5		4.5		
12					2.0						1.5	
13		2.0*		2.0					4.5			
14		0.6*					2.5					
15												
16												8.5
17					0.5		1.0				11.0	
18		6.9*										
19			30.0									
20			9.0									
21		0.3*										0.5

续表

日期 \ 月份	一月	二月	三月	四月	五月	六月	七月	八月	九月	十月	十一月	十二月
22				3.0								
23							3.5				0.5	
24				2.5			38.5					1.0
25				3.0	0.5		20.5					8.5
26					0.5		15.5	1.0				
27				4.5			5.5	2.5				
28				14.5		45.5						
29				1.5								
30	22.6*						32.0				19.5	
31							5.5					
月统计 总量	34.8	11.0	39.0	55.5	3.5	132.5	151.0	391.5	8.5	34.5	32.5	21.0
月统计 降水日数	6	7	2	9	4	5	11	10	2	5	4	5
月统计 最人日量	22.6	6.9	30.0	14.5	2.0	45.5	38.5	303.0	4.5	19.5	19.5	8.5

年统计	降水量	915.3		年降水日数	70	
	时段/d	1	3	7	15	30
	最大降水量	303.0	362.5	363.5	425.5	512.5
	开始日期	8月-10日	8月-9日	8月-5日	7月-30日	7月-14日
附注						

石榴树河　双店站逐日降水量表

年份:2019　　测站编码:51133100　　降水量单位:mm

日期＼月份	一月	二月	三月	四月	五月	六月	七月	八月	九月	十月	十一月	十二月
1								2.5				1.0
2		1.0										
3	2.5								5.0			
4	2.0*							0.5		5.5		
5	2.5*					41.5						
6						12.5	38.5			21.0		
7								3.0				
8		0.4*		15.5		26.5						
9	1.0*			14.5				1.0		4.0	0.5	
10		0.6*			3.0		1.0	220.0		1.5		
11	0.5*							35.0		5.0		
12											2.0	
13		2.3*		3.0					1.0			
14		0.8*				0.5	2.0					
15							5.0					
16												10.5
17					1.0		1.0				7.5	
18		6.7*										
19			29.5									
20			6.0									
21												0.5

续表

<table>
<tr><th colspan="2">月份
日期</th><th>一月</th><th>二月</th><th>三月</th><th>四月</th><th>五月</th><th>六月</th><th>七月</th><th>八月</th><th>九月</th><th>十月</th><th>十一月</th><th>十二月</th></tr>
<tr><td colspan="2">22</td><td></td><td></td><td></td><td>3.5</td><td></td><td></td><td></td><td></td><td></td><td></td><td></td><td></td></tr>
<tr><td colspan="2">23</td><td></td><td></td><td></td><td></td><td></td><td></td><td>8.0</td><td></td><td></td><td></td><td></td><td></td></tr>
<tr><td colspan="2">24</td><td></td><td></td><td></td><td>3.0</td><td></td><td></td><td>94.5</td><td></td><td></td><td></td><td>0.5</td><td>0.5</td></tr>
<tr><td colspan="2">25</td><td></td><td></td><td></td><td>1.5</td><td>1.0</td><td></td><td>3.5</td><td></td><td></td><td></td><td></td><td>11.5</td></tr>
<tr><td colspan="2">26</td><td></td><td></td><td></td><td></td><td></td><td></td><td>34.5</td><td>6.5</td><td></td><td></td><td></td><td></td></tr>
<tr><td colspan="2">27</td><td></td><td></td><td></td><td>4.0</td><td></td><td></td><td>15.5</td><td>2.5</td><td></td><td></td><td></td><td></td></tr>
<tr><td colspan="2">28</td><td></td><td></td><td></td><td>16.0</td><td></td><td>53.0</td><td></td><td></td><td></td><td></td><td></td><td></td></tr>
<tr><td colspan="2">29</td><td></td><td></td><td></td><td>1.0</td><td></td><td></td><td></td><td></td><td></td><td></td><td></td><td></td></tr>
<tr><td colspan="2">30</td><td>18.0*</td><td></td><td></td><td></td><td></td><td>2.0</td><td>16.0</td><td></td><td></td><td></td><td>18.0</td><td></td></tr>
<tr><td colspan="2">31</td><td></td><td></td><td></td><td></td><td></td><td></td><td></td><td></td><td></td><td></td><td></td><td></td></tr>
<tr><td rowspan="3">月统计</td><td>总量</td><td>26.5</td><td>11.8</td><td>35.5</td><td>62.0</td><td>5.0</td><td>136.0</td><td>219.5</td><td>271.0</td><td>6.0</td><td>37.0</td><td>28.5</td><td>24.0</td></tr>
<tr><td>降水日数</td><td>6</td><td>6</td><td>2</td><td>9</td><td>3</td><td>6</td><td>11</td><td>8</td><td>2</td><td>5</td><td>5</td><td>5</td></tr>
<tr><td>最大日量</td><td>18.0</td><td>6.7</td><td>29.5</td><td>16.0</td><td>3.0</td><td>53.0</td><td>94.5</td><td>220.0</td><td>5.0</td><td>21.0</td><td>18.0</td><td>11.5</td></tr>
<tr><td colspan="2" rowspan="4">年统计</td><td colspan="2">降水量</td><td colspan="4">862.8</td><td colspan="2">年降水日数</td><td colspan="4">68</td></tr>
<tr><td colspan="2">时段/d</td><td colspan="2">1</td><td colspan="2">3</td><td colspan="2">7</td><td colspan="2">15</td><td colspan="2">30</td></tr>
<tr><td colspan="2">最大降水量</td><td colspan="2">220.0</td><td colspan="2">256.0</td><td colspan="2">259.0</td><td colspan="2">278.0</td><td colspan="2">442.0</td></tr>
<tr><td colspan="2">开始日期</td><td colspan="2">8月-10日</td><td colspan="2">8月-9日</td><td colspan="2">8月-7日</td><td colspan="2">7月-30日</td><td colspan="2">7月-14日</td></tr>
<tr><td colspan="2">附注</td><td colspan="12"></td></tr>
</table>

埝河　横沟站逐日降水量表

年份:2019　　测站编码:51133200　　降水量单位:mm

日期＼月份	一月	二月	三月	四月	五月	六月	七月	八月	九月	十月	十一月	十二月
1								9.5				0.5
2		0.5										
3	2.0								2.5			
4	0.5*									3.0		
5	0.5 *					32.0						
6						10.0	20.0			13.0		
7								0.5				
8		0.2 *		12.0		8.5						
9	0.5 *			8.5				5.0		3.0		
10		0.3 *			1.5			136.0		1.0		
11	0.5*							28.5		2.0		
12					1.0					0.5	0.5	
13		1.2*		2.5					0.5			
14		0.6*					1.0					
15							7.5					
16								2.5				8.0
17											5.0	
18		5.0 *					0.5					
19			25.0									
20			5.5									
21							2.5					0.5

续表

日期 \ 月份	一月	二月	三月	四月	五月	六月	七月	八月	九月	十月	十一月	十二月
22				1.5								
23							6.5					
24				2.0			45.0					0.5
25				0.5	1.0		6.0					6.0
26					0.5		43.5	0.5				
27				4.0			14.5	1.0				
28				16.0		49.0						
29				1.0								
30	17.0*					12.0	13.5				12.0	
31												
月统计 总量	21.0	7.8	30.5	48.0	4.0	111.5	160.5	183.5	3.0	22.5	17.5	15.5
月统计 降水日数	6	6	2	9	4	5	11	8	2	6	3	5
月统计 最大日量	17.0	5.0	25.0	16.0	1.5	49.0	45.0	136.0	2.5	13.0	12.0	8.0

年统计	降水量	625.3		年降水日数	67	
	时段/d	1	3	7	15	30
	最大降水量	136.0	169.5	170.0	193.0	320.0
	开始日期	8月-10日	8月-9日	8月-7日	7月-30日	7月-14日
附注						

牛南小河　牛山站逐日降水量表

年份:2019　　测站编码:51133300　　降水量单位:mm

日期＼月份	一月	二月	三月	四月	五月	六月	七月	八月	九月	十月	十一月	十二月
1								15.5				4.0
2		1.0						3.0				
3	3.0								6.5			
4	2.3*							1.0		6.0		
5	2.6*					45.5						
6						24.0	24.0			18.5		
7							3.0	0.5				
8		0.3*		10.5		9.0						
9	1.3*			12.0			0.5	1.5		4.0	0.5	
10	0.1*	0.2*			1.0		0.5	256.0		1.0		
11	3.5*							58.0		2.0		
12					1.0						1.0	
13		2.0*		2.0					3.5			
14		0.7*					1.0		0.5			
15							2.5					
16												9.0
17							1.0				8.5	
18		7.0*										
19			31.0				0.5					
20			10.0									
21		0.2*										0.5

续表

日期＼月份	一月	二月	三月	四月	五月	六月	七月	八月	九月	十月	十一月	十二月
22				1.5								
23							12.0					
24				1.5			38.0					0.5
25				2.0	0.5		14.0					9.5
26							20.0	1.5				
27				4.0			6.0	2.5				
28				14.5		40.0	0.5					
29				1.5								
30	23.1*						20.0				21.0	
31							10.0					
月统计 总量	35.9	11.4	41.0	49.5	2.5	118.5	153.5	339.5	10.5	31.5	31.0	23.5
月统计 降水日数	7	7	2	9	3	4	16	9	3	5	4	5
月统计 最大日量	23.1	7.0	31.0	14.5	1.0	45.5	38.0	256.0	6.5	18.5	21.0	9.5

年统计					
降水量	848.3		年降水日数	74	
时段/d	1	3	7	15	30
最大降水量	256.0	315.5	316.0	366.0	461.0
开始日期	8月-10日	8月-9日	8月-7日	7月-28日	7月-14日
附注					

鲁兰河　下河套站逐日降水量表

年份:2019　测站编码:51133450　降水量单位:mm

日期＼月份	一月	二月	三月	四月	五月	六月	七月	八月	九月	十月	十一月	十二月
1								37.0				2.0
2		0.5										
3	3.0								5.5			
4	2.5*									4.5		
5	2.0*					34.5						
6				1.0		38.0	7.0			17.0		
7								0.5				
8				17.5		14.0						
9	0.8*			10.0		1.5		3.0		3.0		
10	0.1*	0.4*						113.0		1.5		
11	0.2*							38.0		3.5		
12					2.0						1.5	
13		1.4*		2.5					1.0			
14		0.2*					29.0					
15							2.5					
16								7.5				9.5
17							0.5				8.5	
18		6.9*					0.5					
19			23.5									
20			7.0									
21												0.5

续表

日期＼月份	一月	二月	三月	四月	五月	六月	七月	八月	九月	十月	十一月	十二月
22				2.5								
23											0.5	
24				4.0			14.0					0.5
25				2.5	1.0		4.0					8.0
26						0.5	35.5					
27				5.5			4.0	1.5				
28				17.0		56.0						
29				2.0								
30	19.9*					1.5	21.0				15.0	
31							1.0					
月统计 总量	28.5	9.4	30.5	64.5	3.0	146.0	119.0	200.5	6.5	29.5	25.5	20.5
月统计 降水日数	7	5	2	10	2	7	11	7	2	5	4	5
月统计 最大日量	19.9	6.9	23.5	17.5	2.0	56.0	35.5	113.0	5.5	17.0	15.0	9.5

年统计						
年统计	降水量	683.4		年降水日数	67	
年统计	时段/d	1	3	7	15	30
年统计	最大降水量	113.0	154.0	158.5	213.5	303.5
年统计	开始日期	8月-10日	8月-9日	8月-10日	7月-30日	7月-14日
附注						

淮沭新河　包庄站逐日降水量表

年份:2019　　测站编码:51133500　　降水量单位:mm

日期＼月份	一月	二月	三月	四月	五月	六月	七月	八月	九月	十月	十一月	十二月
1								23.5	3.0			1.5
2		0.5						0.5				
3	4.0								6.5			
4	2.0*									3.5		
5	2.5 *					28.0						
6				0.5		42.0	20.0			15.5		
7							0.5					
8				8.0		16.0						
9	1.0 *			10.5				1.5		2.5		
10		0.6 *						70.5		1.0		
11	4.0*							35.0		1.5		
12											1.5	
13		1.5*		2.5					4.0			
14		0.5*					8.0					
15							12.0					
16								3.5				7.0
17					0.5		0.5				11.0	
18		7.2 *					0.5					
19			22.5									
20			9.0									
21							3.5					

续表

日期＼月份	一月	二月	三月	四月	五月	六月	七月	八月	九月	十月	十一月	十二月
22				2.0								0.5
23							0.5					
24				3.0			2.0				0.5	0.5
25				1.5	1.5		12.5					7.0
26					0.5		23.5					
27				5.0			2.5	2.0				
28				16.0		39.5						
29			0.5	1.5								
30	18.0*						14.0				17.0	
31							6.0					
月统计 总量	31.5	10.3	32.0	50.5	2.5	125.5	106.0	136.5	13.5	24.0	30.0	16.5
月统计 降水日数	6	5	3	10	3	4	14	7	3	5	4	5
月统计 最大日量	18.0	7.2	22.5	16.0	1.5	42.0	23.5	70.5	6.5	15.5	17.0	7.0

年统计						
年统计	降水量	578.8		年降水日数	69	
年统计	时段/d	1	3	7	15	30
年统计	最大降水量	70.5	107.0	109.0	151.0	216.5
年统计	开始日期	8月-10日	8月-9日	8月-10日	7月-30日	7月-14日
附注						

蔷薇河　临洪站逐日降水量表

年份:2019　测站编码:51133650　降水量单位:mm

日期 \ 月份	一月	二月	三月	四月	五月	六月	七月	八月	九月	十月	十一月	十二月
1								27.5				1.5
2		1.0						0.5				
3	4.0								11.5			
4	2.5									2.5		
5	2.8 *					23.5						
6						40.5	99.5			15.0		
7							0.5					
8		0.4 *		8.0		23.5						
9	0.6 *			16.0				0.5		2.0	1.0	
10		0.5 *						74.0		1.0		
11	4.0*						2.0	21.0		1.0		
12								1.5			1.5	
13		1.6*		3.0					4.5			
14		0.2*					1.0					
15							4.0					
16								3.0				7.0
17					2.5		0.5				8.5	
18		8.5*										
19			15.0				0.5					
20			30.0									
21												0.5

续表

日期＼月份	一月	二月	三月	四月	五月	六月	七月	八月	九月	十月	十一月	十二月
22				3.0								
23												
24				1.5			2.0				0.5	
25				1.0	3.5		5.5					8.0
26				0.5	0.5		37.5					
27				5.5			1.5	2.0				
28				18.0		45.0						
29			0.5	2.5								
30	23.9*						14.5				18.0	
31							10.5	2.0				
月统计 总量	37.8	12.2	45.5	59.0	6.5	132.5	179.5	132.0	16.0	21.5	29.5	17.0
月统计 降水日数	6	6	3	10	3	4	13	9	2	5	5	4
月统计 最大日量	23.9	8.5	30.0	18.0	3.5	45.0	99.5	74.0	11.5	15.0	18.0	8.0

年统计						
降水量	689.0		年降水日数	70		
时段/d	1	3	7	15	30	
最大降水量	99.5	100.0	102.0	150.0	207.5	
开始日期	7月-6日	7月-6日	7月-6日	7月-30日	7月-6日	
附注						

石桥河　石桥站逐日降水量表

年份:2019　　测站编码:51320600　　降水量单位:mm

日期＼月份	一月	二月	三月	四月	五月	六月	七月	八月	九月	十月	十一月	十二月
1								38.5				1.0
2		0.5						1.5				
3	6.8*								6.0			
4	1.3*							17.0		0.5		
5	1.0*					31.0						
6						62.0	41.0			6.0		
7								1.5				
8				9.0		45.5						
9	1.3*			14.5						8.5	1.5	
10		0.2*					0.5	36.5		3.5		
11	1.1*							27.5		5.5		
12											1.5	
13				1.5					2.0			
14		0.1*					2.0	1.5				
15							0.5					0.5
16								12.0				9.0
17					1.0						7.0	
18		7.1*										
19			24.5									
20			5.0									
21												0.5

续表

日期＼月份	一月	二月	三月	四月	五月	六月	七月	八月	九月	十月	十一月	十二月
22				4.0								0.5
23												
24				2.0			2.0					
25				2.0	4.5		2.0					11.0
26							21.5					
27				6.5			7.0					
28				18.5		49.5						
29				2.0								
30	12.2*					2.5	17.0				13.0	
31							1.0	3.5				
月统计 总量	23.7	7.9	29.5	60.0	5.5	190.5	94.5	139.5	8.0	24.0	23.0	22.5
月统计 降水日数	6	4	2	9	2	5	10	9	2	5	4	6
月统计 最大日量	12.2	7.1	24.5	18.5	4.5	62.0	41.0	38.5	6.0	8.5	13.0	11.0

年统计						
年统计	降水量	628.6		年降水日数	64	
年统计	时段/d	1	3	7	15	30
年统计	最大降水量	62.0	107.5	138.5	143.0	190.5
年统计	开始日期	6月-6日	6月-6日	6月-5日	5月-25日	6月-5日
附注						

龙河　朱汪站逐日降水量表

年份：2019　　测站编码：51320850　　降水量单位：mm

日期＼月份	一月	二月	三月	四月	五月	六月	七月	八月	九月	十月	十一月	十二月
1								14.0				0.5
2		0.5						0.5	1.5			
3	3.0*						19.5		7.0			
4	1.5*							31.5		1.0		
5	1.0*					21.5						
6						22.0	107.5			8.5		
7							2.5	0.5				
8				5.0		51.5		29.0				
9	0.5*			10.5				0.5		8.0	1.5	
10		0.5*						56.5		2.5		
11	0.5*						16.5	36.0		13.5		
12								0.5			1.5	
13				5.5		0.5						
14		0.4*				2.0	1.5					
15							1.5					
16							33.0	30.0				9.0
17					2.0						9.0	
18		8.3*					4.0					
19			36.0									
20			6.0									
21												1.0

续表

日期＼月份		一月	二月	三月	四月	五月	六月	七月	八月	九月	十月	十一月	十二月
22					5.0								
23								0.5					
24					1.0			0.5					
25					0.5	3.5		2.5					11.0
26						1.0		4.0					
27					11.0			18.0	0.5				
28					13.5		12.0	2.5					
29					1.5								
30		18.4*					4.5	20.0				14.0	
31								47.5					
月统计	总量	24.9	9.7	42.0	53.5	6.5	114.0	281.5	199.5	8.5	33.5	26.0	21.5
	降水日数	6	4	2	9	3	7	16	11	2	5	4	4
	最大日量	18.4	8.3	36.0	13.5	3.5	51.5	107.5	56.5	7.0	13.5	14.0	11.0

年统计	降水量	821.1		年降水日数	73	
	时段/d	1	3	7	15	30
	最大降水量	107.5	110.0	131.5	238.5	308.0
	开始日期	7月-6日	7月-6日	6月-30日	7月-28日	7月-6日
附注						

青口河　朱边站逐日降水量表

年份:2019　　测站编码:51320950　　降水量单位:mm

日期\月份	一月	二月	三月	四月	五月	六月	七月	八月	九月	十月	十一月	十二月
1								37.0				0.5
2								35.5				
3	2.0 *						0.5		1.0		11.5	
4	2.9 *							6.5		0.5		
5	0.3 *					18.5						
6						9.0	37.5			6.5		
7							2.0	1.5				
8				8.0		17.5						
9	0.9 *			16.0				6.0		7.5	1.0	
10		0.5 *		1.0				59.5		3.5		
11				0.5			12.0	59.0		5.5		
12								0.5			2.5	
13				2.5		0.5	9.0		0.5			
14		0.1*				0.5	0.5					
15							20.0					0.5
16								43.5			1.0	8.5
17					0.5						8.5	
18		6.6 *					3.0					
19			25.5				0.5					
20			4.0									
21			0.5									0.5

续表

日期\月份		一月	二月	三月	四月	五月	六月	七月	八月	九月	十月	十一月	十二月
22					4.5								
23								1.0					0.5
24					4.5			12.0					0.5
25					1.0	3.0		1.0					11.5
26						1.0		24.0					
27					11.5			13.0					
28					13.0		9.5	0.5					
29								0.5					
30		13.6*					32.5	15.5				15.0	
31								4.5	2.0				
月统计	总量	19.7	7.2	30.0	62.5	4.5	88.0	157.0	251.0	1.5	23.5	39.5	22.5
	降水日数	5	3	3	10	3	7	18	10	2	5	6	7
	最大日量	13.6	6.6	25.5	16.0	3.0	32.5	37.5	59.5	1.0	7.5	15.0	11.5
年统计	降水量		706.9					年降水日数		79			
	时段/d		1		3			7		15		30	
	最大降水量		59.5		124.5			162.5		226.0		324.5	
	开始日期		8月-10日		8月-9日			8月-10日		7月-28日		7月-18日	
附注													

旦头河　清水涧站逐日降水量表

年份:2019　　测站编码:51321150　　降水量单位:mm

月份 / 日期	一月	二月	三月	四月	五月	六月	七月	八月	九月	十月	十一月	十二月
1								28.5				0.5
2		0.5						78.0				
3	2.1 *						1.0		0.5		7.5	
4	2.5 *							8.5		0.5		
5	0.6 *					20.5		0.5				
6						11.5	72.5			8.0		
7							8.0	2.0				
8				7.0		19.5		22.5				
9	1.3 *			14.5				1.0		8.5	1.5	
10		0.4 *		0.5				59.5		5.5		
11				0.5			24.0	47.0		7.0		
12								0.5			1.5	
13				5.0			1.0		5.5			
14		0.3*				0.5						
15							14.0		0.5			
16								32.0			0.5	9.5
17					1.5						10.0	
18		6.4 *					5.0					
19			24.0				0.5					
20			4.5									
21												0.5

续表

日期＼月份	一月	二月	三月	四月	五月	六月	七月	八月	九月	十月	十一月	十二月
22				5.0								
23							2.5					0.5
24				2.5			13.0					
25				0.5	3.5		2.5					12.5
26					1.0		3.5					
27				12.0			30.5					
28				13.5		12.0	1.0					
29				0.5			1.5					
30	16.5*					22.0	27.5				16.5	
31							7.0					
月统计 总量	23.0	7.6	28.5	61.5	6.0	86.0	215.0	280.0	6.5	29.5	37.5	23.5
月统计 降水日数	5	4	2	11	3	6	17	11	3	5	6	5
月统计 最大日量	16.5	6.4	24.0	14.5	3.5	22.0	72.5	78.0	5.5	8.5	16.5	12.5

年统计	降水量	804.6		年降水日数	78	
	时段/d	1	3	7	15	30
	最大降水量	78.0	113.5	174.0	284.5	374.5
	开始日期	8月-2日	7月-31日	7月-27日	7月-28日	7月-18日
附注						

青口河　黑林站逐日降水量表

年份:2019　　测站编码:51321200　　降水量单位:mm

日期＼月份	一月	二月	三月	四月	五月	六月	七月	八月	九月	十月	十一月	十二月
1								32.0				0.5
2								101.0				
3	2.5 *								0.5		2.0	
4	1.1 *							9.5		0.5		
5	0.5 *					20.0						
6						9.5	58.5			8.0		
7							5.5	1.5				
8				7.5		27.0						
9	0.6 *			14.5				8.0		7.5	1.0	
10		0.2 *						57.0		5.0		
11							6.5	57.5		4.5		
12							6.5				2.5	
13				3.5			8.0		3.0			
14		0.1*				0.5						
15							7.5		0.5			
16							3.5	31.5			0.5	8.5
17					1.5						8.0	
18		6.4 *					4.0					
19			27.0				0.5					
20			4.5									
21												1.0

续表

日期＼月份	一月	二月	三月	四月	五月	六月	七月	八月	九月	十月	十一月	十二月
22				3.5								
23							5.5					
24				2.5			26.0					
25				1.0	3.0		2.0					11.0
26					2.5		3.5					
27				12.0			12.5					
28				13.5		12.0						
29				0.5			3.0					
30	14.8*					35.0	10.5				15.5	
31							18.0					
月统计 总量	19.5	6.7	31.5	58.5	7.0	104.0	181.5	298.0	4.0	25.5	29.5	21.0
月统计 降水日数	5	3	2	9	3	6	17	8	3	5	6	4
月统计 最大日量	14.8	6.4	27.0	14.5	3.0	35.0	58.5	101.0	3.0	8.0	15.5	11.0

年统计						
年统计	降水量	786.7		年降水日数	71	
年统计	时段/d	1	3	7	15	30
年统计	最大降水量	101.0	151.0	177.0	298.0	383.5
年统计	开始日期	8月-2日	7月-31日	7月-27日	7月-29日	7月-18日
附注						

康邑河　汪子头站逐日降水量表

年份：2019　　测站编码：51321300　　降水量单位：mm

日期 \ 月份	一月	二月	三月	四月	五月	六月	七月	八月	九月	十月	十一月	十二月
1								31.0				0.5
2								63.5				
3	2.5*								0.5		4.5	
4	2.0*							25.5		1.0		
5	0.9*					19.5		2.5				
6						9.0	48.0			9.5		
7							2.5	2.5				
8				6.0		4.0		0.5				
9	1.0*			10.5				2.5		7.0	1.0	
10		0.4*						52.5		4.0		
11							17.0	44.5		4.0		
12							1.0				1.0	
13				4.0			2.0		0.5			
14		0.5*				0.5	0.5					
15												0.5
16							1.5	38.0			1.0	12.0
17					1.0						10.5	
18		6.5*					2.0					
19			18.5				1.0					
20			4.5									
21												1.0

续表

日期＼月份	一月	二月	三月	四月	五月	六月	七月	八月	九月	十月	十一月	十二月
22				3.5								
23							12.5					0.5
24				2.0			11.0					
25				1.5	2.5		2.5					11.5
26					2.0		5.5					
27				12.5			30.5					
28				15.5		14.5		8.0				
29				0.5			2.5					
30	14.2*					16.0	15.0				16.0	
31							6.5					
月统计 总量	20.6	7.4	23.0	56.0	5.5	63.5	161.5	271.0	1.0	25.5	34.0	26.0
月统计 降水日数	5	3	2	9	3	6	17	11	2	5	6	6
月统计 最大日量	14.2	6.5	18.5	15.5	2.5	19.5	48.0	63.5	0.5	9.5	16.0	12.0

年统计	降水量	695.0		年降水日数	75	
	时段/d	1	3	7	15	30
	最大降水量	63.5	101.0	149.0	249.0	352.0
	开始日期	8月-2日	7月-31日	7月-27日	7月-29日	7月-18日
附注						

青口河　小塔山水库站逐日降水量表

年份:2019　　测站编码:51321400　　降水量单位:mm

日期＼月份	一月	二月	三月	四月	五月	六月	七月	八月	九月	十月	十一月	十二月
1								26.5				0.5
2		1.0						1.0				
3	2.9*						1.0		4.0			
4	1.5*							17.5		1.5		
5	1.1*					19.5						
6						17.0	95.0			10.0		
7							1.5	0.5				
8				6.0		20.5		1.5				
9	1.9*			11.5				4.0		5.0	2.0	
10								56.5		2.5		
11							11.5	37.5		8.5		
12							8.0				1.5	
13		0.2*		3.0					1.0			
14		0.5*										
15							20.5					
16								43.5				10.5
17					1.5		1.0				12.0	
18		6.3*					1.5					
19			25.0									
20			6.5									
21												1.5

续表

月份 日期	一月	二月	三月	四月	五月	六月	七月	八月	九月	十月	十一月	十二月
22				3.5								
23							1.5				0.5	
24				2.0			1.5					
25				1.0	3.5		5.5			0.5		10.5
26					1.0		2.5					
27				11.0			12.5					
28				13.0		14.5		6.5				
29				1.5								
30	16.5*					20.0	15.5				16.0	
31							10.0					
月统计 总量	23.9	8.0	31.5	52.5	6.0	91.5	189.0	195.0	5.0	28.0	32.0	23.0
月统计 降水日数	5	4	2	9	3	5	15	10	2	6	5	4
月统计 最大日量	16.5	6.3	25.0	13.0	3.5	20.5	95.0	56.5	4.0	10.0	16.0	10.5

年统计						
年统计	降水量	685.4		年降水日数	70	
	时段/d	1	3	7	15	30
	最大降水量	95.0	98.0	137.5	170.5	239.0
	开始日期	7月-6日	8月-9日	8月-10日	7月-30日	7月-18日
附注						

青口河　青口站逐日降水量表

年份:2019　　测站编码:51321500　　降水量单位:mm

日期＼月份	一月	二月	三月	四月	五月	六月	七月	八月	九月	十月	十一月	十二月
1								62.0				1.5
2		0.5										
3	3.1*						32.0		9.5			
4	2.5*							2.5		2.5		
5	1.0*					26.5		0.5				
6				0.5		31.5	80.0			15.0		
7							3.5	0.5				
8				6.5		61.0						
9	1.8*			12.0				7.0		3.5	0.5	
10		0.3*			0.5			55.0		1.5		
11	0.7*						15.0	32.0		10.0		
12											2.0	
13				3.0					6.5			
14		0.1*				2.0	0.5					
15							1.0					
16							4.5	20.5				9.0
17					1.5						10.5	
18		7.0*					1.5					
19			19.5				0.5					
20			7.0									
21												

续表

日期＼月份	一月	二月	三月	四月	五月	六月	七月	八月	九月	十月	十一月	十二月
22			2.0									
23												
24			2.0			3.0					0.5	
25				1.5	1.5		4.5					10.5
26					0.5		18.0					
27				8.5			22.5	0.5				
28				18.0		28.5		1.0				
29			0.5	3.5								
30	22.9*					19.0	7.5				13.5	
31							4.5					
月统计 总量	32.0	7.9	27.0	57.5	4.0	168.5	198.5	181.5	16.0	32.5	26.5	21.5
月统计 降水日数	6	4	3	10	4	6	15	10	2	5	4	4
月统计 最大日量	22.9	7.0	19.5	18.0	1.5	61.0	80.0	62.0	9.5	15.0	13.5	10.5

年统计						
年统计	降水量	773.4		年降水日数	73	
年统计	时段/d	1	3	7	15	30
年统计	最大降水量	80.0	94.0	131.0	178.0	260.5
年统计	开始日期	7月-6日	8月-9日	6月-30日	6月-28日	7月-3日
附注						

朱稽河　班庄站逐日降水量表

年份:2019　测站编码:51321550　降水量单位:mm

日期＼月份	一月	二月	三月	四月	五月	六月	七月	八月	九月	十月	十一月	十二月
1								33.0				1.0
2		0.5						30.0				
3	3.0								2.0			
4	2.0*							0.5		2.0		
5	2.0 *					25.0		11.0				
6						13.0	40.5			12.0		
7							1.5					
8				6.5		34.0						
9	1.0 *			9.0				2.0		5.5		
10	0.2 *	0.6 *						73.5		1.5		
11	0.3*						1.0	39.0		4.5		
12					3.0			0.5			2.0	
13		0.3*		3.0					1.0			
14		0.2*										
15												
16								25.0				10.5
17					1.0			0.5			9.0	
18		6.0 *					1.5					
19			22.0									
20			6.5									
21												0.5

续表

日期 \ 月份		一月	二月	三月	四月	五月	六月	七月	八月	九月	十月	十一月	十二月
22					4.5								
23								8.0					
24					2.0			2.5					0.5
25					2.5	2.5		10.5			0.5		10.5
26						1.0		34.5					
27					9.5			25.0	0.5				
28					16.0		24.0		3.5				
29					0.5								
30		19.5*					21.0	3.5				16.5	
31								9.5					
月统计	总量	28.0	7.6	28.5	53.5	7.5	117.0	138.0	219.0	3.0	26.0	27.5	23.0
	降水日数	7	5	2	9	4	5	11	12	2	6	3	5
	最大日量	19.5	6.0	22.0	16.0	3.0	34.0	40.5	73.5	2.0	12.0	16.5	10.5

年统计	降水量	678.6		年降水日数	71	
	时段/d	1	3	7	15	30
	最大降水量	73.5	114.5	138.0	202.5	309.5
	开始日期	8月-10日	8月-9日	8月-10日	7月-30日	7月-18日
附注						

朱稽河　朱堵集站逐日降水量表

年份:2019　　测站编码:51321750　　降水量单位:mm

日期＼月份	一月	二月	三月	四月	五月	六月	七月	八月	九月	十月	十一月	十二月
1								35.5				1.0
2		0.5						2.0				
3	4.3*								4.5			
4	0.5*							4.5		2.0		
5	1.0*					21.5		15.0				
6						22.5	83.5			12.5		
7							3.5	0.5				
8				6.0		72.5						
9	1.1*			9.5				5.0		4.5	1.0	
10	0.3*							61.0		2.0		
11							3.0	40.5		7.0		
12								0.5			2.0	
13		0.1*		3.0					2.5			
14		0.2*					2.0					
15							1.0					
16								15.5				10.0
17					1.5						8.0	
18		5.6*					1.0					
19			27.5									
20			7.0									
21												0.5

续表

日期＼月份		一月	二月	三月	四月	五月	六月	七月	八月	九月	十月	十一月	十二月
22					2.0								
23													
24					2.0			1.0					
25					1.5	5.0		6.5					10.0
26						0.5		15.0					
27					9.0			27.5	0.5				
28					15.5		27.5		2.0				
29					2.0								
30		17.4*					41.5	7.5				13.5	
31								37.0					
月统计	总量	24.6	6.4	34.5	50.5	7.0	185.5	188.5	182.5	7.0	28.0	24.5	21.5
	降水日数	6	4	2	9	3	5	12	12	2	5	4	4
	最大日量	17.4	5.6	27.5	15.5	5.0	72.5	83.5	61.0	4.5	12.5	13.5	10.0

年统计	降水量	760.5		年降水日数	68	
	时段/d	1	3	7	15	30
	最大降水量	83.5	106.5	125.0	209.0	275.5
	开始日期	7月-6日	8月-9日	6月-30日	7月-30日	7月-18日
附注						

范河　范河闸站逐日降水量表

年份:2019　　测站编码:51321850　　降水量单位:mm

日期＼月份	一月	二月	三月	四月	五月	六月	七月	八月	九月	十月	十一月	十二月
1								40.5				2.0
2								0.5				
3	4.0						10.5		27.5			
4	2.0*									1.0		
5	1.5*					19.0						
6				0.5		36.5	56.5			15.5		
7							1.5					
8				5.5		41.0						
9	0.5*			8.5				0.5		3.0	0.5	
10	0.3*	0.4*						52.5		0.5		
11							1.0	14.5		3.5		
12								1.0			1.5	
13				1.0					3.0			
14						0.5	0.5					
15												
16							46.5	28.5				7.5
17					1.5						9.0	
18		7.1*										
19			20.5									
20			9.0									
21												0.5

续表

日期＼月份	一月	二月	三月	四月	五月	六月	七月	八月	九月	十月	十一月	十二月
22				1.5								
23												
24				1.5			5.5					0.5
25				1.0	2.5		2.5					7.5
26					0.5		36.0					
27				6.0			10.0	0.5				
28				17.0		35.0	0.5	7.0				
29			0.5	2.0								
30	13.9*					13.5	15.0				13.0	
31							2.0					
月统计 总量	22.2	7.5	30.0	44.5	4.5	145.5	188.0	145.5	30.5	23.5	24.0	18.0
月统计 降水日数	6	2	3	10	3	6	13	9	2	5	4	5
月统计 最大日量	13.9	7.1	20.5	17.0	2.5	41.0	56.5	52.5	27.5	15.5	13.0	7.5

年统计						
	降水量	683.7		年降水日数	68	
	时段/d	1	3	7	15	30
	最大降水量	56.5	77.5	104.0	126.5	228.5
	开始日期	7月-6日	6月-6日	7月-26日	7月-30日	7月-3日
附注						

黄海　西连岛站逐日降水量表

年份:2019　　测站编码:51321950　　降水量单位:mm

日期＼月份	一月	二月	三月	四月	五月	六月	七月	八月	九月	十月	十一月	十二月
1								15.5				1.5
2		0.5						4.5				
3	4.5								10.0			
4	3.5							1.5		1.0		
5	1.7*					20.0						
6				3.0		48.0	28.5			17.0		
7							1.0					
8				10.0		34.0		0.5				
9	2.0*			18.5				0.5		1.5	1.0	
10		1.0*						39.5		1.0		
11	1.0*						9.5	10.5		3.5		
12								0.5			1.5	
13		1.2*		1.5					2.0			
14												
15												
16								5.5				7.0
17					3.0						8.0	
18		10.0*					1.0					
19			27.5				0.5					
20			8.0									
21												

续表

日期＼月份		一月	二月	三月	四月	五月	六月	七月	八月	九月	十月	十一月	十二月
22					5.5								
23													
24					1.0			15.5					
25					0.5	4.5		6.5					12.0
26					1.0	0.5		13.0	0.5				
27					7.5			3.5	1.0				
28					18.5		30.5						
29				1.0	3.0								
30		19.7*					3.0	3.5				21.5	
31								5.0					
月统计	总量	32.4	12.7	36.5	70.0	8.0	135.5	87.5	80.0	12.0	24.0	32.0	20.5
	降水日数	6	4	3	11	3	5	11	11	2	5	4	3
	最大日量	19.7	10.0	27.5	18.5	4.5	48.0	28.5	39.5	10.0	17.0	21.5	12.0

年统计	降水量	551.1		年降水日数	68	
	时段/d	1	3	7	15	30
	最大降水量	48.0	82.0	102.0	107.0	135.5
	开始日期	6月-6日	6月-6日	6月-5日	5月-25日	6月-5日
附注						

附表6　连云港市各站逐日平均流量表

新沭河　大兴镇站逐日平均流量表

年份:2019　测站编码:51112000　流量单位:m^3/s　集水面积:5 108 km^2

日期＼月份	一月	二月	三月	四月	五月	六月	七月	八月	九月	十月	十一月	十二月
1	0	0	0	0	0	0	0	19.6	0	0	0	0
2	0	0	0	0	0	0	0	218	0	0	0	0
3	0	0	0	0	0	0	0	65.4	0	0	0	0
4	0	0	0	0	0	0	0	31.6	0	0	0	0
5	0	0	0	0	0	0	0	24.9	0	0	0	0
6	0	0	0	0	0	14.7	2.90	20.8	0	0	0	0
7	0	0	0	0	0	0	0	18.0	0	0	0	0
8	0	0	0	0	0	0	0	8.97	0	0	0	0
9	0	0	0	0	0	0	0	0	16.9	0	0	0
10	0	0	0	0	0	0	0	118	18.6	0	0	0
11	0	0	0	0	0	0	0	1310	0	0	0	0
12	0	0	0	0	0	0	0	2250	0	0	0	0
13	0	0	0	0	0	0	0	913	0	0	0	0
14	0	0	0	0	0	0	0	428	0	0	0	0
15	0	0	0	0	0	0	0	232	0	0	0	0
16	0	0	0	0	0	0	0	152	0	0	0	0
17	0	0	0	0	0	0	0	210	0	0	0	0
18	0	0	0	0	0	0	0	161	0	0	0	0
19	0	0	0	0	0	0	0	86.7	0	0	0	0
20	0	0	0	0	0	0	0	10.7	0	1.28	0	0
21	0	0	0	0	0	0	0	0	0	22.8	0	0

续表

日期 \ 月份	一月	二月	三月	四月	五月	六月	七月	八月	九月	十月	十一月	十二月
22	0	0	0	0	0	0	0	0	0	24.8	0	0
23	0	0	0	0	0	0	0	28.0	0	23.5	0	0
24	0	0	0	0	0	0	0	158	0	20.8	0	0
25	0	0	0	0	0	0	0	127	0	8.69	0	0
26	0	0	0	0	0	0	3.39	127	0	0	0	0
27	0	0	0	0	0	0	20.0	127	0	0	0	0
28	0	0	0	0	0	0	53.4	128	0	0	0	1.88
29	0		0	0	0	0	37.1	23.8	0	0	0	24.1
30	0		0	0	0	0	27.4	0	0	0	0	23.9
31	0		0		0		11.5	0		0		24.9
月统计 平均	0	0	0	0	0	0.490	5.02	226	1.18	3.29	0	2.41
月统计 最大	0	0	0	0	0	62.8	71.7	3850	35.6	25.0	0	27.4
月统计 日期	1	1	1	1	1	6	28	11	10	21	1	29
月统计 最小	0	0	0	0	0	0	0	0	0	0	0	0
月统计 日期	1	1	1	1	1	1	1	1	1	1	1	1

年统计	最大流量：3 850 m^3/s 8月11日		最小流量：0 m^3/s 1月1日		平均流量：20.2 m^3/s	
年统计	径流量：6.376 10^8 m^3		径流模数 10^{-3} $m^3/(s\cdot km^2)$		径流深度：mm	
洪量/(10^8 m^3)	最大1日：1.944	3日：3.865	7日：4.748	15日：5.241	30日：6.059	60日：6.208
洪量日期	8月12日	8月11日	8月11日	8月11日	7月30日	7月26日
附注	1.表内流量采用连实测流量过程线法推求。 2.上游蓄水工程控制面积超过本站集水面积15%，不再计算径流深度和径流模数					

新沭河　石梁河水库站逐日平均流量表

年份:2019　测站编码:51112100　流量单位:m^3/s 集水面积:5 464 km^2

月份/日期	一月	二月	三月	四月	五月	六月	七月	八月	九月	十月	十一月	十二月
1	16.7	10.4	7.88	22.4	21.7	16.1	35.1	5.88	46.0	42.8	28.6	10.0
2	21.7	4.53	7.79	19.1	21.7	20.8	33.6	7.15	46.0	44.2	19.4	9.60
3	27.0	0	7.84	19.0	21.8	23.4	27.9	12.3	45.9	44.0	16.5	0
4	27.0	0	7.85	19.1	22.0	31.0	16.1	0	45.8	44.0	15.1	0
5	27.0	0	7.86	19.1	22.0	31.6	9.53	0	45.7	37.0	15.0	0
6	27.0	0	7.85	19.1	21.2	20.6	9.98	0.506	45.5	4.25	9.33	0
7	21.7	0	7.85	19.2	18.8	19.1	10.0	0	45.4	4.25	2.11	0
8	16.5	0	7.85	19.0	18.7	18.9	12.9	1.99	32.0	4.25	0	0
9	16.4	0	7.74	18.8	18.8	21.6	13.3	7.05	6.19	4.25	0	0
10	16.2	0	10.3	18.9	18.9	23.1	13.8	11.8	17.1	4.25	0	0
11	16.3	11.5	11.9	18.9	19.0	25.2	16.1	1080	30.4	1.42	0	0
12	16.3	15.4	11.9	18.8	19.0	31.4	15.6	2580	30.4	2.83	0	0
13	16.2	7.63	12.0	18.8	19.0	40.8	15.8	910	30.4	4.25	9.44	0
14	16.0	7.82	11.9	18.8	19.1	46.3	15.9	203	30.3	4.25	16.3	0
15	15.9	7.72	15.3	18.2	12.9	43.7	20.7	61.8	30.3	20.0	16.9	0
16	16.0	7.79	19.5	17.6	9.10	41.4	23.8	120	30.3	25.0	17.1	0
17	15.9	7.79	17.8	17.4	9.21	47.3	24.1	266	30.3	4.25	12.8	0
18	15.7	7.85	22.5	15.0	12.0	51.2	24.0	317	33.0	4.25	0	0
19	15.7	7.82	26.6	8.57	13.8	61.3	19.9	217	34.4	4.25	0	0
20	4.32	7.71	20.3	8.57	19.7	67.6	15.9	41.7	34.4	4.25	0	0
21	7.42	7.78	22.6	8.55	27.3	62.2	15.7	25.7	45.6	4.25	0	0
22	15.7	7.77	26.6	8.51	22.4	61.4	15.5	25.8	55.2	4.25	0	0

续表

日期＼月份	一月	二月	三月	四月	五月	六月	七月	八月	九月	十月	十一月	十二月
23	15.4	7.76	26.6	8.49	22.3	61.3	15.4	37.5	55.0	4.25	0	2.65
24	15.3	7.77	26.6	8.46	25.8	59.8	15.7	93.3	41.9	4.25	0	4.25
25	15.3	7.78	26.6	12.4	25.8	72.6	16.4	166	39.8	4.25	0	4.25
26	15.3	7.77	26.6	17.1	19.6	82.8	16.0	303	45.1	4.25	0	4.25
27	15.4	7.82	26.8	16.3	12.5	82.4	16.0	303	43.1	4.25	0	4.25
28	19.7	7.94	26.9	16.2	6.32	73.4	16.2	185	19.4	4.25	0	4.25
29	25.9		26.8	16.1	6.32	69.1	16.2	64.5	19.7	4.25	5.82	4.25
30	25.9		26.6	19.3	6.32	45.7	16.2	46.0	37.1	11.7	10.0	4.25
31	20.5		26.6		6.32		11.6	46.0		22.0		4.25
月统计 平均	18.0	5.94	17.4	16.2	17.4	45.1	17.6	230	36.4	12.3	6.48	1.81
月统计 最大	29.4	23.5	27.0	26.7	30.2	83.4	35.8	3430	55.4	44.2	33.8	10.0
月统计 日期	2	12	20	1	20	25	1	12	21	1	1	1
月统计 最小	0	0	7.66	8.42	6.32	6.32	8.61	0	0	0	0	0
月统计 日期	20	2	10	25	27	1	31	1	9	11	7	2

年统计	最大流量：3 430 m^3/s 8月12日		最小流量：0 m^3/s 1月20日		平均流量：35.7 m^3/s	
	径流量：11.27 $10^8\ m^3$		径流模数 $10^{-3}\ m^3/(s \cdot km^2)$		径流深度：mm	
洪量/($10^8\ m^3$)	最大1日：2.229	3日：3.948	7日：4.511	15日：5.309	30日：6.442	60日：7.278
洪量日期	8月12日	8月11日	8月11日	8月11日	8月10日	8月9日
附注	1.表内流量为石梁河水库(南溢洪闸)站、石梁河水库(北溢洪闸)站、石梁河水库(南涵洞)站、石梁河水库(电站)站、石梁河水库(孟曹埠干渠)站、石梁河水库(北干渠)站、石梁河水库(古城翻水站)站和石梁河水库(磨山翻水站)站的合成。 2.水库年蓄水变量为－0.242 0×$10^8\ m^3$。 3.上游蓄水工程控制面积超过本站集水面积15%，不再计算径流深度和径流模数。 表内流量由51112102＋51112104＋51112105＋51112106＋51112107＋51112109＋51112110＋51112111合成					

蔷薇河　小许庄站逐日平均流量表

年份:2019　测站编码:51114300　流量单位:m^3/s 集水面积:477 km^2

日期＼月份	一月	二月	三月	四月	五月	六月	七月	八月	九月	十月	十一月	十二月
1					27.0	18.6	34.4	20.9	22.1			
2					27.3	25.6	24.0	31.3	18.6			
3					27.2	29.1	26.2	25.9	15.5			
4					25.9	27.8	26.7	20.4	21.0			
5					26.5	24.6	25.6	23.1	14.7			
6					25.8	33.3	21.4	14.2	12.7			
7					24.7	37.8	23.2	11.6	17.3			
8					24.5	34.3	18.9	14.3	18.7			
9					23.8	32.7	18.6	13.8	17.1			
10					23.0	32.0	11.3	37.5	13.9			
11					21.8	30.5	11.5	221	16.9			
12					15.6	36.7	7.35	216	14.6			
13					17.0	42.3	6.30	145	10.2			
14					24.9	40.4	17.4	105	7.93			
15					23.8	33.9	18.4	96.9	12.9			
16					24.7	33.7	13.9	72.4	13.8			
17					26.0	32.3	14.3	61.6	11.9			
18					22.5	25.5	11.4	50.2	18.0			
19					24.3	20.0	10.7	27.5	6.89			
20					25.2	19.4	12.8	38.8	17.6			
21					27.9	14.9	13.8	28.0	13.8			
22					29.4	8.65	12.5	30.2	16.4			

续表

日期 \ 月份		一月	二月	三月	四月	五月	六月	七月	八月	九月	十月	十一月	十二月
23						30.2	7.89	5.90	21.6	10.6			
24						29.7	14.7	10.7	22.5	13.4			
25						30.0	9.30	38.8	20.8	12.0			
26						23.9	9.42	66.4	18.7	13.0			
27						14.5	15.6	30.7	33.9	9.26			
28						19.6	15.2	31.1	32.2	5.52			
29						28.0	40.5	30.8	32.5	10.5			
30						13.6	40.5	19.0	25.5	10.0			
31						13.1		22.3	22.1				
月统计	平均					23.9	26.2	20.5	49.5	13.9			
	最大					39.0	64.0	86.4	302	55.2			
	日期					17	29	26	11	18			
	最小					8.61	3.07	4.70	4.78	3.47			
	日期					12	25	23	9	13			

<table>
<tr><td rowspan="2">年统计</td><td colspan="2">最大流量:302 m^3/s
8月11日</td><td colspan="2">最小流量:3.07 m^3/s
6月25日</td><td colspan="2">平均流量:—m^3/s</td></tr>
<tr><td colspan="2">径流量:3.557 $10^8\ m^3$</td><td colspan="2">径流模数
$10^{-3}\ m^3/(s\cdot km^2)$</td><td colspan="2">径流深度:mm</td></tr>
<tr><td>洪量/($10^8\ m^3$)</td><td>最大1日:
0.190 9</td><td>3日:
0.502 8</td><td>7日:
0.793 1</td><td>15日:
1.015</td><td>30日:
1.353</td><td>60日:
1.849</td></tr>
<tr><td>洪量日期</td><td>8月11日</td><td>8月11日</td><td>8月11日</td><td>8月10日</td><td>7月25日</td><td>6月29日</td></tr>
<tr><td>附注</td><td colspan="6">1.汛期流量站,5月1日至9月30日测验。
2.表内流量采用连实测流量过程线法推求。其中,5月26日15:00至6月9日16:10、8月11日17:30至8月11日18:10、8月22日15:35至8月24日19:00采用缆道流速仪法测流数据,其他时段采用二线能坡法测流数据</td></tr>
</table>

蔷薇河　临洪(总)站逐日平均流量表

年份:2019　测站编码:51113810　流量单位:m^3/s 集水面积:1 365 km^2

日期＼月份	一月	二月	三月	四月	五月	六月	七月	八月	九月	十月	十一月	十二月
1	0	0	63.0	0	0	0	91.1	48.5	0	0	2.13	0
2	0	69.1	0	0	0	0	84.0	121	2.53	0	0	0
3	73.4	0	0	0	0	0	71.0	249	2.46	0	0	0
4	0	0	0	62.3	0	0	41.7	101	0	0	0	0
5	0	0	0	0	57.8	45.3	39.1	118	8.81	0	0	0
6	14.3	87.7	0	0	15.6	38.6	0	28.2	0	0	0	0
7	22.6	0	77.2	0	12.6	0	72.1	44.3	0	0	0	0
8	0	0	0	0	0	29.3	24.4	27.1	29.5	0	0	0
9	0	0	0	1.81	0	23.0	37.4	40.2	0	56.3	0	0
10	0	0	0	6.27	0	0	0	157	0	0	0	0
11	0	74.4	0	0	0	0	23.3	455	0	0	0	0
12	0	0	0	0	0	0	0	333	18.3	0	0	0
13	0	0	0	0	0	36.7	0	532	0	0	0	0
14	33.4	0	0	0	0	0	19.7	570	0	39.8	0	0
15	0	50.1	0	37.5	0	0	0.373	213	0	84.1	0	0
16	7.43	0	0	0	0	0	75.7	102	0	0	0	0
17	0	0	0	0	45.1	0	98.3	162	0	0	0	0
18	51.9	0	0	0	24.8	0	25.9	55.9	0	0	0	0
19	0	73.5	0	64.5	13.5	0	35.0	0	0	0	0	0
20	0	0	0	0	0	0	31.2	0	0	0	0	0
21	0	0	0	0	17.2	0	34.3	0	0	0	0	0

续表

日期＼月份	一月	二月	三月	四月	五月	六月	七月	八月	九月	十月	十一月	十二月
22	0	73.2	96.1	0	25.7	0	49.2	0	0	0	0	0
23	0	0	0	0	0	0	0	0	0	0	0	0
24	0	0	0	0	0	0	0	0	0	0	0	0
25	45.9	0	0	0	0	0	0	0	0	0	0	0
26	0	0	0	0	0	0	0	0	0	0	0	0
27	0	0	0	0	0	0	91.2	0	0	0	2.56	0
28	0	0	0	0	39.5	0	138	0	0	0	0	0
29	70.0		0	70.4	0	106	104	11.1	0	0	0	0
30	0		0	0	0	88.3	49.4	2.20	0	0	0	0
31	0		0		0		64.9	0		2.32		0
月统计 平均	10.3	15.3	7.62	8.09	8.12	12.2	42.0	109	2.05	5.89	0.156	0
月统计 最大	415	628	460	440	335	488	506	863	243	475	65.1	0
月统计 日期	3	6	7	4	5	30	31	17	12	15	27	1
月统计 最小	0	0	0	0	0	0	0	0	0	0	0	0
月统计 日期	1	1	1	1	1	1	1	1	1	1	1	1

年统计		
最大流量：863 m^3/s 8 月 17 日	最小流量：0 m^3/s 1 月 1 日	平均流量：18.5 m^3/s
径流量：5.845 10^8 m^3	径流模数 10^{-3} $m^3/(s \cdot km^2)$	径流深度：mm

洪量/(10^8 m^3)	最大 1 日：0.4925	3 日：1.240	7 日：2.045	15 日：2.706	30 日：3.386	60 日：4.193
洪量日期	8 月 14 日	8 月 12 日	8 月 11 日	8 月 3 日	7 月 20 日	6 月 29 日

附注：

1.表内流量为临洪站、临洪(东)站的合成。

2.引入外流域水量超过年径流量 10%，不再计算径流深度和径流模数

青口河　黑林站逐日平均流量表

年份:2019　测站编码:51300500　流量单位:m^3/s 集水面积:190 km^2

日期＼月份	一月	二月	三月	四月	五月	六月	七月	八月	九月	十月	十一月	十二月
1					0.244	0.008	0.540	2.79	0.194			
2					0.181	0.005	0.475	42.2	0.236			
3					0.153	0.003	0.412	19.9	0.227			
4					0.127	0.004	0.308	12.1	0.244			
5					0.118	0.010	0.173	6.71	0.179			
6					0.105	0.078	4.43	3.69	0.084			
7					0.109	0.131	4.05	2.93	0.197			
8					0.105	0.105	1.36	2.34	0.092			
9					0.107	0.172	1.15	2.47	0.040			
10					0.170	0.116	0.945	4.93	0.056			
11					0.251	0.064	0.869	92.3	0.122			
12					0.237	0.046	0.947	38.6	0.122			
13					0.159	0.073	0.646	18.5	0.081			
14					0.138	0.114	0.531	9.08	0.056			
15					0.106	0.115	0.447	6.18	0.154			
16					0.094	0.113	0.829	10.4	0.149			
17					0.087	0.105	0.629	14.9	0.015			
18					0.087	0.157	0.371	1.74	0.016			
19					0.076	0.279	0.285	1.20	0.069			
20					0.049	0.245	0.239	0.933	0.064			
21					0.034	0.494	0.222	0.750	0.119			

续表

日期＼月份	一月	二月	三月	四月	五月	六月	七月	八月	九月	十月	十一月	十二月
22					0.028	0.231	0.269	0.468	0.107			
23					0.019	0.097	0.446	0.389	0.015			
24					0.017	0.031	0.981	0.329	0.015			
25					0.015	0.029	2.93	0.304	0.035			
26					0.020	0.029	1.44	0.278	0.020			
27					0.046	0.026	1.85	0.249	0			
28					0.062	0.035	2.80	0.243	0.065			
29					0.028	0.067	1.58	0.252	0.131			
30					0.019	0.222	1.89	0.193	0.022			
31					0.014		2.03	0.166				
月统计 平均					0.097	0.107	1.16	9.60	0.098			
月统计 最大					0.318	1.22	16.5	242	0.344			
月统计 日期					11	21	6	11	7			
月统计 最小					0.011	0.001	0.122	0.159	0			
月统计 日期					23	2	5	30	26			

项目						
年统计	最大流量：242 m^3/s 8 月 11 日		最小流量：0 m^3/s 9 月 26 日		平均流量：—m^3/s	
年统计	径流量：0.2961 10^8 m^3		径流模数 10^{-3} $m^3/(s \cdot km^2)$		径流深度：mm	
洪量/(10^8 m^3)	最大 1 日：0.079 7	3 日：0.129 1	7 日：0.164 1	15 日：0.235 3	30 日：0.268 4	60 日：0.287 9
洪量日期	8 月 11 日	8 月 11 日	8 月 11 日	8 月 2 日	7 月 24 日	7 月 1 日
附注	1.汛期站，5 月 1 日至 9 月 30 日测验。 2.表内流量采用临时曲线法及连实测流量过程线法推求，临时曲线标准差 3.3%					

青口河　小塔山水库站逐日平均流量表

年份:2019　测站编码:51300600　流量单位:m^3/s 集水面积:386 km^2

日期＼月份	一月	二月	三月	四月	五月	六月	七月	八月	九月	十月	十一月	十二月
1	1.33	1.33	1.33	1.33	1.33	1.33	1.33	1.33	1.33	1.33	1.33	1.33
2	1.33	1.33	1.33	1.33	1.33	1.33	1.33	1.33	1.33	1.33	1.33	1.33
3	1.33	1.33	1.33	1.33	1.33	1.33	1.33	1.33	1.33	1.33	1.33	1.33
4	1.33	1.33	1.33	1.33	1.33	1.33	1.33	1.33	1.33	1.33	1.33	1.33
5	1.33	1.33	1.33	1.33	1.33	1.33	1.33	1.33	1.33	1.33	1.33	1.33
6	1.33	1.33	1.33	1.33	1.33	1.33	1.33	1.33	1.33	1.33	1.33	1.33
7	1.33	1.33	1.33	1.33	1.33	1.33	1.33	1.33	1.33	1.33	1.33	1.33
8	1.33	1.33	1.33	1.33	1.33	1.33	1.33	1.33	1.33	1.33	1.33	1.33
9	1.33	1.33	1.33	1.33	1.33	1.33	1.33	1.33	1.33	1.33	1.33	1.33
10	1.33	1.33	1.33	1.33	1.33	1.33	1.33	1.33	1.33	1.33	1.33	1.33
11	1.33	1.33	1.33	1.33	1.33	1.33	1.33	1.33	3.43	1.33	1.33	1.33
12	1.33	1.33	1.33	1.33	1.33	1.33	1.33	1.33	4.71	1.33	1.33	1.33
13	1.33	1.33	1.33	1.33	1.33	1.33	1.33	1.33	4.97	1.33	1.33	1.33
14	1.33	1.33	1.33	1.33	1.33	1.33	1.33	1.33	2.37	1.33	1.33	1.33
15	1.33	1.33	1.33	1.33	1.33	5.13	1.33	1.33	1.33	1.33	1.33	1.33
16	1.33	1.33	1.33	1.33	1.33	10.9	1.33	1.33	1.33	1.33	1.33	1.33
17	1.33	1.33	1.33	1.33	1.33	10.8	1.33	1.33	1.33	1.33	1.33	1.33
18	1.33	1.33	1.33	1.33	1.33	10.7	1.33	1.33	1.33	1.33	1.33	1.33
19	1.33	1.33	1.33	1.33	1.33	10.9	1.33	1.33	1.33	1.33	1.33	1.33
20	1.33	1.33	1.33	1.33	1.33	11.1	1.33	1.33	1.33	1.33	1.33	1.33
21	1.33	1.33	1.33	1.33	1.33	11.0	1.33	1.33	1.33	1.33	1.33	1.33

续表

日期＼月份	一月	二月	三月	四月	五月	六月	七月	八月	九月	十月	十一月	十二月
22	1.33	1.33	1.33	1.33	1.33	10.9	1.33	1.33	1.33	1.33	1.33	1.33
23	1.33	1.33	1.33	1.33	1.33	10.8	1.33	1.33	1.33	1.33	1.33	1.33
24	1.33	1.33	1.33	1.33	1.33	10.7	1.33	1.33	1.33	1.33	1.33	1.33
25	1.33	1.33	1.33	1.33	1.33	9.28	1.33	1.33	1.33	1.33	1.33	1.33
26	1.33	1.33	1.33	1.33	1.33	7.94	1.33	1.33	1.33	1.33	1.33	1.33
27	1.33	1.33	1.33	1.33	1.33	6.26	1.33	1.33	1.33	1.33	1.33	1.33
28	1.33	1.33	1.33	1.33	1.33	1.33	1.33	1.33	1.33	1.33	1.33	1.33
29	1.33		1.33	1.33	1.33	1.33	1.33	1.33	1.33	1.33	1.33	1.33
30	1.33		1.33	1.33	1.33	1.33	1.33	1.33	1.33	1.33	1.33	1.33
31	1.33		1.33		1.33		1.33	1.33		1.33		1.33
月统计 平均	1.33	1.33	1.33	1.33	1.33	4.97	1.33	1.33	1.67	1.33	1.33	1.33
月统计 最大	1.33	1.33	1.33	1.33	1.33	11.2	1.33	1.33	4.98	1.33	1.33	1.33
月统计 日期	1	1	1	1	1	19	1	1	12	1	1	1
月统计 最小	1.33	1.33	1.33	1.33	1.33	1.33	1.33	1.33	1.33	1.33	1.33	1.33
月统计 日期	1	1	1	1	1	1	1	1	1	1	1	1
年统计	最大流量：11.2 m^3/s 6月19日				最小流量：1.33 m^3/s 1月1日				平均流量：1.66 m^3/s			
年统计	径流量：0.5225 10^8 m^3				径流模数 4.30 10^{-3} $m^3/(s \cdot km^2)$				径流深度：135.4 mm			
洪量/(10^8 m^3)	最大1日：0.009 6		3日：0.028 5		7日：0.065 9		15日：0.111 5		30日：0.128 8		60日：0.163 2	
洪量日期	6月20日		6月19日		6月16日		6月13日		5月29日		4月29日	
附注	1.表内流量为小塔山水库(溢洪闸)站、小塔山水库(东干渠)站和小塔山水库(西干渠)站的合成。 2.水库年蓄水变量为-0.1401×10^8 m^3，已参加径流深度、径流模数的计算											

附表7 连云港市各站洪水水文要素摘录表

新沭河大兴镇站洪水水文要素摘录表

年份:2019　　测站编码:51112000

月	日	时分	水位/m	流量/(m^3/s)	含沙量/(kg/m^3)	月	日	时分	水位/m	流量/(m^3/s)	含沙量/(kg/m^3)	月	日	时分	水位/m	流量/(m^3/s)	含沙量/(kg m^3)
8	2	4:45	22.23	36.8	0	8	5	20	22.93	23.4		8	11	8:35	23.79	359	
		8	24	50.0				22:25	93	23.0				10:10	81	391	
		10:55	26	61.9			6	0	93	22.8				10:35	81	400	0.275
		11:05	26	73.9				6:20	95	21.7				11	81	411	
		11:10	26	79.9	0			8	95	21.4				11:15	81	418	
		11:35	25	110				15:55	97	20.2				11:50	84	434	
		12:30	28	176				20	98	19.5				12:30	86	452	
		12:45	32	194				22:45	99	19.1				13:10	88	470	
		12:50	34	200			7	0	99	18.9				14	90	493	0.302
		12:55	36	206				6:40	23.00	17.8	0			14:20	92	567	
		13:05	39	218										14:30	95	603	
		13:15	40	230	0.246	8	10	9:10	23.10	0	0			14:45	97	658	
		13:40	41	449				12:40	14	45.5				15:15	24.00	769	
		13:55	44	580	0.592			13	14	53.9	0			15:35	02	842	
		14	44	591				14	15	79.1				15:45	03	879	0.597
		14:25	47	648				15:25	17	115				16	05	1 040	
		14:45	49	692				15:30	17	117	0.052			16:55	09	1 610	
		14:55	50	715	0.808			15:50	17	121				17	12	1 660	
		15:25	51	667				16:15	19	126				17:05	15	1 710	
		16:20	53	580				16:55	19	134				17:10	19	1 770	
		17:05	55	509	0.669			17:55	21	145				17:15	23	1 820	
		17:15	55	498				18:20	22	150	0.089			17:20	27	1 870	0.774
		17:40	57	470				18:45	24	187				17:25	30	1 960	
		18:45	60	397				19	27	209				17:30	32	2 050	
		20	62	312				20	29	298				17:35	34	2 140	

续表

月	日	时分	水位/m	流量/(m^3/s)	含沙量/(kg/m^3)	月	日	时分	水位/m	流量/(m^3/s)	含沙量/(kg/m^3)	月	日	时分	水位/m	流量/(m^3/s)	含沙量/(kg m^3)
		20:10	62	301	0.503			20:30	31	342				17:40	36	2 230	
		21:15	64	265				21	33	386				17:50	38	2 410	
		22:40	67	218				21:20	36	416				18	41	2 590	
	3	0	69	173				21:55	38	467				18:05	44	2 680	
		1:20	70	129	0.350			22:10	40	489				18:10	48	2 770	
		2:15	71	122				22:30	41	519	0.308			18:15	51	2 860	
8	3	6:20	73	88.2	0.233			23:10	42	499				18:20	54	2 950	
		6:40	73	85.8				23:40	44	484				18:25	58	3 040	
		8	74	76.2			11	0	46	473				18:30	61	3 130	0.979
		11	76	54.7				0:55	48	446				18:35	65	3 150	
		13:30	77	36.8	0.087			1:20	49	433	0.283			18:40	68	3 180	
		17:10	78	36.1				1:30	50	431				18:45	71	3 200	
		20	80	35.5				2	52	424				18:50	74	3 230	
		22:15	81	35.0				2:30	54	417				18:55	76	3 250	
	4	0	81	34.7				3:05	56	409				19:05	80	3 300	
		7:30	83	33.2	0.062			3:35	58	403				19:20	85	3 380	
		8	83	33.0				4:10	61	395				19:30	87	3 430	
		9:30	85	32.5				4:40	63	388				19:40	90	3 480	
		10:15	84	32.3				5	65	383				20	93	3 580	
		20	87	29.1				5:35	67	376				20:30	96	3 730	
		22:50	88	28.2				6	69	370	0.262			20:55	97	3 850	1.13
	5	0	88	27.8				6:30	72	361				22:40	99	3 480	
		6	90	25.8	0			7:10	74	349				22:45	99	3 460	1.07
		8	90	25.5				7:40	75	340	0.231			23	25.01	3 450	
		13:10	92	24.6				8	76	347			12	0	01	3 390	
8	12	0:10	25.01	3390		8	13	10:25	24.02	907		8	15	10:55	24.83	153	
		0:40	24.99	3 360				11:25	04	892				11:20	83	136	0.101

续表

月	日	时分	水位/m	流量/(m^3/s)	含沙量/(kg/m^3)	月	日	时分	水位/m	流量/(m^3/s)	含沙量/(kg/m^3)	月	日	时分	水位/m	流量/(m^3/s)	含沙量/(kg m^3)
		1:40	96	3 310				12:25	06	877				15:10	85	161	
		2	95	3 290				13:10	08	866	0.318			18:30	88	182	0.094
		3:10	92	3 230				13:20	08	861				19	88	180	
		4:10	89	3 180				14:15	11	835				20	89	177	
		4:45	87	3 140				15:10	13	809				23:25	91	164	
		4:50	87	3 140	0.998			16:25	15	774			16	0	91	162	
		5	86	3 100				17:30	17	744				7	94	137	0.062
		5:40	82	2 920				18:20	18	720	0.302			8	95	139	
		6:10	79	2 790				19:40	19	693				10:35	97	145	
		6:40	74	2 660				20	20	686				13:55	99	152	
		7:20	68	2 480				23:20	21	618	0.295			17:30	25.01	160	0.058
		7:25	68	2 460	0.976		14	0	21	616				19:30	02	159	
		8	65	2 400				2	23	609				19:50	04	159	
		9:25	52	2 250				4:20	24	601	0.254			20	05	159	
		9:35	51	2 230	0.971			6:50	25	551				20:25	02	159	
		9:45	49	2 210				7:10	27	544	0.194			21:15	00	159	
		10:10	47	2 180				7:20	28	539			17	0	01	158	
		10:40	42	2 130				8	30	518				6:50	00	156	0.056
		11	40	2 100				8:40	32	497				8	00	168	
		11:20	39	2 070	0.968			9:10	34	482				9:55	24.99	189	
		11:30	38	2 060				9:45	36	464				15:20	25.01	247	
		13:40	36	1 970	0.942			10:30	38	440				18:20	01	279	0.067
		14	36	1 950				11:10	40	419				20	01	268	
		14:40	33	1 920				11:50	43	399			18	0	01	241	
		15:40	29	1 870				12:45	45	370				3:55	24.99	215	
		16:20	29	1 840	0.863			13:20	46	352	0.176			6:50	96	195	0.054
		17	28	1 810				13:40	47	345				7	96	194	

续表

月	日	时分	水位/m	流量/(m³/s)	含沙量/(kg/m³)	月	日	时分	水位/m	流量/(m³/s)	含沙量/(kg/m³)	月	日	时分	水位/m	流量/(m³/s)	含沙量/(kg m³)
		18:10	26	1 750				14	48	339				8	95	186	
		18:55	25	1 710	0.779			14:55	50	321				10:20	93	168	
		20	23	1 630				15:55	52	301				13:05	91	148	
		22:20	21	1 470	0.744			17:05	54	279				14:45	89	135	
		22:50	21	1 440				18:30	57	251	0.155			16:40	86	120	
		23	20	1 430				18:40	57	254				18:10	84	109	0
	13	0	19	1 380				20	59	282				18:30	84	109	
		1:10	16	1 310				21:30	61	313				20	82	111	
		1:20	16	1 300	0.564			22:40	63	338				22:05	80	113	
		2:10	14	1 250				23:25	65	353				23:30	78	114	
		3:10	11	1 200			15	0	66	365			19	0	77	114	
		4:30	08	1 120				1	68	386				2	75	116	
		4:40	07	1 110	0.498			1:20	69	393	0.141			4:55	73	119	
		5:40	04	1 080				1:45	71	387				6:30	71	120	
		6:40	00	1 040				2:35	70	375				7:10	70	121	
		7:20	23.98	1 020	0.464			3:40	73	360				8	69	116	
		7:30	97	1 010				4:50	75	343				10:05	67	103	
		7:40	97	1 010				5:45	77	330				12:10	65	90.3	
		8	97	995				6:40	80	317				14:05	62	78.6	
		9:45	24.00	928				7:10	80	310	0.142			17:50	61	55.6	
		10:15	01	909	0.351			8	81	275				20	61	50.4	
8	19	22:15	24.59	45.0		8	20	6:10	24.57	26.0		8	20	10	24.56	0	0
	20	0	59	40.8				8	56	13.6							

新沭河石梁河水库站水库水文要素摘录表

年份:2019　　测站编码:51112100

月	日	时	分	坝上水位/m	蓄水量/(10^4 m^3)	出库流量/(m^3/s)	月	日	时	分	坝上水位/m	蓄水量/(10^4 m^3)	出库流量/(m^3/s)	月	日	时	分	坝上水位/m	蓄水量/(10^4 m^3)	出库流量/(m^3/s)
1	1	0		24.42	26 090		5	8	8		24.34	25 590	18.7	5	27	20		23.91	23 010	6.32
		8		42	26 090				11	25	33	25 530	18.7		28	8		91	23 010	6.32
	6	8		37	25 780				20		33	25 530	18.8		29	8		91	23 010	6.32
	11	8		35	25 660			9	8		32	25 470	18.8		30	8		91	23 010	6.32
	16	8		37	25 780				20		31	2 5410	18.9	6	1	0		93	23 120	6.32
	21	8		40	25 960			10	8		30	25 350	18.9			8		93	23 120	17.0
	26	8		39	25 900			11	8		27	25 160	18.9			17	05	91	23 010	20.8
	30	13	15	31	25 410				15	20	26	25 100	19.0		2	8		91	23 010	20.8
2	1	8		32	25 470			12	8		25	25 040	19.0		3	8		89	22 910	20.8
	6	8		38	25840			13	8		22	24850	19.0			20		88	22850	28.2
	11	7	45	48	26460				20		20	24730	19.0			23	40	87	22800	28.3
		8		48	26460			14	0		20	24730	19.1		4	0		87	22800	28.3
	16	8		41	26030				8		19	24670	19.1			8		86	22750	28.4
	21	8		32	25470			15	8		16	24480	19.1			20		84	22640	36.8
	26	8		31	25410				16		15	24420	9.17		5	0		83	22590	37.2
	28	11	25	29	25290				20		15	24420	9.18			8		81	22480	37.5
3	3	10	40	27	25160			16	8		15	24420	9.04			17	35	79	22370	27.5
	6	8		31	25410				20		15	24420	9.06		6	0		78	22320	27.5
	11	8		36	25720			17	8		15	24420	9.15			8		79	22370	23.2
	16	8		39	25900			18	8		14	24360	9.47			14	05	82	22530	14.7
	21	7	45	43	26150				15	20	13	24300	13.8			14	40	82	22530	14.7
		8		43	26150			19	8		13	24300	13.8			20		81	22480	19.1
	26	8		38	25840				20		13	24300	13.8		7	0		81	22480	19.1
4	1	8		34	25590			20	0		13	24300	13.7			8		80	22420	19.2
	6	8		35	25660				8		12	24240	13.7			11	50	79	22370	19.2
	11	8		34	25590				20		11	24170	30.2			20		79	22370	18.8

续表

月	日	时	分	坝上水位/m	蓄水量/(10^4 m^3)	出库流量/(m^3/s)	月	日	时	分	坝上水位/m	蓄水量/(10^4 m^3)	出库流量/(m^3/s)	月	日	时	分	坝上水位/m	蓄水量/(10^4 m^3)	出库流量/(m^3/s)
	16	8		30	25350				23	45	10	24110	30.1		8	0		79	22370	18.8
	17	15	40	28	25220			21	8		10	24110	30.1			8		78	22320	18.9
	21	8		31	25410				20		09	24050	24.8		9	8		81	22480	18.9
	26	8		41	26030				21	40	08	23990	24.8			20		81	22480	23.1
	29	21	05	45	26270			22	0		08	23990	24.9		10	8		81	22480	23.1
5	1	0		45	26270				8		08	23990	24.9		11	8		83	22590	23.1
		8		45	26270	21.6			11	45	06	23860	20.8			20		82	22530	30.4
		16	30	43	26150	21.8			20		06	23860	20.8		12	0		82	22530	30.6
	2	0		43	26150	21.8		23	0		06	23860	20.7			8		82	22530	30.4
		8		43	26150	21.7			8		05	23800	20.7			20		81	22480	32.4
	3	8		43	26150	21.7			20		04	23730	25.8		13	0		79	22370	32.4
		11	10	42	26090	21.7		24	0		02	23610	25.8			8		78	22320	32.6
		20		42	26090	21.9			8		01	23550	25.9			20		77	22260	45.2
	4	0		42	26090	21.9			16	10	23.99	23440	25.8			21	40	76	22210	45.2
		8		42	26090	22.0			20		99	23440	25.9		14	0		76	22210	45.3
		11	15	41	26030	22.0		25	8		97	23320	25.9			7	55	74	22100	46.4
		20		41	26030	22.1			14	45	95	23220	25.8			8		74	22100	46.4
	5	0		41	26030	22.1			20		95	23220	25.8			8	15	74	22100	46.4
		8		41	26030	22.0		26	0		95	23220	25.7			16	30	72	22000	46.3
		20		40	25960	22.1			8		95	23220	25.7		15	0		70	21890	46.3
	6	8		38	25840	22.1			12	55	94	23170	15.7			8		69	21840	46.2
		20		36	25720	18.8			20		94	23170	15.6			13	30	67	21730	42.8
	7	8		36	25720	18.8		27	0		94	23170	15.6			20		65	21620	41.5
		14	20	34	25590	18.7			8		94	23170	15.7		16	0		64	21570	41.5
6	16	8		23.62	21460	41.4	6	25	18	40	22.70	16790	82.8	7	5	18	20	21.86	13080	9.92
		15	45	60	21360	41.2			20		69	16740	82.8			20		86	13080	9.93
		20		59	21300	41.3			23	15	67	16650	83.0		6	0		86	13080	9.93

续表

月	日	时	分	坝上水位/m	蓄水量/(10^4 m^3)	出库流量/(m^3/s)	月	日	时	分	坝上水位/m	蓄水量/(10^4 m^3)	出库流量/(m^3/s)	月	日	时	分	坝上水位/m	蓄水量/(10^4 m^3)	出库流量/(m^3/s)
	17	8		56	21140	41.3			23	35	66	16610	82.8			8		86	13080	9.90
		18	10	54	21040	51.3		26	0		66	16610	82.8			15	55	92	13310	10.0
		20		53	20980	51.4			8		62	16420	82.6			18		90	13230	9.99
	18	0		52	20930	51.4			20		56	16150	82.6		7	0	10	91	13270	9.99
		8		49	20770	51.2			22	55	54	16060	82.8			8		90	13230	10.0
		15	45	47	20660	51.1		27	0		53	16020	82.8			20		89	13190	10.0
		20		46	20610	51.2			8		49	15840	83.0		8	0		89	13190	10.1
	19	0		45	20550	51.2			11	25	47	15740	82.8			8		89	13190	10.1
		8		42	20390	51.1			15	40	45	15650	82.8			18	10	88	13150	12.2
		13	15	40	20290	67.7			18	10	43	15560	81.6			20		89	13190	22.2
		23	45	36	20070	68.1		28	0		40	15430	81.6		9	0		89	13190	22.2
	20	0		36	20070	68.1			3	35	38	15340	78.3			6	35	87	13120	20.2
		8		33	19910	68.0			7		35	15200	78.2			8		87	13120	10.2
		11	55	31	19810	67.9			8		35	15200	78.2		10	0		87	13120	10.2
		17	05	29	19700	68.1			11	45	33	15110	69.4			8		87	13120	9.98
		20		27	19590	68.4			18	45	31	15020	68.6			19	50	85	13040	16.4
		22	40	25	19480	63.8			19	05	30	14970	68.7		11	0		85	13040	16.4
	21	0		25	19480	63.8			20		30	14970	68.7			8		84	13000	16.3
		8		22	19320	62.3		29	0		31	15020	68.9			18	05	82	12930	15.6
		12	30	20	19220	62.4			7	55	29	14930	69.6			20		82	12930	15.7
		15		18	19110	62.5			8		29	14930	69.6		12	8		81	12890	15.7
		18	55	16	19000	61.3			11	25	27	14840	68.9			19	25	80	12850	15.5
		20		15	18950	61.4			17		24	14700	69.1		13	0		80	12850	15.5
		22		14	18900	61.2			20		23	14660	69.3			8		79	12810	15.4
	22	0		14	18900	61.2			23	15	21	14570	67.2			20		78	12770	15.9
		8		10	18680	61.3		30	0		21	14570	67.2		14	8		77	12740	15.9
		12	25	08	18580	61.3			8		18	14430	45.3			20		78	12770	15.9

续表

月	日	时	分	坝上水位/m	蓄水量/(10^4 m^3)	出库流量/(m^3/s)	月	日	时	分	坝上水位/m	蓄水量/(10^4 m^3)	出库流量/(m^3/s)	月	日	时	分	坝上水位/m	蓄水量/(10^4 m^3)	出库流量/(m^3/s)
		17	20	06	18470	61.4			8	20	18	14430	47.4		15	0		78	12770	16.1
		20		05	18420	61.5			16	50	14	14250	35.4			8		78	12770	16.1
		20	25	04	18350	61.4			20		15	14290	35.0			19	50	76	12700	23.8
	23	0		05	18420	61.6			23		13	14200	35.0		16	8		76	12700	23.8
		0	15	02	18250	61.4	7	1	0		13	14200	35.0			20		76	12700	24.0
		5	25	00	18150	61.9			0	20	13	14200	35.0			22	35	74	12620	24.1
		8		22.99	18100	62.0			8		10	14070	34.9		17	0		74	12620	24.1
		13	30	97	18000	62.2			13	35	08	13980	34.9			8		74	12620	24.2
		16	10	95	17910	62.2			20	55	05	13840	35.7			10	40	73	12580	24.3
		20		93	17830	59.6		2	0		05	13840	35.6			20		73	12580	23.6
		22	30	92	17790	59.7			8		02	13700	35.5		18	0		73	12580	23.7
	24	0		92	17790	59.8			14	15	00	13610	35.2			8		72	12540	24.0
		8		88	17600	59.4			20		21.98	13530	29.7			12	40	71	12510	24.1
		11	35	86	17510	59.6		3	0		97	13490	29.5			20		71	12510	24.2
		20		82	17330	59.8			8		95	13410	29.9		19	0		71	12510	24.3
		22	50	80	17240	59.9			17	15	93	13350	26.4			8		71	12510	24.1
	25	0		80	17240	60.0			20		92	13310	26.4			20		71	12510	16.0
		8		76	17060	59.8		4	8		89	13190	26.3		20	0		71	12510	16.1
		10	35	74	16970	76.8			20		89	13190	9.50			8		71	12510	16.0
		15	50	72	16880	83.2		5	8		88	13150	9.33			20		71	12510	15.8
7	21	8		21.71	12510	15.8	8	6	8		22.88	17600	0	8	12	2	40	24.08	23990	3390
		20		71	12510	15.6		7	8		93	17830	0			3	40	10	24110	3410
	22	8		71	12510	15.6		8	8		97	18000	0			3	50	10	24110	3410
		20		71	12510	15.4			15	50	99	18100	0			7	35	09	24050	3430
	23	0		71	12510	15.4			20		99	18100	6.87			7	50	08	23990	3420
		8		71	12510	15.3		9	0		99	18100	6.94			8		07	23930	3420
		18	45	73	12580	15.5			5	40	23.01	18200	6.93			8	30	05	23800	3420

续表

月	日	时	分	坝上水位/m	蓄水量/(10^4 m^3)	出库流量/(m^3/s)	月	日	时	分	坝上水位/m	蓄水量/(10^4 m^3)	出库流量/(m^3/s)	月	日	时	分	坝上水位/m	蓄水量/(10^4 m^3)	出库流量/(m^3/s)
	24	8		73	12580	15.5			8		01	18200	6.92			9		03	23670	3410
		9	50	72	12540	15.5			20		01	18200	7.11			9	30	01	23550	3410
		23	20	74	12620	16.5		10	2		01	18200	7.11			10		23.98	23380	3390
	25	8		75	12660	16.5			8		01	18200	7.13			10	20	96	23270	3390
		20	50	78	12770	16.5			10		02	18250	7.13			10	40	94	23170	2470
	26	8		79	12810	16.2			14		05	18420	7.09			11		91	23010	2470
		11	45	80	12850	16.1			15		06	18470	7.16			11	40	89	22910	2460
		20		80	12850	15.6			17		08	18580	7.38			12	50	87	22800	2460
	27	8		83	12960	15.9			18		10	18680	21.2			13	10	86	22750	1990
		20		85	13040	16.3			21	10	21	19270	23.4			15	20	88	22850	1990
	28	0		86	13080	16.3			22	50	28	19650	25.3			20		88	22850	1550
		8		93	13350	16.2			23	10	30	19750	25.5			22	20	90	22960	1560
		18	03	98	13530	16.3			23	40	32	19860	25.4		13	3	20	89	22910	1560
	29	8		99	13570	16.1		11	0	30	36	20070	25.4			4	20	87	22800	1550
		19	45	22.01	13660	16.2			1	30	40	20290	24.7			6	20	82	22530	1550
	30	8		01	13660	16.2			2	30	44	20500	24.3			7	20	80	22420	1540
		20		02	13700	16.4			3		46	20610	24.0			8		79	22370	892
	31	8		03	13740	16.4			3	40	47	20660	23.9			9	20	81	22480	577
		13	15	05	13840	8.69			4	30	50	20820	23.7			11	40	88	22850	580
		20		05	13840	8.63			7		59	21300	22.9			13	20	92	23070	583
8	1	0		05	13840	8.61			8		63	21520	23.2			14	20	94	23170	583
		8		08	13980	8.78			8	40	65	21620	292			15		96	23270	585
		8	30	08	13980	8.77			9	40	67	21730	293			16	20	99	23440	586
		13	30	10	14070	8.76			10	20	69	21840	293			17	10	24.01	23550	589
		13	45	13	14200	8.77			10	50	72	22000	294			18	30	03	23670	589
		13	50	13	14200	8.77			11	50	74	22100	294			20		05	23800	590
		14	10	10	14070	8.79			12	30	77	22260	295			21	50	07	23930	592

续表

月	日	时	分	坝上水位/m	蓄水量/(10^4 m^3)	出库流量/(m^3/s)	月	日	时	分	坝上水位/m	蓄水量/(10^4 m^3)	出库流量/(m^3/s)	月	日	时	分	坝上水位/m	蓄水量/(10^4 m^3)	出库流量/(m^3/s)
		16	05	09	14020	0			13	20	79	22370	295		14	0		08	23990	592
	2	8		18	14430	0			13	50	81	22480	296			2		10	24110	595
		15	20	33	15110	0			15		86	22750	296			6	20	12	24240	596
		15	45	35	15200	20.8			15	20	88	22850	297			7	20	14	24360	56.0
		16	10	37	15290	20.9			16	20	90	22960	1500			7	50	17	24540	56.1
		17		42	15520	20.9			17		90	22960	1500			8		18	24610	56.1
		17	25	44	15610	19.8			17	40	88	22850	2460			8	20	20	24730	56.0
		18		46	15700	19.8			20		91	23010	3340			9	50	24	24980	55.8
		18	30	49	15840	19.9			21		93	23120	3350			10	40	27	25160	56.1
		20		53	16020	19.9			22	10	95	23220	3350			11	10	29	25290	57.0
	3	3		63	16470	20.9			22	50	97	23320	3360			13	10	35	25660	56.7
		5	25	65	16560	21.0			23		98	23380	3360			15		39	25900	56.7
		8		67	16650	21.0			23	50	24.00	23490	3370			16	10	41	26030	60.3
		15	05	69	16740	0		12	0		01	23550	3380			17	20	44	26210	60.8
	4	8		76	17060	0			0	50	03	23670	3380			18	20	46	26330	60.7
	5	8		82	17330	0			1	50	05	23800	3390			19	20	48	26460	60.8
8	14	20		24.48	26460	60.8	8	23	19	20	24.43	26150	66.9	9	9	8		24.15	24420	14.8
		22		51	26640	60.7			20		43	26150	66.9			20		16	24480	0
	15	0		55	26890	60.5		24	0		47	26400	67.0		10	8		18	24610	0
		0	40	57	27010	61.6			2	30	49	26520	67.1			20		18	24610	30.5
		1	50	59	27140	61.5			8		54	26830	67.1		11	0		17	24540	30.4
		2	50	62	27320	61.5			10	10	56	26950	66.9			8		16	24480	30.4
		3	30	64	27450	61.4			13	25	58	27080	118		12	8		14	24360	30.4
		4	30	66	27570	61.4		25	8		70	27820	118		13	8		13	24300	30.4
		6	30	70	27820	61.2			12	20	72	27940	118		14	8		13	24300	30.4
		7	20	73	28000	61.3			16	40	74	28060	109			12	35	11	24170	30.3
		8		74	28060	61.2			16	55	75	28130	109		15	8		11	24170	30.3

续表

月	日	时	分	坝上水位/m	蓄水量/(10^4 m^3)	出库流量/(m^3/s)	月	日	时	分	坝上水位/m	蓄水量/(10^4 m^3)	出库流量/(m^3/s)	月	日	时	分	坝上水位/m	蓄水量/(10^4 m^3)	出库流量/(m^3/s)
		12		76	28190	61.9			20		73	28000	306		16	8		09	24050	30.3
		13		77	28250	61.8		26	0		69	27760	306		17	8		08	23990	30.3
		14		77	28250	61.6			5	25	65	27510	304		18	0		06	23860	30.3
		17	50	79	28370	62.2			8		62	27320	304			8		05	23800	30.2
		20		81	28500	62.1			10		60	27200	303			20		05	23800	34.4
	16	0		83	28620	62.1			13	05	58	27080	303		19	8		03	23670	34.4
		2	40	85	28740	62.8			14	55	55	26890	302		20	8		02	23610	34.4
		8		87	28870	62.6			17	30	53	26770	303		21	8		23.99	23440	34.4
		11		89	28990	94.1		27	8		51	26640	303			20		97	23320	55.4
		16	20	91	29110	94.4			18	20	49	26520	302		22	0		96	23270	55.4
		19	30	93	29240	245		28	0		48	26460	302			8		94	23170	55.2
		20		92	29180	245			8		48	26460	284		23	0		89	22910	55.2
	17	0		93	29240	246			19	10	52	26710	91.2			8		88	22850	55.0
		0	40	92	29180	246			20		52	26710	91.2		24	0		84	22640	55.0
		8		90	29050	244		29	6	35	49	26520	91.0			8		82	22530	54.8
		14		91	29110	245			8		49	26520	91.0			17	45	80	22420	34.0
		17		93	29240	245			16	50	46	26330	35.2		25	8		78	22320	34.0
		20		93	29240	320			20		46	26330	46.0			19	50	76	22210	43.6
	18	0	20	91	29110	320		30	8		46	26330	46.0			20		75	22160	43.6
		4	35	89	28990	318		31	8		45	26270	46.0			21	50	74	22100	43.4
		8		87	28870	318	9	1	0		43	26150	46.0		26	8		73	22050	43.4
		20		74	28060	316			8		43	26150	46.0			14	10	71	21940	43.4
		22	05	72	27940	314		2	8		42	26090	46.0			20		70	21890	48.7
	19	0		69	27760	314		3	0		42	26090	46.0			20	20	69	21840	48.6
		8		60	27200	312			8		40	25960	45.9		27	0		69	21840	48.6
		9	30	58	27080	312			19	25	38	25840	45.8			8		66	21680	48.5
		13	30	54	26830	310		4	8		36	25720	45.8			18	15	64	21570	48.4

续表

月	日	时	分	坝上水位/m	蓄水量/(10^4 m^3)	出库流量/(m^3/s)	月	日	时	分	坝上水位/m	蓄水量/(10^4 m^3)	出库流量/(m^3/s)	月	日	时	分	坝上水位/m	蓄水量/(10^4 m^3)	出库流量/(m^3/s)
		20		53	26770	81.3			17	45	34	25590	45.7			18	35	63	21520	48.4
		22	10	52	26710	81.4		5	8		31	25410	45.7			20		63	21520	19.4
	20	0		52	26710	81.4			20		29	25290	45.6		28	8		62	21460	19.4
		8		49	26520	41.0		6	0		27	25160	45.5		29	8		61	21410	19.4
		20		47	26400	25.4			0	25	28	25220	45.6			20		61	21410	4.25
		22		46	26330	25.4			8		26	25100	45.5			23	50	60	21360	34.4
	21	0		46	26330	25.5			16	45	24	24980	45.5		30	8		59	21300	34.4
		8		46	26330	25.7			19	40	23	24910	45.4			15	35	57	21200	44.4
	22	8		45	26270	25.7		7	8		22	24850	45.4			20		57	21200	40.1
		20		45	26270	26.0		8	0		18	24610	45.4	10	1	0	15	56	21140	40.1
	23	0		45	26270	26.0			8		17	24540	45.3			8		55	21090	40.0
		8		45	26270	25.6			13	55	15	24420	14.8		5	16	30	33	19910	
10	6	8		23.34	19970		11	6	8		23.49	20770		12	6	8		23.53	20980	
	11	8		44	20500			11	8		51	20870			11	8		63	21520	
	16	8		46	20610			16	8		45	20550			16	8		71	21940	
	21	8		54	21040			17	15	10	41	20340			21	8		78	22320	
	26	8		65	21620			21	8		45	20550			26	8		89	22910	
	28	11	35	67	21730			26	8		49	20770			31	18	50	24.02	23610	
11	1	0		62	21460		12	1	0		50	20820		1	1	8		03	23670	
		8		59	21300				8		51	20870								

说明：水位容积曲线来自石梁河水库管理处，徐州地区水利工程队 1973 年 12 月施测。

蔷薇河小许庄站洪水水文要素摘录表

年份:2019　　测站编码:51114300

月	日	时分	水位/m	流量/(m³/s)	月	日	时分	水位/m	流量/(m³/s)	月	日	时分	水位/m	流量/(m³/s)	月	日	时分	水位/m	流量/(m³/s)
6	6	7:10	3.19	30.1	6	8	14:10	3.40	33.8	6	29	6:10	3.14	20.4	6	30	13:55	3.25	48.7
		7:25	21	31.0			15:25	44	33.7			6:20	16	20.6			14:15	23	50.6
		7:40	23	31.8			15:50	46	33.7			6:50	19	21.4			14:35	20	50.4
		8	22	33.0			16:10	48	33.7			7:10	21	21.9			14:50	18	51.9
		8:25	24	34.4			16:20	50	33.7			7:35	23	20.0			15:15	16	52.0
		8:35	27	35.0			16:45	47	33.7			7:55	26	21.4			15:35	14	58.1
		8:45	28	35.6			17:10	47	33.6			8	26	21.3			15:50	11	58.0
		9:10	29	36.9			17:35	45	33.6			8:40	28	25.7			16:15	09	55.6
		9:45	32	38.8			17:50	43	33.6			9:30	30	32.6			16:35	06	56.4
		10	35	39.6			18:15	40	33.6			9:45	32	34.9			17:05	04	52.8
		10:50	32	42.2			18:55	38	33.6			10:25	35	34.8			17:25	02	51.9
		11:05	31	43.0			19:30	36	33.5			10:55	37	36.0			17:50	2.99	48.7
		11:10	30	42.7			20	34	33.5			11:40	39	37.0			18:25	97	47.8
		11:15	30	42.3			20:40	31	33.5			11:55	40	37.9			18:30	97	44.8
		11:35	27	41.0			21:35	32	33.4			12:30	38	45.7			19:25	3.00	38.7
		12:05	24	39.1			22:10	29	33.4			14:40	36	64.0			20	01	36.6
		12:15	22	38.4			22:20	29	33.4			15:10	34	62.7			21:50	03	35.0
		12:45	20	36.5			22:50	31	33.4			15:45	32	60.4			22:15	05	30.9
		13	19	35.5		9	0	30	33.3			16:35	29	55.5			22:50	08	31.3
		13:20	18	35.5			0:20	30	33.3			17:10	30	61.3			23:50	10	30.4
		13:35	17	35.5			5:25	32	33.0			17:40	27	59.0	7	1	0	10	29.7
		14	20	35.6			6	32	33.0			18:30	25	54.7			1:35	13	33.3
		15:10	22	35.7			8	33	31.7			19:20	23	50.8			2	13	32.1
		16	22	35.7			8:20	33	31.5			19:45	21	56.3			3:55	15	33.2
		17:10	24	35.8			9:35	31	30.7			20	20	55.0			5:30	17	34.4
		18:35	27	35.9			14:30	30	27.5			20:30	18	57.3			8	18	35.1

续表

月	日	时分	水位/m	流量/(m³/s)	月	日	时分	水位/m	流量/(m³/s)	月	日	时分	水位/m	流量/(m³/s)	月	日	时分	水位/m	流量/(m³/s)
		19:05	29	35.9			15:50	33	26.6			21:10	16	59.3			9:05	20	34.6
		20	29	36.0			16:10	33	26.4			21:55	13	60.2			9:20	21	34.5
	7	0	33	36.3			16:20	33	27.0			22:15	12	61.4			10:05	19	35.9
		0:55	35	36.3			19:15	31	37.2			23:50	16	49.6			10:30	16	43.5
		2:10	37	36.4			19:50	29	40.3		30	0	16	47.5			11:05	14	43.7
		3:45	39	36.5			20	28	39.2			0:40	19	44.0			11:25	12	41.2
		5:35	41	36.7			20:35	26	38.6			1:10	21	43.0			12:10	10	41.0
		6:10	41	36.7			21:15	24	40.9			1:50	23	42.7			13:20	08	39.3
		8	43	37.1			21:45	22	41.3			2:50	25	40.5			13:50	06	39.5
		8:45	45	37.2			22:55	20	39.2			3:15	28	40.4			14	06	39.0
		10:10	47	37.5			23:55	20	36.1			4:15	30	39.5			20	2.68	34.6
		13:10	46	38.1		10	0	20	35.3			5:10	32	39.3			20:20	67	32.1
		14:25	45	38.6								5:55	34	36.7			21:35	69	27.2
		15:45	46	39.1	6	28	20	2.93	15.4			8	36	33.9			22:10	71	24.5
		16:55	43	39.6			21:25	95	16.1			8:55	38	33.4			22:50	73	24.6
		18:10	43	40.1			23:45	97	17.6			9:45	37	32.7			23:25	76	22.1
		20	43	39.2			23:55	99	18.8			10:25	40	33.4		2	0	77	21.4
	8	0	44	37.2		29	0	99	18.4			11:10	41	33.4			0:55	79	20.4
		6:10	46	34.2			0:20	3.01	16.5			12:05	38	40.6			1:40	81	20.4
		8	46	34.1			0:35	04	14.3			12:25	36	44.1			2	82	22.8
		8:15	46	34.1			3:20	06	23.9			12:50	34	43.7			3:30	84	22.8
		10:10	43	34.0			4:35	08	23.6			13:10	32	42.7			4:25	86	19.6
		10:50	44	34.0			5:40	10	24.7			13:25	29	46.4			5:45	88	18.8
		12:50	41	33.9			6	12	23.5			13:40	27	48.6					
7	24	16:10	1.81	10.5	7	26	5:35	2.73	86.4	7	27	22:25	3.00	38.6	8	10	17	2.66	46.7
		16:30	83	10.6			5:45	76	86.4			22:50	2.98	37.2			17:35	68	47.4
		16:40	86	10.7			5:55	77	86.4			23:15	96	38.1			17:55	70	47.8

续表

月	日	时分	水位/m	流量/(m³/s)	月	日	时分	水位/m	流量/(m³/s)	月	日	时分	水位/m	流量/(m³/s)	月	日	时分	水位/m	流量/(m³/s)
		17:15	85	10.8			6:10	74	86.4			23:35	94	37.7			18:10	72	48.8
		17:45	88	14.2			6:15	74	86.4		28	0	93	37.1			18:20	74	49.3
		19:25	90	15.5			7:20	76	86.0			1:50	95	34.9			18:40	77	51.3
		20	92	15.3			8	77	83.8			2:25	97	33.8			19:20	79	56.0
		21	94	16.8			8:20	77	82.9			2:55	99	29.0			19:45	81	64.7
		21:45	96	16.9			10:15	79	77.8			3:30	3.01	29.5			20	82	66.4
		22:55	98	19.1			13:05	81	70.2			3:55	03	26.8			20:30	85	69.1
		23:50	2.00	21.2			14	79	63.8			4:15	06	22.4			20:50	87	73.9
	25	0	01	20.5			16:10	77	60.0			4:45	08	23.2			21	89	75.3
		1:05	03	22.7			17:35	75	57.5			5:20	10	23.2			21:25	92	78.7
		1:30	05	23.2			17:50	74	56.7			5:55	12	21.8			21:45	94	77.6
		2	06	25.5			20	77	49.9			6:15	15	21.4			22	96	82.8
		2:40	08	26.7		27	0	77	35.6			6:50	17	20.7			22:30	98	89.0
		3:35	10	27.6			1:20	79	29.9			7:30	19	24.7			22:45	3.00	91.4
		4:10	12	30.1			3:20	81	29.9			8	20	27.0			23	02	95.7
		4:55	14	34.0			5:05	83	29.6			8:55	22	25.9			23:20	04	98.0
		5:10	17	37.8			6	86	28.6			9:50	24	24.4			23:45	06	101
		5:45	19	39.1			6:15	88	32.6			10:50	27	24.1		11	0	06	105
		6:40	21	38.3			7:10	91	32.3								0:25	09	108
		8	23	42.3			8	93	32.1	8	9	19:25	2.25	23.1			0:50	11	109
		9:25	25	41.1			8:25	95	32.0			20	27	23.1			1	13	109
		14	25	38.6			9:15	97	31.8			20:30	29	23.3			1:20	15	109
		14:45	22	31.9			9:55	99	30.6			20:50	32	23.4			1:40	17	109
		15:05	21	29.4			10:50	3.01	29.0			21:20	34	23.7			2	19	109
		15:25	25	33.9			11:45	04	25.5			21:55	36	23.9			2:25	21	108
		15:35	27	43.6			12:20	06	28.9			22:20	38	22.2			2:45	23	108
		16:05	29	43.1			12:45	08	27.4			22:50	40	21.6			3:15	25	108

续表

月	日	时分	水位/m	流量/(m³/s)	月	日	时分	水位/m	流量/(m³/s)	月	日	时分	水位/m	流量/(m³/s)	月	日	时分	水位/m	流量/(m³/s)
		18:40	31	40.5			13:15	10	25.5			23:40	42	19.5			3:35	27	112
		19:35	33	40.5			13:35	12	25.4		10	0	44	20.1			4	30	118
		20	34	41.3			13:50	14	25.4			1:30	46	19.4			4:30	33	124
		20:35	36	43.7			14:40	16	24.6			2	47	19.1			4:55	36	125
		21:20	39	48.2			15:30	18	23.9			3:10	49	19.1			5	38	125
		21:45	41	47.7			16:15	21	23.3			4:55	51	17.7			5:10	43	125
		22:15	43	51.4			16:35	23	23.1			5	51	17.6			5:15	45	125
		22:45	45	55.9			16:55	22	24.0			7:05	53	14.7			5:25	48	125
		23:20	48	56.3			17:30	25	25.6			8	55	12.0			5:35	47	126
		23:40	50	56.6			17:35	25	25.8			8:25	57	12.8			5:55	50	126
	26	0	51	60.5			17:50	23	24.5			9:35	59	15.0			6	52	126
		0:35	53	62.4			18:05	21	34.4			9:50	62	15.5			6:05	55	127
		1:05	56	64.0			18:40	18	34.3			10:30	64	20.4			6:10	58	127
		1:35	58	67.6			19:15	16	34.3			10:45	66	22.2			6:25	61	127
		2	61	70.6			20	14	34.4			11	66	21.9			6:40	65	128
		2:40	63	71.8			20:20	12	38.1			12:20	68	30.2			6:45	67	128
		3:10	65	72.7			20:45	09	38.8			13:15	64	37.6			6:50	69	128
		4	67	85.7			21:15	07	39.6			14	63	37.5			7:35	72	129
		4:35	69	86.0			21:40	05	38.5			14:35	62	37.4			7:50	74	133
		5:10	71	86.4			22	03	37.7			15:45	65	41.9			8	76	136
8	11	8:10	3.79	142	8	11	18:20	5.12	290	8	14	0:35	4.87	113	8	15	4:10	3.88	108
		8:30	82	143			18:45	14	291			1:20	85	114			4:35	86	106
		8:40	84	155			19:05	16	296			1:55	82	113			5	85	105
		8:55	86	157			19:30	19	287			2	82	111			5:25	83	105
		9	89	155			19:55	21	293			2:40	80	114			5:55	81	104
		9:05	94	163			20	21	290			3:15	78	113			6:25	79	104
		9:10	4.00	171			20:35	23	285			3:45	76	113			7:05	77	104

续表

月	日	时分	水位/m	流量/(m³/s)	月	日	时分	水位/m	流量/(m³/s)	月	日	时分	水位/m	流量/(m³/s)	月	日	时分	水位/m	流量/(m³/s)
		9:15	06	188			21:10	26	289			4:25	73	114			7:45	75	104
		9:20	10	204			21:45	28	284			4:50	71	110			8	74	104
		9:25	12	204			22:20	30	282			5	71	110			9:15	72	100
		9:30	15	204			23	32	276			5:40	69	107			10:45	70	95.2
		9:35	17	204		12	0	33	269			6:10	66	104			11	69	96.1
		9:45	20	205			1:25	35	270			6:45	64	105			12:15	67	95.7
		9:55	24	205			2:30	37	257			7:15	62	103			13	65	97.1
		10	26	255			5:35	40	243			7:45	60	103			13:50	63	95.4
		10:10	29	252			6:30	42	241			8	59	105			14	63	96.3
		10:20	32	262			7:35	44	233			8:40	57	103			14:50	61	97.3
		10:30	35	266			8	44	241			9:15	54	103			15:30	58	95.4
		10:40	38	270			12:55	49	202			9:55	52	102			16:30	56	91.1
		10:50	40	270			20	49	181			10:25	50	101			17	56	92.5
		11	42	280		13	0	45	179			11	49	101			18	54	91.0
		11:10	45	272			1:05	42	179			11:35	46	99.9			18:45	51	89.9
		11:20	47	282			2	41	174			12:20	44	97.8			19:40	49	88.6
		11:35	50	282			2:55	38	170			12:55	42	98.3			20	49	88.4
		11:50	53	277			4:10	36	170			13:30	40	98.7			21:05	47	84.9
		12	55	276			5	34	168			14	38	99.2			23	47	79.8
		12:15	58	272			6:15	32	167			14:45	36	99.8		16	0	47	76.8
		12:25	60	278			7:15	30	164			15:25	34	100			1:40	49	75.6
		12:35	63	285			8	29	166			16:15	32	101			3:30	51	71.5
		12:45	65	291			8:40	27	165			16:45	30	101			4:50	53	70.2
		13	68	295			10:30	25	137			17	29	102			6:25	55	68.9
		13:15	70	295			11	23	137			17:30	27	102			8	56	71.5
		13:30	73	298			12:20	21	135			18:20	25	104			10:35	58	68.7
		13:45	76	292			13	19	137			18:50	23	105			11:45	59	65.7

续表

月	日	时分	水位/m	流量/(m³/s)	月	日	时分	水位/m	流量/(m³/s)	月	日	时分	水位/m	流量/(m³/s)	月	日	时分	水位/m	流量/(m³/s)
		14	78	292			14	17	132			19:35	21	106			12:45	57	70.5
		14:15	80	299			14:35	15	136			20	19	107			13:30	55	71.2
		14:30	83	299			15:10	12	135			20:40	17	107			14:05	53	72.6
		14:45	85	290			15:50	10	129			21:10	15	108			14:40	50	74.0
		15	87	293			16:30	08	129			21:50	12	108			15:10	48	75.2
		15:15	90	299			17	06	130			22:25	10	109			15:35	46	76.6
		15:35	92	292			17:55	04	132			23	08	109			16:05	44	78.1
		15:55	95	292			18:35	02	124			23:30	06	108			16:35	42	79.0
		16:15	97	284			19:20	00	130		15	0	05	107			17:05	40	79.8
		16:30	99	290			20	4.98	126			0:30	02	109			17:30	38	81.6
		16:50	5.02	297			20:40	95	126			1:10	00	109			17:55	36	80.6
		17	03	297			22	93	116			1:40	3.98	109			18:20	34	79.6
		17:20	05	299			22:50	91	112			2	97	109			18:50	32	80.3
		17:45	07	302			23	91	116			2:25	95	109			19:50	29	76.4
		17:50	08	302			23:55	89	115			3:05	93	109			20	29	75.7
		18	10	298		14	0	89	115			3:30	90	109			21:30	28	70.4
8	16	23:30	3.30	64.7	8	18	8	3.15	59.0	8	20	8	2.82	40.8	8	21	18:20	2.40	19.4
	17	0	31	63.5			8:20	17	58.1			8:10	84	41.3			18:30	43	24.6
		0:45	33	60.8			8:50	17	56.0			9:15	81	44.8			18:55	43	37.6
		1:40	35	57.8			10:20	19	55.4			9:45	82	53.8			19:15	45	43.1
		2	36	58.7			11:15	21	54.2			10:15	79	51.7			20	46	45.6
		2:45	38	58.8			13:15	19	51.6			10:40	77	49.9			20:45	47	48.1
		3:35	40	57.1			13:55	17	52.2			11	79	48.5		22	0	45	49.0
		4:40	42	57.2			14:25	15	53.0			12:10	77	63.3			1:45	43	46.0
		5:55	44	56.2			14:45	12	53.6			13:20	75	51.8			3:25	41	43.1
		7:50	46	54.6			15:20	10	57.7			14	74	42.3			5:05	39	40.2
		8	47	56.9			15:40	08	54.3			14:15	74	41.5			6:05	37	39.5

续表

月	日	时分	水位/m	流量/(m³/s)	月	日	时分	水位/m	流量/(m³/s)	月	日	时分	水位/m	流量/(m³/s)	月	日	时分	水位/m	流量/(m³/s)
		9:45	49	54.0			15:55	06	54.2			14:55	72	39.4			6:20	34	31.3
		11:40	50	55.4			16:05	06	53.2			15	72	39.1			6:35	34	32.5
		13	48	56.3			16:40	03	56.0			15:15	69	38.0			6:55	37	34.7
		13:45	46	60.6			17	01	51.7			15:25	66	37.2			7:15	34	28.5
		14	45	62.0			17:40	2.98	47.6			16:45	64	31.0			7:40	32	29.7
		14:40	43	63.5			18:35	96	42.0			17	65	29.9			8	36	30.4
		15:15	40	64.7			19:15	94	34.2			17:20	62	29.1			8:55	36	32.6
		15:55	38	67.7			20	92	29.6			19	60	25.2			9:30	33	34.0
		16:10	36	69.7			20:45	91	26.2			20	58	23.7			10:10	34	31.0
		16:35	34	71.4		19	0	92	19.3			21:05	56	22.1			11:55	31	29.4
		16:50	31	71.7			7:30	94	23.0			22:55	54	19.3			12:25	29	23.1
		17:20	29	74.1			8	95	29.1			23:45	53	20.5			15:35	29	23.0
		17:40	27	72.0			8:40	97	29.5		21	0	53	20.5			15:50	29	23.0
		18	25	70.7			10:20	95	30.5			8	44	24.1			16:05	32	22.9
		18:25	23	72.0			10:55	95	29.7			9:40	42	25.1			16:25	34	22.9
		18:50	21	71.3			13:50	93	25.6			10:25	42	25.6			18:10	32	22.6
		19:15	19	69.3			14:20	91	27.6			10:35	44	25.8			18:25	30	22.5
		19:40	16	69.9			14:50	92	28.9			10:45	48	25.7			18:35	30	22.5
		20	15	70.4			17:10	89	24.3			10:50	49	25.7			19:50	27	22.3
		20:35	13	68.3			17:35	89	24.7			11:05	46	25.6			20	26	22.3
		21:05	11	67.2			19:50	87	26.6			11:15	43	25.6			21	24	22.1
		21:40	09	67.8			20	86	29.4			11:35	44	25.4			22:45	22	21.8
		22:05	06	67.4			23:25	84	47.8			13:05	41	24.9		23	0	22	21.6
		23:35	05	64.9		20	0	83	46.1			13:30	41	22.2					
	18	0	05	65.4			2	83	46.5			15:25	39	21.0					
		7:35	16	59.3			7:45	80	39.9			18:05	37	19.6					

蔷薇河临洪站堰闸洪水水文要素摘录表

年份:2019　　测站编码:51113800

月	日	时	分	水位/m		流量	含沙量	月	日	时	分	水位/m		流量	含沙量
				闸上	闸下	/(m^3/s)	/(kg/m^3)					闸上	闸下	/(m^3/s)	/(kg/m^3)
7	27	14	55	3.11	1.01	0		7	31	10		2.97	1.10	144	
		15	10	12	37	280				10	05	83	07	140	
		15	20	2.83	43	254				10	15	75	12	136	
		15	25	77	47	247				10	20	76	10	137	
		17	50	67	56	231				10	30	76	24	264	
		18	25	59	64	216				10	40	58	46	231	
		18	45	53	63	211				10	45	56	49	227	
		18	55	50	60	211				11		56	49	227	
		19	15	45	57	209				11	05	53	49	224	
		19	40	40	52	209				11	30	45	50	216	
		20	25	30	45	206				11	40	42	50	213	
		20	50	25	40	206				11	55	37	47	211	
		21		23	39	205				12	15	32	45	208	
		21	10	21	14	0				12	30	28	44	205	
	28	9	25	3.19	0.39	0				12	50	23	40	204	
		9	45	20	72	162				13	15	17	38	200	
		9	55	2.99	77	155				13	30	13	36	197	
		10	20	3.01	1.07	146				13	40	11	25	0	
		10	30	01	30	277									
		10	35	2.96	33	271		8	1	20	30	3.39	96	0	
		10	40	86	39	260				20	45	40	1.33	300	
		10	45	82	42	254				20	55	20	35	286	
		11	10	75	63	231				21		15	39	280	
		11	35	70	71	220				21	05	17	38	282	
		11	55	65	78	208				21	35	17	56	270	
		18	10	39	88	166				21	50	08	80	245	
		18	30	58	33	0				23		2.87	86	221	
	29	10		3.11	17	0				23	05	86	85	0	
		10	15	04	29	140			2	8		3.47	32	0	
		10	20	2.91	33	134				8	15	38	84	265	
		10	35	90	36	132				8	20	22	88	250	
		10	45	86	42	129				8	25	17	92	243	
		11		88	44	129				8	30	15	93	240	

续表

月	日	时	分	水位/m		流量	含沙量
				闸上	闸下	/(m^3/s)	/(kg/m^3)
		15		75	2.12	90.6	
		15	10	75	25	164	
		15	15	67	30	145	
		15	30	67	31	143	
		18	10	51	14	145	
		18	30	47	05	153	
		18	55	42	1.94	161	
		19	10	38	70	0	
	30	8		90	05	0	
		8	15	79	13	137	
		8	40	78	26	132	
		9	15	65	27	126	
		10	40	54	09	129	
		12	20	39	01	126	
		12	30	38	03	0	
	31	9	40	99	0.87	0	
		9	55	99	1.17	142	
8	3	7	20	3.17	1.04	152	
		7	30	14	12	149	
		7	35	09	16	146	
		8		06	52	132	
		8	10	06	69	252	
		8	20	2.88	79	229	
		8	40	82	86	217	
		8	50	79	94	257	
		8	55	75	95	251	
		9		73	97	245	
		9	45	67	2.19	202	
		11	35	54	17	181	
		12	10	45	03	191	
		12	25	41	1.97	194	
		12	40	37	93	194	
		13		32	87	196	
		13	10	29	83	198	
		8	55	15	2.20	216	
		9	30	09	21	209	
		11	05	2.96	19	197	
		11	20	93	12	202	
		11	30	91	08	204	
		11	40	89	1.99	0	
		12	30	3.09	40	0	
		12	45	2.82	51	247	
		13	55	68	70	219	
		14	10	64	68	217	
		15	20	50	59	212	
		15	30	48	08	0	
	3	1	40	3.32	−0.19	0	
		1	55	30	0.17	89.6	
		2		25	24	88.1	
		2	05	23	27	87.5	
		7	10	18	97	77.2	
8	10	8	50	2.51	1.57	0	
		9	10	51	64	208	
		9	20	38	55	204	
		9	25	35	58	197	
		9	30	36	60	196	
		9	35	37	71	185	
		9	45	30	67	181	
		9	55	26	77	163	
		10	20	21	82	148	
		11		15	88	126	
		12		15	2.04	86.3	
		13		17	12	61.7	
		14		22	21	31.2	
		15		25	24	31.2	
		15	40	27	26	31.2	
		15	50	27	26	38.9	

续表

月	日	时	分	水位/m		流量	含沙量	月	日	时	分	水位/m		流量	含沙量
				闸上	闸下	/(m³/s)	/(kg/m³)					闸上	闸下	/(m³/s)	/(kg/m³)
		13	20	26	79	200				18	25	05	1.81	150	
		13	30	23	77	198				19	05	1.98	71	158	
		13	45	19	73	198				19	35	92	61	168	
		14		15	69	198				20	15	84	51	172	
		14	20	10	64	198				22	30	68	25	193	
		14	40	05	61	194			11	0		77	54	148	
		14	55	01	58	193				0	10	80	57	148	
		15	20	1.95	52	193				0	25	83	63	139	
		15	45	89	47	191				0	35	86	66	139	
		16	15	83	42	189				0	55	91	72	136	
		16	30	80	39	189				1	10	95	78	130	
		16	40	78	23	0				1	30	2.00	85	123	
		19	50	2.43	0.84	0				1	50	05	92	116	
		20	10	38	99	63.4				2		08	94	120	
		20	25	38	1.02	62.8				2	25	14	2.01	116	
		20	45	42	08	62.4				2	35	17	04	116	
	4	0		45	36	57.2				2	55	22	10	112	
		7	30	50	2.00	41.1				3	30	31	20	108	
		7	35	51	01	164				3	40	34	23	108	
		7	55	40	12	128				4	10	41	28	116	
		8		38	13	122				4	45	49	37	112	
		8	30	43	23	111				6		66	54	112	
		8	35	41	23	106				6	15	70	58	112	
		11	35	40	27	92.7				7	35	77	38	185	
		11	45	37	22	98.5				8		78	35	193	
		12	20	29	01	128				8	05	79	33	198	
		12	45	23	1.90	138				8	15	77	36	264	
		13		19	84	141				8	30	71	35	250	
		13	15	16	78	146				11	50	82	51	235	
		13	20	15	76	148				12	15	88	63	214	
		13	30	13	67	0				12	25	91	67	210	
		20	40	57	0.21	0				12	35	94	71	207	
		20	55	54	36	57.6				12	45	97	76	199	

东站引河临洪(东)站堰闸洪水水文要素摘录表

年份:2019　　测站编码:51113801

月	日	时	分	水位/m		流量	含沙量	月	日	时	分	水位/m		流量	含沙量
				闸上	闸下	/(m³/s)	/(kg/m³)					闸上	闸下	/(m³/s)	/(kg/m³)
8	11	13	05	3.03	2.85	186		8	14	16	05	2.92	2.61	302	
		13	15	08	90	186				16	20	94	44	370	
		13	35	14	99	172				16	30	3.05	43	405	
		13	55	21	3.08	162				16	35	01	55	357	
		14	05	24	12	157				16	40	04	51	379	
		14	15	28	03	214				16	45	2.99	67	306	
		14	35	31	16	172				16	50	3.03	65	329	
		14	55	43	31	157				16	55	2.91	68	266	
		15	05	48	36	157				17		85	70	222	
		15	20	53	38	172				17	05	83	71	202	
		15	45	52	38	167				18	15	95	86	178	
		15	50	50	38	157				21	35	70	45	275	
		16	30	53	41	157				22		64	38	280	
		16	40	55	44	216				22	10	61	35	280	
		22	20	77	69	188				22	50	51	22	293	
		22	30	78	73	154				23		48	20	289	
		23	25	88	77	216				23	25	42	13	293	
		23	30	91	78	232				23	45	37	07	297	
		23	40	96	77	54.4				23	55	35	03	306	
		23	50	4.01	81	55.6			15	0		34	02	306	
	12	0		00	78	57.9				0	05	32	00	306	
		0	05	00	78	0				0	15	29	1.98	302	

续表

月	日	时	分	水位/m		流量/(m³/s)	含沙量/(kg/m³)	月	日	时	分	水位/m		流量/(m³/s)	含沙量/(kg/m³)
				闸上	闸下							闸上	闸下		
										0	40	23	99	271	
8	13	3	15	5.28	5.15	0				2		33	2.25	170	
		3	30	26	14	33.6				2	20	37	31	150	
		4		26	11	36.9				2	45	43	39	126	
		4	30	26	08	39.9				7	10	85	84	70.1	
		5		26	05	42.6				7	20	88	87	70.1	
		5	50	25	05	41.7				8		90	86	126	
		6	10	20	02	133				10	15	69	55	215	
		6	50	17	02	123				10	50	61	45	228	
		7	05	16	04	202				11	35	51	32	245	
		7	10	14	04	187				12		45	25	250	
		8		10	01	178				12	30	39	13	280	
		17	55	4.54	4.36	239				12	45	34	1.94	336	
		18		53	32	256				12	55	35	85	82.1	
		18	20	47	19	289				13		47	80	93.0	
		23	55	05	3.81	271				13	05	52	77	97.6	
	14	0		05	80	275				13	15	51	76	97.6	
		8		3.63	50	209				13	30	55	71	102	
		10	15	48	31	234				13	45	53	66	104	
		15	15	2.94	2.70	271				14	05	53	61	106	
		15	25	95	70	275				14	30	55	58	109	
		15	30	93	69	271				14	55	55	49	113	
		15	40	90	64	280				15	55	50	13	126	
		16		95	59	321				16	10	57	0.76	0	

东站引河 临洪(东)站堰闸洪水水文要素摘录表

年份:2019　　测站编码:51113801

月	日	时	分	水位/m		流量	含沙量	月	日	时	分	水位/m		流量	含沙量
				闸上	闸下	/(m³/s)	/(kg/m³)					闸上	闸下	/(m³/s)	/(kg/m³)
7	27	17		2.97	2.13	0		7	31	10	05	2.86	1.17	150	
		17	10	96	1.43	144				10	10	83	12	151	
		17	20	83	56	132				10	15	85	10	153	
		17	30	82	57	131				10	20	83	09	152	
		17	40	81	56	131				10	30	66	46	128	
		17	50	71	65	243				10	35	66	45	258	
		17	55	66	67	235				10	40	59	47	249	
		18	05	62	70	227				11	25	43	52	226	
		19	45	37	55	216				11	45	39	52	222	
		20	20	29	47	216				12		34	48	221	
		20	50	22	43	212				12	15	29	47	216	
		21		20	41	212				13		18	41	210	
		21	10	41	41	0				13	20	13	39	206	
	28	10		3.14	41	0				13	30	11	40	202	
		10	10	06	0.97	166				13	35	27	40	0	
		10	15	03	99	164									
		10	55	2.85	1.53	134		8	1	20	25	3.29	1.05	0	
		11		81	60	129				20	35	24	04	170	
		11	05	78	60	255				21		25	33	159	
		11	20	70	68	238				21	10	28	40	158	
		18	05	39	88	173				21	25	21	43	154	
		18	10	43	81	190				21	30	06	68	274	
		18	15	52	58	230				22	30	2.92	92	236	
		18	20	58	58	0				22	50	88	86	238	
	29	9	40	3.11	58	0				23		85	84	237	
		9	45	05	06	162				23	05	98	67	0	
		9	50	2.96	25	151			2	7	55	3.48	32	0	
		10	45	98	40	146				8		40	43	161	
		10	55	90	42	141				8	05	38	60	154	
		11	15	86	41	140				8	10	34	44	159	
		15		77	2.10	98.3				8	15	38	85	144	
		15	05	73	22	173				8	30	37	90	141	
		15	15	70	27	160				8	35	25	2.05	257	

续表

月	日	时	分	水位/m		流量 /(m³/s)	含沙量 /(kg/m³)	月	日	时	分	水位/m		流量 /(m³/s)	含沙量 /(kg/m³)
				闸上	闸下							闸上	闸下		
		18	30	47	04	160				8	50	14	11	240	
		19	05	40	1.89	173				9		10	20	225	
		19	15	47	89	0				10		06	29	210	
	30	8		91	89	0				11		2.97	21	208	
		8	05	91	0.99	159				11	55	83	1.75	245	
		8	10	80	1.35	140				12		98	36	147	
		8	35	76	20	145				12	05	3.09	57	143	
		9	15	69	24	140				12	15	07	30	154	
		9	45	63	15	141				12	20	01	26	153	
		10	40	56	10	141				12	25	03	37	149	
		12	25	41	03	137				12	30	09	18	159	
		12	30	41	04	137				12	50	01	57	140	
		12	35	52	04	0				12	55	2.94	71	260	
	31	9	40	99	04	0				13	10	85	67	255	
		9	45	91	12	154				13	15	78	70	245	
		9	50	82	0.93	158				13	40	72	71	237	
		9	55	86	94	159				14	05	67	68	235	
8	2	14	45	2.58	1.65	229		8	4	13	30	2.11	1.70	157	
		15	15	52	59	229				13	35	20	42	0	
		15	20	67	21	0									
	3	1	40	3.33	0.19	0		8	10	9	20	2.51	1.65	0	
		1	45	30	15	52.2				9	35	41	57	109	
		2		30	0.24	49.4				9	50	27	75	87.5	
		3		24	34	48.2				9	55	21	72	85.2	
		4		25	43	47.5				11		14	87	64.8	
		6	45	23	85	44.0				12		14	2.02	44.6	
		6	50	18	87	86.8				14		22	19	23.6	
		7		17	95	85.2				15		24	22	19.6	
		7	10	17	97	84.8				15	40	27	25	19.6	
		7	35	18	1.16	81.6				15	45	28	26	101	
		7	45	2.99	24	306				17	10	15	06	195	
		8		91	52	275				17	45	07	1.94	225	
		8	10	87	68	256				18	35	1.96	80	239	
		8	45	87	88	235				19	05	88	73	227	

续表

月	日	时	分	水位/m		流量	含沙量	月	日	时	分	水位/m		流量	含沙量
				闸上	闸下	/(m³/s)	/(kg/m³)					闸上	闸下	/(m³/s)	/(kg/m³)
		8	55	82	95	222				19	45	78	62	227	
		9	05	81	97	218				19	55	75	59	225	
		9	15	69	2.13	469				20	10	71	54	228	
		9	25	62	13	441				21		60	44	215	
		9	55	61	23	401				21	55	48	34	196	
		11	15	54	25	355				22	05	47	31	207	
		11	30	51	21	357				22	25	45	29	205	
		11	55	44	09	372				22	45	43	29	193	
		12	15	38	04	363				23	45	60	49	183	
		12	25	35	00	364			11	0		64	55	170	
		12	45	29	1.95	354				0	05	66	56	179	
		12	55	26	92	352				0	20	71	61	181	
		13	05	22	89	344				0	30	74	65	175	
		13	25	16	82	342				0	45	79	70	177	
		13	45	10	78	329				0	55	82	72	187	
		14	20	00	69	316				1	45	98	89	186	
		14	35	1.95	67	300				2		2.02	94	179	
		14	50	91	64	292				2	40	13	2.05	184	
		15	15	84	57	286				3	35	30	20	212	
		15	40	78	55	264				3	45	31	23	192	
		15	50	75	52	261				5	20	54	45	214	
		16	35	63	43	238				5	30	55	47	204	
		16	40	82	03	0				6	20	67	59	209	
		20	20	2.50	0.97	0				6	45	71	55	288	
		20	30	45	1.06	68.7				7	30	67	41	350	
		20	40	44	08	68.0				7	35	68	39	367	
	4	0		46	34	62.2				7	45	61	42	303	
		8		52	2.10	39.7				8		60	39	315	
		8	05	47	20	130				8	45	62	39	329	
		8	25	39	18	115				13		96	85	258	
		11	55	35	14	115				13	20	3.03	93	250	
		12	15	30	02	132				13	40	11	3.01	255	
		13	15	14	1.77	150				13	45	14	03	267	
8	11	13	50	3.15	3.06	245		8	14	13	55	3.06	2.84	356	

续表

月	日	时	分	水位/m		流量	含沙量
				闸上	闸下	/(m^3/s)	/(kg/m^3)
		13	55	17	08	0	
		16	45	47	39	300	
		16	55	45	44	343	
		17		43	42	343	
		19		48	44	381	
		20		52	48	381	
		21		57	54	371	
		22		63	62	343	
		23	55	81	80	343	
	12	0		82	80	359	
		0	35	87	81	397	
		0	40	89	84	360	
		0	50	92	89	341	
		1	10	98	94	351	
		1	35	4.04	4.02	329	
		1	45	07	05	329	
		2		11	10	313	
		2	25	19	18	313	
		2	30	20	20	270	
8	13	18	20	4.50	4.17	0	
		18	35	33	21	346	
		18	50	35	23	347	
		19		34	21	359	
		20		29	13	391	
		21		22	04	407	
		23	50	00	3.79	419	
	14	0		3.99	78	418	
		5		63	44	375	
		8		61	49	305	
		9	50	49	32	348	
		9	55	48	33	329	
		10	25	43	26	344	
		12	40	19	01	336	
		13	45	07	2.86	350	
		16	25	2.76	55	327	
		16	50	80	68	259	
		16	55	86	75	252	
		17		89	74	291	
		17	25	89	77	264	
		17	35	86	77	230	
		18		92	85	208	
		21	10	69	56	261	
		22		57	41	279	
		22	25	50	36	258	
		22	35	47	32	264	
		23	05	40	24	267	
		23	20	35	19	264	
		23	55	26	08	272	
	15	0		25	10	251	
		0	25	19	04	247	
		1	30	24	16	189	
		2	05	32	26	169	
		2	25	37	33	142	
		3		46	42	145	
		8		87	84	139	
		9	10	77	71	188	
		9	45	71	64	199	
		10	30	61	50	238	
		11	05	53	41	243	
		11	15	50	36	258	
		11	40	44	31	247	
		12	10	37	23	251	
		12	20	35	21	249	
		12	25	50	02	84.4	
		12	30	53	1.97	90.6	
		12	40	56	97	92.7	
		12	45	53	97	90.6	
		15	50	55	12	139	
		16		66	0.89	0	

青口河　黑林站洪水水文要素摘录表

年份:2019　　测站编码:51114300

月	日	时分	水位/m	流量/(m³/s)	月	日	时分	水位/m	流量/(m³/s)	月	日	时分	水位/m	流量/(m³/s)	月	日	时分	水位/m	流量/(m³/s)
7	6	11:40	33.84	1.81	7	6	22:30	34.44	13.4	8	2	5:50	34.57	23.9	8	2	18:55	34.77	45.3
		11:45	87	2.00			22:55	42	13.0			6	58	24.1			20	75	43.0
		11:50	90	2.19			23	41	12.9			6:20	58	24.4			21:05	73	40.7
		11:55	93	2.39			23:30	39	12.4			6:55	58	31.4			21:55	71	38.9
		12	96	2.62		7	0	38	12.0			8	57	44.4			22:40	69	37.3
		12:10	99	2.86			0:35	35	11.5			8:40	59	52.3			23	67	36.6
		12:20	34.00	2.95			1:15	33	10.8			8:55	62	55.3			23:55	65	34.6
		12:45	33.96	2.62			1:55	31	10.2			9:05	66	57.3		3	0	65	34.5
		12:55	93	2.39			2	30	10.2			9:10	68	58.3			0:50	63	32.7
		13:05	90	2.19			2:30	28	9.69			9:15	70	59.3			1:50	60	30.5
		13:15	87	2.00			2:40	27	9.54			9:20	74	60.3			2	60	30.2
		13:25	84	1.81			3:10	26	8.93			9:25	76	61.3			3:05	58	27.9
		13:35	81	1.66			3:45	24	8.23			9:30	79	62.3			4:45	56	24.3
		13:45	78	1.50			4:20	22	7.52			9:35	81	63.3			5	55	23.8
		13:55	76	1.40			4:55	20	6.81			9:40	84	64.3			5:10	55	23.4
		14	74	1.31			5	19	6.71			9:45	87	65.3			6:35	53	21.6
		14:10	72	1.22			5:40	17	5.90			9:50	90	66.3			7:35	51	20.3
		14:25	70	1.13			6:10	15	5.29			9:55	94	67.3			8	51	19.7
		14:45	67	1.01			6:50	13	4.48			10	98	68.3			9:10	50	18.2
		15:15	65	0.931			7:05	12	4.18			10:05	35.03	69.3					
		15:55	68	1.05			7:25	11	4.06			10:10	08	73.0	8	10	19:10	34.25	8.64
		16:10	70	1.13			8	09	3.84			10:15	12	76.7			20	25	9.57
		16:20	72	1.22			8:35	06	3.52			10:20	16	80.4			23	26	12.9
		16:30	75	1.36			9:05	04	3.32			10:25	20	84.1			23:40	28	13.7
		16:40	79	1.55			9:40	02	3.13			10:30	22	87.8		11	0	29	14.0
		16:45	82	1.71			10:20	00	2.95			10:40	25	95.2			0:30	32	14.6
		16:50	84	1.81			10:55	33.98	2.78			10:55	28	106			0:45	34	14.9
		16:55	87	2.00			11	98	2.78			11	29	110			1	36	15.2
		17	90	2.19			11:45	95	2.54			11:10	30	107			1:35	39	15.8
		17:05	94	2.46			12:25	93	2.39			11:25	30	102			1:55	41	16.2
		17:10	99	2.86			13:10	91	2.25			11:40	27	97.9			2	42	16.3
		17:15	34.04	3.32			14	89	2.12			11:50	24	94.8			2:25	44	16.7

续表

月	日	时分	水位/m	流量/(m^3/s)	月	日	时分	水位/m	流量/(m^3/s)	月	日	时分	水位/m	流量/(m^3/s)	月	日	时分	水位/m	流量/(m^3/s)
		17:20	09	3.84			14:40	87	2.00			12	21	91.8			2:55	45	17.3
		17:25	15	5.37			17	86	1.94			12:10	17	88.8			3:10	46	17.8
		17:30	21	6.91			18:15	84	1.81			12:20	14	85.8			4:05	48	19.9
		17:35	27	8.44			19:50	82	1.71			12:30	10	82.7			4:45	50	21.3
		17:40	32	9.97			20	81	1.66			12:40	07	79.7			5	51	21.9
		17:45	36	11.5			22:25	79	1.55			12:50	04	76.7			5:20	53	22.6
		17:50	40	13.0			23	79	1.55			13	01	73.6			5:40	55	23.4
		17:55	42	14.6			23:35	78	1.50			13:10	34.98	70.6			5:55	57	23.9
		18	45	16.1		8	0	78	1.50			13:20	95	69.1			6	58	24.4
		18:10	48	16.2			8	75	1.36			13:30	93	67.5			6:15	60	25.9
		18:25	51	16.3			11:25	73	1.26			13:45	90	65.2			6:30	62	27.4
		18:50	53	16.4			16:10	72	1.22			14	88	62.9			6:45	65	29.0
		18:55	53	16.4								14:20	86	59.8			7:05	67	31.0
		19:05	53	16.5	8	2	4:35	34.32	12.6			14:45	84	56.0			7:25	70	33.0
		20	52	15.7			5	48	16.4			15	83	53.7			8	72	36.5
		20:35	50	15.1			5:10	51	17.9			15:25	82	52.8			8:50	73	41.6
		21:10	48	14.6			5:20	54	19.4			16:35	80	50.3			9:20	74	48.0
		21:55	46	13.9			5:35	56	21.6			17	79	49.4			10:35	76	64.0
8	11	10:50	34.79	67.2	8	11	18:10	35.71	193	8	12	3:45	34.79	57.6	8	17	1:30	34.69	47.4
		11	82	69.4			18:15	69	189			4:35	77	52.2			2	67	44.7
		11:10	85	71.5			18:25	65	180			5	76	49.5			2:35	64	41.5
		11:20	88	73.6			18:30	63	176			5:40	74	45.2			3	62	39.2
		11:30	92	75.8			18:35	61	172			5:50	74	44.9			3:30	60	36.5
		11:40	95	77.9			18:40	59	168			6:45	72	43.1			3:55	58	34.3
		11:50	98	80.0			18:45	56	163			7:30	70	41.6			4:25	56	31.6
		11:55	35.00	81.1			18:50	54	159			8	69	40.6			4:55	54	28.9
		12	01	83.6			18:55	52	155			9	67	38.6			5	53	28.4
		12:10	03	88.6			19	50	152			10:25	64	35.8			5:10	52	27.5
		12:30	05	98.6			19:10	46	147			11	64	34.6			5:35	51	25.7
		13:05	07	116			19:20	42	142			12:20	62	32.0			6:05	49	23.5
		13:15	09	121			19:25	40	140			14	60	28.7			6:25	46	22.0
		13:25	14	126			19:35	36	135			14:20	60	28.0			7	44	19.5
		13:30	17	129			19:45	33	130								7:25	42	17.7

续表

月	日	时分	水位/m	流量/(m^3/s)	月	日	时分	水位/m	流量/(m^3/s)	月	日	时分	水位/m	流量/(m^3/s)	月	日	时分	水位/m	流量/(m^3/s)
		13:35	22	131			19:55	30	124	8	16	18:20	34.19	5.37			7:40	39	16.6
		13:40	27	134			20	28	122			19:05	22	10.3			7:55	37	15.5
		13:45	32	136			20:10	26	117			19:15	25	11.4			8	36	15.1
		13:50	37	147			20:20	23	112			19:20	28	11.9			8:10	35	14.4
		13:55	42	158			20:30	20	107			19:25	32	12.5			8:20	34	14.1
		14	47	169			20:35	19	104			19:30	36	13.0			8:40	31	13.4
		14:05	52	180			20:40	18	103			19:35	39	13.6			9	29	12.8
		14:10	56	191			20:50	16	102			19:40	41	14.1			9:25	26	12.0
		14:15	61	202			21	14	101			19:50	45	15.2			9:50	24	11.2
		14:20	66	213			21:15	11	99.7			20	47	16.3			10:15	22	10.4
		14:25	70	216			21:30	08	98.1			20:10	48	17.4			10:50	20	9.29
		14:30	73	219			21:45	06	96.4			20:20	49	18.5			11	19	8.97
		14:35	76	222			22	04	94.8			20:35	52	20.1			11:45	17	7.53
		14:40	78	225			22:15	02	93.2			20:45	54	21.1			12:20	15	6.42
		14:45	80	228			22:35	34.99	91.1			21	56	22.7			13:05	13	4.98
		14:50	82	230			22:55	97	88.9			21:20	58	24.8			13:30	12	4.18
		15	86	236			23	97	88.4			22	60	29.1			13:50	11	4.06
		15:10	88	242			23:20	94	86.2			22:10	60	30.9			14	11	4.06
		16:40	89	224			23:40	92	84.0			22:45	63	37.0			14:50	09	3.84
		17	88	220		12	0	91	81.9			23	64	39.6			15:40	06	3.52
		17:20	86	216			0:20	89	79.7			23:25	67	44.0			16:40	04	3.32
		17:30	83	214			0:50	87	76.5			23:45	69	47.6			17	04	3.32
		17:40	81	212			1:35	85	71.6		17	0	70	50.2			18	02	3.13
		17:50	78	210			2	83	68.9			0:20	71	53.7			19:10	33.99	2.86
		18	75	202			3	81	62.5			0:30	71	52.8					

新沭河　石梁河水库站逐日平均流量表

年份:2019　测站编码:51300600

月	日	时	分	坝上水位/m	蓄水量/(10^4 m^3)	出库流量/(m^3/s)	月	日	时	分	坝上水位/m	蓄水量/(10^4 m^3)	出库流量/(m^3/s)	月	日	时	分	坝上水位/m	蓄水量/(10^4 m^3)	出库流量/(m^3/s)
1	1	0		30.90	9060		5	7	0		30.42	8081	1.33	5	19	20		30.32	7870	1.33
		8		90	9060				8		42	8081	1.33		20	0		32	7870	1.33
	6	8		88	9018				8	55	41	8060	1.33			8		31	7850	1.33
	11	8		86	8976				20		41	8060	1.33			20		31	7850	1.33
	16	8		85	8955			8	0		41	8060	1.33		21	0		30	7830	1.33
	21	8		83	8912				8		40	8040	1.33			8		30	7830	1.33
	26	8		81	8871				20		40	8040	1.33			17		29	7810	1.33
	27	12	10	80	8850				22	20	39	8019	1.33			20		29	7810	1.33
2	1	0		81	8871			9	0		40	8040	1.33		22	0		29	7810	1.33
		8		81	8871				1	55	39	8019	1.33			8		29	7810	1.33
	6	8		79	8830				8		39	8019	1.33			15	25	28	7790	1.33
	11	8		77	8789				20		39	8019	1.33			20		28	7790	1.33
	16	8		75	8749			10	0		39	8019	1.33		23	0		28	7790	1.33
	21	8		74	8730				8		39	8019	1.33			8		28	7790	1.33
	26	8		71	8670				20		38	7999	1.33		24	0		27	7771	1.33
	28	17	10	70	8650			11	0		38	7999	1.33			5	55	26	7752	1.33
3	1	3	50	71	8670				1	15	38	7999	1.33			8		26	7752	1.33
		8		70	8650				8		38	7999	1.33			20		26	7752	1.33
	6	8		69	8630				20		38	7999	1.33		25	0		26	7752	1.33
	11	8		66	8570				21	05	37	7978	1.33			8		26	7752	1.33
	16	8		63	8511			12	2	40	37	7978	1.33			20		25	7732	1.33
	21	8		64	8531				8		37	7978	1.33		26	0		25	7732	1.33
	26	8		61	8470				20		37	7978	1.33			8		25	7732	1.33
	31	8		58	8409			13	0		37	7978	1.33			20		25	7732	1.33
4	1	0		58	8409				8		37	7978	1.33		27	0		25	7732	1.33
		8		57	8388				14	55	36	7957	1.33			8		25	7732	1.33
	6	8		54	8323				20		36	7957	1.33			10	10	24	7717	1.33
	11	8		53	8302			14	0		36	7957	1.33			10	45	24	7717	1.33
	16	8		50	8240				8		36	7957	1.33			11		23	7698	1.33
	21	8		48	8199				10	50	35	7936	1.33			20		24	7717	1.33
	26	8		45	8139				20		35	7936	1.33		28	0		24	7717	1.33
5	1	8		46	8159	1.33		15	0		35	7936	1.33			8		23	7698	1.33

续表

月	日	时	分	坝上水位/m	蓄水量/(10^4 m^3)	出库流量/(m^3/s)	月	日	时	分	坝上水位/m	蓄水量/(10^4 m^3)	出库流量/(m^3/s)	月	日	时	分	坝上水位/m	蓄水量/(10^4 m^3)	出库流量/(m^3/s)
		12	25	45	8139	1.33			8		35	7936	1.33			20		22	7679	1.33
		20		45	8139	1.33			20		35	7936	1.33			20	50	22	7679	1.33
	2	0		45	8139	1.33			21	15	34	7912	1.33		29	0		22	7679	1.33
		8		45	8139	1.33		16	0		35	7936	1.33			8		22	7679	1.33
		20		45	8139	1.33			4	20	34	7912	1.33			14	35	21	7659	1.33
	3	0		45	8139	1.33			8		34	7912	1.33			20		21	7659	1.33
		8		45	8139	1.33			20		34	7912	1.33		30	0		21	7659	1.33
		13	10	44	8121	1.33		17	0		34	7912	1.33			8		21	7659	1.33
		20		44	8121	1.33			8		34	7912	1.33		31	8		20	7640	1.33
	4	0		44	8121	1.33			16	55	33	7891	1.33			20		19	7620	1.33
		8		44	8121	1.33			20		34	7912	1.33	6	1	0		18	7601	1.33
		20		44	8121	1.33		18	0		34	7912	1.33			8		18	7601	1.33
	5	0		44	8121	1.33			8		33	7891	1.33			17	40	18	7601	1.33
		8		43	8101	1.33			12	15	33	7891	1.33			20		18	7601	1.33
	6	0		43	8101	1.33			20		33	7891	1.33		2	0		18	7601	1.33
		4	45	42	8081	1.33		19	0		33	7891	1.33			8		17	7581	1.33
		8		42	8081	1.33			8		33	7891	1.33			17		16	7561	1.33
		20		42	8081	1.33			16	40	33	7891	1.33			20		17	7581	1.33
6	3	0		30.16	7561	1.33	6	15	13		30.09	7420	1.33	6	24	8		29.59	6482	10.7
		8		16	7561	1.33			13	05	09	7420	3.70			16	50	57	6445	10.7
		17		15	7541	1.33			15		09	7420	3.69			20		55	6409	10.6
		20		16	7561	1.33			15	10	09	7420	11.0			23	55	54	6391	10.6
	4	0		15	7541	1.33			19	40	08	7401	11.0		25	0		54	6391	10.6
		0	20	16	7561	1.33			20		07	7381	11.0			8		52	6355	10.6
		8		15	7541	1.33			21		07	7381	11.0			9		52	6355	10.6
		20		15	7541	1.33		16	0		07	7381	10.9			9	05	52	6355	8.47
		20	50	13	7499	1.33			8		05	7343	10.9			17	10	50	6320	8.45
	5	0		14	7519	1.33			17	10	03	7304	10.9			20		49	6303	8.44
		8		14	7519	1.33			19	15	02	7285	10.9			23	25	48	6285	8.43
		16	05	12	7479	1.33			20		02	7285	10.8		26	0		48	6285	8.42
		20		13	7499	1.33		17	0		02	7285	10.8			8		46	6251	8.40
	6	0		13	7499	1.33			8		29.99	7228	10.8			8	05	46	6251	8.40
		8		14	7519	1.33			20		97	7190	10.8			8	10	46	6251	7.72

续表

月	日	时	分	坝上水位/m	蓄水量/(10^4 m^3)	出库流量/(m^3/s)	月	日	时	分	坝上水位/m	蓄水量/(10^4 m^3)	出库流量/(m^3/s)	月	日	时	分	坝上水位/m	蓄水量/(10^4 m^3)	出库流量/(m^3/s)
		18	50	16	7561	1.33			23	20	96	7171	10.7			18	45	44	6217	7.70
		20		16	7561	1.33		18	0		96	7171	10.7			20		44	6217	7.70
	7	0		16	7561	1.33			8		94	7134	10.7		27	0		44	6217	7.69
		8		15	7541	1.33			17	35	92	7097	10.7			8		42	6183	7.67
		16	45	14	7519	1.33			20		91	7078	10.6			14	20	41	6167	7.66
		20		14	7519	1.33			23	50	90	7060	10.6			18	35	41	6167	7.66
	8	0		14	7519	1.33		19	0		90	7060	10.6			18	45	41	6167	1.33
		8		15	7541	1.33			0	05	90	7060	10.6			20		41	6167	1.33
		20		16	7561	1.33			8		89	7042	10.6		28	0		41	6167	1.33
	9	0		16	7561	1.33			11	35	88	7023	10.6			3	20	40	6150	1.33
		8		16	7561	1.33			11	40	88	7023	11.2			8		40	6150	1.33
		20		15	7541	1.33			15	25	87	7005	11.2			20		40	6150	1.33
	10	0		15	7541	1.33			20		86	6987	11.2		29	0		41	6167	1.33
		1		16	7561	1.33			22		85	6969	11.1			3		41	6167	1.33
		7	45	14	7519	1.33		20	0		85	6969	11.1			8		41	6167	1.33
		8		15	7541	1.33			8		83	6935	11.1			20		41	6167	1.33
		20		14	7519	1.33			17	10	81	6898	11.1			23	35	40	6150	1.33
	11	0		14	7519	1.33			20		80	6880	11.0		30	0		40	6150	1.33
		8		14	7519	1.33			22	20	79	6861	11.0			8		40	6150	1.33
		15	10	13	7499	1.33		21	0		79	6861	11.0			16	15	42	6183	1.33
		20		13	7499	1.33			8		77	6824	11.0	7	1	0		41	6167	1.33
	12	0		13	7499	1.33			15	20	75	6786	11.0			8		41	6167	1.33
		8		13	7499	1.33			20		74	6766	11.0			20		41	6167	1.33
		12	55	12	7479	1.33			21	15	73	6747	10.9		2	8		41	6167	1.33
		20		12	7479	1.33		22	0		73	6747	10.9			20		40	6150	1.33
	13	0		12	7479	1.33			8		71	6709	10.9		3	8		40	6150	1.33
		8		12	7479	1.33			17	25	69	6671	10.9			20		39	6134	1.33
		17	55	11	7460	1.33			20		68	6652	10.8		4	8		39	6134	1.33
		20		11	7460	1.33			23		67	6633	10.8			20		38	6117	1.33
	14	0		11	7460	1.33		23	0		67	6633	10.8		5	8		38	6117	1.33
		4	45	10	7440	1.33			8		65	6595	10.8			20		38	6117	1.33
		8		10	7440	1.33			17	10	63	6556	10.8		6	0		38	6117	1.33
		20		10	7440	1.33			20		62	6537	10.8			8		37	6101	1.33

续表

月	日	时	分	坝上水位/m	蓄水量/(10^4 m^3)	出库流量/(m^3/s)	月	日	时	分	坝上水位/m	蓄水量/(10^4 m^3)	出库流量/(m^3/s)	月	日	时	分	坝上水位/m	蓄水量/(10^4 m^3)	出库流量/(m^3/s)
	15	0		10	7440	1.33			23	55	61	6519	10.7			11	05	40	6150	1.33
		8		10	7440	1.33		24	0		61	6519	10.7			11	35	39	6134	1.33
7	6	13	25	29.42	6183	1.33	7	26	20		29.46	6251	1.33	8	5	17	10	30.03	7304	1.33
		14	25	41	6167	1.33		27	0		46	6251	1.33			20		03	7304	1.33
		20		45	6234	1.33			8		47	6268	1.33		6	0		03	7304	1.33
	7	0		46	6251	1.33			20		47	6268	1.33			1	05	03	7304	1.33
		8		46	6251	1.33		28	0		47	6268	1.33			8		04	7323	1.33
		14	56	48	6285	1.33			8		49	6303	1.33			16	25	05	7343	1.33
	8	0		48	6285	1.33			20		49	6303	1.33			20		05	7343	1.33
		8		47	6268	1.33		29	0		49	6303	1.33		7	0		05	7343	1.33
		20		47	6268	1.33			8		50	6320	1.33			8		05	7343	1.33
	9	0		48	6285	1.33			20		50	6320	1.33			20		06	7362	1.33
		8		48	6285	1.33		30	8		50	6320	1.33			23	50	07	7381	1.33
		20		47	6268	1.33			14	35	51	6338	1.33		8	0		07	7381	1.33
	10	8		47	6268	1.33			20		52	6355	1.33			3	05	06	7362	1.33
		20		47	6268	1.33		31	8		52	6355	1.33			8		07	7381	1.33
	11	0		47	6268	1.33	8	1	0		52	6355	1.33			20		07	7381	1.33
		8		47	6268	1.33			8		54	6391	1.33		9	0		08	7401	1.33
		20	06	49	6303	1.33			18	25	57	6445	1.33			0	30	08	7401	1.33
	12	0		49	6303	1.33			20		57	6445	1.33			8		08	7401	1.33
		8		49	6303	1.33		2	0		58	6463	1.33			18	50	09	7420	1.33
		20		49	6303	1.33			1	15	56	6427	1.33			20		09	7420	1.33
	13	0		50	6320	1.33			1	20	56	6427	1.33		10	0		09	7420	1.33
		8		50	6320	1.33			2		56	6427	1.33			8		10	7440	1.33
		20		49	6303	1.33			4	10	63	6556	1.33			11	30	09	7420	1.33
	14	8		49	6303	1.33			8		61	6519	1.33			13		12	7479	1.33
		20		49	6303	1.33			8	20	61	6519	1.33			13	05	12	7479	1.33
	15	8		49	6303	1.33			10	10	63	6556	1.33			13	45	10	7440	1.33
	16	8		49	6303	1.33			11		66	6614	1.33			14	40	12	7479	1.33
		20		49	6303	1.33			11	25	68	6652	1.33			15	25	08	7401	1.33
	17	8		49	6303	1.33			11	45	70	6690	1.33			16	15	11	7460	1.33
		20		49	6303	1.33			12	30	72	6728	1.33			20		12	7479	1.33
	18	8		49	6303	1.33			12	55	74	6766	1.33			20	25	11	7460	1.33

续表

月	日	时	分	坝上水位/m	蓄水量/(10^4 m^3)	出库流量/(m^3/s)	月	日	时	分	坝上水位/m	蓄水量/(10^4 m^3)	出库流量/(m^3/s)	月	日	时	分	坝上水位/m	蓄水量/(10^4 m^3)	出库流量/(m^3/s)
		20		49	6303	1.33			13	30	77	6824	1.33			23	55	14	7519	1.33
	19	0		48	6285	1.33			14		78	6843	1.33		11	0		14	7519	1.33
		8		48	6285	1.33			14	55	80	6880	1.33			0	35	13	7499	1.33
		20		48	6285	1.33			16	35	82	6917	1.33			0	55	15	7541	1.33
	20	8		48	6285	1.33			18	45	84	6953	1.33			2		16	7561	1.33
		20		48	6285	1.33			20		86	6987	1.33			2	30	15	7541	1.33
	21	0		47	6268	1.33			23		88	7023	1.33			4	50	18	7601	1.33
		8		47	6268	1.33		3	0		88	7023	1.33			5		18	7601	1.33
		20		47	6268	1.33			3	45	90	7060	1.33			5	10	17	7581	1.33
	22	0		46	6251	1.33			8		92	7097	1.33			6	25	20	7640	1.33
		8		46	6251	1.33			15	15	94	7134	1.33			6	45	18	7601	1.33
		20		46	6251	1.33			20		95	7153	1.33			7	10	20	7640	1.33
	23	8		46	6251	1.33			21	45	96	7171	1.33			8		21	7659	1.33
		20		46	6251	1.33		4	0		96	7171	1.33			8	50	23	7698	1.33
	24	8		46	6251	1.33			8		97	7190	1.33			9		22	7679	1.33
		20		46	6251	1.33			20		98	7209	1.33			9	35	26	7752	1.33
	25	8		46	6251	1.33			21	30	98	7209	1.33			10	15	24	7717	1.33
		20		46	6251	1.33		5	0		98	7209	1.33			10	30	28	7790	1.33
	26	8		46	6251	1.33			8		30.02	7285	1.33			11		27	7771	1.33
8	11	11	25	30.29	7810	1.33	8	15	0		31.02	9316	1.33	8	24	8		31.29	9908	1.33
		11	35	31	7850	1.33			8		03	9338	1.33			17	30	29	9908	1.33
		11	45	34	7912	1.33			13	15	04	9359	1.33			17	50	28	9885	1.33
		12	10	32	7870	1.33			20		04	9359	1.33			20		29	9908	1.33
		12	30	36	7957	1.33		16	0		04	9359	1.33		25	0		29	9908	1.33
		12	55	38	7999	1.33			8		05	9381	1.33			0	15	29	9908	1.33
		13	25	40	8040	1.33			19		08	9446	1.33			8		28	9885	1.33
		14		41	8060	1.33			19	10	09	9468	1.33			15	15	28	9885	1.33
		14	40	44	8121	1.33			19	25	05	9381	1.33			20		28	9885	1.33
		15		46	8159	1.33			19	40	08	9446	1.33		26	0		28	9885	1.33
		15	30	48	8199	1.33			20		10	9490	1.33			2	25	28	9885	1.33
		16	05	51	8261	1.33			21	05	12	9534	1.33			8		28	9885	1.33
		16	25	53	8302	1.33			21	35	11	9512	1.33			11	55	27	9863	1.33
		17		56	8367	1.33			23	40	14	9578	1.33			20		28	9885	1.33

续表

月	日	时	分	坝上水位/m	蓄水量/(10^4 m^3)	出库流量/(m^3/s)	月	日	时	分	坝上水位/m	蓄水量/(10^4 m^3)	出库流量/(m^3/s)	月	日	时	分	坝上水位/m	蓄水量/(10^4 m^3)	出库流量/(m^3/s)
		17	20	54	8323	1.33			23	55	15	9600	1.33		27	0		27	9863	1.33
		17	40	59	8429	1.33		17	0		15	9600	1.33			5	15	28	9885	1.33
		17	55	58	8409	1.33			0	20	14	9578	1.33			8		28	9885	1.33
		18	15	61	8470	1.33			2	25	16	9622	1.33			14	20	27	9863	1.33
		18	55	64	8531	1.33			6	05	18	9666	1.33			20		27	9863	1.33
		19	10	63	8511	1.33			8		19	9688	1.33		28	0		27	9863	1.33
		19	35	66	8570	1.33			14	25	21	9732	1.33			0	10	27	9863	1.33
		20		67	8590	1.33			18	10	22	9754	1.33			8		28	9885	1.33
		20	35	69	8630	1.33			20		22	9754	1.33			19	10	29	9908	1.33
		21	50	71	8670	1.33		18	0		22	9754	1.33			20		28	9885	1.33
		22	30	73	8710	1.33			8		24	9798	1.33		29	0		28	9885	1.33
		23		74	8730	1.33			19	50	25	9819	1.33			6	55	29	9908	1.33
	12	0		76	8769	1.33			20		25	9819	1.33			8		28	9885	1.33
		2	05	78	8809	1.33		19	0		25	9819	1.33			13	55	27	9863	1.33
		3	35	80	8850	1.33			8		26	9841	1.33			20		27	9863	1.33
		5	50	82	8891	1.33			20		26	9841	1.33		30	0		27	9863	1.33
		7	40	84	8933	1.33			22	35	27	9863	1.33			1	50	27	9863	1.33
		8		85	8955	1.33		20	0		27	9863	1.33			7	40	27	9863	1.33
		8	50	85	8955	1.33			8		27	9863	1.33			8		27	9863	1.33
		11		87	8997	1.33			20		27	9863	1.33			20		27	9863	1.33
		11	25	86	8976	1.33			23	05	28	9885	1.33		31	0		27	9863	1.33
		14	40	89	9039	1.33		21	0		28	9885	1.33			7	15	26	9841	1.33
		15	05	89	9039	1.33			1	50	27	9863	1.33			8		26	9841	1.33
		19	15	91	9081	1.33			8		28	9885	1.33	9	1	0		26	9841	1.33
		20		92	9102	1.33			15	35	29	9908	1.33			8		26	9841	1.33
		22	35	93	9124	1.33			20		29	9908	1.33			15	50	25	9819	1.33
	13	0		93	9124	1.33		22	0		29	9908	1.33			20		26	9841	1.33
		6	05	95	9166	1.33			8		29	9908	1.33		2	0		25	9819	1.33
		8		95	9166	1.33			9	40	29	9908	1.33			0	45	26	9841	1.33
		9	50	95	9166	1.33			20		29	9908	1.33			3	25	25	9819	1.33
		15	50	97	9209	1.33		23	0		29	9908	1.33			8		26	9841	1.33
		20		98	9230	1.33			4	25	30	9930	1.33			20		25	9819	1.33
	14	0		99	9252	1.33			7	45	29	9908	1.33		3	0		25	9819	1.33

续表

月	日	时	分	坝上水位/m	蓄水量/(10^4 m^3)	出库流量/(m^3/s)	月	日	时	分	坝上水位/m	蓄水量/(10^4 m^3)	出库流量/(m^3/s)	月	日	时	分	坝上水位/m	蓄水量/(10^4 m^3)	出库流量/(m^3/s)
		8		31.00	9273	1.33			8		29	9908	1.33			4	35	26	9841	1.33
		20		01	9295	1.33			20		29	9908	1.33			5	50	25	9819	1.33
		21	10	02	9316	1.33		24	0		29	9908	1.33			8		25	9819	1.33
9	3	20		31.25	9819	1.33	9	14	6	53	31.12	9534	4.96	9	25	0		30.99	9252	1.33
	4	0		25	9819	1.33			6	55	12	9534	1.33			8		99	9252	1.33
		6	40	24	9798	1.33			8		12	9534	1.33			13	25	98	9230	1.33
		8		25	9819	1.33			9	50	12	9534	1.33			20		98	9230	1.33
		20		25	9819	1.33			20		12	9534	1.33		26	0		98	9230	1.33
	5	0		25	9819	1.33		15	0		12	9534	1.33			8		98	9230	1.33
		5	20	24	9798	1.33			0	40	12	9534	1.33			15	50	97	9209	1.33
		8		24	9798	1.33			8		11	9512	1.33			20		97	9209	1.33
		20		24	9798	1.33			20		10	9490	1.33		27	0		97	9209	1.33
	6	0		24	9798	1.33			20	05	10	9490	1.33			6	55	97	9209	1.33
		2		24	9798	1.33		16	0		10	9490	1.33			8		97	9209	1.33
		8		24	9798	1.33			6	35	11	9512	1.33			13	55	96	9187	1.33
		17	20	23	9776	1.33			8		09	9468	1.33			20		96	9187	1.33
		20		24	9798	1.33			9	45	09	9468	1.33		28	0		96	9187	1.33
	7	0		24	9798	1.33			20		09	9468	1.33			5	20	95	9166	1.33
		8		23	9776	1.33		17	0		09	9468	1.33			8		95	9166	1.33
		15	30	22	9754	1.33			2	40	10	9490	1.33			20		95	9166	1.33
		20		23	9776	1.33			8		09	9468	1.33		29	0		95	9166	1.33
	8	0		22	9754	1.33			20		09	9468	1.33			8		95	9166	1.33
		0	10	22	9754	1.33			20	10	08	9446	1.33			20		94	9145	1.33
		0	30	22	9754	1.33		18	0		08	9446	1.33			20	25	94	9145	1.33
		8		22	9754	1.33			6	50	09	9468	1.33		30	0		94	9145	1.33
		20		22	9754	1.33			8		08	9446	1.33			8		94	9145	1.33
	9	0		22	9754	1.33			20		07	9425	1.33			20		93	9124	1.33

续表

月	日	时	分	坝上水位/m	蓄水量/(10^4 m^3)	出库流量/(m^3/s)	月	日	时	分	坝上水位/m	蓄水量/(10^4 m^3)	出库流量/(m^3/s)	月	日	时	分	坝上水位/m	蓄水量/(10^4 m^3)	出库流量/(m^3/s)
		8		22	9754	1.33			21	50	06	9403	1.33	10	1	0		93	9124	1.33
		16	25	21	9732	1.33		19	0		07	9425	1.33			8		93	9124	1.33
		20		22	9754	1.33			0	50	07	9425	1.33		6	8		87	8997	
	10	0		22	9754	1.33			8		06	9403	1.33		11	8		83	8912	
		2	40	22	9754	1.33			8	20	06	9403	1.33		16	8		78	8809	
		8		22	9754	1.33			20		06	9403	1.33		21	8		74	8730	
		20		21	9732	1.33		20	0		06	9403	1.33		26	8		69	8630	
	11	0		21	9732	1.33			8		06	9403	1.33		31	8		63	8511	
		2		21	9732	1.33			10	50	05	9381	1.33	11	1	0		63	8511	
		8		20	9710	1.33			20		05	9381	1.33			8		62	8491	
		8	13	20	9710	1.33		21	0		05	9381	1.33		6	8		58	8409	
		8	15	20	9710	4.53			8		04	9359	1.33		11	8		54	8323	
		20		19	9688	4.53			9	20	05	9381	1.33		16	8		50	8240	
		22	55	18	9666	4.52			13	40	03	9338	1.33		21	8		46	8159	
	12	0		18	9666	4.52			20		04	9359	1.33		26	8		42	8081	
		8		17	9644	4.52			23	35	03	9338	1.33		29	20		38	7999	
		14		16	9622	4.52		22	8		03	9338	1.33	12	1	5	55	40	8040	
		14	02	16	9622	4.98			20		02	9316	1.33			8		39	8019	
		20		16	9622	4.98		23	4	25	02	9316	1.33		6	8		35	7936	
		22	15	15	9600	4.98			8		01	9295	1.33		11	8		32	7870	
	13	0		15	9600	4.97			16		00	9273	1.33		16	8		29	7810	
		8		15	9600	4.97			20		01	9295	1.33		21	8		26	7752	
		20		14	9578	4.96		24	0		01	9295	1.33		26	8		24	7717	
		22	50	13	9556	4.96			8		00	9273	1.33	1	1	0		21	7659	
	14	0		14	9578	4.96			17	05	30.99	9252	1.33			8		21	7659	
		0	10	14	9578	4.96			20		99	9252	1.33							

说明：水位容积曲线来自小塔山水库管理处，徐州地区水利工程队1973年12月施测。

附录二　附　　图

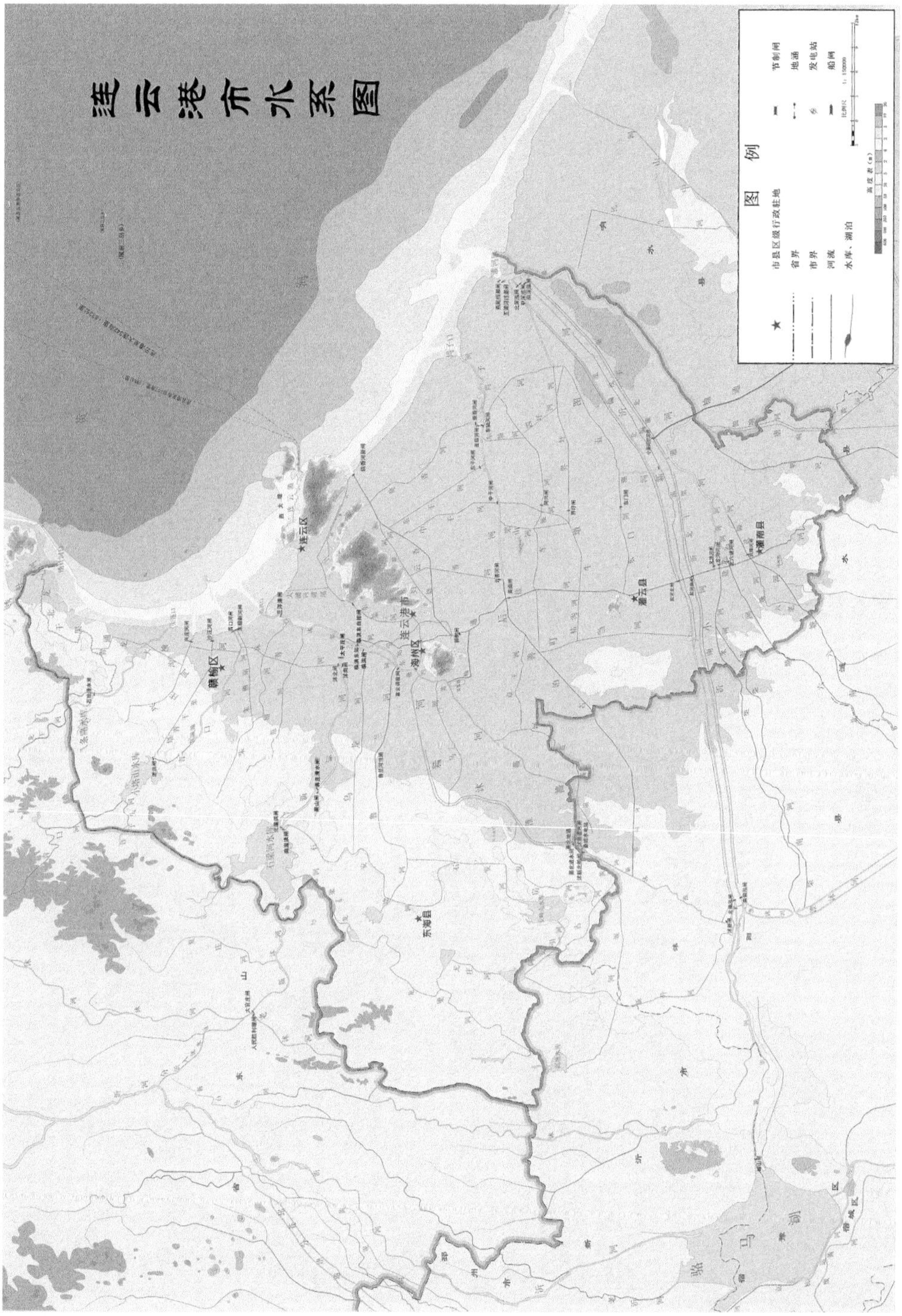

附图1　连云港市水系示意图

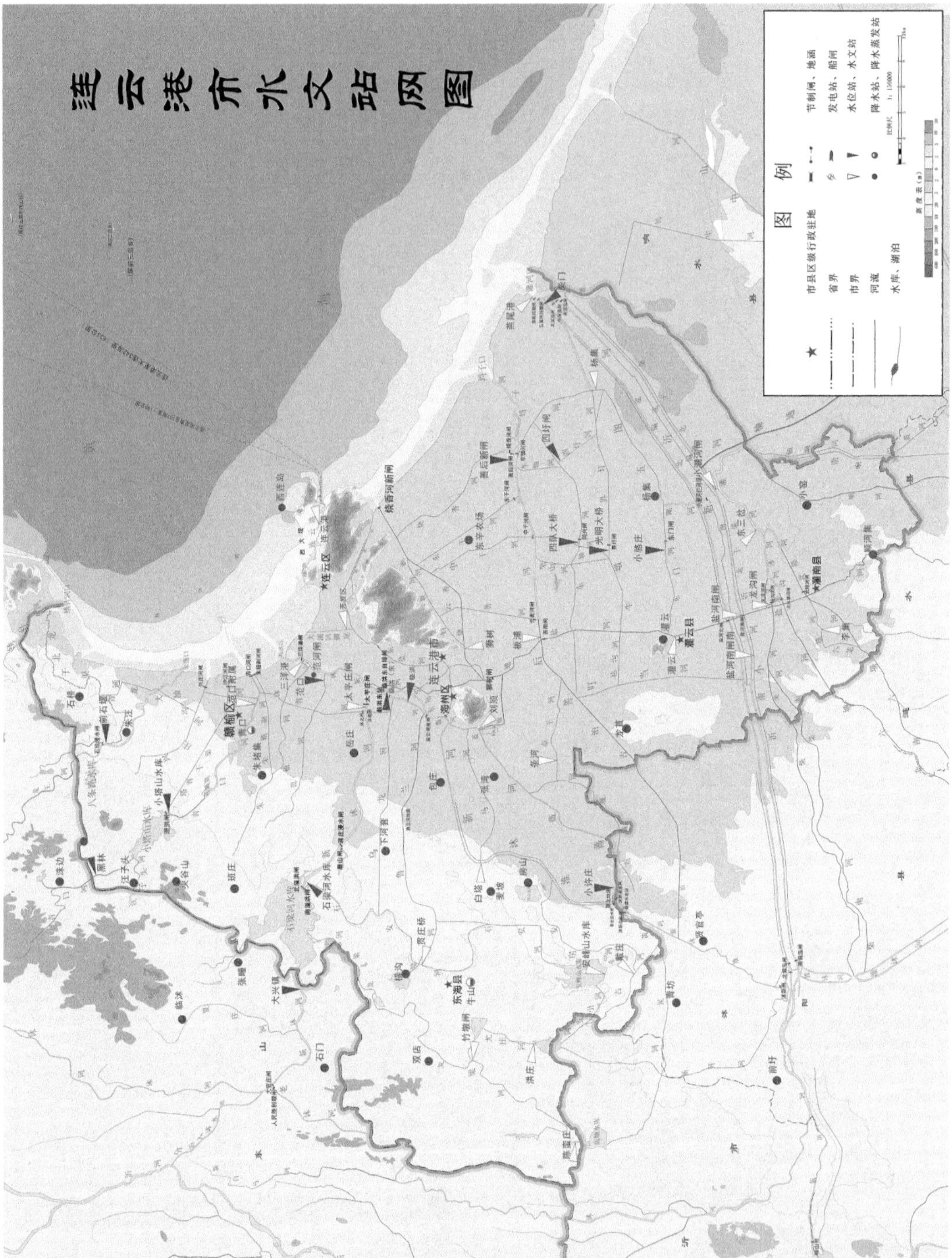

附图2 连云港市水文站网示意图

参考文献

[1] 东海县水利史志编纂委员会.东海县水利志[M].北京:方志出版社,2000.
[2] 国家气象中心.降水量等级划分:GB/T 28592—2012[S].北京:中国标准出版社,2012.
[3] 江苏省地方志编纂委员会.江苏江河湖泊志[M].南京:江苏凤凰教育出版社,2019.
[4] 连云港市水利史志编纂委员会.连云港市水利志[M].北京:方志出版社,2000.
[5] 水利部长江水利委员会水文局.水文资料整编规范:SL 247—2012 [S].北京:中国水利水电出版社,2012.
[6] 水利部黄河水利委员会水文局.水文测量规范:SL 58—2014[S].北京:中国水利水电出版社,2014.
[7] 水利部黄河水利委员会水文局.水文调查规范:SL 196—2015[S].北京:中国水利水电出版社,2015.
[8] 水利部水文局.降水量观测规范:SL 21—2015 [S].北京:中国水利水电出版社,2015.
[9] 沂沭泗水利工程管理局.2003 年沂沭泗暴雨洪水分析[M].济南:山东省地图出版社,2006.
[10] 沂沭泗水利工程管理局.2012 年沂沭泗暴雨洪水分析[M].北京:中国水利水电出版社,2013.